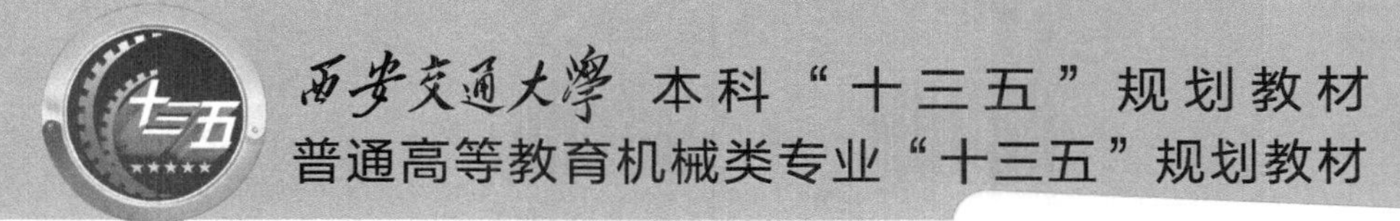

机械精度设计基础

主编 蒋庄德 苑国英
参编 景蔚萱 丁建军 赵立波 王琛英 刘 涛
主审 赵卓贤

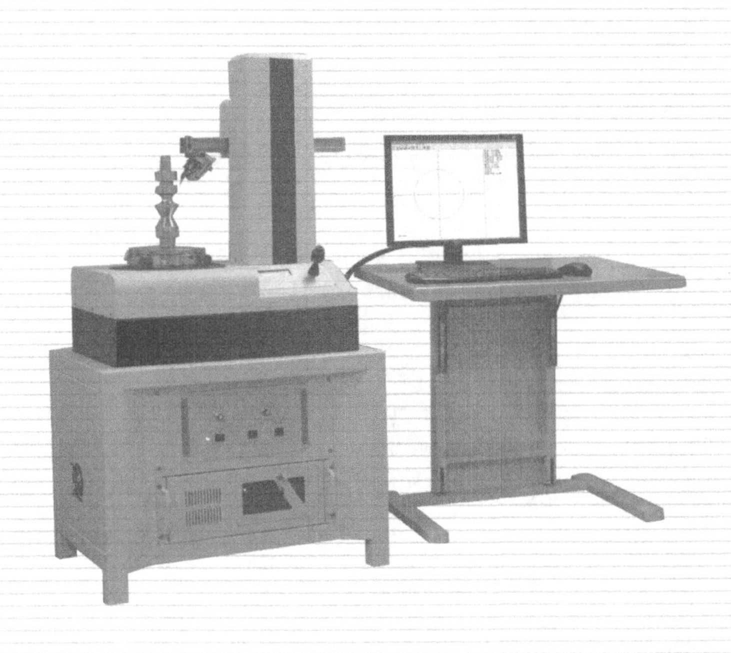

内容简介

本书以设计为主线，详细介绍了机械精度设计的基本知识、基本原理、原则与方法，机器几何精度设计，典型结合件和传动件的精度设计，以及几何量测量、光滑极限量规设计等基础知识；此外又增加了表面粗糙度光学测量、纳米标准样板及基准溯源等新的内容，每章还增加了机械精度设计的实例，用以加强和巩固机械精度设计的基本概念和基础知识。全书共分 11 章，内容包括测量技术的基本知识、几何量精度设计的基础知识、机器几何精度设计、典型结合及传动件精度设计、光滑极限量规设计等。

本书可作为高等院校机械类、仪器仪表类各专业的“机械精度设计基础”“互换性与测量技术基础”的课程教材，也可供机械、仪器仪表工程技术人员及计量、检验与管理人员参考使用。

图书在版编目(CIP)数据

机械精度设计基础/蒋庄德，苑国英主编.—西安：西安交通大学出版社，2017.8(2021.7 重印)
ISBN 978-7-5693-0056-7

Ⅰ.①机… Ⅱ.①蒋…②苑… Ⅲ.①机械-精度-设计-高等学校-教材 Ⅳ.①TH122

中国版本图书馆 CIP 数据核字(2017)第 211684 号

书　　名　机械精度设计基础
主　　编　蒋庄德　苑国英
责任编辑　鲍　媛
文字编辑　雷萧屹　季苏平

出版发行　西安交通大学出版社
（西安市兴庆南路 1 号　邮政编码 710048）
电　　话　(029)82668357　82667874(发行中心)
(029)82668315(总编办)
印　　刷　西安日报社印务中心

开　　本　787mm×1092mm　1/16　**印张**　19.625　**字数**　461 千字
版次印次　2017 年 8 月第 1 版　2021 年 7 月第 5 次印刷
书　　号　ISBN 978-7-5693-0056-7
定　　价　58.00 元

读者购书、书店添货，如发现印装质量问题，请与本社发行中心联系、调换。
订购热线：(029)82665248　(029)82665249
投稿热线：(029)82665397
读者信箱：banquan1809@126.com

重印版序

《机械精度设计》作为高等学校和西安交通大学机械设计课程体系改革而新编的系列教材之一，是机械基础系列课程的重要组成部分，机械基础系列课程是针对机械类学生的培养目标而设置的新的课程体系。该教材由蒋庄德主编并于2000年8月由西安交通大学出版社出版，已使用了17年之久，得到了全国高等工业学校同行的大力支持。随着科学技术的发展与国家相关标准的更新，教材中涉及到几何参数误差的标准、评定与检测等有关内容与科技发展不相适应，因此我们对原教材进行了修订。这本名为《机械精度设计基础》的新编教材于2017年由西安交通大学出版社第一次印刷出版，体现了传承、创新、融合的理念，全书以精度设计为主线，并增加了表面粗糙度光学测量、纳米标准样板及基准溯源等新的内容，每章增加了精度设计的实例，加强了精度设计的基础知识。经过一年的使用，借再次印刷之机，编者根据教学效果和反馈对本教材的架构做了调整，将原教材的第3、4章内容重新梳理、归类拆分为新教材的第3、4、5章，将原教材的第10章变为新教材的第6章，以使新教材的内容体系更合理、更紧凑。全书共分11章，内容包括测量技术的基本知识、几何量精度设计、机器几何精度设计、典型结合及传动件精度设计、光滑极限量规设计，全书按最新国家标准编写。

本书可作为高等院校机械类、仪器仪表类各专业的“机械精度设计基础”“互换性与测量技术基础”的课程教材，也可供机械、仪器仪表工程技术人员及计量、检验与管理人员参考使用。全书由蒋庄德、苑国英任主编，赵卓贤教授任主审。参编人员有：景蔚萱、丁建军、赵立波、王琛英、刘涛。

教学体系改革是一项艰巨而又细致的工作，本教材在编写过程中，得到西安交通大学有关方面的支持和帮助，特别是赵卓贤教授对本书的编写提出了许多建设性的意见，给予了精心的指导和审阅，在此编者表示衷心的感谢。

由于编者水平所限，书中不足之处在所难免，恳请读者予以赐教。

编者

2018年7月于西安交通大学

目　录

绪　论

1

1.1　前言

机械精度设计是与机械工业发展密切相关的基础学科，它不仅涉及机械设计、机械制造、计量测试、质量管理与质量控制等许多方面，也与智能制造的发展紧密相连，如今已成为一门综合性应用技术的基础课程。

随着科学技术与工业的迅速发展，中国制造 2025 确立了以“智能制造”为主攻方向。机械学科体系正向以设计为目标的学科体系发展，而设计又由静态向动态、由单学科向多学科综合发展。机械精度设计不仅是现代机械工业发展的基础，而且又与计算机、激光、通讯、材料、精密工程、环境工程、生物工程等技术的发展密切相关。因此，加强本课程的教学和科学研究，不断改革充实和完善其内容，努力提高本课程的理论水平和应用水平，对于培养、提高工程科技人才的素质，促进我国机械工业的改造与发展，提高我国工业产品在国际市场上的竞争能力有着十分重要的意义。

机械精度设计的涵盖面宽，涉及的基础理论和知识较多，原有课程“互换性与测量技术基础”的体系已不太适应现代制造技术发展的要求。因此，有必要对其进行较大幅度的修改和补充。我校曾于 1961 年编写过《互换性与技术测量》教材，该书经当时机械制造工艺及设备专业教材选编会议推荐为高等学校试用教科书，由中国工业出版社出版。1980 年，面临我国基础标准积极采用国际标准以及“互换性与技术测量”课程全面恢复的形势，国内迫切需要编写一本新教材，以满足当时的需要。在全国 16 所高等学校发起下，我校又参加并主编了一本《公差与技术测量》，由辽宁人民出版社出版，作为新教材的过渡，该书当时曾畅销全国。随着改革形势发展的进一步需要，我们在全国高校《互换性与技术测量》教材编审小组制定的教学大纲指导下，在教学内容和体系上又进行了一些革新，感到当时一些教材难于适应我们的教学要求，于是在 1988 年编写了一本体系较新的《互换性与测量技术基础》，经过几年试用后，这本由赵卓贤、董树信主编的教材于 1993 年在西安交通大学出版社正式出版。面向 21 世纪的高等教育，国家提出了培养素质、培养能力、培养创新意识的要求，并要求拓宽专业面，面向通用教材教育方向发展。为此，我校在机械工程教育方面，提出了机械设计系列课程改革的方案。在此系列课程之内，机械精度设计是必不可少的一门，原有的“互换性与测量技术基础”课程，虽然具有精度设计的内涵，但没有真正以精度设计为主线，而且认识性内容多，创造性内容少。鉴于此，我们在《互换性与测量技术》的基础上在全国率先提出该课程改革方案，进而又在全国首次编写和出版了《机械精度设计》教材，由蒋庄德、苑国英主编，于 2000 年 8 月在西安交通大学出版社出版，目前已经使用了 17 年之久，得到了全国高等学校老师们和同行的大力支持。随着科学技术的发展与相关标准的更新，教材中涉及到的几何参数误差的标准、评定与检测已跟不上时代的需要。因此我们对原教材进行了修订，并将教材名称更名为《机械精度设计基础》，新编的教材体现出传承、创新、融合的理念，全书以精度设计为主线，增加了精度设计的实例，加强了精度设计的基础知识。

本门课程将为学生进行机械精度设计奠定基础。它是各类机械、仪器仪表设计与制造专业学生必修的一门主干技术基础课。

1.2　机械精度设计的一般步骤

机械精度设计涵盖的任务包括机器的改型精度设计、扩大机器使用范围的附件精度设计以及新机器的精度设计。随着科学技术的发展，计算机辅助精度设计、并行设计、虚拟设计以及动态精度设计等新的方法和技术被不断采用和推广。采用现代化的设计手段使得机械精度设计进入到一个崭新的领域。具体的设计步骤可大致归纳如下。

1.2.1　明确设计任务和技术要求

机械精度设计对象的技术要求是设计的原始依据，所以必须首先明确。除此以外还要弄清设计对象所用的材料、生产批量和工艺方法。

1.2.2　调查研究

在明确设计任务和技术要求的基础上，必须做深入的调查研究，主要要做到深入掌握现实情况和大量技术资料两方面。务使在主要方面无一遗漏，做到对情况了如指掌。具体来说，要调查清楚以下几个问题：

(1)设计对象有什么特点，应用在什么场合。

(2)目前在使用中的同类机器或仪器有哪些，各有什么特点，包括原理、精度、使用范围、结构特点、使用性能等。特别以整体来看要明确这类机器“改善性能”的趋势，以及它们在设计上会成为问题的地方。

(3)征询需方对现有机器或仪器改进的意见和要求，以及对新产品设计的需求和希望。

(4)了解承担机器或仪器制造工厂的生产条件、工艺方法，以及生产设备的先进程度、自动化程度和制造精度等。

(5)查阅资料，充分掌握国内外有关这一设计问题的实践经验和基础研究两方面的动态和趋势。

1.2.3　总体精度设计

在明确设计任务和深入调查之后，可进行总体精度设计。总体精度设计包括：

(1)系统精度设计。它包括设计原理、设计原则的依据，以及总体精度方案的确定等。

(2)主要参数精度的确定。

(3)各部件精度的要求。

(4)总体精度设计中其他问题的考虑。

总体精度设计是机器设计的关键一步。在分析时,要画出示意草图和关键部件的结构草图,进行初步的精度试算和精度分配。

1.2.4 具体结构精度设计计算

具体结构精度设计计算包括以下内容:

(1)部件精度设计计算。

(2)零件精度设计计算。

在设计零部件精度过程中,要分析总体精度设计中原有考虑不周的地方,以及原来考虑错误的地方,还要注意零部件几何参数精度的相互配合,若要更改时要考虑其相互协调统一。

1.3 机械精度设计原则

由于各种机械或仪器产品的不同,如机床、汽车与拖拉机、机车车辆、流体机械、动力机械、仪器仪表等,虽其机械精度设计的要求和方法不同,但从机械精度设计总的角度来看,应遵循以下几个原则。

1.3.1 互换性原则

"互换性"在此处是指某一产品(包括零件、部件、构件)与另一产品在尺寸、功能上能够彼此互相替换的性能。由此可见,要使产品能够满足互换性的要求,不仅要使产品的几何参数(包括尺寸、宏观几何形状、微观几何形状)充分近似,而且要使产品的机械性能、理化性能以及其他功能参数充分近似。

为什么要使产品的几何参数充分近似,而不能完全一样呢?因为产品在制造过程中,加工设备、工具等或多或少都存在着差异,要使同种产品的几何参数、功能参数完全相同是不可能的,它们之间或多或少地存在着误差。在此情况下,要使同种产品具有互换性,只能使其几何参数、功能参数充分近似。其近似程度可按产品质量要求的不同而不同。为使产品的几何参数、功能参数充分近似就必须将其变动量限制在某一范围内,即规定一定的公差。

1. 机械零件几何参数的互换性

机械零件几何参数的互换性是指同种零件在几何参数方面能够彼此互相替换的性能。机械零件的形体千差万别,仅从一些典型零件来看,就有圆柱形、圆锥形、单键、花键、螺纹、齿轮等。虽然其形体各异,但它们都是由一些点、线、面等几何要素所组成。实际零件在制造中由于"机床—刀具—夹具—工件"工艺系统都有误差存在,致使其尺寸、几何要素之间的相互位置、线与面的宏观几何形状、表面的微观几何形状都或多或少地出现误差,这些误差被称为尺寸误差、位置误差、形状误差和表面粗糙度。为了实现机械零件几何参数的互换性,就必须按照一定的要求把这些几何参数的误差限制在相应的尺寸公差、位置公差、形状公差和表面粗糙度的范围内。

机械零件的用途各式各样,有主要用于结合的,例如圆柱结合、圆锥结合、单键结合、花键结合以及螺纹结合等;有主要用于传动的,例如螺旋副、齿轮副、蜗轮副;有主要用于支承的,如床身、箱体、支架等;有主要用于基准的,如长度量块、角度量块、基准棱体等。无论起什么作用，为实现同种零件的互换性，必须对其几何参数公差提出相应的要求。但是，根据用途的不同，确定几何参数公差的依据也有所不同。用于结合的，主要依据是配合性质；用于传动的，主要依据是传动和接触精度；用于支承的，主要依据是支承的精度和刚度；用于基准的，主要依据是尺寸传递精度。

2. 互换性的种类

按照同种零、部件加工好以后是否可以互换的情形，可把互换性分为完全互换性与不完全互换性两类。

(1)完全互换性。是指同种零、部件加工好以后，不需经过任何挑选、调整或修配等辅助处理，在功能上便具有彼此互相替换的性能。完全互换性包括概率互换性(大数互换性)，这种互换性是以一定置信水平为依据(例如置信水平为95%，99%等)，使同种的绝大多数零、部件加工好以后不需经任何挑选、调整或修配等辅助处理，在功能上即具有彼此互相替换的性能。

(2)不完全互换性。是指同种零、部件加工好以后，在装配前需经过挑选、调整或修配等辅助处理，在功能上才具有彼此互相替换的性能。

在不完全互换性中，按实现方法的不同又可分为以下几种：

①分组互换。是指同种零、部件加工好以后，在装配前要先进行检测分组，然后按组进行装配，仅仅同组的零、部件可以互换，组与组之间的零、部件不能互换。例如滚动轴承内、外圈滚道与滚动体的结合，活塞销与活塞销孔、连杆孔的结合，都是分组互换的。

②调整互换。是指同种零、部件加工好以后，在装配时要用调整的方法改变它在部件或机构中的尺寸或位置，方能满足功能要求。例如燕尾导轨中的调整镶条，在装配时要沿导轨移动方向调整它的位置，方可满足间隙的要求。

③修配互换。指同种零、部件加工之后，在装配时要用去除材料的方法改变它的某一实际尺寸的大小，方能满足功能上的要求。例如普通车床尾座部件中的垫板，在装配时要对其厚度再进行修磨，方可满足普通车床头、尾顶尖中心的等高要求。

从使用要求出发，人们总希望零件都能完全互换，实际上大部分零件也能做到。但有些情形，如受限于加工零件的设备精度、经济效益等因素，要做到完全互换就显得比较困难或不够经济，这时就只有采用不完全互换方法了。

对于标准化的部件，如滚动轴承，由于其精度要求较高，按完全互换的办法进行生产不尽合适，所以轴承内部零件的结合(内、外圈滚道与滚动体的结合)采用分组互换。而轴承内圈与轴，外圈与壳体孔等外部零件的结合，采用完全互换。前者通常称为内互换，后者通常称为外互换。所有标准化的部件，当其内部结合不宜采用完全互换时，可以采用不完全互换的办法，但其外部结合应尽可能采用完全互换，以利于用户使用。

3. 互换性的作用

广义来讲，互换性已经成为国民经济各个部门生产建设中必须遵循的一项原则。现代机械制造中，无论大量生产还是单件生产，都应遵循这一原则。

任何机械的设计过程都是：整机—部件—零件。制造过程都是：零件—部件—整机。无论设计过程还是制造过程，都要把互换性的原则贯彻始终(图1-1)。

从设计看，互换性可使其简便，可以在设计中选用具有互换性的标准化零、部件，从而使设计简化。另一方面,设计者在设计机械时应充分考虑互换性要求,在满足功能要求的前题下,要使机构的组成零件尽可能少,公差尽可能放大,以便于制造和互换。

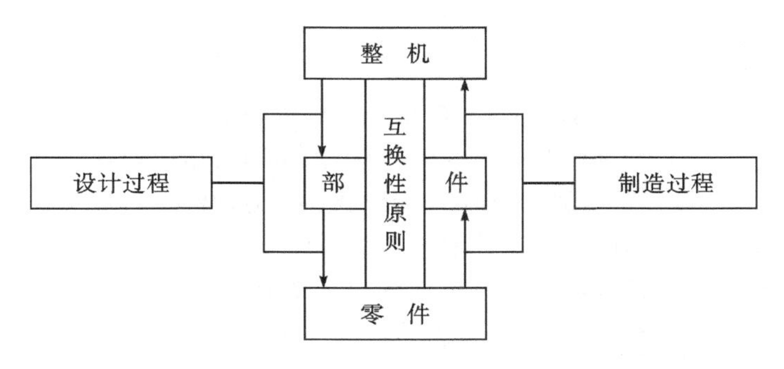

图1-1　机械生产过程

从制造看,互换性可方便于制造,以取得更好的技术经济效益。另一方面,制造者在制造机械时,亦应充分考虑互换性要求,如尽可能选用标准化的刀、夹、量具,工艺尽可能保持稳定。不仅被加工的零件要严格地控制在规定公差之内,而且应尽可能使其误差分布合理等。

从使用看,互换性可使用户更换零、部件或修理方便、及时。这不仅给个人和家庭生活用品、工厂生产带来极大益处,而且对军事武器、装备而言,其影响则更为关键。

我国在古代应用互换性原理于大量兵器上,其水平处于世界遥遥领先的地位。近年来从秦始皇兵马俑坑出土的上万件兵器证实了这一点,已出土的远射程弓箭的扳机,其几个组成零件都有互换性,零件均可互换。此外,从出土的大量青铜箭头的实测结果看,其功能互换性很好,不仅每一个箭头的三个刃口的分度尺寸和刃口长度尺寸差别很小,而且一批箭头之间的尺寸差别也很小,箭头的表面粗糙度也很高。箭头的几何精度如此之高,反映当时精密铸造及加工水平已有相当高的水平。通过分析还证实,这批箭头的化学成分控制很严格,其表面有一层致密的氧化层,含铬2%以起防腐作用。另外,从秦岭出土的铜人和铜车马都是装配式的,各个部分和零件也可互换。总之,这批出土文物充分表明中国最早掌握了互换性原理,而且在冶金、铸造、焊接机械加工等科学技术的各个方面,当时都达到了相当高的水平。

1.3.2　经济性原则

经济性原则是一切设计工作都要遵守的一条基本而重要的原则,机械精度设计也不例外。经济性可以从下面几个方面来考虑。

(1)工艺性。包括加工工艺及装配工艺,若工艺性较好,则易于组织生产,节省工时,节省能源,降低管理费用。

(2)合理的精度要求。不必要地提高零部件的加工及装配精度,往往会使加工费用成倍增加。

(3)合理选材。材料费用不应占机器或仪器整个费用的太大分量。原材料成本太高,往往使所生产的机器无法推广应用或滞销。

(4)合理的调整环节。通过设计合理的调整环节,往往可以降低对零部件的精度要求,达到降低机器成本的目的。

(5)提高寿命。寿命延长一倍,相当于一台设备当两台用,价格便降低了一半。

1.3.3 匹配性原则

在对整机进行精度分析的基础上,根据机器或位置中各部分、各环节对机械精度影响程度的不同,根据现实可能,分别对各部分、各环节提出不同的精度要求和恰当的精度分配,做到恰到好处,这就是精度匹配原则。例如,一般机械中,运动链中各环节要求精度高,应当设法使这些环节保持足够的精度。对于其他链中的各环节则应根据不同的要求分配不同的精度。再如对于一台机器的机、电、光等各个部分的精度分配要恰当,要互相照顾和适应。特别要注意各部分之间相互牵连、相互要求上的衔接问题。

1.3.4 最优化原则

机械精度是由许多零、部件精度构成的集合体,可以主动重复再现其组成零、部件精度间的优化协调。所谓最优化原则,即探求并确定各组成零、部件精度处于最佳协调时的集合体。例如探求并确定先进工艺、优质材料等,这是一种创造性、探索性的劳动。

由于各组成零、部件间精度的最佳协调是有条件的,故可通过实现此条件,来主动重复获得精度间的最佳协调。例如,主动推广先进工艺、发展优质产品等。

按最优化原则,充分利用创造性劳动成果免除重复探索性劳动的损失,反复应用成功的经验,可获得巨大的经济效果。

由于计算机的广泛使用,特别是微型机的普及和推广,对机械精度设计正在产生极为深远的影响。计算机能够处理大量的数据,提高计算的精度和运算速度,准确地分析结果,合理地进行机械的最优化精度设计。

1.4 标准化及其与互换性的关系

在我国国家标准《标准化基本术语》(GB 3935.1—83)中,把“标准”定义为:对重复性事物和概念所做的统一规定;它以科学、技术和实践经验的综合成果为基础,经有关方面协商一致,由主管机构批准,以特定形式发布,作为共同遵守的准则和依据。把“标准化”定义为:在经济、技术、科学及管理等社会实践中,对重复性事物和概念通过制订、发布和实施标准,达到统一,以获得最佳秩序和社会效益。

从历史来看,标准化可以追溯到远古时代,据考古资料介绍,在陕西省西安市秦始皇兵马俑博物馆内,陈列的出土文物弓箭箭头“镞”的上面,就刻有当时生产管理的标记。当时人类在认识自然和改造自然的斗争中,就产生了一些习惯性的标准化现象。但把它作为科学管理的手段,并有组织地开展标准化活动,只有近百年的历史。

从内容来看,标准和标准化涉及的范围极广,在技术上、经济上、科学上、管理上几乎涉及到人类生活的各个方面。仅就技术方面而言,就有产品标准、工作标准、方法标准、基础标准等。

产品标准:是对产品的结构、规格、质量和检验方法所作的技术规定。它是一定时期和一定范围内具有约束力的产品技术准则,是产品生产、检验、验收、使用、维护和洽谈贸易的技术依据,对于保证和提高产品质量,提高生产和使用的经济效益,具有重要意义。

工作标准:是对技术工作的范围、构成、程序、要求、效果、检查方法等所作的规定。技术工作的范围包括设计、工艺、技术开发、试验、制造、检验、维修等。工作标准对于改善工作秩序,保证工作质量,搞好协作关系,提高工作效率,都有重要作用。

方法标准:是对各项技术活动的方法所规定的标准,它所包括的范围也很广,如试验方法、检验方法、分析方法、抽样方法、计算方法、操作规程,以及某些设计规范、施工规范等。

基础标准:是对一定范围内的标准化对象的共性因素,如概念、数系、单位、技术语言、精度和互换性、环境条件、技术通则等所做的统一规定,在一定范围内作为制订其他标准的依据。因而,它对有关标准的制订具有普遍指导意义。

从作用来看,标准化是现代化大生产的必要手段,是实现科学管理和现代化管理的基础,是开展专业化协作生产的前提,是提高产品质量、提高产品在国际市场的竞争能力的技术保证,是消除浪费、节约劳动和物化劳动的有效措施。标准化的作用还可列举很多,总之,在国民经济建设各个方面,它都会带来极大的效益。

我国已于 1988 年 12 月 29 日颁布了《中华人民共和国标准化法》,它是发展我国社会主义经济、促进技术进步、改进产品质量、提高社会经济效益、维护国家和人民利益、发展对外经济关系的重要保证。全国人民尤其是技术干部都要认真学习和积极贯彻它。

高等学校的学生,应当对所学专业领域的有关标准比较熟悉,并能在学习过程中严格遵守。在高等工业学校中,加强标准化教育是整个培养计划中的重要一环。

标准化是实现互换性的前提。例如,如果没有几何参数的公差标准,或者有了标准但不去贯彻,机械零件的互换性就难以甚至不能实现。现代化生产的特点是规模大、分工细、协作多,为适应生产中各个单位、部门之间的协调和衔接,必须通过标准使分散的、局部的生产部门和生产环节保持必要的统一。因此,从这方面来说,标准化又是保证互换性生产的手段。反过来讲,互换性又为标准化活动及其进一步发展提供了条件。

1.5　优先数和优先数系

在产品设计制造和使用中,各种产品的性能参数和尺寸都需要通过数值来表达。例如零件尺寸的大小、原材料直径的大小、公差值大小、产品承载能力的大小、产品规格的大小等。为了满足用户各种各样的要求,产品必然会出现不同的规格,同一种产品的同一个参数还要从大到小取不同的值,从而形成不同规格的产品系列。这个系列确定得是否合理,与所取的数值如何分档、分级直接有关。因而,优先数和优先数系是对各种技术参数的数值进行简化、协调和统一的一种合乎科学的数值标准,是标准化的主要内容。

一个连续的数值范围,如 1 至 1000,可以按等差级数(即算术级数)分级,如分为 1,2,3,4,…,1000(间隔为 1),以及 1,1.1,1.2,1.3,1.4,…,1000(间隔为 0.1)等;亦可以按等比级数(即几何级数)分级,如分为 1,1.6,2.5,4,6.3,10,…,1000(公比为 1.6),以及 1,1.25,1.6,2,2.5,3.15,4,5,6.3,8,10,…,1000(公比为 1.25)等。按等差级数分级,其各相邻项的绝对差相等,而相对差不等,且变化很大。例如项差为 1 的数列,1 与 2 之间的相对差为 100%,而 100 与 101 之间的相对差仅为 1%,数值越大,相邻项的相对差越小。此外,按等差级数分级的参数,在进行工程技术运算之后,其结果往往不再是等差级数。例如,直径为 d

的钢材，如果按等差级数分级，则其横截面面积 $A=\pi d^2/4$ 的数列就不再是等差数列了。按等比级数分级，其各相邻项的绝对差不等，且变化很大，但其相对差相等。例如首项为 1，公比为 q 的数列为 $1,q,q^2,q^3,\cdots,q^n$，其各相邻项的相对差均为 $(q-1)\times100\%$。当经过工程技术运算后，以等比级数形成的数列，其结果仍为等比数列。例如，直径为 d 的钢材，如果按等比级数分级，则其横截面面积 $A=\pi d^2/4$ 的数列仍为等比数列。

经验与统计资料表明，工业产品的参数系列从最小到最大一般分布较宽，如按等比级数分级，能以较少的级数满足广泛的需要，能使数值传播更有规律，也能更好地反映级间的差别。

为了统一我国国民经济各部门生产建设中所用的参数和参数系列，国家制定了有关数值制度，《优先数和优先数系》国家标准（GB/T 321—2005）就是其中最重要的一种，要求机械产品参数系列尽可能采用它。

《优先数和优先数系》是以十进制等比数列建立的数系，各产品参数按此数列分级、大小分档，以满足不同的需要。它规定了五种优先数系的公比，即

R5：　$q_5=\sqrt[5]{10}\approx1.60$

R10：　$q_{10}=\sqrt[10]{10}\approx1.25$

R20：　$q_{20}=\sqrt[20]{10}\approx1.12$

R40：　$q_{40}=\sqrt[40]{10}\approx1.06$

R80：　$q_{80}=\sqrt[80]{10}\approx1.03$

R5，R10，R20，R40 为基本系列，是常用的；R80 为补充系列。附表 1－1 列出了基本系列的常用值。

该优先数系的特点主要有：

（1）相对差均匀

在各个系列中，同一系列任意相邻两项的相对差近似不变，其中 R5 系列的相对差约为 60%，R10 系列的相对差约为 25%，R20 系列的相对差约为 12%，R40 系列的相对差约为 6%，R80 系列的相对差约为 3%。

（2）使用和运算方便

在 R40 系列中隔项取值可得 R20 系列，在 R20 系列中隔项取值可得 R10 系列，在 R10 系列中隔项取值可得 R5 系列。反之，在 R5 系列中插入比例中项即得 R10 系列，在 R10 系列中插入比例中项即得 R20 系列，在 R20 系列中插入比例中项即得 R40 系列。

系列中的数值可方便地向两头延伸。如将附表中所列的优先数乘以 10，100，1000，…，或 0.1，0.01，0.001，…，即可得到所有大于 10 或小于 1 的优先数。

系列中任意两项理论值之积或商，任意一项理论值之整数乘方或开方，仍为相应系列中一个优先数的理论值。

（3）适应广泛

优先数系具有多种不同公比的系列，可以满足疏、密分级不同的要求。除选用基本系列、补充系列外，可分段选用不同的基本系列，以组成复合系列；也可在基本系列中隔项取值，以得到派生系列，例如在 R10 系列中每隔两项取值得 R10/3 系列：1，2，4，8，16，…，它即为常用的倍数系列。

（4）简单易记

因为它是十进制等比数列，所以只要记住一个十进段内的优先数，其他十进段的优先数便可由小数点的移位得到。而且只要记住一种优先数系（如 R20），其他优先数系也就不难推出。

（5）国际统一

我国的《优先数和优先数系》标准与相应的国际标准一致，世界各国都统一用这种优先数系。《优先数和优先数系》标准是对各种技术参数的数值进行协调、简化和统一的一种科学的数值制度，每位工程技术人员都应很好地掌握它。选用时应本着先疏后密的原则，即按照 R5，R10，R20，R40 的顺序选取；当基本系列的公比不能满足分级要求时，可选用派生系列；补充系列一般不宜作为主参数系列使用。如何具体选用，要通过技术、经济分析，找出相应参数的最佳系列。数系应用的实例很多，如照相机的光圈就是采用 R20/3，而曝光时间采用 R10/3 的倒数系列，渐开线圆柱齿轮模数第 1 系列采用 R10。在公差标准中尺寸分段（250mm 以后）、形位公差、粗糙度参数等，均采用优先数系。常见量值如直径、长度、面积、体积、载荷、应力、速度、转速、时间、功率、电流、电压、流量、浓度等的分级，基本上都是按照一定的优先数系进行的。在涉及本门课程中的有关标准里，诸如尺寸分段、公差分级以及表面粗糙度的参数系列等，也都符合优先数系，希望同学们在学习中注意。

附　表

附表 1－1　优先数系基本系列常用值(摘自 GB 321—2005)

R5	R10	R20	R40	R5	R10	R20	R40
1.00	1.00	1.00	1.00		3.15	3.15	3.15
			1.06				3.35
		1.12	1.12			3.55	3.55
			1.18				3.75
	1.25	1.25	1.25	4.00	4.00	4.00	4.00
			1.32				4.25
		1.40	1.40			4.50	4.50
			1.50				4.75
1.60	1.60	1.60	1.60		5.00	5.00	5.00
			1.70				5.30
		1.80	1.80			5.60	5.60
			1.90				6.00
	2.00	2.00	2.00	6.30	6.30	6.30	6.30
			2.12				6.70
		2.24	2.24			7.10	7.10
			2.36				7.50
2.50	2.50	2.50	2.50		8.00	8.00	8.00
			2.65				8.50
		2.80	2.80			9.00	9.00
			3.00				9.50
				10.00	10.00	10.00	10.00

测试技术的基本知识

2

2.1 基本概念

自然界中存在的各种物理量,其特性都反映在“量”和“质”两个方面,而任何的“质”通常都反映一定的“量”。测量的任务就在于确定物理量的数量特征,所以测量成为认识和分析物理量的基本方法。从科学技术的发展看,有关各种物理量及其相关关系的定理和公式等,许多是通过测量发现或证实的。因此,著名科学家门捷列夫说:“没有测量,就没有科学。”1982 年,国际计量技术联合会(IMEKO)第八届大会提出“为科学技术的发展而测量”的主题,更深刻地阐明了测量的作用及发展方向。测量是进行科学实验的基本手段,离开了精确的测量,科学实验就得不出正确的结论,而许多学科领域的突破,正是由于测量技术的提高才得以实现。

例如,引力波的证实过程就得益于测量技术的进步。在爱因斯坦的广义相对论中,引力被认为是时空弯曲的一种效应。由于距离引力波产生源非常远,引力波效应在地球上引起的形变效应小于 10^{-21},所以在很长的一段时间内没有合适的探测器进行引力波的测量。从韦伯(Joseph Weber)的共振棒探测器到后来韦斯(Rainer Weiss)和佛瓦德(Robert Forward)提出的激光干涉仪,引力波探测器经历了多次改进升级,直到 2015 年位于美国汉福德区和路易斯安那州的利文斯顿的两台引力波探测器同时探测到了一个引力波信号,证实了引力波的存在。此外,拉曼在研究海水的颜色时,用尼科尔棱镜、小望远镜、狭缝、光栅等设备测量分析海水的颜色并非天空的颜色引起,而是由于水分子对光的散射,通过进一步实验之后发现了单色光被介质分子散射后频率发生改变的现象,而拉曼也因此而获得了诺贝尔物理学奖。

在测量技术领域中,常用到“检验”与“测试”等术语。检验是指判断被测物理量是否合格(在规定范围内)的过程,通常不一定要求得到被测物理量的具体数值。测试则是指有试验研究性质的测量。

研究测量,保证量值统一和准确的科学称为计量学,它研究计量单位及其基准、标准的建立、保存和使用、测量方法和测量器具、测量精度、观测者进行测量的能力以及计量法制和管理等。简单地讲,计量学就是关于测量知识领域的科学。按照基本物理量计量单位分,计量学研究的范围包括长度、质量、时间、电流、热力学温度、发光强度和物质的量七大类。

计量学科发展到现在,早已超出古老的度量衡范围,而成为一门多学科交叉的综合科学技术。它也是一项系统工程,是现代设计学、制造学、测试学的重要组成部分,是与国民经济发展、质量控制和质量保证有密切联系的应用科学，对实施科教兴国和科学技术现代化具有十分重要的意义。

2.1.1　测量的定义

测量是以确定量值为目的的一组操作，是将被测量与复现测量单位的标准量进行比较，从而确定被测量的量值过程。

测量的定义突出两点：首先，测量的目的是为了确定被测对象的量值；其次，它本身是一组操作。这组操作可能是极为复杂的物理实验，也可以是简单的测量。例如轴径的测量，就是将被测轴的直径与特定的长度单位（例如毫米）相比较，若其比值为30，则测量结果为30mm。

测量也就是将被测量与具有计量单位的标准量在数值上进行比较，从而确定二者比值的实验认知过程。若被测量值为 L，计量单位为 E，二者关系为

$$L = qE \tag{2-1}$$

式中，L——被测量；

E——标准量；

q——被测量与标准量的比值。

这个公式的物理意义说明，在被测量值 L 一定的情况下，比值 q 的大小完全取决于所采用的计量单位 E，而且成反比关系。同时，也说明计量单位 E 的选择取决于被测量值所要求的精确程度。

任何一个测量过程必须有被测量的对象和所采用的计量单位。此外还有二者是怎么比较和比较后它的精确程度如何的问题，即测量的方法和测量的精确度问题。这样，测量过程就包括测量对象、计量单位、测量方法及测量精度四个要素。

2.1.2　测量的四要素

(1)测量对象或被测量

不同的测量对象有不同的被测量。如孔和轴的主要被测量是直径；箱体的被测量有长、宽、高以及孔间距等；螺纹零件的被测量有螺距、中径、牙型半角等。无论零件的形状如何不同，被测量的参数如何复杂，从几何量的本质来说，均可归结为长度、角度、表面粗糙度、几何公差以及它们的组合。因此，对于几何量的特性、被测参数的定义以及标准等都必须认真研究、掌握，以便进行测量。

(2)测量单位或标准量

在国际单位制的基础上，规定我国计量单位一律采用《中华人民共和国法定计量单位》。在几何量测量中，长度基准单位是米（m），其他常用的长度单位有毫米（mm）、微米（μm）和纳米（nm）等；角度基准单位是弧度（rad），常用的角度测量单位有微弧度（μrad）、度（°）、分（′）、秒（″）等。

在测量过程中，测量单位必须以物质形式来体现，能体现测量单位和标准量的物质形式有：光波波长、精密量块、线纹尺、各种圆分度盘等。

(3)测量方法

指完成测量任务所采用的测量原理、测量器具或仪器，以及测量条件的总和。根据被测

对象的特点，如精度、大小、轻重、材质等来确定所采用的计量器具，分析研究被测参数的特点和它与其他参数的关系，确定最合适的测量方法以及测量条件。而实际工作中，往往是从获得测量结果的方式去理解测量方法。

(4)测量精度

指测量结果与真值的一致程度。由于测量过程中不可避免地会出现测量误差，测量误差的存在将导致测量值具有不确定性，测量误差影响着测量结果与被测量真值的一致程度。对于每一测量过程的测量结果，都应给出一定的测量精度，否则测量结果没有意义。测量精度和测量误差是两个相对的概念，测量误差大小反映测量精度高低。测量结果一般用被测量与单位量的比值 x(测得值)和该测得值的测量不确定度 u 来表示为：$x \pm u$，如轴外径的测量结果为：(30 ± 0.05) mm。

2.1.3　测量的作用和意义

精度理论是指导产品设计、制造、测量的基本理论之一。测量最本质的作用是解决人们对于事物的量的认识。人们的这种认识各有其具体的目的，机械制造业中几何量测量的主要目的有以下几个方面：

(1)用于设计。最初级的设计是测绘；现行设计是基于对事物量的认识之上的；现代设计又回到设计的本源，先有功能——艺术模型，再通过测量，获得设计所需的数字量。

(2)用于制造过程。一般制造过程中，通过测量才能进行工艺分析，以便确定合理的加工参数，保证产品的质量。在自动化生产中，自动控制系统的关键就是误差测量。

(3)用于验收。零件或产品被加工完成后，通过测量进行合格性判断。

(4)用于测量技术本身。测量是否准确，需要通过更高一级精度的测量才能判断，以确保量值准确可靠，由此也促进了测量技术的不断发展。

机械制造业的设计、生产、验收等全过程中都离不开几何量测量。因此，测量被人们称为制造的眼睛，是保证生产质量和提高生产技术水平的重要手段。发展测量技术，对实现农业、工业、国防和科学技术现代化都具有十分重要的意义。

2.1.4　几何量测量技术发展状况

为了适应已发生根本变化的市场，制造业正在大力开发具有更高附加值的产品。在产品开发中，测量技术的作用显得日益重要。目前在精密计量检测领域，测量精度已从原来的微米量级发展到纳米量级，对更微细加工形状的检测也受到更多关注。不但对产品的精度质量如形状尺寸、表面粗糙度、圆度等提出了更高的检测要求，而且用于验证加工机床本身精度的各种检测技术也在不断进步。

1. 质量管理对测量技术的需求

生产车间对提高加工效率和降低加工成本的追求是永无止境的。但是，最重要的是提高产品质量。因此，采用严格的标准、实行彻底的质量管理至关重要。

作为质量管理的手段，如同用高精度的零部件群构成加工机床和在生产线上配备高精度测量机那样，需要将生产线构筑成一种“自律”系统。由此可以预测，今后对质量管理所需检测设备及支持系统的需求将进一步增加。

实际上在生产现场，使用量规来检测产品至今仍是主流检测方式。量规是针对各种产品定制的专用量具，不具有兼用于其他零部件的通用性，如零部件的设计发生变更，就需要重新设计和制作量规。随着市场对产品需求的多样化，零部件的种类在不断增加，使量规的数量也随之增加。此外，高精度量规的制作需要高超的技艺，随着技术工人的更替换代，在精密测量领域，用于质量管理的可追溯性思维方式以及评估测量不确定度的重要性已在制造业获得了广泛共识。作为一般性的测量评估，正在形成研究探讨精度溯源和测量不确定度的环境。由精度溯源和不确定度构成的对测量可靠性的评估，形成了以 ISO(国际标准化组织)标准体系为代表的现代质量管理体系。

尺寸的管理可以说是制造的基本要素。今后，随着生产的发展前景看好，要求在不同地区生产的高精度零部件具有互换性。在全球化的进程中，不仅仅是大型企业，甚至包括中小型企业都将越来越重视基于国际通用测量方法的产品生产。重新认识生产线在线测量的重要性、探讨彻底的质量管理方法才是超越全球化浪潮的有力武器。

2. 对在线检测的需求

为了满足不断追求高精度、低成本生产的用户需求，要求测量仪器不仅能为检查加工质量而进行尺寸测量(比较测量)，还能实现在线检测(或测量仪器安装在生产线旁，便于被测工件的装卸和搬运)。

在相当长的历史时期内，测量基本上是静态的，即被测对象在测量过程中不变化或没有明显的变化，同时，测量大多是“离线”的。对于工业生产，离线的静态测量只能对原材料、零部件和成品分别进行检测，而对生产加工过程则无能为力。如果能在生产线上进行在线测量，则不仅可以降低消耗、成本、增加产量、提高效益，而且还可以保证产品的质量、增强产品的竞争力。而且，在线测量还能随时监测和诊断甚至进而排除生产设备的潜在故障，使生产系统处于最佳的运行状态。

在线检测的目的是保持并提高加工、组装的精度质量和生产效率。目前企业十分重视将原有的生产线转换为能够提高加工、组装系统的性能及可靠性，以及稳定地生产优质产品的高效生产线，因此非常需要在线检测技术和测量装备的支持。

3. 对自动化测量的需求

近年来，对形状精度测量仪器的测量精度要求日趋严格，对微小孔和微细零件的测量需求也在持续增加，满足这种需求的新产品正不断被开发出来。例如，Taylor Hobson 公司的超精密非接触式三维表面形状测量机 Talisurf，基于该公司获得专利的特殊算法，利用干涉条纹确定共振峰值和相位位置，能以很高的测量速度和高分辨率(0.01nm)获取被测样品的高精度轮廓信息。仪器的分辨率和测量精度可用具有溯源性的校正规进行校准。

4. 对智能检测技术的需求

随着计算机和信息技术的发展、传感器技术的进步，检测技术水平也得到了不断提高。人工智能原理及技术的发展，人工神经网络技术、专家系统、模糊控制理论等在检测中的应用，进一步促进了检测技术智能化的进程。智能检测技术已成为 21 世纪检测技术的主要发展方向，逐步形成了一个新的研究领域。智能检测包含测量检验、故障诊断、信息处理和决策输出等多种内容，具有比传统的“测量”更丰富的范畴，是检测设备模仿人类专家信息综合处理能力的结晶。1946 年，美国宾夕法尼亚大学美籍匈牙利数学家冯·纽曼的设计思想指导下研制出世界第一台电子计算机，为现代智能检测系统的发展提供了有效的手段。

1971 年,美国 Intel 公司研究出 4004 型 4 位微处理芯片,使传统的检测仪器采用计算机进行数据分析成为现实。微电子技术,特别是微计算机技术的迅猛发展,使检测仪器在测量过程自动化、测量结果的智能化处理和仪器功能仿人化方面都有了巨大的进展。

在精密测量技术方面,重要的是对更高精度且形状复杂的工件进行高效测量。测量的不确定度不仅是用于评估检测结果,更重要的是用于从总体上考虑检测成本,以构筑高效率的检测系统。不仅要提供以高精度为基础的标准,而且还要研究能够更精确地模拟评估复杂测量不确定度的技术并使其实用化,这将是今后精密测量领域的重要课题。

2.2　量值的传递

2.2.1　长度基准及量值检定、传递系统

生产中的测量需要标准量,而标准量所体现的量值需要由基准提供,建立一个准确而统一的长度单位基准一直是几何量测量技术中的一大重要范畴。

1984 年,国务院发布了《关于在我国统一实行法定计量单位的命令》,决定在国际单位制的基础上,进一步统一我国的计量单位,规定我国计量单位一律采用《中华人民共和国法定计量单位》,其中规定“米”(m)为长度的基本单位,同时也使用米的十进倍数和分数的单位。机械制造业中常用的长度单位为毫米(mm)。精密测量中,多用微米(μm)或纳米(nm)为单位。

国际计量大会自 1889 年以来,曾先后以地球子午线(通过巴黎的)的 1/40000000 的长度、以氪-86(^{86}Kr)原子在 $2P_{10}$ 和 $5d_5$ 能级间跃所产生的辐射在真空中的波长的 1650763.73 倍的长度作为米的定义。前者建立了实物基准(国际米原器),后者实现了将长度单位建立在自然基准上的设想。由于此谱线的单色性有限(谱线宽度 $\Delta\lambda=4.7\times10^{-7}$ μm),加之更窄谱线宽度(比^{86}Kr 小四五个数量级)、更高频率稳定度的激光问世,1983 年 10 月,第十七届国际计量大会审议规定米的定义为:“1 米是光在真空中 1/299792458 秒的时间内所行进的路程长度。”按此定义在实验室进行基准值复现时,是根据辐射波长 $\lambda=c/f$ 关系式,由测出的辐射频率 f 与给定的光速值 c(物理常数)来复现长度值。可见此定义是一个开放性的定义,并未像旧定义那样规定有具体的谱线,谁能够获得高频率稳定度的辐射并能够对其频率进行精确的测定,谁就能够建立高精度的长度基准。国际上少数工业先进国家,已将频率的稳定度提高到 10^{-14} 的量级,我国从 1985 年 3 月起已正式使用碘分子饱和吸收稳频的 0.612μm 氦氖激光辐射作为国家长度基准,其频率稳定度可达 10^{-9}。最近,我国的科学工作者采用单粒子存贮技术,已将辐射的频率稳定度一举提高到 10^{-17} 的水平。

《中华人民共和国法定计量单位》采用国际单位制中的辅助单位“弧度(rad)”作为平面角的计量单位,同时选定非国际单位制单位度(°)、分(′)、秒(″)作为角度的测量单位。弧度的单位量值为圆周上截取弧长与半径相等的该圆两条半径之间的平面夹角。度、分、秒与弧度的换算关系为

$$1^\circ=60'=(\pi/180)\,\text{rad}$$

$$1'=60''=(\pi/10800)\,\text{rad}$$

$$1''=(\pi/648000)\,\text{rad}$$

弧度可用长度比值求得，一个圆周角又定义为360°，因此角度无需和长度一样再建立一个自然基准。

2.2.2　量值检定及传递

使用辐射线的波长作为长度基准，虽然可以达到足够高的精确度，但是却不便直接应用于生产中的尺寸测量。因此，为使生产中使用的计量器具和工件的量值统一，就需要有一个统一的量值传递系统，即将米的基准定义长度一级一级地传递到实体工件计量器具上，量值传递的过程实际上是一个检定的过程。用光波干涉仪检定计量标准器具，用计量标准器具检定使用中的计量器具，再用这些计量器具实现工件尺寸的测量。

为了保证长度基准的量值能够准确地传递到生产中去，确保全国量值的准确统一，在组织管理上和技术上都必须建立一套系统，这就是量值传递系统。

我国量值传递的最高管理机构现已更名为国家市场监督管理总局，组织实施质量强国战略，负责工业产品质量安全、食品安全、特种设备安全监管，统一管理计量标准、检验检测、认证认可等工作，并行使行政执法职能的正部级国务院直属机构。省、市、自治区的市场监督管理局及地、市、县的市场监督管理机构根据国家市场监督管理总局提出的计量工作指导方针，负责管理本地区的检定、测试、组织量值传递等工作。这些计量工作机构的建立，组成了我国的计量网。

在技术上，为了保证量值的统一，建立有从长度基准到生产中使用的各种计量器具和工件的长度量值传递系统，如图2－1所示。

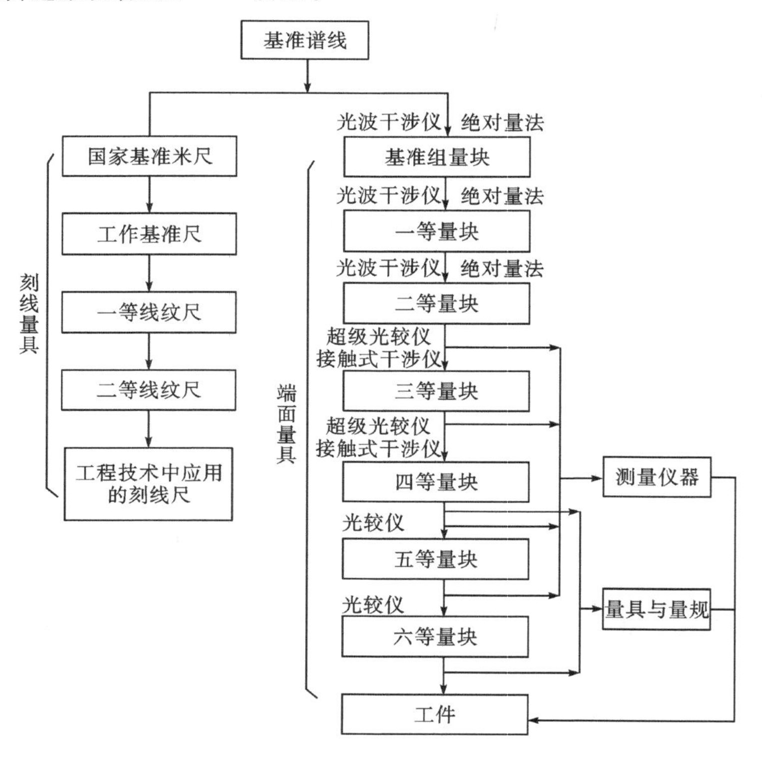

图2－1　长度量值传递系统

角度也是机械制造中的重要几何量之一。角度量值尽管可以通过等分圆周获得任意大小的角度而无需再建立一个自然基准，但在计量部门，为了常用特定角度的测量方便和便于对测角仪器进行检定，仍然需要建立角度量的基准，常用标准多面棱体和标准度盘作为角度量基准的标准器具，利用圆周封闭的自然条件，可以获得高精度的检定。机械制造中的一般角度标准多为角度量块、测角仪或分度头等。

目前生产的多面棱体有 4，6，8，12，24，36 及 72 面体。图 2－2 所示为八面棱体，在该棱体的任一横截面上，其相邻两面法线间的夹角为 45°，用它作基准可以测量 $n \times 45°$ 的角度（$n = 1, 2, 3, \cdots$）。以多面棱体作为角度基准的量值传递系统如图 2－3 所示。

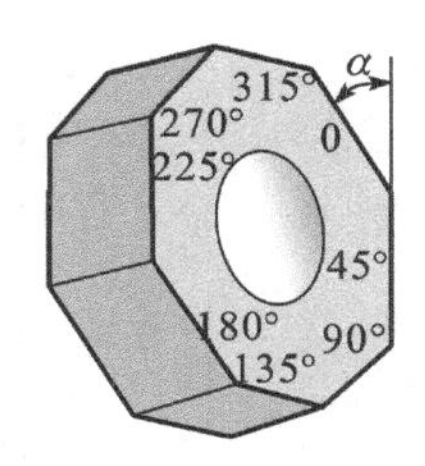

图 2－2　八面棱体

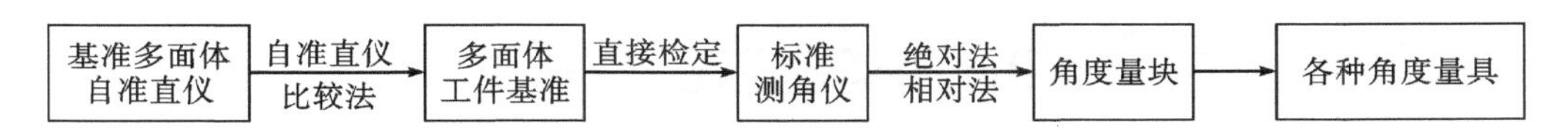

图 2－3　以多面棱体作为角度基准的量值传递系统

2.2.3　量块的基本知识

由图 2－1 可以看出，在长度量值传递系统中，从基准到工件之间的量值传递媒介，主要有线纹尺和量块，其中尤以量块的应用为广。在机械和仪器制造业中，量块除广泛用来检定和校准各种测量仪器和量具外，还常常用于仪器、机床、夹具等的调整，有时也直接用于零件的测量和检验。

1. 主要术语及定义

（1）量块。用铬锰钢等特殊合金钢或线膨胀系数小、性质稳定、耐磨以及不易变形的其他材料制造，形状有长方体和圆柱体两种。常用的形状是长方体，其横截面为矩形，并具有一对相互平行的测量面，如图 2－4 所示。量块的测量面可以和另一量块的测量面相研合而组合使用，也可以和具有类似表面质量的辅助体表面相研合而用于长度的测量。

（2）量块长度 l。量块一个测量面上的任意点到与其相对的另一测量面相研合的辅助体表面之间的垂直距离。辅体的材料和表面质量应与量块相同。

（3）量块中心长度 lc。相应于量块未研合测量面中心点的量块长度（图 2－5）。

（4）量块标称长度 ln。标记在量块上，用以表明其与主单位（m）之间关系的量值，也称为量块长度的示值。

（5）量块长度的极限偏差 t_e。中心点的量块长度相对于标称长度的最大偏差，代数差为 $lc - ln$。

（6）量块长度变动量 t_v。量块测量面上任意点中的最大长度 l_{max} 与最小长度 l_{min} 之差（图 2－5）。

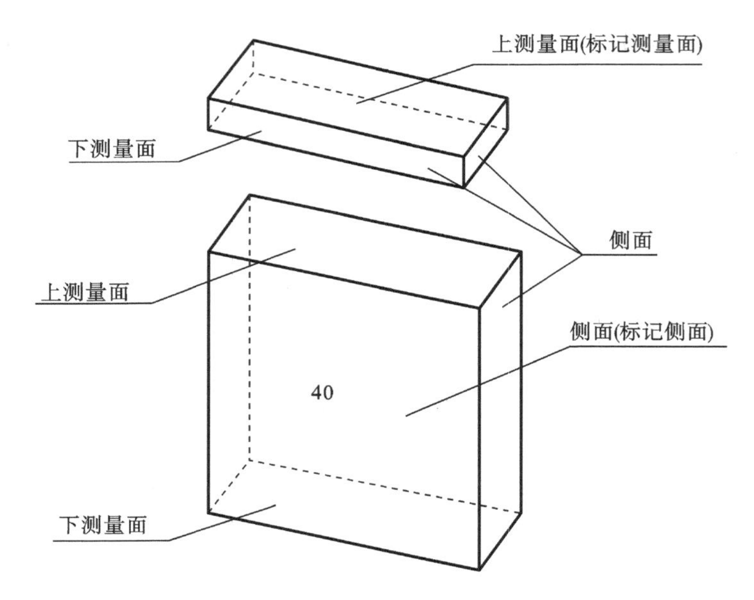

图 2-4 量块及其测量面

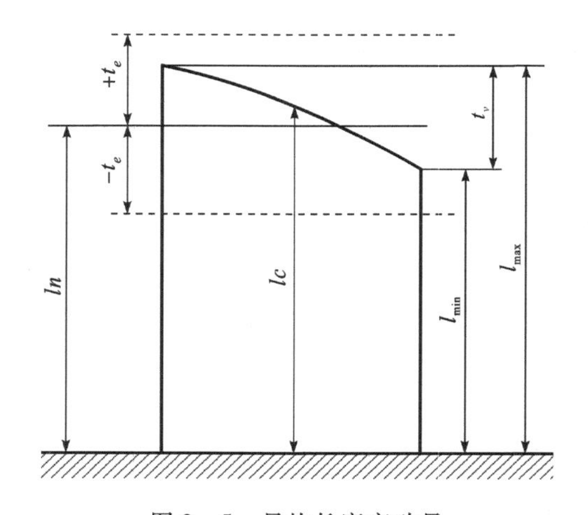

图 2-5 量块长度变动量

2. 量块的精度

按 GB/T 6093—2001 的规定，依据量块长度的极限偏差、长度变动量允许值、测量面的表面粗糙度、测量面的平面度、研合性、尺寸稳定性等，将量块按制造精度划分为 00，0，1，2，3 和 K 级共 6 个级别。

各级量块长度的极限偏差和长度变动量允许值列于附表 2-1。

量块的 00 级精度最高，3 级精度最低，K 级是校准级，其长度极限偏差与 1 级相同，中心长度用光波干涉法测量，并给出实测值，K 级量块用作最高级量块，仅在用比较法检定 0，1，2 级量块时作为基准使用。

为满足量值传递中检定工作的需要，量块又按其检定精度分为 1，2，3，4，5 五等，其中 1 等最高，5 等最低。量块"等"的划分是在量块的平面平行性满足一定要求的前提下，主要依据量块中心长度的检定精度即中心长度实际尺寸测量的极限误差来确定的（附表 2-2）。

制造高精度量块的工艺要求高、成本也高，但高精度量块在使用一段时间后，会因磨损而引起标称长度实际减小。所以，量块按“级”使用时，是以标记在量块上的标称尺寸作为工作尺寸，此时忽略了量块的实际制造误差。量块按“等”使用时，则是以量块检定后所给出的实测中心长度作为工作尺寸，此尺寸不包含量块的制造误差，但包含了量块检定时的测量误差。一般来说，检定时的测量误差要比制造误差小得多，忽略的仅仅是微小的检定量块实际尺寸时的测量误差。所以，量块按“等”使用时其精度比按“级”使用要高。

量块的“级”和“等”是表达精度的两种方式。我国进行长度尺寸传递时用“等”，许多工厂在精密测量中也常按“等”使用量块，除可提高精度外，还能延长量块的使用寿命，因为磨损超过极限的量块经修复和检定后，仍可作同“等”使用。

3. 量块的组合

量块不仅尺寸准确、稳定、耐磨，而且测量面极为光滑平整，其表面粗糙度和平面度误差均很小。当测量面表面留有一层极薄的油膜（约 0.02μm）时，在加压推合力作用下，由于分子之间的吸引力，两个量块就能研合在一起，即具有粘合性。利用这种特性，可以在一定的尺寸范围内，用不同尺寸的量块组合成所需要的各种工作尺寸。

根据 GB/T 6093—2001 规定，我国成套生产的量块共有 17 种套别，每套的块数为 91，83，46，12，10，8，6，5 等规格。表 2－1 列出了国产 83 块一套量块的尺寸系列。

表 2－1　83 块一套的量块组成

标称尺寸序列/mm	尺寸间隔/mm	块数
0.5	—	1
1	—	1
1.005	—	1
1.01，1.02，…，1.49	0.01	49
1.5，1.6，…，1.9	0.1	5
2.0，2.5，…，9.5	0.5	16
10，20，…，100	10	10

组合量块时，为减少量块组合的累积误差，应力求使用最少的块数，一般不超过 4～5 块。因此，可从消去所需工作尺寸的最小尾数开始，逐一选取。例如，为得到工作尺寸 36.375mm 的量块组，从 83 块组中选取量块的过程如下：

所需工作尺寸	36.375mm
选第一块	1.005mm
剩下尺寸	35.37mm
选第二块	1.37mm
剩下尺寸	34mm
选第三块	4mm
剩下尺寸	30mm
选第四块	30mm

将选得的量块进行研合，如图 2－6 所示，即可完成量块的组合。

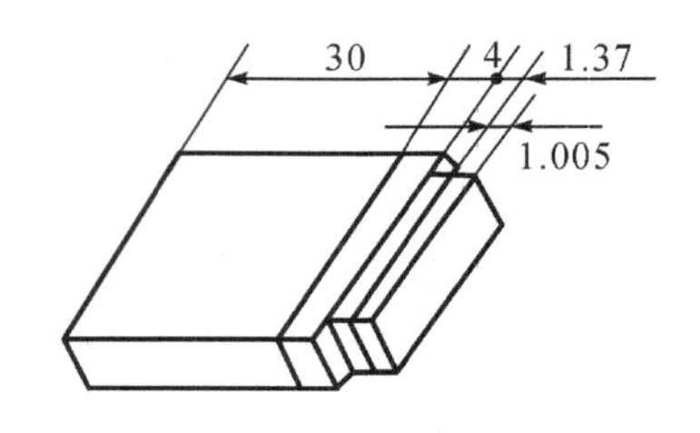

图 2－6 量块的组合

2.3 计量器具与测量方法的选择

计量器具是测量仪器和测量工具的总称。通常把没有传动放大系统的计量器具称为量具，如游标卡尺、直角尺和量规等；把具有传动放大系统等计量器具称为量仪，如机械比较仪、测长仪和投影仪等。

2.3.1 计量器具的分类

计量器具可以从不同角度进行分类。

1. 按用途分类

（1）标准计量器具。指测量时体现标准量的计量器具，通常用于校对和调整其他计量器具，或作为标准量与被测几何量进行比较。标准计量器具中，凡只体现某一固定量值的称为定值标准计量器具，如标准米尺、量块、直角尺等；凡能体现某一范围内多种量值的称为变值标准计量器具，如线纹尺、多面棱体等。

（2）通用计量器具。指通用性较强，可用来测量某一范围内的各种尺寸（或其他几何量），并能获得具体读数值的计量器具，如游标卡尺、千分尺、指示表、测长仪、工具显微镜、三坐标测量机等。

（3）专用计量器具。指专门用来测量某个或某种特定参数的计量器具，如圆度仪、丝杠检查仪、齿距检查仪、渐开线检查仪、量规等。

量规是一种没有刻度的专用计量器具，如光滑极限量规用来检验光滑圆柱工件（孔或轴），位置量规用来检验工件的形位误差，螺纹量规用来检验内、外螺纹等。

（4）检验夹具和检验自动机。指量具、量仪和定位元件等组合的一种专用检验工具，能够检测较多或较复杂几何量的夹具型式的计量器具。使用检验夹具和检验自动机，可使检测自动化，能用来检验更多和更复杂的参数，从而极大地方便检测操作和提高检测的效率。

2. 按被测几何量在测量过程中的变换原理分类

（1）机械式计量器具。指用机械方法来实现被测量的变换和放大，以实现几何量测量的计量器具，如千分尺（螺旋测微计）、千分表、杠杆比较仪、扭簧比较仪等。

（2）光学式计量器具。指用光学方法来实现被测量的变换和放大，以实现几何量测量的计量器具，如光学计、光学分度头、投影仪、干涉仪等。

（3）电动式计量器具。指将被测量先变换为电量，然后通过对电量的测量来完成被测几何量的测量,如电感测微仪、电容测微仪等。

(4)气动式计量器具。指以压缩空气为介质,将被测几何量变换为气动系统的状态(流量或压力)的变化,检测此状态的变化来实现被测几何量的测量,如水柱式气动量仪、浮标式气动量仪。

(5)光电式计量器具。指利用光学方法放大或瞄准,通过光电元件再转换为电量进行检测,以实现被测几何量测量的计量器具,如光栅式测量装置、光电显微镜、激光干涉仪等。

2.3.2 计量器具的基本度量指标和有关术语

度量指标是选择和使用计量器具、研究和判断测量方法正确性的依据,是表征计量器具性能和功能的指标。基本度量指标主要有以下几项:

(1)刻度间距 C。刻度间距是指计量器具标尺或圆刻度盘上两相邻刻线中心之间的距离或圆弧长度(图2-7)。刻度间距太小,会影响估读精度,太大则会加大读数装置的轮廓尺寸。为适于人眼观察,刻度间距一般为0.75~2.5mm。

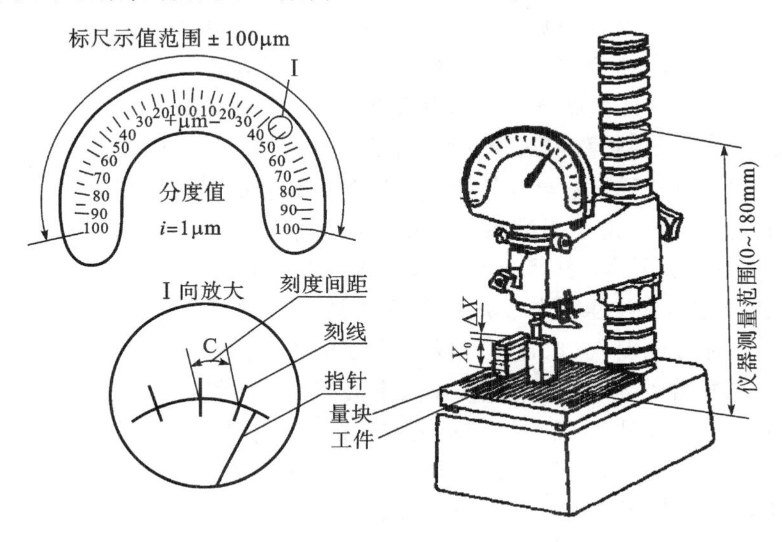

图2-7　计量器具的基本度量指标

(2)分度值 i。分度值亦称刻度值、分辨力,是指计量器具标尺上每一个刻度间距所代表的量值。在长度测量中,常用的分度值有0.01mm,0.005mm,0.002mm,0.001mm等几种(图2-7中分度值为0.001mm)。对于有些量仪(如数字式量仪),由于没有度盘指针显示,就不称作分度值,而称分辨力。分辨力是指量仪显示的最末一位数字所代表的量值。例如,F604坐标测量机的分辨力为1μm,光栅测长系统的分辨力为0.5μm。计量器具的分度值和精度在数值上应互相适应。一般地说,分度值愈小,即表示计量器具的精度愈高。

(3)灵敏度 S。指针对标尺的移动量 ΔL 与引起此移动量的被测几何量的变动量 ΔX 之比,即 $S=\Delta L/\Delta X$。灵敏度亦称传动比或放大比,它表示计量器具放大微量的能力。对于一般等分刻度的量仪,若其放大比为常数,则放大比为 $S=C/i$。此式说明,当刻度间距 C 一定时,分度值 i 愈小,放大比 S 就愈大,即计量器具的灵敏度就愈高。

(4)示值范围。是指计量器具所能显示或指示的被测量最小值到最大值的范围。例如

图 2－7 所示比较仪的示值范围为 ±100μm。

(5)测量范围。是指计量器具所能测量的被测量最小值到最大值的范围。例如图 2－7 所示比较仪的测量范围取决于悬臂可升降的调节范围,为 0～180mm。

(6)示值误差。示值误差是指计量器具显示的数值与被测几何量的真值之差,主要由仪器误差和仪器调整误差引起。示值误差是代数值,有正、负之分。一般可用量块作为真值来检定出计量器具的示值误差。示值误差愈小,计量器具的精度就愈高。

(7)示值变动性。在测量条件不做任何改变的情况下,对同一被测量进行多次重复测量读数,其结果的最大差异,也叫重复精度。差异值越小,重复性就越好,计量器具精度也就越高。

(8)回程误差。在相同的测量条件下,当被测量不变时,计量器具沿正、反行程在同一点示值上测量结果之差的绝对值称为回程误差。引起回程误差的主要原因是计量器具测量系统中存在有间隙、变形和摩擦等。测量时,为了减小回程误差的影响,应按一个方向进行测量。

(9)测量力。指在接触式测量过程中,计量器具测头与被测工件表面之间的接触压力。过小的测量力会影响接触的可靠性,过大的测量力会引起测头和被测工件的变形,从而引起较大的测量误差,较好的计量器具一般均设置有测量力控制装置。

(10)校正值。校正值也称修正值,为了消除计量器具的系统测量误差,用代数法加到测量结果上的值称为校正值,它与计量器具系统测量误差的绝对值相等而符号相反。

(11)不确定度。表示由于测量误差的存在而对被测量值不能肯定的程度。不确定度按误差性质可分为系统不确定度和随机不确定度。从估计方法上可分为两类:A 类分量和 B 类分量。A 类分量是多次重复测量用统计方法计算出的标准偏差,B 类分量是用其他方法估计出近似的“标准偏差”。通常用合成方差的方法,将其合成所得的“标准偏差”称为合成不确定度,如此所得的不确定度值具有概率的概念,即在此范围内不确定度的概率为 68.27%。如果为了特殊用途,需要增加不确定度的置信程度,则需将合成不确定度乘以置信因子,从而得出特定置信概率下的总不确定度。由于不确定度包括测量结果中无从进行修正的部分,因此它反映了测量结果中未能确定的量值范围。

2.3.3 测量条件

测量条件主要是指测量时的环境条件以及测量人员能否正确对待和处理计量器具和被测工件,测量结果在很大程度上要受到测量条件的影响。

环境条件主要包括测量场所的温度、湿度、气压、振动和灰尘等因素。测量时的标准温度为 20℃。一般工件的测量多在生产车间进行,精密工件、刀具和量规的测量则需要在温度和湿度得到严格控制的计量室中进行。在线测量时需要特别注意环境条件对测量结果的影响。

测量方案的确定和测量操作离不开人的工作,测量者的技术素质对测量工作的好坏有决定性的作用。因此,提高测量人员的技术水平也是改善测量条件的重要内容。

2.3.4 测量方法的分类

广义的测量方法是指测量时所采用的测量原理、计量器具和测量条件的总和。但在实际工作中,测量方法往往是指被测量与标准量相比较得到比值的方法,它可以从不同的角度进行分类。

1. 按是否直接测量所要求测量的被测量分类

(1)直接测量。用已知标准的计量器具,对某未知量直接测量,不需任何运算,直接得到测量值的方法称为直接测量。

(2)间接测量。对与被测量有关的物理量进行直接测量,然后根据函数关系计算得到被测量的测量方法称为间接测量。

(3)组合测量。将直接测量与间接测量相结合得到测量值的方法称为组合测量。

例如在图 2-8 中,欲测几何量是锥体的圆锥角 Φ,间接测量时,按照下式确定正弦尺下所垫量块组的尺寸 h:

$$h = L \cdot \sin\varphi \tag{2-2}$$

式中,L——正弦尺两圆柱间距;

φ——欲测圆锥角的公称值。

测量时将所组合的量块组、正弦尺、被测锥体如图 2-8 平稳地安置于平板上后,再在图示距离为 l 的两点 a 和 b 处用千分表触测,以确定 a 点对 b 点的高度差 Δ,按下式确定欲测圆锥角对其公称值的偏差 θ:

$$\theta \approx \Delta / l \tag{2-3}$$

欲测圆锥角的值即为

$$\Phi = \varphi + \theta \tag{2-4}$$

直接测量的优点是测量过程简单快捷,多用于工程实际;间接测量复杂费时,一般用于解决直接测量不便、误差较大或缺少直接测量手段的物理量测量,多用于实验室的研究;组合测量是一种精度高的测量方法,一般用于科学实验或特殊场合。

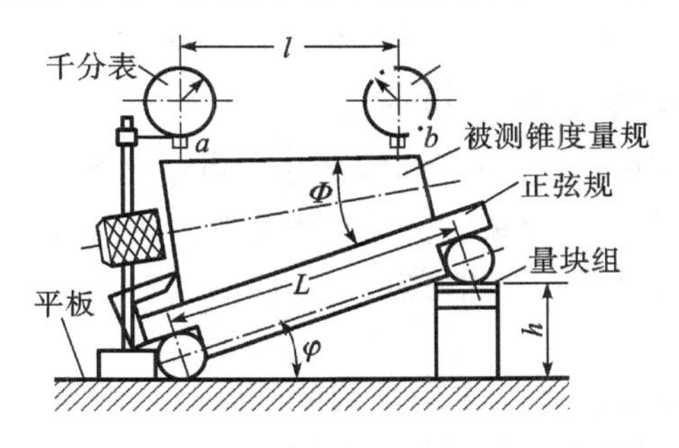

图 2-8　用正弦尺间接测量锥角示意图

2. 按测量工具方式分类

(1)偏差式测量法。测量中用仪表指针位移表示被测量的方法称为偏差式测量法。偏差式测量法的优点是简单迅速,但精度不高,多用于工程测量。

(2)零位式测量法。测量中用零位检测系统判断系统是否平衡,系统平衡时用已知的基准量确定被测量的方法称为零位式测量法,也称补偿式或平衡式测量法。零位式测量法测量精度高,但比较费时,因此不适合快速变化信号的测量,普遍用于工程实际和实验室测量。

(3)微差式测量法。测量中先用零位法将被测量与标准量相比,得到比值,再用偏差法求偏差值的方法称为微差式测量法。微差式测量法结合了偏差式和零位式的优点,精度高、反应快,在工程实际中得到了广泛的应用,适合在线参数测量。

3. 按测量时是否与标准件比较分类

(1)绝对测量。测量器具的示值直接反映被测量量值的测量为绝对测量,如用游标卡尺、外径千分尺测量轴径就是绝对测量。

(2)相对测量。将被测量与一个标准量值进行比较得到两者差值的测量为相对测量。如用内径百分表测量孔径即为相对测量。

相对测量时,测量器具的零位或起始读数常用已知的标准量(量块、调整棒等的尺寸)来调整,测量器具读数装置仅指示出被测量对标准量的偏差值,因而测量器具的示值范围大大缩小,有利于简化测量器具结构,提高其示值的放大比和测量精度。在绝对测量中,温度偏离标准温度(20℃)以及测量力的影响可能会引起较大的测量误差。而在相对测量中,由于是在相同条件下将被测量对标准量进行比较,故可大大缩小由于温度、测量力的变化造成的误差。一般而言,相对测量易于获得较高的测量精度,尤其是在量块出现后,为相对测量提供了有利条件,所以在生产中得到广泛应用。

4. 按被测工件表面与计量器具测头是否有机械接触分类

(1)接触测量。计量器具的测头与工件被测表面直接接触,并有机械作用的测量力,如用千分尺、游标卡尺测量工件。为了保证接触的可靠性,测量力是必要的,但它可能使计量器具或工件产生变形,从而造成测量误差。尤其是在绝对测量时,对于软金属或薄结构易变形工件,接触测量可能因变形造成较大的测量误差或划伤工件表面。

(2)非接触测量。计量器具的测头与工件被测表面不直接接触,没有机械作用的测量力,如用干涉显微镜、磁力测厚仪、气动量仪等的测量。此时,可利用光、气、电、磁等物理量关系使测量装置测头中的敏感元件与被测工件表面联系。

5. 按工件上同时被测参数的多少分类

(1)单项测量。对个别的、彼此没有联系的某一单项参数的测量称为单项测量,也即分别而独立地测量工件上的各个几何量。例如分别测量齿轮的齿厚、齿形、齿距或者螺纹的中径、螺距等。这种方法一般用于量规的检定、工序间的测量,或者为了工艺分析、调整机床等目的。

(2)综合测量。同时测量工件上多个参数的综合效应或综合参数,从而综合判断工件的合格性。例如用螺纹量规验收螺纹工件、用花键量规检验花键等。综合测量一般用于终结检验(验收检验),测量效率高,能有效保证互换性,特别适用于成批或大量生产中。

6. 按测量在工艺过程中所起作用分类

(1)主动测量。即工件在加工过程中进行的测量。其测量结果直接用来控制工件的加工过程,决定是否需要继续加工或判断工艺过程是否正常、是否需要调整,以保证产品质量,预防和杜绝不合格品的产生,所以主动测量又称为积极测量。一般自动化程度高的机床具有主动测量的功能,如数控机床、加工中心等高端装备。

(2)被动测量。即工件加工完成后进行的测量。其结果仅用于发现和剔除废品,因此被动测量又称为消极测量。

7. 按测量时被测工件所处的状态分类

(1)静态测量。测量时被测工件和计量器具测头处于静止状态。例如用齿距仪测量齿轮齿距,用工具显微镜测量丝杠螺距等。

(2)动态测量。测量时被测工件表面与计量器具测头处于相对运动状态,或测量过程是模拟工件在工作或加工时的运动状态,它能反映工作或生产过程中被测参数的变化过程。例如用单啮仪测量齿轮切向综合误差,用电动轮廓仪测量表面粗糙度等。

8. 按测量中测量因素是否变化分类

(1)等精度测量。在测量过程中,决定测量精度的全部因素或条件不变。例如,在同样条件下,由同一个人用同样方法和同一台仪器,同样仔细地测量同一个量,求测量结果平均值时所依据的测量次数也相同,因而可以认为每一测量结果的可靠性和精确程度都是相同的。在一般情况下,为了简化测量结果的处理,大都采用等精度测量。实际上,绝对的等精度测量是做不到的。

(2)不等精度测量。在测量过程中,决定测量精度的全部因素或条件可能完全改变或部分改变。例如,在不同的条件下,由不同的人员用不同的测量方法和不同的计量器具,对同一被测量进行不同次数的测量。显然,其测量结果的可靠性与精确程度各不相同。由于不等精度测量的数据处理比较麻烦,因此一般用于重要的科研实验中的高精度测量。

以上测量方法分类是从不同角度考虑的。对于一个具体的测量过程,可能兼有几种测量方法的特征。例如在内圆磨床上用两点式测头进行检测,就属于主动测量、直接测量、接触测量和相对测量。在测量过程中采用正确的测量方法是非常重要的,它直接关系到测量工作能否正常进行及测量数据的有效性。应根据测量任务的要求,进行认真分析,确定切实可行的测量方法,然后选择合适的测量仪器组成测量系统,进行实际测量。

2.3.5 几个重要的测量原则

为了减小测量误差、提高测量精度,在进行精密测量时应注意遵守以下几个重要的测量原则。

1. 阿贝测长原则

长度测量时需要计量器具的某些构件进行移动,而移动方向的正确性通常由导轨保证。导轨的制造和安装误差会造成移动方向的偏斜。为了减小这种方向偏斜对测量结果的影响,1890年德国人 Ernst Abbe 提出了以下指导性原则:在长度测量中,应将标准量安放在被测量的延长线上,此即阿贝测长原则。也就是说,量具或仪器的标准量系统和被测尺寸应按串联的形式排列。

标准量与被测尺寸的两种布置方案比较如下:

(1)并联排列方案

测量时将标准尺寸和被测尺寸相距 S 平行放置,如图2-9所示。由于导轨存在着直线度误差,当读数显微镜架自位置1移至位置2后产生了偏斜,以角度 φ 表示,则由此产生的测量误差 $\Delta = S \cdot \tan\varphi$。设 $S = 100\text{mm}$,$\varphi = 10'' = 0.00005\text{rad}$,则

$$\begin{aligned}\Delta &= S \times \tan\varphi \approx S \cdot \varphi \\ &= 100 \times 1000 \times 0.00005 \\ &= 5\mu\text{m}\end{aligned}$$

(2)串联排列方案

测量时将标准尺和被测尺寸串联地放置在同一直线上,如图 2-10 所示。同样,由于导轨存在着直线度误差,当镜架由位置 1 移向位置 2 时(为使图形清楚起见,镜架位置 2 的状况画在图的下方)产生了转角 φ,此时所产生的测量误差:

$$\Delta = l(1-\cos\varphi) \approx \frac{1}{2}l\varphi^2$$

式中,l 为镜架上两个显微镜的纵向距离。如 $l=1000\text{mm}$,$\varphi=10''$,则

$$\Delta = 1000\times 0.00005^2 \div 2 \approx 1\times 10^{-6}\text{mm} = 0.001\mu\text{m}$$

比较两种方案,并联方案产生的测量误差相当大,而串联方案产生的测量误差几乎可以忽略不计。可见阿贝测长原则之重要性,在评定量仪或拟定长度测量方案时必须首先考虑它。如由于结构上的原因,在大尺寸测量中难以实现时(比如工作台、床身要求太长等),就应该尽量考虑采取有效措施以减少、甚至消除由于不符合阿贝原则所产生的误差。

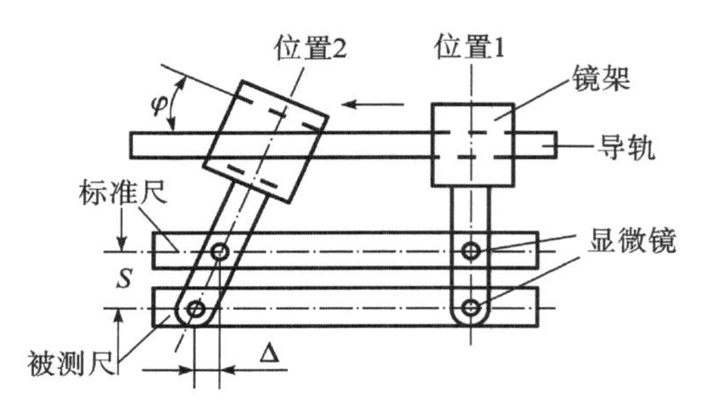

图 2-9 标准尺与被测尺寸并联排列

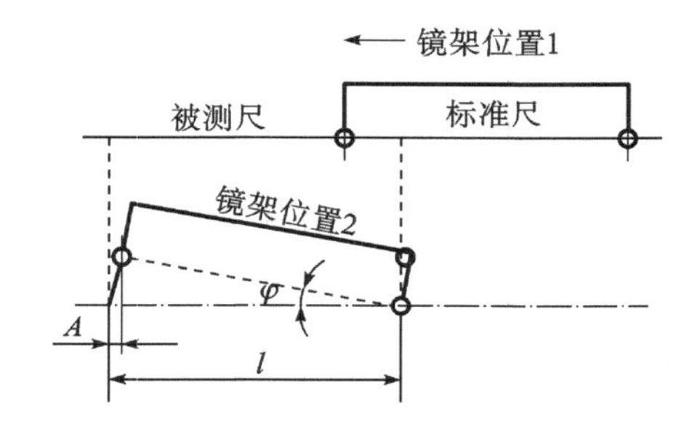

图 2-10 标准尺与被测尺寸串联排列

2. 圆周封闭原理

在圆周分度器件(如刻度盘、圆柱齿轮等)的测量中,利用在同一圆周上所有夹角之和等于 360°,即所有夹角误差之和等于零的这一自然封闭特性,在没有更高精度的圆分度基准器件的情况下,采用“自检法”也能达到高精度测量的目的。下面以方形角尺的检定为例说明其自检方法。

图 2-11 为其测量原理图。将方形角尺垂直放置在一个基面上,以角 1 的一面为定位面,由自准直仪对准角 1 的另一面,调整自准直仪使其读数为零,即角 1 的读数 $e_1=0$。然后以 1 为定角(用 A 表示),将其他各被测角与其进行比较,得相应的读数为 e_2, e_3, e_4。各被测角的实际值 $\varphi_i = A + e_i$。

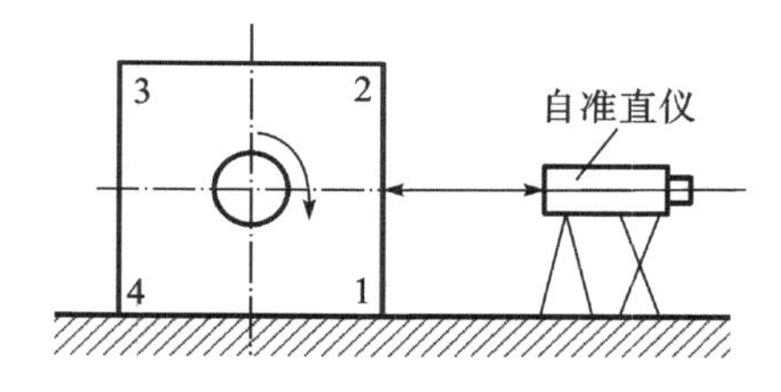

图 2-11 方形角尺的自检法

设 φ_i 对公称角的误差为 $\Delta\varphi_i$,即 $\varphi_i = 90° + \Delta\varphi_i$,则 $\Delta\varphi_i = \varphi_i - 90° = A + e_i - 90° = \Delta A + e_i$,

式中 $A-90°=\Delta A$ 为角 1 的误差，于是可以列出下列各式：

$$\Delta\varphi_1=\Delta A+e_1$$
$$\Delta\varphi_2=\Delta A+e_2$$
$$\Delta\varphi_3=\Delta A+e_3$$
$$\Delta\varphi_4=\Delta A+e_4$$

将各式等号两边求和，可得

$$\sum_{i=1}^{4}\Delta\varphi_i=4\Delta A+\sum_{i=1}^{4}e_i$$

由自然封闭条件可知：$\sum_{i=1}^{4}\Delta\varphi_i=0$

所以

$$\Delta A=-\frac{1}{4}\sum_{i=1}^{4}e_i$$

因而四个角的实际偏差皆可求出。

设 $e_1=+0.2''$，$e_2=-0.5''$，$e_3=+0.8''$，$e_4=-1.7''$（注：e_i为初读数，不一定为零），则

$$\Delta A=-\frac{1}{4}(+0.02-0.5+0.8-1.7)=+0.3''$$

于是每个角的实际偏差为

$$\Delta\varphi_1=+0.3+0.2=+0.5''$$
$$\Delta\varphi_2=+0.3-0.5=-0.2''$$
$$\Delta\varphi_3=+0.3+0.8=+1.1''$$
$$\Delta\varphi_4=+0.3-1.7=-1.4''$$
$$\Delta\varphi_1+\Delta\varphi_2+\Delta\varphi_3+\Delta\varphi_4=+0.5-0.2+1.1-1.4=0$$

由上例可见，由于方形角尺的四个直角符合封闭原则，在没有高精度的标准四面棱体或标准直角尺的情况下，采用自检方法同样可以测出每一个直角的实际偏差，其测量完全取决于所采用的瞄准读数装置，并能达到很高的精度。

3. 最短测量链原则

整个测量系统的传动链，按其功能主要可分为三部分，即测量链、指示链及辅助链。测量链的作用是感受被测量值的信息信号，在长度、角度等几何量的测量中，即感受位移量。指示链的作用是显示测量结果。辅助链的作用是调节、找正测量部位等。在长度测量中，测量链由测量系统中确定两测量面相对位置的各个环节及被测工件组成。两测量面是指测头与工作台的测量面（立式测量仪器）或活动测头与固定测头的测量面（卧式测量仪器）。将被测工件置入两测量面之间即形成封闭的测量链。测量链中，各组成环节误差的影响都很大（误差传递比通常为 1），而测量链的最终测量误差是各组成环节误差之累积值。因此，应尽量减少测量链的组成环节，并减小各环节的误差，此即最短测量链原则。例如，在用量块组合尺寸时，应使量块数尽可能减少；在用指示表测量时，在测头—被测工件—工作台之间应不垫或尽量少垫量块，表架的悬伸支臂与立柱应尽量缩短等。

4. 误差补偿原则

用单纯提高仪器精度的办法提高测量精度有困难时，可采用误差补偿方法。提高仪器

的制造精度往往会受到工艺水平、设备条件、经济性等方面的制约。这时,为了提高仪器的测量精度,可通过高精度的检定,检出仪器误差作为修正量,对仪器的测量结果进行修正。例如,可将测长机标尺不同位置处的示值误差检定出来,列表存放,在进行某一长度测量时,可查表找出相应的示值误差,然后将其从测量结果中扣除,即能达到提高测长机测量精度的目的。现代三坐标测量机制造技术难度大,误差补偿原则显得更重要。一般三坐标测量机带有计算机,这就使得误差补偿更为方便,测量机的误差经检定检出后,列表存放在计算机的内存中,测量过程中可通过软件对测得值进行校正,此即所谓的“软件补偿”。

利用“矫正板”、随机补偿装置等设备进行误差补偿也是提高仪器测量精度的重要途径。

5. 相同条件比较原则

与标准件进行比较的相对测量是精密测量中常用的方法,尽管比较装置本身存在有装置制造、安装定位等误差,但只要用标准件校准装置时和用装置进行测量时的测量条件相同,被测量的测量精度则主要取决于标准件的精度,此即测量中的相同条件比较原则。例如,用安装于磨床上的主动测量装置进行轴径的两点法测量时,尽管测量线并未精确地穿过轴心,但是只要测量装置是经标准件在同样安装下校正过指示零位的,则仍能实现轴直径的精密测量。

2.3.6 计量器具和测量方法选择的一般原则

计量器具和测量方法的选择原则是:既要保证测量精度,又要经济适用。一般应就以下几个方面综合考虑:

(1)根据被测量的特性和大小选择计量器具的类型和规格。例如测量直径 ϕ40mm 的轴可选用测量范围为 25 ~ 50mm 的外径千分尺,测量轴肩对轴线的垂直度可选用跳动检查仪和千分表等。

(2)根据被测量的公差大小选择计量器具的精度。一般来说,公差小,器具的精度要高;公差大,器具精度应低。对于有检测标准的(如光滑工件尺寸的检验),应按标准规定进行选择。对于没有标准的其余工件的检测,则应使所选用的计量器具的极限误差占被测量公差的 1/10 ~ 1/3,其中对高精度的工件采用 1/10,对低精度的工件采用 1/3 甚至 1/2。常用计量器具的测量极限误差列于附表 2 - 3。

(3)根据被测工件的特性选择测量方式。例如工件为钢铁制件,表面硬度高,多采用接触测量;刚性差、硬度低的软金属工件或微型工件,一般应采用非接触测量等。

(4)根据生产的特点和要求选择计量器具和测量方法。单件或小批量生产时,应选用通用计量器具;大批量生产时,应选用量规、检验夹具或自动机,以提高检测效率。试切件检查或进行加工工艺分析时,应采用单项测量方法;完工验收时,宜采用综合检测方法等。

2.3.7 光滑工件尺寸的检测

光滑工件通常用普通计量器具测量或用光滑极限量规检验。按图样要求,工件的真实尺寸必须位于规定的最大与最小极限尺寸范围内,这样才是合格的。通过测量,可以得到工件的实际尺寸(测得尺寸)。由于测量误差,测得尺寸通常不等于真实尺寸。当真实尺寸位于极限尺寸附近时,按测得尺寸验收工件就有可能被误收或误废。误收会影响产品质量,误废会造成经济损失。所以,测量时正确地确定验收极限和选择计量器具具有重要的意义。为此,制定有国家标准 GB/T 3177—2009 产品几何技术规范(GPS)《光滑工件尺寸的检验》,它不仅规定了统一的验收原则,而且还提供了一些典型的实例。尽管该项国标的主要对象是光滑工件的尺寸,被测工件的标准公差等级范围为 IT6 ~ IT18,但由于长度尺寸是几何中最广泛、最基础的量,因此可以这样说,对所有形式的几何测量也同样具有实际指导意义。下面简要地介绍该项国标的基本内容。

1. 检验原则与规定

检验原则:所用验收方法应只接收位于规定尺寸极限之内的工件。

几项规定:由于计量器具和计量系统都存在内在误差,故任何测量都不能测出真值。另外,多数计量器具通常只用于测量尺寸,不测量工件上可能存在的形状误差。因此,对遵循包容要求的尺寸,工件的完善检验还应测量形状误差(如圆度、直线度),并把这些形状误差的测量结果与尺寸的测量结果综合起来,以判定工件表面各部位是否超出最大实体边界。

考虑到车间的实际情况,通常工件的形状误差取决于加工设备及工艺装备的精度;工件合格与否,只按一次测量判断;对于温度、压陷效应等,以及计量器具和标准器的系统误差均不进行修正。因此,任何检验都存在误判,为保证验收质量,规定了验收极限、计量器具的测量不确定度允许值和计量器具选用原则。

2. 验收极限

验收极限是检验工件尺寸时判断合格与否的尺寸界限。验收极限可以按照下列两种方式之一确定。

(1)验收极限是从规定的最大实体极限(MML)和最小实体极限(LML)分别向工件公差带内移动一个安全裕度(A)来确定,如图 2-12 所示。A 值按工件公差(T)的 1/10 确定,其数值在附表 2-4 中给出。

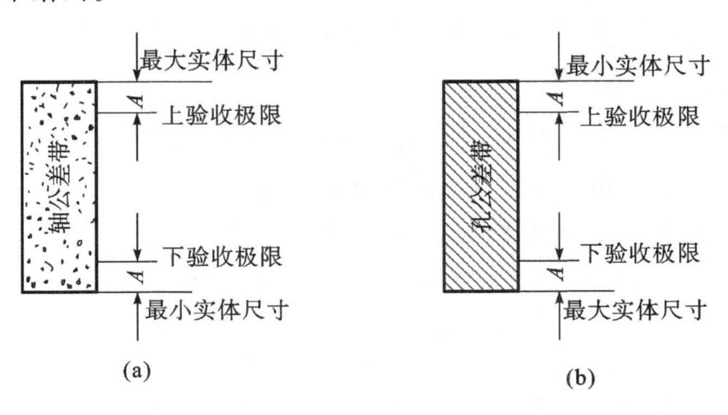

图 2-12 验收极限

(a)轴的验收极限;(b)孔的验收极限

由于测量误差的存在,同一被测尺寸的一系列测得值有一个分散范围,表示测得值分散程度的测量误差范围称为测量不确定。用于光滑工件尺寸检验的测量不确定度 $u = \pm 2\sigma$(σ 为测量的标准偏差,参见 2.4 节),它具有 95% 的置信程度。为保证产品的质量,就应根据工件公差的大小规定测量不确定度的允许值,并以此值作为公差带内缩留裕的安全裕度 A。

按这样的验收极限验收工件可使误收率降低，保证了所验收工件的质量。当然，误废率会相应有所升高。但是，从统计规律来看，误废量与总产量相比毕竟是少量的。

（2）验收极限等于规定的最大实体极限（MML）和最小实体极限（LML），即 A 值等于零。

GB/T 3177—2009 规定，在车间条件下，使用游标卡尺、千分尺和分度值不小于 0.0005mm 的比较仪等测量基本尺寸至 1000mm、公差值大于 0.009 至 3.2mm、有配合要求的工件时，应按此验收极限验收；安全裕度 A 按工件公差的大小确定，A 值约占工件公差分段中最小值的 10%、最大值的 5%（附表 2－4），工件应按内缩后的公差加工。

3. 计量器具的选择

按测量误差的来源，测量不确定度 u 是由计量器具不确定度 u_1 和测量条件引起的不确定度 u_2 组成的。计量器具不确定度 u_1 是表征由计量器具内在误差所引起的测得尺寸对真实尺寸可能分散的一个范围，其中还包括调整标准器（如调整比较仪的量块、千分尺的校正棒）的不确定度。测量条件不确定度 u_2 是表征测量过程中由温度、压陷效应及工件形状误差等因素所引起的测得尺寸对真实尺寸可能分散的一个范围。

u_1 和 u_2 都是独立随机变量，因此，它们之和 u 也是随机变量，并且应不大于安全裕度 A。但 u_1 与 u_2 对 u 的影响程度是不相同的，u_1 的影响大，u_2 的影响较小，一般按二比一的关系处理。由独立随机变量合成规则，得 $u=\sqrt{u_1^2+u_2^2}$，因此，$1.00A\approx\sqrt{u_1^2+u_2^2}$，由此得 $u_1=0.9A$，$u_2=0.45A$。

用普通计量器具测量工件时，根据工件公差的大小，按附表 2－4 查得安全裕度 A 和计量器具不确定度允许值 u_1，再按附表 2－5 至附表 2－7 所列普通计量器具不确定度的数值选择具体的计量器具。所选用的计量器具的不确定度 u_1 应等于或小于允许值。

严格按照 GB/T 3177—2009 的规定选择计量器具时，会发现公差等级为 7 级和 8 级甚至 9 级的工件，往往需要选用高精度的比较仪来进行检测。考虑到一般车间的生产和检验条件，对于非重要配合尺寸的检测，可以适当放宽计量器具不确定度允许值。

4. 计量器具选择举例

用普通计量器具测量工件 $\phi35_{-0.112}^{-0.050}$，试确定验收极限并选择合适的计量器具。

解 （1）安全裕度 A 和计量器具不确定度允许值 u_1

该工件的公差为 0.062mm，从附表 2－4 查得：

$$A=0.0062\text{mm},\quad u_1=0.0056\text{mm}$$

（2）验收极限

$$\text{上验收极限}=35-0.050-0.0062=34.9438\text{mm}$$

$$\text{下验收极限}=35-0.112+0.0062=34.8960\text{mm}$$

（3）选择计量器具

按工件基本尺寸 35mm，从附表 2－5 查得：分度值为 0.01mm 的外径千分尺的不确定度 u_1 为 0.004mm，小于允许值 0.0056mm，能够满足使用要求。

2.4　测量误差与测量数据处理

2.4.1　测量误差的基本概念

1. 测量误差

任何测量过程,由于受到计量器具和测量条件的限制,不可避免地会出现误差。因此每一个实际测得值往往只是在一定程度上近似于被测量的真值,这种近似程度在数值上则表现为测量误差。

测量误差 Δ 是指被测量的实际测得值 x 与其真值 Q 之差,即

$$\Delta = x - Q \tag{2-5}$$

被测量的真值是指一个量在观测瞬间的条件下,其本身的真实大小。它只是一个理想概念,一般是不能知道的,通常可用高一级计量器具所测得的量值来代替。

上式表达的测量误差也称绝对误差。由于 x 可能大于或小于 Q,因而绝对误差可能是正值,也可能是负值。绝对误差可用来评定大小相同的被测量的测量精度。对于大小不同的被测量的测量精度,则需用相对误差来评定。

相对误差 υ,是指绝对误差与真值之比,即:

$$\upsilon = \frac{\Delta}{Q} \approx \frac{\Delta}{x} \tag{2-6}$$

显然,相对误差是无量纲的数值,通常用百分比表示。

2. 测量误差的来源

产生测量误差的原因很多,主要有如下几种。

1)计量器具误差

计量器具误差是指计量器具本身的设计、制造误差以及直接影响操作使用的误差。这些误差的总和表现在计量器具的示值误差和示值变动性上。

设计计量器具时,有时采用近似的机构实现理论要求的运动,有时用均匀刻度的标尺代替理论上非均匀刻度的标尺,等等。这些设计原理误差必然会引起计量器具使用时的测量误差。

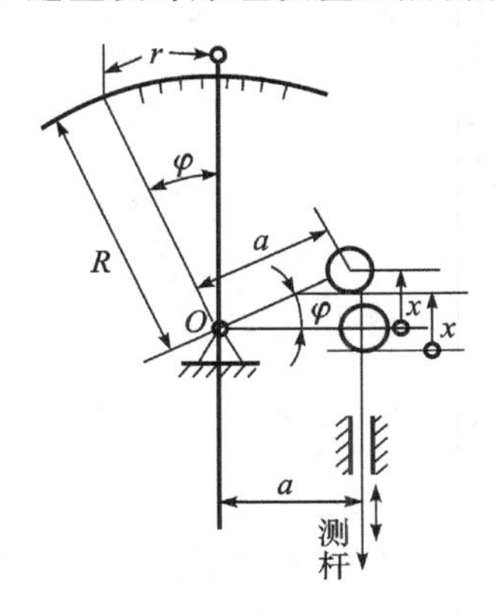

图 2-13　杠杆式量仪的测微原理图

图 2-13 所示为杠杆式量仪的测微原理图。其标尺度盘是均匀刻度的，因此从理论上说，指针摆角 φ 与测杆移动量 x 之间，应为线性函数关系，即：

$$x = a \cdot \varphi$$

但实际上，在该类仪器的设计中，往往采用图中所示的正弦机构，于是，摆角 φ 所对应的测杆实际位移量为

$$x' = a \cdot \sin\varphi$$

这样一来，就产生了原理误差

$$\Delta x = x - x' = a\varphi - a\sin\varphi \approx a \times \varphi^2/6$$

显然，指针摆角 φ 愈大，Δx 亦愈大。所以此类仪器的示值范围均有一定的限制。

制造和装配计量器具时也会产生误差，例如标尺刻线不准确、度盘安装偏心、计量器具调整不善等。

计量器具中零件的变形、运动件的磨损、瞄准装置设计不良、接触测量中测量力控制不合适等也会伴随计量器具的操作使用而引起测量误差。

2）标准件误差

任何作为标准的器具都不可避免地存在误差。因此在比较测量中，用来校准比较仪的标准件（如量块）的误差必然要反映到测量结果中，引起测量误差。为减小测量误差，测量时要合理地选择一定精度的标准件。

3）方法误差

方法误差是指测量方法不完善（包括测量方法选择不当、计算公式不精确、工件安装定位不合理等）所产生的误差。例如，测量一段长度超过 1/3 圆周但不足半圆周的圆弧的半径，采用图 2-14（a）所示方法用工具显微镜测量时，用米字线去夹圆弧两侧得到 a 点，去切圆弧底边得到 b 点，以 ab 长作为欲测圆弧半径 r，和一般常用的如图 2-14（b）所示弦矢法间接测量 r 相比，其测量误差是不同的，弦矢法的测量误差明显大。再如，测量大轮直径时，若无大型计量器具，可先测其圆周长 S，然后按 $d = S/\pi$ 计算出直径 d，由于 π 取近似值，所以计算结果中会带有方法误差。

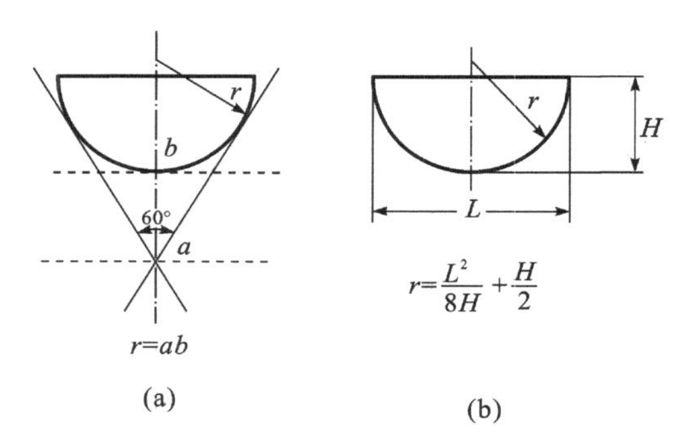

图 2-14 圆弧半径的间接测量

4）环境误差

由于测量环境条件（温度、湿度、气压、空气扰动、振动等）与要求的标准状态不一致，并在测量过程中变动，从而引起计量器具、标准件、工件的变化，造成测量误差。温度是影响长度测量尤其是大尺寸测量的最重要因素，温度偏离标准温度 20℃ 时，所引起的测量误差 Δx

一般可按下式计算：

$$\Delta x = x[a_1(t_1 - 20) - a_2(t_2 - 20)] \quad (2-7)$$

式中，　x——被测尺寸的长度；

a_1, t_1——被测工件的线膨胀系数和测量时的温度；

a_2, t_2——计量器具的线膨胀系数和测量时的温度。

可见，高精度的测量应在恒温、恒湿、无尘等条件下进行。

5）人为误差

人为误差是指测量人员的主观因素（如技术熟练程度、分辨能力、固有习惯、疲劳状态、思想情绪等）引起的误差。例如，计量器具调整不正确、测量瞄准不准确、读数或者估读错误等，都会造成测量误差。

3. 测量误差的分类

测量误差的来源是多方面的，就其性质而言，可分为系统误差、随机误差和粗大误差三类。

1）系统误差

在一定的测量条件下，多次重复测量时，以一定规律影响着每一次测量结果的误差称为系统误差。例如，量块检定后的实际偏差属于定值系统误差；度盘安装偏心所造成的量仪示值误差属于周期系统误差；图 2－13 所示杠杆式量仪的原理误差则属于一般的变值系统误差。

2）随机误差

在一定的测量条件下，多次重复测量时，对每次测量结果总有影响，但其具体影响的大小和方向以不可预知的方式变化着的误差称为随机误差，也叫偶然误差。例如，量块的检定误差；量仪在测量过程中的不稳定因素，如传动机构的摩擦、间隙、测量力等所造成的误差；环境条件的微小变动，如温度的波动和地基振动等所造成的误差；测量人员瞄准、读数不稳定所引起的误差等，均属于随机误差。

3）粗大误差

由于测量时的疏忽大意或环境条件的突变造成的某些较大的误差称为粗大误差。例如，读数错误、计算错误；电动量仪受外界电磁干扰而发生的记录曲线突跳等都属于粗大误差。

研究测量误差的根本目的在于减小和把握它，从而提高测量的精度。当对测量误差有了一个基本的认识后，对测量所得的一系列数据——测量列进行处理就是一条减小误差、把握误差的重要途径。

2.4.2　测量数据处理

1. 测量列中系统误差的处理

系统误差的数值往往较大，而且发生又有一定的规律，因此，揭露和消除系统误差是提高测量精度的有效措施。

1）揭露系统误差的方法

定值系统误差一般并不影响测量列的数值分布形态，因此不能从所得测量列中揭示，只能通过另外的实验和分析途径去发现。对计量器具和测量方法进行定期的预先检定,可以确定其定值系统误差;对计量器具和测量方法进行具体分析,亦可以发现其定值系统误差的发生情况,如用圆柱角尺检定直角尺时,圆柱角尺在对径方向上的直角误差一般总是大小相等方向相反的,再如用工具显徽镜测量螺纹工件的螺距和牙型半角时,由于工件的安装倾斜,所带来的左、右螺距和半角的测量误差,也是大小相等方向相反的。

计量器具所存在的变值系统误差也需要通过对计量器具的检定来确定。而测量过程中的变值系统误差,由于它会影响测量列的数值分布,因此可以通过测量列的数据处理来揭露。将测量列按照测量顺序排列或作图,观察其数值变化规律,若数值呈持续增长(或下降)趋势,则可知其存在有线性系统误差,若数值以一定周期在波动,则可知其存在有周期性系统误差等。

2)消除和减小系统误差的方法

(1)补偿修正法。预先检定出计量器具的误差,将其数值反号后制成修正值表。测量时,将相应的修正值追加补偿到测得数据中,即可达到将系统误差从测量列中扣除的目的。

(2)抵消法。根据具体情况拟定测量方案,使固定的系统误差互相抵消。例如,上述用圆柱角尺检定直角尺和用工具显微镜测量螺纹螺距时,可将测量安排成左、右各测一次,然后取其平均值作为测量结果,即可消除圆柱角尺倾斜以及螺纹工件安装倾斜所引起的系统误差。再如,对于角度量仪的度盘安装偏心所引起的系统误差,也可通过对径读数求其平均值来消除。

(3)对称法。测量过程中存在线性系统误差时,可采用对称测量法来消除。例如,比较测量时,若存在随时间按线性变化的系统误差时,可安排等时间间隔的测量步骤如下:①测工件;②测标准件;③测标准件;④测工件。取①、④读数的平均值与②、③读数的平均值之差作为实测偏差值,此种系统误差可消除。

(4)半周期法。测量过程中存在周期系统误差时,除可将全周期的测得值平均以消除此误差外,通常简便的作法是取相隔半个周期的两个测得值的平均值作为测量结果,以达到消除此种系统误差的目的。

消除和减小系统误差的办法较多,关键是要找出误差发生的根源和规律。尽管在确定系统误差时也会有误差以及其他实际因素的影响,系统误差不可能完全被消除,但一般来说,系统误差若能减小到使其影响仅相当于随机误差的程度,则可认为已经被消除。

2. 测量列中随机误差的处理

随机误差不可能被消除,但可应用概率与数理统计方法,通过对测量列的数据处理,减小并把握其对测量结果的影响。

1)测量列数值分布的数字特征

(1)算术平均值

消除过系统误差的测量列$\{x_1, x_2, \cdots, x_i, \cdots, x_n\}$的算术平均值为

$$\bar{x} = \frac{\sum_{i=1}^{n} x_i}{n} \tag{2-8}$$

由于

$$x_i = Q + \delta_i$$

式中,Q——被测量的真值;

δ_i——测量列中测得值的随机误差，亦称真差。

所以

$$\bar{x} = Q + \frac{\sum_{i=1}^{n} \delta_i}{n}$$

当 $n \to \infty$ 时，$\sum_{i=1}^{n} \delta_i \to 0$，从而 $\bar{x} \to Q$。

可见，随着测量次数 n 的增大，$\bar{x}$ 越接近真值，因此可以用算术平均值来近似表达被测量的真值。

(2)标准偏差

任何测量都不可能做到无限次，那么，用有限次测量的平均值来表达被测量值时还会有多大的误差，这个误差也必须要估计出来。显然，一个数值比较分散的测量列的算术平均值，比起一个数值相对集中的测量列的算术平均值，用于表达被测量的量值时会有比较大的误差，因此，分析测量列的数值分散程度，对于估计此误差是非常必要的。

要对测量列的数值分散程度做出显著的描述，通常都是采用标准偏差这一指标。

测量列中单次测量(任一测得值)的标准偏差定义为

$$\sigma = \sqrt{\frac{\sum_{i=1}^{n} \delta_i^2}{n}} \tag{2-9}$$

由于真差 δ_i 未知，所以不能直接按定义求得 σ 值。实际测量时，常用残差 $v_i = x_i - \bar{x} =$ 代替真差 δ_i，按照贝塞尔(Bessel)公式求得 σ 的估计值 S：

$$S = \sqrt{\frac{\sum_{i=1}^{n} v_i^2}{n-1}} \tag{2-10}$$

(3)随机误差的分布

大量的测量实践表明，随机误差通常服从正态分布规律，所以，其概率密度函数为

$$y = \frac{1}{\sigma\sqrt{2\pi}} e^{-\frac{\delta^2}{2\sigma^2}} \tag{2-11}$$

此函数所对应的曲线如图 2-15 所示，称为正态分布曲线。

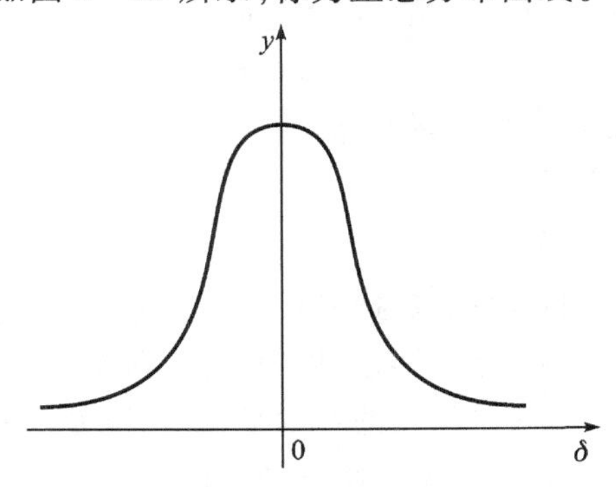

图 2-15　正态分布曲线

由理论计算可知，随机误差落在 $\pm3\sigma$ 范围内的概率为 99.73%，而超出 $\pm3\sigma$ 范围的概率仅为 0.27%，即大约 370 次测量中可能超出的只有一次。测量次数一般不过几十次，误差超出 $\pm3\sigma$ 范围的情况实际上极难出现。因此，可将 $\pm3\sigma$ 看作随机误差的极限值，记作：

$$\sigma_{\lim} = \pm 3\sigma$$

实际计算极限误差时，是用 S 替代 σ 来计算：

$$\sigma_{\lim} = \pm 3S$$

这样一来，便可确定出由任一测得值 x_i 所表达的测量结果：

$$Q = x_i \pm 3S$$

(4)测量列算术平均值的标准偏差

如果在相同条件下，对某一被测几何量重复地进行 m 组的"n 次测量"，则各组"n 次测量"的算术平均值也会不同，不过它们的分散程度要比单次测得值的分散程度小得多。描述它们的分散程度，同样可用标准偏差作为评定指标。

根据误差理论，测量列算术平均值的标准偏差 $\sigma_{\bar{x}}$ 与测量列任一测得值的标准偏差 σ 存在如下关系：

$$\sigma_{\bar{x}} = \frac{\sigma}{\sqrt{n}} \tag{2-12}$$

其估计量：

$$S_{\bar{x}} = \frac{S}{\sqrt{n}} = \sqrt{\frac{\sum_{i=1}^{n} v_i^2}{n(n-1)}} \tag{2-13}$$

以测量列的算术平均值的标准偏差估计量表达被测量量值的极限误差为

$$\lambda = \pm 3S_{\bar{x}}$$

多次测量的测量结果即可表示为

$$Q = \bar{x} \pm 3S_{\bar{x}} \tag{2-14}$$

3. 测量列中粗大误差的处理

粗大误差的数值相当大，在测量中应尽可能避免。如果粗大误差已经发生，则应该按照一定的准则予以判别，并从测量列中剔除直至剔完为止。

如前所述，当测量列服从正态分布时，随机误差或者残差超出 $\pm3\sigma$ 的情况实际上不会发生，因此，当测量列中出现超出 $\pm3\sigma$ 的残差时，即

$$|v_i| > 3\sigma \tag{2-15}$$

则认为该残差对应的测得值含有粗大误差，应予以剔除。这一判别准则即是通常所用的拉依达(PanTa)准则，又称 3σ 准则。

4. 直接测量列的数据处理

为了从直接测量列中得到正确的测量结果，应按下述步骤进行数据处理。

首先，判断测量列中是否存在系统误差，倘若存在，则应设法(如按前述的补偿修正法)加以消除或减小。然后，依次计算测量列的算术平均值、残差和标准偏差，再判断是否存在粗大误差。倘若存在，则应剔除之，并重新组成测量列，重复上述计算，直至不含有粗大误差为止。之后，计算测量列算术平均值的标准偏差和测量极限误差。最后，在此基础上确定测

量结果。

例 2－1　对一轴颈进行 10 次测量,测量顺序和相应的测得值如表 2－2 所示。试求测量结果。

表 2－2　例 2－1 的数据处理计算表

测量顺序	x_i/mm	v_i/μm	v_i^2/μm^2
1	30.454	−3	9
2	30.459	+2	4
3	30.459	+2	4
4	30.454	−3	9
5	30.458	+1	1
6	30.459	+2	4
7	30.456	−1	1
8	30.458	+1	1
9	30.458	+1	1
10	30.455	−2	4
$\bar{x}=30.457$		$\sum v_i=0$	$\sum v_i^2=38$

解　(1)判断系统误差

假设测量器具已经检定、测量环境已经控制,测量中不存在系统误差。观察测量列的数值分布,也无明显的系统误差。

(2)求算术平均值

$$\bar{x}=\frac{\sum_{i=1}^{n}x_i}{n}=30.457\text{mm}$$

(3)计算残差

$$v_i=x_i-\bar{x}$$

$$\sum_{i=1}^{n}v_i=0$$

$$\sum_{i=1}^{n}v_i^2=38$$

(4)计算单次测量的标准偏差

$$\sigma\approx S=\sqrt{\frac{\sum_{i=1}^{n}v_i^2}{n-1}}=\sqrt{\frac{38}{10-1}}=2.1\mu\text{m}$$

(5)判断粗大误差

按照 3σ 准则,测量列中未出现绝对值大于 3σ(6.3μm)的残差,因此判定测量列中不存在粗大误差。

(6)计算测量列算术平均值的标准偏差

$$\sigma_{\bar{x}}\approx S_{\bar{x}}=\frac{S}{\sqrt{n}}=\frac{2.1}{\sqrt{10}}=0.7\mu\text{m}$$

(7)计算测量极限误差

$$\lambda = \pm 3S_{\bar{x}} = \pm 2.1\mu m$$

(8)确定测量结果

$$Q = \bar{x} \pm 3S_{\bar{x}} = 30.457 \pm 0.002mm$$

5. 间接测量列的数据处理

间接测量时,实测的几何量不是欲测几何量,欲测几何量是实测几何量的函数。间接测量的测量误差是实测的各几何量的测量误差的函数,因此它属于函数误差。

1)函数误差的基本计算方式

间接测量中的欲测几何量,通常为实测几何量的多元函数:

$$y = f(x_1, x_2, \cdots, x_i, \cdots, x_m) \tag{2-16}$$

式中,y ——欲测几何量;

x_i——实测的各几何量。

其测量误差 d_y 与各实测几何量的测量误差 d_{x_i}间的函数关系为

$$d_y = \sum_{i=1}^{m} \frac{\partial f}{\partial x_i} d_{x_i} \tag{2-17}$$

此即函数误差的基本计算公式。

2)函数系统误差的计算

如果各实测几何量 x_i的测得值中存在系统误差 Δx_i,那么函数(欲测几何量)也相应存在系统误差 Δy。令 Δx_i 代替式(2-17)中的 d_{x_i},于是可近似得到函数的系统误差:

$$\Delta y = \sum_{i=1}^{m} \frac{\partial f}{\partial x_i} \Delta x_i \tag{2-18}$$

此即间接测量中系统误差的传递公式。

3)函数随机误差的计算

由于实测的各几何量测量中存在随机误差,因此函数也相应存在随机误差。根据误差理论,函数的标准偏差 σ_y与实测的各几何量的标准偏差 σ_{x_i}的关系为

$$\sigma_y = \sqrt{\sum_{i=1}^{m} \left(\frac{\partial f}{\partial x_i}\right)^2 \sigma_{x_i}^2} \tag{2-19}$$

此即随机误差的传递公式。

如果实测的各几何量的随机误差服从正态分布,则欲测几何量的测量极限误差为

$$\lambda_y = \pm \sqrt{\sum_{i=1}^{m} \left(\frac{\partial f}{\partial x_i}\right)^2 \lambda_{x_i}^{\ 2}} \tag{2-20}$$

4)间接测量列的数据处理步骤

首先,确定欲测几何量 y 与实测的各几何量 $x_1, x_2, \cdots, x_m$的函数关系式;然后,把实测的各几何量的测得值 x_{i0}代入此关系式,求出欲测几何量的测得值 y_0,之后,按式(2-18)和式(2-20)分别计算欲测几何量的系统误差 Δy 和测量极限误差 λ_y。最后,在此基础上确定测量结果:

$$y = (y_0 - \Delta y) \pm \lambda_y \tag{2-21}$$

需要说明的是,在计算间接测量的极限误差时,各实测几何量的测量极限误差应与各实测值本身的取用相对应,即:如果 x_{i0}是单次测量值,则 λ_{x_i}为单次测量的极限误差;如果 x_{i0}是

多次测量的算术平均值，则 λ_{x_i} 应是以算术平均值表示被测量量值时的测量极限误差。

例 2－2　如图 2－8 所示，用正弦尺测量公称锥角为 30°的锥度量规。已知正弦尺两圆柱间距的公称值，检定后的实际偏差以及检定极限误差分别为 $L_0 = 100\text{mm}$，$\Delta L = +0.005\text{mm}$，$\lambda_l = \pm 0.002\text{mm}$；所用量块的标称值，检定后的实际偏差及检定极限误差分别 $h_0 = 50\text{mm}$，$\Delta h = +0.001\text{mm}$，$\lambda_h = \pm 0.0005\text{mm}$；用极限误差 $\lambda_m = \pm 0.0006\text{mm}$ 的指示表测得 a 点比 b 点高 $\Delta = +0.003\text{mm}$，a、b 点的距离为 $l = 100\text{mm}$。求量规锥角 Φ 的测量结果。

解　(1)测量关系式：

$$\sin\varphi = \frac{h}{L}$$

$$\theta = \frac{\Delta}{l}$$

$$\Phi = \varphi + \theta$$

以有关量的公称值作为该实测量的测得值时，其检定所得的实际偏差的负值即可视为此测得值的系统误差。据此，可求测得值 Φ_0 及其系统误差 $\Delta\Phi$。

(2)求测得值 Φ_0

$$\sin\varphi_0 = \frac{h_0}{L_0} = \frac{50}{100} = 0.5$$

$$\varphi_0 = 30°$$

$$\theta_0 = \frac{\Delta}{l_0} = \frac{+0.003}{100} = 0.00003\text{rad} \approx 6''$$

所以

$$\Phi_0 = \varphi_0 + \theta_0 = 30°0'6''$$

(3)求系统误差 $\Delta\Phi$

因为

$$\sin\varphi = \frac{h}{L}$$

$$\cos\varphi \cdot \Delta\varphi = \frac{\Delta h}{L} - \frac{h \cdot \Delta L}{L^2}$$

所以

$$\Delta\varphi = \frac{1}{\cos\varphi}\left(\frac{\Delta h}{L} - \frac{h \cdot \Delta L}{L^2}\right) = \tan\varphi\left(\frac{\Delta h}{h} - \frac{\Delta L}{L}\right)$$

代入具体数值(检定得的实际偏差值应反号后代入)后得

$$\Delta\varphi = \tan 30°\left(\frac{-0.001}{50} - \frac{-0.005}{100}\right) = 0.000173\text{rad} \approx +3.6''$$

所以

$$\Delta\Phi = \Delta\varphi + \Delta\theta = +3.6'' + 0 \approx +4''$$

(4)求测量极限误差 λ_φ

$$\lambda_\varphi = \pm\tan\varphi\sqrt{\frac{\lambda_h{}^2}{h^2} + \frac{\lambda_L{}^2}{L^2}}$$

$$= \pm\tan 30°\sqrt{\frac{0.0005^2}{50^2} + \frac{0.002^2}{100^2}}$$

$$= \pm 0.00001291\text{rad} \approx 2.7''$$

$$\lambda_\theta = \pm\frac{1}{l}\sqrt{\lambda_m{}^2 + \lambda_m{}^2}$$

$$= \pm\frac{\sqrt{2}}{100}\times 0.0006$$

$$= \pm 0.0000844\text{rad} \approx \pm 1.7''$$

$$\lambda_\varphi = \pm\sqrt{\lambda_\varphi{}^2 + \lambda_\theta{}^2}$$

$$= \pm\sqrt{2.7^2 + 1.7^2} \approx \pm 3.2''$$

(5)确定测量结果

$$\Phi = (\Phi_0 - \Delta\Phi) \pm \lambda_\Phi = (30°0'6'' - 4'') \pm 3'' = 30°0'2'' \pm 3''$$

2.5 微纳米测试技术及应用

2.5.1 微纳米测量技术的发展现状

微纳米测量技术是指包括微纳米级结构几何尺寸和位移的测量、微纳米级表面形貌的测量以及物理特性测量，涉及微细结构和物性的微纳米尺度测量以及微纳米尺度的评价，即在微纳米尺度上研究材料和器件的结构和性能，通过发现新的现象，促使新方法的发展，最终实现技术的创新。本课程中，我们学习的重点在于微纳米几何量测量。

为了保证获取高精度的微米级特征尺寸，按传统分类方法，微纳米测量技术可以分为接触法和非接触法。目前非接触法综合运用光学显微测量技术和现代图像处理技术，具有工作距离远、测量范围大、测量精度高等优点，适合快速、精密测量。表 2-3 总结了主要的光学测量方法的特征、技术参数和优缺点。接触法包括高精度测微仪，其测量原理是利用差动变压器电感的变化，将微纳米级的位移转变成相应的电信号，经放大、相敏整流，直接指示出相应尺寸。

表 2-3 微表面三维形貌光学测量方法

方法	主要特征		纵向分辨率	横向分辨率	纵向测量范围	优缺点
光学探针法	扫描共焦显微镜法		10nm	0.35μm		分辨率高，抗杂散光能力强，对针孔尺寸和位置要求严格，测量范围小
	离焦法	像散法	1nm		1μm	
		临界法	<1nm	0.65μm	3μm	
干涉测量法	微分干涉相衬显微镜		0.1nm	0.4μm	4μm	分辨率高，抗干扰能力强，易受被测表面倾斜影响
	外差干涉轮廓仪		0.39nm	0.73μm	0.5mm	分辨率高，抗干扰能力强，非线性误差大
近场光学法	扫描近场光学显微镜		20nm	20nm		精度高，但探针尺寸和质量需要提高

随着技术的进步,各种器件的几何量特征尺寸和精度进入纳米量级,为了满足其测量要求,纳米测量技术得到发展。对于纳米测量技术而言,也可以分为两大类:一类是非光学方法,比如扫描探针显微镜(SPM)技术、电子显微术、电容电感测微等;另一类是光学方法,比如光学干涉技术、光学光栅和光频率跟踪等。目前应用最广泛的纳米测量设备包括原子力显微镜(AFM)、扫描电子显微镜和白光干涉仪等。

AFM作为非光学的纳米测量技术,对材料导电性没有要求,可以测量导体和非导体的表面形貌,广泛应用于纳米器件和纳米结构形貌的测量。AFM的测量范围已经发展到50mm×50mm×18mm,根据不同的型号,分辨率为0.01～5nm。扫描电子显微镜(SEM)利用二次电子成像得到被测样品的二维形貌,现在最新的冷场发射扫描电子显微镜,其分辨率为1.8nm。白光干涉仪是利用干涉原理测量光程之差从而测定有关物理量的光学仪器。测量精度决定于测量光程差的精度,干涉条纹每移动一个条纹间距,光程差就改变一个波长(～0.1μm),其测量精度在其垂直方向,可以达到0.1nm。

归纳目前国内外对微纳米测量系统的研究内容,有以下几个发展方向:

(1)高精度(纳米甚至亚纳米量级)、大范围测量(大于100μm);

(2)对环境具有较强的适应能力,能够长时间连续工作,具有高稳定性、低漂移;

(3)可以实现在线检测;

(4)具有纳米定位功能。

2.5.2　微纳米测量技术的应用

微纳米测量技术的应用在于对器件或者结构的特征尺寸的准确测量以及表征,涉及微电子、航空航天、生物等各个领域。在微纳米技术发展的最初阶段,扫描隧道显微镜(STM)用于观测被测表面,但是这种观测不能获得更加准确的测量不确定度和计量意义的科学数据。随着微电子学、材料学、精密机械学、生命科学、生物技术等学科的深入发展,对测量的溯源提出迫切需求。本门课程主要讨论纳米计量。

1. 纳米计量的比对溯源及其重要意义

纳米计量保证纳米测量技术测量结果的可溯源性,已被各国高度重视。德国的PTB研究小组讨论了尺寸和化学纳米计量,因为它们支撑了纳米测量中许多其他领域的发展。依次是薄膜参数测量、纳米材料和表面测量以及纳米生物测量,介绍它们当前的研究情况、技术和仪器的性能和局限性,以及未来的发展方向和正在推动新兴产业发展的测量要求。目前主要的纳米计量技术,包括激光干涉仪、差拍F-P干涉仪、X射线干涉仪、光学+X射线干涉仪、基于频率测量技术和光频梳技术等,可以实现在几十微米量程范围内具有亚纳米甚至皮米量级的测量分辨率。

纳米计量是在纳米级测量精度下检验被测样品特征量是否符合设计要求,并为调整设计或更改加工工艺提供依据的过程。测量结果通过一条具有规定不确定度的不间断的比较链,与一些共同的、稳定的参考或测量标准(通常是国家测量标准或国际测量标准)联系起来,这种把测量结果与参考标准联系起来进行比较的过程称为溯源。比较链上传递基准的标准样,是进行溯源和校准的参考,其提供的量值称为“标准值”。标准样提供的一个或多个量值作为其他测量值是否准确的“参照值”,如图2-16所示。

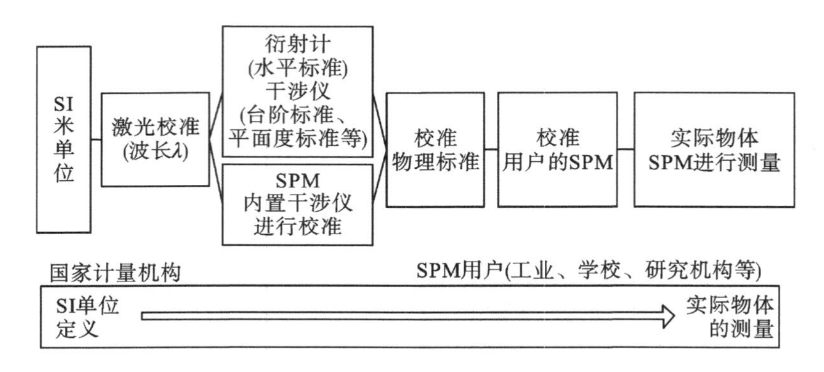

图 2-16　纳米计量的溯源链

纳米尺寸标准样板如台阶高度标准样板是实现纳米高度尺寸从国家计量标准部门的标准器件传递到实际生产、制造中的重要传递介质。而纳米标准样板制备是纳米测量溯源中的关键环节,所制备纳米标准样板的稳定性、结构规则、材质均匀性等都直接影响量值传递过程的准确性。纳米测量比对溯源标准包括线宽、阶高、线纹尺、节距栅、网格栅等。

纳米线宽、节距样板可以采用 SPM、磁控溅射、等离子增强化学气相沉积、分子束外延、感应耦合等离子体刻蚀、紫外光刻、电子束光刻、纳米压印光刻等先进微纳加工工艺制备,并采用 SEM、AFM 和 TEM 等工具对这些样板进行测量和表征。

2. 纳米计量中标准样板的表征

纳米粗糙度是纳米样板质量和精度的重要特征参数,具体参数包括线边缘粗糙度(line edge roughness,LER)、线宽粗糙度(line width roughness,LWR)、侧壁粗糙度(sidewall roughness,SWR)、表面粗糙度(surface roughness,SR)等,如图 2-17(a)所示。它们与纳米结构/器件本身的材料和加工工艺过程紧密相关,也是影响纳米器件性能参数的主要因素。如,对纳米线宽样板,LER 和 LWR 使得栅线的不确定度值增加,线宽的一致性变差,样板的精度降低;对纳米台阶样板,台阶的侧壁粗糙度、顶面和底面的表面粗糙度均是影响纳米台阶样板精确性的主要因素。

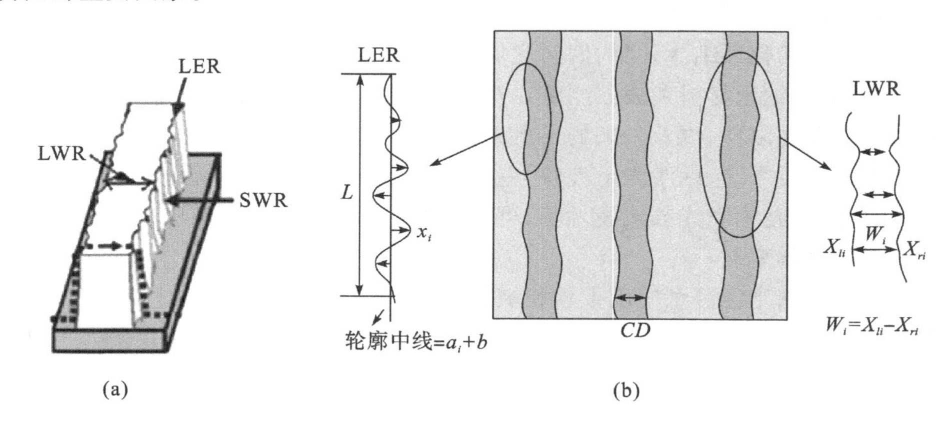

图 2-17　LER、LWR、SWR 的含义

显然

$$3\sigma_{\mathrm{LER}} = 3\left[\frac{1}{N}\sum_{i=1}^{N}[X_i - (a_i + b)]^2\right]^{\frac{1}{2}} = 3\left[\frac{1}{N}\sum_{i=1}^{N}x_i^2\right] \tag{2-22}$$

式中，　N——栅线边缘的测量点数；$N = L/d$，L 为采样长度，d 为采样间距；

X_i——左侧或右侧线边缘的测量点位置；

$a_i + b$——对左侧或右侧栅线边缘轮廓进行拟合或平均得到轮廓中线；

x_i——边缘点至轮廓中线的距离（也叫残差），见图 2-17(b)。

$$3\sigma_{\mathrm{LWR}} = 3\left[\frac{1}{N}\sum_{i=1}^{N}(W^i - W)^2\right]^{\frac{1}{2}} = 3\left[\frac{1}{N}\sum_{i=1}^{N}w_i^2\right] \tag{2-23}$$

式中，W_i——某测量点处栅线的实际宽度，$W_i = X_{li} - X_{ri}$，X_{li}、X_{ri}分别为左、右边缘点的位置，如图 2-17(b)所示；

W——栅线的平均宽度，一般地，$W = \sum W_i/N$；

w_i——栅线宽度的残差，$w_i = W_i - W$。

假设在测量栅线的任何位置，左、右侧线边缘的位置分别为 X_1和 X_2，在所考虑的评定长度上，左、右侧线边缘的最小二乘评定中线分别为 f_1和 f_2。由式(2-22)可得：

$$\sigma_{\mathrm{LER1}} = \left[\frac{1}{N}\sum(X_1 - f_1)^2\right]^{\frac{1}{2}},\sigma_{\mathrm{LER2}} = \left[\frac{1}{N}\sum(X_2 - f_2)^2\right]^{\frac{1}{2}} \tag{2-24}$$

式中，σ_{LER1}——左侧线边缘的 LER 值；

σ_{LER2}——右侧线边缘的 LER 值。

假设左、右侧线边缘之间线性相关，则相关系数 C 为

$$C = \frac{\sum(X_1 - f_1)(X_2 - f_2)}{\sqrt{\sum(X_1 - f_1)^2\sum(X_2 - f_2)^2}} \tag{2-25}$$

沿栅线任何位置的线宽 CD 是 $X_2 - X_1$，平均线宽为$(\overline{X}_2 - \overline{X}_1)$，由式(2-23)可得栅线的 LWR 值为

$$\sigma_{\mathrm{LWR}}^2 = \frac{\sum[(X_1 - X_2) - (\overline{X}_1 - \overline{X}_2)]^2}{N} \approx \frac{\sum[(X_1 - f_1) - (X_2 - f_2)]^2}{N}$$

$$= \frac{\sum(X_1 - f_1)^2}{N} + \frac{\sum(X_2 - f_2)^2}{N} - 2\frac{\sum(X_1 - f_1)(X_2 - f_2)]}{N} \tag{2-26}$$

将式(2-24)、(2-25)代入(2-26)有

$$\sigma_{\mathrm{LWR}}^2 = \sigma_{\mathrm{LER1}}^2 + \sigma_{\mathrm{LER2}}^2 - 2\frac{\sum(X_1 - f_1)(X_2 - f_2)}{\sqrt{\sum(X_1 - f_1)^2\sum(X_2 - f_2)^2}}\frac{\sqrt{\sum(X_1 - f_1)^2\sum(X_2 - f_2)^2}}{N}$$

由此可得，LWR 与 LER 之间的关系为

$$\sigma_{\mathrm{LWR}} = \sqrt{\sigma_{\mathrm{LER1}}^2 + \sigma_{\mathrm{LER2}}^2 - 2C\sigma_{\mathrm{LER1}}\sigma_{\mathrm{LWR2}}} \tag{2-27}$$

从可溯源的角度来讲，以纳米台阶为例，通过 PTB 洁净中心的 SIS Nanostation Ⅱ 高稳定性 AFM 测量了三个“XJTU”型台阶高度标准。测量区域如图 2-18 所示。取 500μm 栅线中部的 100～108μm 部分作为评定区域。

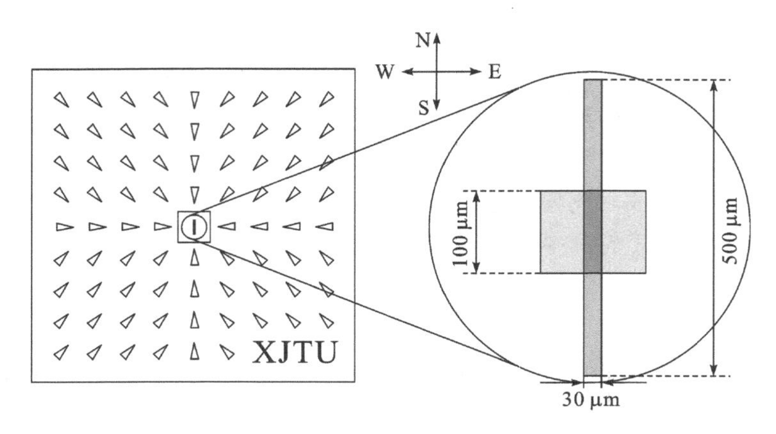

图 2-18　取 500μm 栅线中部的 100～108μm 区域进行重复性测量

将剖面的参数设置为：$w_m = w_s = w/2$，以降低寄生波纹度对台阶高度影响。两侧剖面离边缘的距离继续保持为 $w_e = w/3$。

台阶高度的校准值 h 为一系列测量获得的均值的平均值（图 2-19）。

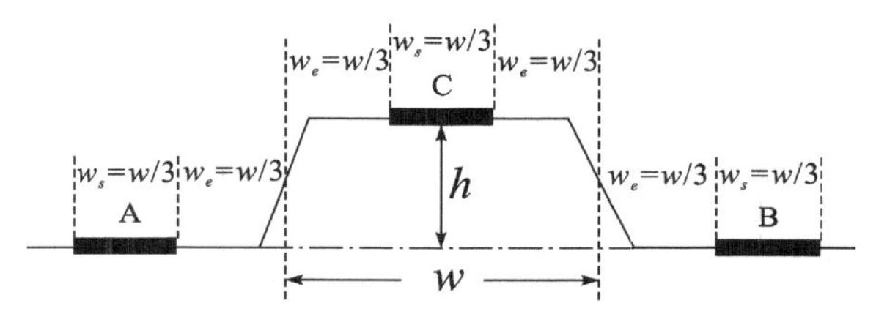

图 2-19　台阶高度评定

对样板中总长为 500μm 线条中心 100～200μm 的区域等距测量了 7 个（公称台阶高度为 44nm 和 18nm 的样板）或 10 个（公称台阶高度为 8nm 的样板）区域。大部分测量图像的采样点数为 1024×128 像素，其余图像为 1024×1024 像素。给出的所有不确定度均为收敛因子为 $k=2$ 的扩展不确定度，即包含概率为 95%。最终得到的台阶高度初步校准结果如表 2-4 所示。

表 2-4　PTB 给出的单台阶样板的校准结果

公称台阶高度/nm	8	18	44
台阶高度初步校准结果/nm	7.5±1.5	15.5±2.0	41.8±2.1

目前，绝大多数的半导体企业都在使用美国 VLSI 公司制造的标准样板，图 2-20 所示为 VLSI 纳米台阶样板。VLSI 提供高度范围从最小 8nm 至最大 50μm 尺寸跨度的标准样板，其数据溯源到美国 NIST。在其低于 1μm 的标准台阶中，表面镀了一层厚度为 90nm 的铬，以保证样品表面较高的反射率，方便光学方法的测量和校准。

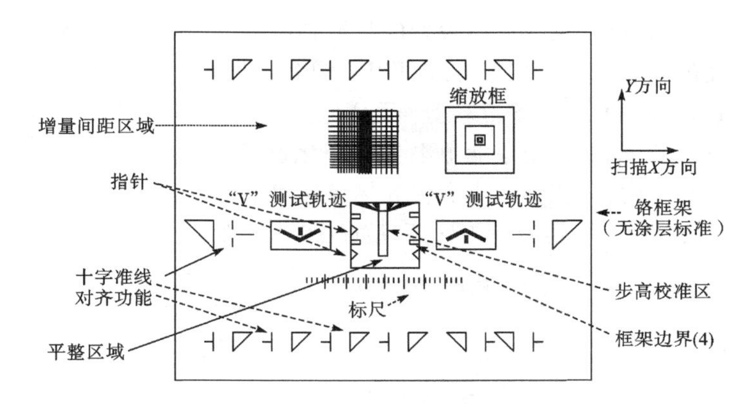

图2-20　美国国家标准与技术研究院测量认证的VLSI纳米台阶标准

2.5.3　常用微纳米测量仪器

用于微纳米结构几何参数测量的技术主要包括光学显微镜、光学散射计、关键尺寸小角度X射线散射技术(critical dimension small angle X-ray scattering,CD-SAXS)、扫描电子显微镜(scanning electron microscope,SEM)和原子力显微镜(AFM)。光学显微镜由于其操作简单和测量快速等优点成为了使用最广泛的微米尺度测量方法,但是它的分辨率受到光学衍射极限的限制,无法用于纳米级结构的测量。光学散射计通过分析衍射信号可以实现周期结构的快速、无损和原位测量,被广泛应用于半导体行业的测量中。小角度X射线散射有望成为22 nm及以后节点的一种节距测量的解决方案。通过美国NIST多年的研究,这种方法能够用于纳米级节距、CD、LER、LWR、侧墙角等多种量的高精度无损、快速测量,是一种功能强大、十分具有前景的纳米几何量测量方法。在所有的这些测量仪器中,SEM和AFM的测量能力最为突出,应用最为广泛,STM作为AFM的前身有着重要的地位,也经常被提及。因此下面对这三种测量仪器的研究现状进行简要介绍。

1. 扫描隧道显微镜(STM)

Binnig和Rohrer在1982年发明了STM,该显微镜在金属样品表面上方约1nm处有一个很细的金属探针,通过控制流过探针与样品之间的隧道电流而使它们之间的距离保持恒定,进而获得样品的形貌,STM具有原子级的分辨率。

STM的基本原理是量子理论中的隧道效应。将原子尺度的尖锐探针和被研究样品表面作为两个电极,当样品与针尖的距离非常接近时(通常小于1nm),在外加电场的作用下,电子会穿过两个电极之间的势垒从一个电极流向另一个电极,这种现象就是隧道效应。隧道电流I是电子波函数重叠的量度,与针尖和样品之间距离S和平均功函数ϕ有关:

$$I \propto V_b \exp(-A\phi^{\frac{1}{2}}S) \tag{2-28}$$

式中,V_b是加在针尖和样品之间的偏置电压;平均功函数$\phi \approx (\phi_1+\phi_2)/2$,$\phi_1$和$\phi_2$分别为针尖和样品的功函数;$A$为常数,在真空条件下约等于1。扫描探针一般采用直径小于1mm的细金属丝,如钨丝、铂-铱丝等,被观测样品应具有一定的导电性才可以产生隧道电流。

由式(2-28)可知,隧道电流强度对针尖与样品表面之间的距离非常敏感,如果距离S减小0.1nm,隧道电流I将增加一个数量级。因此,利用电子反馈线路控制隧道电流的恒定,并用压电陶瓷材料控制针尖在样品表面的扫描,则探针在垂直于样品方向上高低的变化就反映了样品表面的起伏。这种扫描方式可用于观察表面起伏较大的样品,而且可通过加在 Z 向驱动器上的电压值推算表面起伏高度的数值。对于起伏不大的样品表面,可以控制针尖高度恒定来进行扫描,通过记录隧道电流的变化也可得到表面态密度的分布。这种扫描方式的特点是扫描速度快,能够减小噪音和热漂移对信号的影响,但是一般不能用于观察表面起伏大于 1nm 的样品,仪器测量工作原理如图 2-21 所示。

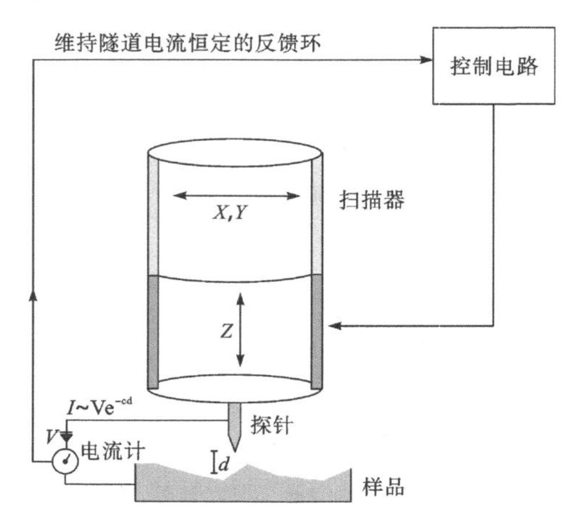

图 2-21　扫描隧道显微镜(STM)原理示意图

2. 原子力显微镜(AFM)

AFM 是通过测量探针针尖与样品表面之间的力来获得样品表面形貌的。AFM 的基本工作原理如图 2-22 所示,将一个对微弱力敏感的悬臂梁一端固定,另一端有一个探针针尖,针尖与表面轻轻接触。由于针尖尖端原子与样品表面原子间存在极微弱的排斥力($10^{-8} \sim 10^{-6}$N),通过在扫描时控制这种力的恒定,带有针尖的微悬臂将对应于针尖和样品表面间的作用力的等位面而在垂直于样品的表面方向起伏运动。利用光学检测法或隧道电流检测法,可测得微悬臂对应于扫描各点的位置变化,从而可以获得纳米级分辨率的样品表面形貌信息。其基本原理用公式表达为

$$F = K \times \Delta Z \tag{2-29}$$

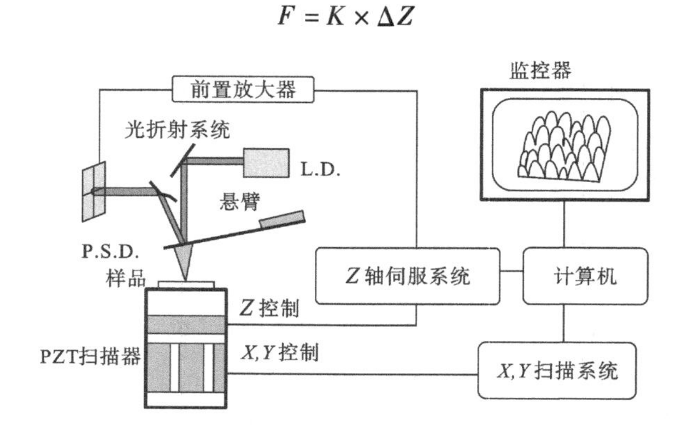

图 2-22　原子力显微镜(AFM)原理图

式中，　F——悬臂梁末端的力；

K——悬臂梁的弹性系数；

ΔZ——针尖相对样品表面的距离。

当探针和样品接触时会发生弯曲，探针变形量可以用一套光学系统进行测量，即悬臂梁的背面把一束激光反射至光电二极管上，如图 2－22 所示。当施加在探针上的力发生改变时，悬臂梁将会发生变形，反射激光束光斑的位置也会发生改变。图 2－23 给出了 AFM 测量示意图。

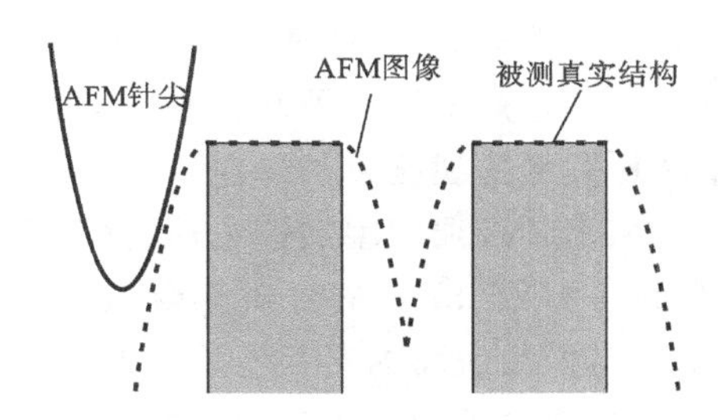

图 2－23　普通原子力显微镜（AFM）的测量示意图

AFM 有三种工作模式：接触模式、非接触模式以及敲击模式。

（1）接触模式（contact mode）

探针接触到样品，其力的性质为斥力。一般情况下力的大小在 $10^{-6}\mathrm{N} < F < 10^{-9}\mathrm{N}$ 范围内。所施加的直流电压控制探针与样品之间的距离。这种扫描模式的优点是扫描速度高；可以获得原子级分辨率的图像；可以对粗糙表面的样品进行成像。缺点是横向力使图像失真；由于样品表面吸附液体毛细管力的存在，使得探针与样品之间的作用力增加；横向力和较高的法向力结合容易破坏软样品表面等。

（2）非接触模式（non-contact mode）

该模式工作在探针与样品之间的距离 z 为 10～100nm 范围内。力的性质为吸引力，大小一般为 $10^{-9}\mathrm{N} < F < 10^{-12}\mathrm{N}$，且 $(\partial F/\partial z) > 0$。在远离样品表面处，悬臂梁以稍微高于共振频率 ω_0 的频率振动。当探针逼近样品时，共振频率将按式（2－30）减小，这将会引起振幅的减小，然后用振幅来控制探针到样品之间的距离。这种扫描方式的优点是对样品表面没有施加作用力。

$$\omega_r = \sqrt{\omega_0^2 - \frac{1}{m}(\partial F/\partial z)} \tag{2-30}$$

（3）敲击模式（tapping mode）

敲击模式的成像原理和非接触模式的成像原理相同，只是悬臂梁的驱动频率稍微低于共振频率。当探针远离样品时，振幅将增加，但是在每一个周期中有一定的时间探针能接触到样品，这将会使振幅减小，从而可以控制探针与样品之间的距离。这种扫描方式的优点是对于大多数样品来说横向分辨率很高（1～5nm）；在大气中对软样品表面进行成像，作用力小，破坏程度轻；几乎消除了横向力，所以不再划伤样品表面。缺点是和接触模式的 AFM 相比较，扫描速度有所降低。

3. 扫描电子显微镜（SEM）

SEM 是介于透射电镜和光学显微镜之间的一种微观形貌观察手段，可直接利用被测样品表面材料的物质性能进行微观成像。其基本工作原理是通过激发热激发源或场激发源的电子,并加速激发电子使之聚集成束,成束的电子通过一系列透镜/透镜组聚焦扫描被测样品。当电子束在真空中到达被测样品表面时,在样品表面形成二次电子(secondary electron, SE)激发,接收器接收激发的二次电子并经过特定处理,在显示器上形成样品表面各点的强度图像(通常以灰度方式体现)。

SEM 电子束的束斑很小,而且信号的表面发射区域与束斑直径相当,因此扫描电子显微镜图像的分辨率较高,一般在 2. 5nm 左右。此外,SEM 具有较高的放大倍数,在 1 万 ~20 万倍之间连续可调;有很大的景深,视野大,成像富有立体感,可直接观察各种试样凹凸不平表面的细微结构;试样制备简单、测量速度快。因此,SEM 是目前集成电路和光刻制造业中广泛使用的评估制造过程中芯片质量的观测工具。但是,SEM 的被测量样品必须为导体或半导体,且必须在真空中观测,测量时必须使用加速电压,而加速电压有时会对某些样品材料造成损坏,影响测量精度。另一方面,SEM 的分辨率既依赖于入射电子束的直径和扫描机构的准确性,也受限于电子束与样品表面的交互体积。如图 2-24 所示,在测量样品的边缘处,当扫描电子束的行程接近二次电子相对于材料边缘的扩散范围(λ_{SE})时,二次电子的产量才会大量增加,使得栅线边缘处的 SE 信号强度比其他部位的都大。表 2-5 给出了一些常用的半导体器件材料的 λ_{SE} 值,可以看出,典型半导体器件结构材料的 λ_{SE} 值为 4 ~ 5nm,相当于光刻胶聚合物分子量的大小。

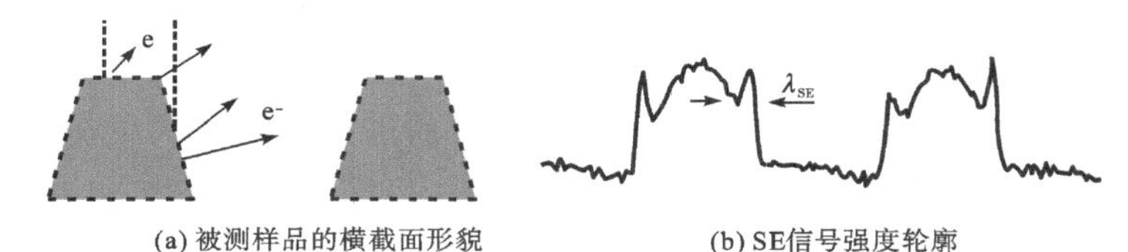

(a) 被测样品的横截面形貌　　(b) SE信号强度轮廓

图 2-24　从 SEM 电子束中得到二次电子信号轮廓的示意图

表 2-5　二次电子的扩散范围(λ_{SE})值　　(单位:nm)

材料	λ_{SE}	材料	λ_{SE}
碳(Carbon)	5. 5	硅(Silicon)	3. 0
铬(Chromium)	2. 5	铜(Copper)	2. 5
银(Silver)	3. 5	金(Gold)	1. 0
氮化硅(Si_3N_4)	4. 5	PMMA	5. 0

4. 其他测量工具

X-SEM 和 TEM 可以提供 3D 尺寸分析方法,但是 X-SEM 或 TEM 的主要障碍是样品制备、机台操作、时间以及费用。同时,X-SEM 和 TEM 会破坏硅片,并且只能一次性地切入特征区域,且 TEM 不能在光刻胶上工作。双束(FIB/SEM)显微镜测量速度快,在 in-fab 可以测量得到槽、孔、台阶等多种样品的截面 SEM 图像,但该技术是破坏性的测量。光学散射测量具有快速和准确的特点,但是只能在特殊设计的结构上工作,并且无法提供 LER 和 LWR 数据。CD-SAX 是 NIST 最近开发的测量仪器,它满足半导体器件特征尺寸缩至 35nm 的 CD 测量需求,能准确快速测量 LER/LWR 的标准偏差值,但它的光源只能是同步加速器,进行在线 fab 计量时缺少有足够亮度的 X 射线发生器。光学数字轮廓测量技术(ODP)能快速准确测量结构底部和顶部的 CD,以及侧壁的形状,但光学材料的对比度和图形密度等参数会影响测量的灵敏度。小角度光学轮廓仪和探针轮廓仪受空间分辨率和光斑尺寸的限制,目前很少应用于纳米特征尺寸的测量中。

习　题

2-1　测量的四要素是什么?

2-2　试说明下列术语的区别:

1)直接测量与绝对测量;2)示值范围与测量范围;3)示值变动性与示值误差。

2-3　产生测量误差的主要原因有哪些?

2-4　对某轴同一部位直径等精度测量 15 次,各测得值按测量顺序排列如下(单位为 mm):

20.049　20.047　20.048　20.046　20.050　20.020　20.047　20.049

20.051　20.043　20.052　20.045　20.049　20.048　20.050

1)试求测量列任一测得值的标准偏差和测量极限误差、测量列算术平均值的标准偏差,并确定测量结果。

2)写出第三次测量结果的表达式。

2-5　如图 2-14(b)所示,用弦矢法测量一圆弧样板的半径。若测得值 $L_0=50\text{mm}$,$H_0=5\text{mm}$,它们的系统误差和测量极限误差分别为

$$\Delta L=+0.1\text{mm},\lambda_L=\pm0.02\text{mm};\quad \Delta H=-0.01\text{mm},\lambda_H=\pm0.001\text{mm}$$

试确定该圆弧样板半径的测量结果。

2-6　用四块 5 等量块组合尺寸,各量块的名义尺寸 L_i 与中心长度实测偏差 ΔL_i 如下:

$L_1=50\text{mm},\Delta L_1=-1.5\mu\text{m}$;　$L_2=7.5\text{mm},\Delta L_2=-1.0\mu\text{m}$;

$L_3=1.02\text{mm},\Delta L_3=+0.5\mu\text{m}$;　$L_4=1.005\text{mm},\Delta L_4=-1.0\mu\text{m}$。

试确定该量块组的实际尺寸及其测量不确定度(各量块长度测量不确定度见附表 2-2)。

2-7　用正弦尺测量锥角为 30°的锥度量规,如图 2-8 所示。已知正弦尺两圆柱间距 $L=100\text{mm}$,其极限误差 $\lambda_L=\pm0.003\text{mm}$,分度值为 0.002mm 的测微计,其示值的极限误差 $\lambda_m=\pm0.001\text{mm}$,5 等量块 $h=50\text{mm}$,其检定的极限误差 $\lambda_h=\pm0.0007\text{mm}$,正弦尺工作面与两圆柱公切面平行度误差 $\lambda_p=\pm0.002\text{mm}$,测点间距 $l=100\text{mm}$。试计算测量方法的极限误差。

附 表

附表 2-1 量块测量面上任意点的长度极限偏差 t_e 和长度变动量最大允许值 t_v/μm（摘自 JJG146—2011）

标称量长度 ln/mm	K 级		0 级		1 级		2 级		3 级	
	t_e	t_v	t_e	t_v	t_e	t_v	t_e	t_v	t_e	t_v
$ln \leqslant 10$	±0.20	0.05	±0.12	0.10	±0.20	0.16	±0.45	0.30	±1.0	0.50
$10 < ln \leqslant 25$	±0.30	0.05	±0.14	0.10	±0.30	0.16	±0.60	0.30	±1.2	0.50
$25 < ln \leqslant 50$	±0.40	0.06	±0.20	0.10	±0.40	0.18	±0.80	0.30	±1.6	0.55
$50 < ln \leqslant 75$	±0.50	0.06	±0.25	0.12	±0.50	0.18	±1.00	0.35	±2.0	0.55
$75 < ln \leqslant 100$	±0.60	0.07	±0.30	0.12	±0.60	0.20	±1.20	0.35	±2.5	0.60
$100 < ln \leqslant 150$	±0.80	0.08	±0.40	0.14	±0.80	0.20	±1.6	0.40	±3.0	0.65
$150 < ln \leqslant 200$	±1.00	0.09	±0.50	0.16	±1.00	0.25	±2.0	0.40	±4.0	0.70
$200 < ln \leqslant 250$	±1.20	0.10	±0.60	0.16	±1.20	0.25	±2.4	0.45	±5.0	0.75
$250 < ln \leqslant 300$	±1.40	0.10	±0.70	0.18	±1.40	0.25	±2.8	0.50	±6.0	0.80
$300 < ln \leqslant 400$	±1.80	0.12	±0.90	0.20	±1.80	0.30	±3.6	0.50	±7.0	0.90
$400 < ln \leqslant 500$	±2.20	0.14	±1.10	0.25	±2.20	0.35	±4.4	0.60	±9.0	1.00
$500 < ln \leqslant 600$	±2.60	0.16	±1.30	0.25	±2.6	0.40	±5.0	0.70	±11.0	1.10
$600 < ln \leqslant 700$	±3.00	0.18	±1.50	0.30	±3.0	0.45	±6.0	0.70	±12.0	1.20
$700 < ln \leqslant 800$	±3.40	0.20	±1.70	0.30	±3.4	0.50	±6.5	0.80	±14.0	1.30
$800 < ln \leqslant 900$	±3.80	0.20	±1.90	0.35	±3.8	0.50	±7.5	0.90	±15.0	1.40
$900 < ln \leqslant 1000$	±4.20	0.25	±2.00	0.40	±4.2	0.60	±8.0	1.00	±17.0	1.50

注：距离测量面边缘 0.8mm 范围内不计。

附表2-2 各等量块长度测量不确定度和长度变动量最大允许值(JJG146—2011) (单位:μm)

标称量长度 ln/mm	1等		2等		3等		4等		5等	
	测量不确定度	长度变动量	测量不确定度	长度变动量	测量不确定度	长度变动量	测量不确定度	长度变动量	测量不确定度	长度变动量
$ln \leqslant 10$	0.022	0.05	0.06	0.10	0.11	0.16	0.22	0.30	0.6	0.50
$10 < ln \leqslant 25$	0.025	0.05	0.07	0.10	0.12	0.16	0.25	0.30	0.6	0.50
$25 < ln \leqslant 50$	0.030	0.06	0.08	0.10	0.15	0.18	0.30	0.30	0.8	0.55
$50 < ln \leqslant 75$	0.035	0.06	0.09	0.12	0.18	0.18	0.35	0.35	0.9	0.55
$75 < ln \leqslant 100$	0.040	0.07	0.10	0.12	0.20	0.20	0.40	0.35	1.0	0.60
$100 < ln \leqslant 150$	0.05	0.08	0.12	0.14	0.25	0.20	0.5	0.40	1.2	0.65
$150 < ln \leqslant 200$	0.06	0.09	0.15	0.16	0.30	0.25	0.6	0.40	1.5	0.70
$200 < ln \leqslant 250$	0.07	0.10	0.18	0.16	0.35	0.25	0.7	0.45	1.8	0.75
$250 < ln \leqslant 300$	0.08	0.10	0.20	0.18	0.40	0.25	0.8	0.50	2.0	0.80
$300 < ln \leqslant 400$	0.10	0.12	0.25	0.20	0.50	0.30	1.0	0.50	2.5	0.90
$400 < ln \leqslant 500$	0.12	0.14	0.30	0.25	0.60	0.35	1.2	0.60	3.0	1.00
$500 < ln \leqslant 600$	0.14	0.16	0.35	0.25	0.7	0.40	1.4	0.70	3.5	1.10
$600 < ln \leqslant 700$	0.16	0.18	0.40	0.30	0.8	0.45	1.6	0.70	4.0	1.20
$700 < ln \leqslant 800$	0.18	0.20	0.45	0.30	0.9	0.50	1.8	0.80	4.5	1.30
$800 < ln \leqslant 900$	0.20	0.20	0.50	0.35	1.0	0.50	2.0	0.90	5.0	1.40
$900 < ln \leqslant 1000$	0.22	0.25	0.55	0.40	1.1	0.60	2.2	1.00	5.5	1.50

注:1. 距离测量面边缘0.8mm范围内不计。

2. 表内测量不确定置信概率为0.99。

附表 2－3 常用计量器具测量极限误差

计量器具名称	分度值/mm	所用量块		尺寸范围/mm							
		检定等级	精度级别	1～10	10～50	50～80	80～120	120～180	180～260	260～360	360～500
				测量极限误差/±μm							
游标卡尺	0.02	绝对测量									
测量外尺寸				40	40	45	45	45	57	60	70
测量内尺寸				—	45	60	60	60	70	80	90
游标卡尺	0.05	绝对测量									
测量外尺寸				80	80	90	100	100	100	110	110
测量内尺寸				—	100	130	130	130	150	150	150
游标深度尺和高度尺	0.02	绝对测量		60	60	60	60	60	60	70	80
游标深度尺和高度尺	0.05	绝对测量		100	100	150	150	150	150	150	150
零级千分尺	0.01	绝对测量		4.5	5.5	6	7	8	10	12	25
1级千分尺	0.01	绝对测量		7	8	9	10	12	15	20	25
2级千分尺	0.01	绝对测量		12	13	14	15	18	20	25	30
1级深度千分尺	0.01	绝对测量		14	16	18	22	—	—	—	—
千分表	0.001	4	1	0.6	0.8	1.0	1.2	1.4	2.0	2.5	3.0
		5	2	0.7	1.0	1.7	1.8	2.0	2.5	3.5	4.5
千分表	0.002	5	2	1.2	1.5	1.8	2.0	2.5	3.0	4.0	5.0
杠杆式卡规	0.002	5	2	2	3	3	3.5	3.5	—	—	—
立式卧式光学计测外尺寸	0.001	4	1	0.4	0.6	0.8	1.0	1.2	1.8	2.5	3.0
		5	2	07	1.0	1.3	1.6	1.8	2.5	3.5	4.5
立式卧式测长仪测外尺寸	0.001	绝对测量		1.1	1.5	1.9	2.0	2.3	2.3	3.0	3.5
卧式测长仪侧内尺寸	0.001	绝对测量		2.5	3.0	3.3	3.5	3.8	4.2	4.8	—
测长机	0.001	绝对测量		1.0	1.3	1.6	2.0	2.5	4.0	5.0	6.0
万能工具显微镜	0.001	绝对测量		1.5	2	2.5	2.5	3	3.5	—	—
大型工具显微镜	0.01	绝对测量		5	5						
接触式干涉仪		$\Delta \leqslant 0.1\mu m$									

附表2-4 安全裕度(A)与计量器具的测量不确定度允许值(u_1)

(单位:μm)

公差等级		6					7					8					9					10					11				
基本尺寸/mm		T	A	u_1			T	A	u_1			T	A	u_1			T	A	u_1			T	A	u_1			T	A	u_1		
大于	至			Ⅰ	Ⅱ	Ⅲ			Ⅰ	Ⅱ	Ⅲ			Ⅰ	Ⅱ	Ⅲ			Ⅰ	Ⅱ	Ⅲ			Ⅰ	Ⅱ	Ⅲ			Ⅰ	Ⅱ	Ⅲ
—	3	6	0.6	0.54	0.9	1.4	10	1.0	0.9	1.5	2.3	14	1.4	1.3	2.1	3.2	25	2.5	2.3	3.8	5.6	40	4.0	3.6	6.0	9.0	60	6.0	5.4	9.0	14
3	6	8	0.8	0.72	1.2	1.8	12	1.2	1.1	1.8	2.7	18	1.8	1.6	2.7	4.1	30	3.0	2.7	4.5	6.8	48	4.8	4.3	7.2	11	75	7.5	6.8	11	17
6	10	9	0.9	0.81	1.4	2.0	15	1.5	1.4	2.3	3.4	22	2.2	2.0	3.3	5.0	36	3.6	3.3	5.4	8.1	58	5.8	5.2	8.7	13	90	9.0	8.1	14	20
10	18	11	1.1	1.0	1.7	2.5	18	1.8	1.7	2.7	4.1	27	2.7	2.4	4.1	6.1	43	4.3	3.9	6.5	9.7	70	7.0	6.3	11	16	110	11	10	17	25
18	30	13	1.3	1.2	2.0	2.9	21	2.1	1.9	3.2	4.7	33	3.3	3.0	5.0	7.4	52	5.2	4.7	7.8	12	84	8.4	7.6	13	19	130	13	12	20	29
30	50	16	1.6	1.4	2.4	3.6	25	2.5	2.3	3.8	5.6	39	3.9	3.5	5.9	8.8	62	6.2	5.6	9.3	14	100	10	9.0	15	23	160	16	14	24	36
50	80	19	1.9	1.7	2.9	4.3	30	3.0	2.7	4.5	6.8	46	4.6	4.1	6.9	10	74	7.4	6.7	11	17	120	12	11	18	27	190	19	17	29	43
80	120	22	2.2	2.0	3.3	5.0	35	3.5	3.2	5.3	7.9	54	5.4	4.9	8.1	12	87	8.7	7.8	13	20	140	14	13	21	32	220	22	20	33	50
120	180	25	2.5	2.3	3.8	5.6	40	4.0	3.6	6.0	9.0	63	6.3	5.7	9.5	14	100	10	9.0	15	23	160	16	15	24	36	250	25	23	38	56
180	250	29	2.9	2.6	4.4	6.5	46	4.6	4.1	6.9	10	72	7.2	6.5	11	16	115	12	10	17	26	185	18	17	28	42	290	29	26	44	65
250	315	32	3.2	2.9	4.8	7.2	52	5.2	4.7	7.8	12	81	8.1	7.3	12	18	130	13	12	19	29	210	21	19	32	47	320	32	29	48	72
315	400	36	3.6	3.2	5.4	8.1	57	5.7	5.1	8.4	13	89	8.9	8.0	13	20	140	14	13	21	32	230	23	21	35	52	360	36	32	54	81
400	500	40	4.0	3.6	6.0	9.0	63	6.3	5.7	9.5	14	97	9.7	8.7	15	22	155	16	14	23	35	250	25	23	38	56	400	40	36	60	90

续表

公差等级		12				13				14				15				16				17				18			
基本尺寸/mm		T	A	u_1		T	A	u_1		T	A	u_1		T	A	u_1		T	A	u_1		T	A	u_1		T	A	u_1	
大于	至			Ⅰ	Ⅱ			Ⅰ	Ⅱ			Ⅰ	Ⅱ			Ⅰ	Ⅱ			Ⅰ	Ⅱ			Ⅰ	Ⅱ			Ⅰ	Ⅱ
—	3	100	10	9.0	15	140	14	13	21	250	25	23	38	400	40	36	60	600	60	54	90	1000	100	90	150	1400	140	135	210
3	6	120	12	11	18	180	18	16	27	300	30	27	45	480	48	43	72	750	75	68	110	1200	120	110	180	1800	180	160	270
6	10	150	15	14	23	220	22	20	33	360	36	32	54	580	58	52	87	900	90	81	140	1500	150	140	230	2200	220	200	330
10	18	180	18	16	27	270	27	24	41	430	43	39	65	700	70	63	110	1100	110	100	170	1800	180	160	270	2700	270	240	400
18	30	210	21	19	32	330	33	30	50	520	52	47	78	840	84	76	130	1300	130	120	200	2100	210	190	320	3300	330	300	490
30	50	250	25	23	38	390	39	35	59	620	62	56	93	1000	100	90	150	1600	160	140	240	2500	250	220	380	3900	390	350	580
50	80	300	30	27	45	460	46	41	69	740	74	67	110	1200	120	110	180	1900	190	170	290	3000	300	270	450	4600	460	410	690
80	120	350	35	32	53	540	54	49	81	870	87	78	130	1400	140	130	210	2200	220	200	330	3500	350	320	530	5400	540	480	810
120	180	400	40	36	60	630	63	57	95	1000	100	90	150	1600	160	150	240	2500	250	230	380	4000	400	360	600	6300	630	570	940
180	250	460	46	41	69	720	72	65	110	1150	115	100	170	1850	180	170	280	2900	290	260	440	4600	460	410	690	7200	720	650	1080
250	315	520	52	47	78	810	81	73	120	1300	130	120	190	2100	210	190	320	3200	320	290	480	5200	520	470	780	8100	810	730	1210
315	400	570	57	51	86	890	89	80	130	1400	140	130	210	2300	230	210	350	3600	360	320	540	5700	570	510	850	8900	890	800	1330
400	500	630	63	57	95	970	97	87	150	1500	150	140	230	2500	250	230	380	4000	400	360	600	6300	630	570	950	9700	970	870	1450

附表 2－5　千分尺和游标卡尺的不确定度　（单位：mm）

<table>
<tr><th colspan="2" rowspan="2">尺寸范围</th><th colspan="4">计量器具类型</th></tr>
<tr><th>分度值 0.01
外径千分尺</th><th>分度值 0.01
内径千分尺</th><th>分度值 0.02
游标卡尺</th><th>分度值 0.02
游标卡尺</th></tr>
<tr><th>大于</th><th>至</th><th colspan="4">不确定度</th></tr>
<tr><td>0</td><td>50</td><td>0.004</td><td rowspan="3">0.008</td><td rowspan="6">0.020</td><td rowspan="4">0.050</td></tr>
<tr><td>50</td><td>100</td><td>0.005</td></tr>
<tr><td>100</td><td>150</td><td>0.006</td></tr>
<tr><td>150</td><td>200</td><td>0.007</td><td rowspan="3">0.013</td></tr>
<tr><td>200</td><td>250</td><td>0.008</td><td rowspan="8">0.100</td></tr>
<tr><td>250</td><td>300</td><td>0.009</td></tr>
<tr><td>300</td><td>350</td><td>0.010</td><td rowspan="3">0.020</td><td rowspan="7"></td></tr>
<tr><td>350</td><td>400</td><td>0.011</td></tr>
<tr><td>400</td><td>450</td><td>0.012</td></tr>
<tr><td>450</td><td>500</td><td>0.013</td><td>0.025</td></tr>
<tr><td>500</td><td>600</td><td></td><td rowspan="3">0.030</td></tr>
<tr><td>600</td><td>700</td><td></td></tr>
<tr><td>700</td><td>1000</td><td></td><td>0.150</td></tr>
</table>

附表 2－6　比较仪的测量不确定度　（单位：mm）

<table>
<tr><th colspan="2" rowspan="2">尺寸范围</th><th colspan="4">所使用的计量器具</th></tr>
<tr><th>分度值为 0.0005（相当于放大倍数 2000 倍）的比较仪</th><th>分度值为 0.001（相当于放大倍数 1000 倍）的比较仪</th><th>分度值为 0.002（相当于放大倍数 400 倍）的比较仪</th><th>分度值为 0.005（相当于放大倍数 250 倍）的比较仪</th></tr>
<tr><th>大于</th><th>至</th><th colspan="4">不确定度</th></tr>
<tr><td></td><td>25</td><td>0.0006</td><td rowspan="2">0.0010</td><td>0.0017</td><td rowspan="6">0.0030</td></tr>
<tr><td>25</td><td>40</td><td>0.0007</td><td rowspan="3">0.0018</td></tr>
<tr><td>40</td><td>65</td><td>0.0008</td><td rowspan="2">0.0011</td></tr>
<tr><td>65</td><td>90</td><td>0.0008</td></tr>
<tr><td>90</td><td>115</td><td>0.009</td><td>0.0012</td><td rowspan="2">0.0019</td></tr>
<tr><td>115</td><td>165</td><td>0.0010</td><td>0.0013</td></tr>
<tr><td>165</td><td>215</td><td>0.0012</td><td>0.0014</td><td>0.0020</td><td rowspan="3">0.0035</td></tr>
<tr><td>215</td><td>265</td><td>0.0014</td><td>0.0016</td><td>0.0021</td></tr>
<tr><td>265</td><td>315</td><td>0.0016</td><td>0.0017</td><td>0.0022</td></tr>
</table>

注：测量时，使用的标准器由 4 块 1 级（或 4 等）量块组成。

附表 2－7 指示表的不确定度

(单位:mm)

尺寸范围		所使用的计量器具			
		分度值为 0.001 的千分表(0 级在全程范围内,1 级在 0.2mm 内)分度值为 0.002 的千分表(在 1 转范围内)	分度值为 0.001、0.002、0.005 的千分表(1 级在全程范围内)分度值为 0.01 的百分表(0 级在任意 1mm 内)	分度值为 0.01 的百分表(0 级在全程范围内,1 级在任意 1mm 内)	分度值为 0.01 的百分表(1 级在全程范围内)
大于	至	不确定度			
	25	0.005	0.010	0.018	0.030
25	40				
40	65				
65	90				
90	115				
115	165	0.006			
165	215				
215	265				
265	315				

注:测量时,使用的标准器由 4 块 1 级(或 4 等)量块组成。

尺寸的极限与配合

3

3.1　概述

3.1.1　零件几何参数误差的成因

加工完成后所得的零件几何参数总会有一定的误差，这些误差的大小和加工方法本身有关，和加工所用的设备（如机床）、工艺条件（如用的切削深度、进给量等）、被加工工件本身的尺寸大小以及材料特性、外界因素（如温度等）以及操作工人技术水平等有关。具有几何参数误差的工件，会影响到它预定的使用功能。因此，根据对工件使用功能要求的严格程度，其几何参数误差必须规定一个合理的容许范围。规定过严会影响加工的经济性，规定太宽又会降低使用功能。

如图3－1所示小轴，其直径的理论值应为d，长度为l。但实际加工所得轴的直径不会是d，如左端直径的误差为

$$\Delta d = d' - d$$

长度尺寸也是一样，理论要求值是l，实际加工所得也不是l，如最长尺寸的误差为

$$\Delta l = l' - l$$

进一步仔细测量小轴各不同部位的直径，就会发现各处的局部直径也都不同。在如图3－1(a)所示的小轴纵剖面中，上、下两条素线稍呈弯曲，且两相对的素线不平行，左面的直径比右面的直径为大。在如图3－1(b)所示的小轴横剖面中，轮廓形状也不是个圆而呈多棱圆。这些是在整个零件范围中呈现出来的轮廓形状误差，它是在加工中由于工件变形的不均匀，或是刀具在相对工件运动时受到机床本身机构误差的影响而使其偏离理论轨迹所引起。

再进一步观察小轴表面上A的局部范围，将之放大如图3－1(c)所示，可看到在很小的局部表面上，轮廓呈现出微小峰谷的起伏。其峰谷间的高度距离和峰（或谷）间的间距都是较小的，这种微观上轮廓的不平度误差称为表面粗糙度。为区别于前面那种在整个表面范围内呈现出来的形状误差，这种较小局部范围的形状误差又称为微观形状误差，而整个轮廓范围的形状误差则称为宏观形状误差。表面粗糙度一般是由于加工切削工具在工件表面上留下的刀痕和工件材料在加工被撕裂过程中产生不规则的变形所引起的，它主要决定于加工方法和材料本身的性质。

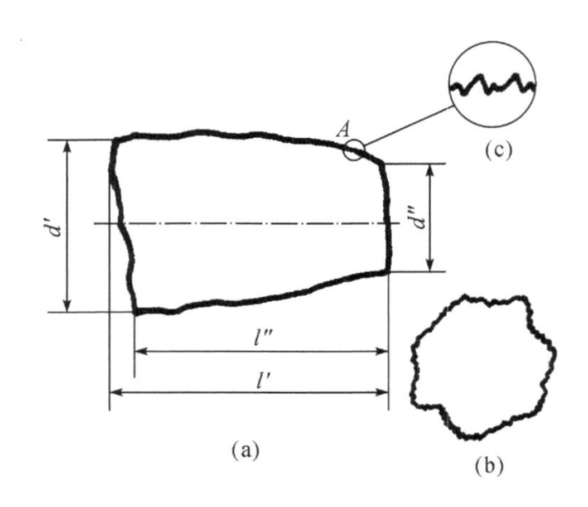

图 3－1　加工误差

在图 3－1(b)中,除上述两种形状误差外,在圆周表面上还存在有较大峰谷的起伏,这种峰(或谷)间的间距比在表面粗糙度呈现出来的要大,这种形状误差称为表面波纹度,它是由于加工过程中刀具相对工件有振动所引起。在一般情况下,这种形状误差在工件表面上并不明显存在。表面波纹度和表面粗糙度间的区分界线还没有标准。曾有人按间距大小区分,但仅按间距大小区分并不科学,因为零件的尺寸有大有小,而且从它们产生的机理来看也是完全不同的。

从图 3－1(a)中可看出小轴左边端面和小轴轴线不垂直,这是工件上两个要素(端面和轴线)之间的位置误差。它主要是由于加工机床上相互垂直的两导轨间有位置误差,使刀具在其方向上的运动轨迹偏离理论要求,或由于刀具运动轨迹相对工件定位基准偏离理论要求所引起,所以它主要取决于机床各运动部件的位置精度和工件的定位精度。

3.1.2　几何参数误差对零件功能的影响

要对零件几何参数规定合理的公差,就必须对几何参数误差和零件功能间的关系有很好的了解。由于影响零件功能的因素很多,除几何参数误差外,还有外界因素的影响。各种因素混杂在一起,不易用计算的方法确定公差。而用试验的方法确定公差,代价高且又比较费时。因此,往往以经验为基础,经过定性分析来确定几何参数的公差,即定性地分析各项几何参数误差对零件功能的影响,进而按已有经验来规定它们的公差值。

①影响配合要求:配合要求就是孔和轴相配时要求的松紧程度。有的要求有间隙,有的要求有过盈。间隙和过盈的大小又根据孔和轴配合的需要而定。不论是孔还是轴,其直径有了误差就会影响配合间隙或过盈的大小,从而影响配合的性质。尺寸误差容许多大,要视配合要求的精密程度而定。

②影响可装配性:有些孔和轴配合时只要求能装上就行,如螺钉只要能通过安装螺钉的通孔即可,这种要求通常称为可装配性,它要求不能产生过盈,其配合的精密程度比前一种要低得多。

③影响功能要求:功能要求范围很广,配合要求和可装配性也是某种功能要求。由于这两种功能要求应用比较普遍,所以单独列出。其他功能要求,如作为长度尺寸标准用的量块,它的功能是体现标准尺寸,所以尺寸误差要求特别小;再如拉丝模具的孔径尺寸误差会

影响拉出丝的直径,其尺寸公差应按拉丝直径容许的变动范围而定。功能要求对尺寸容许有多少误差,要视具体情况而定。

总之,加工误差对零件功能产生重要的影响,正确解决这些问题会给生产带来巨大的经济效益。例如,全国水泵行业曾经议论过,如对水泵出水管内壁的表面粗糙度参数选用合理,不仅能提高水泵的效率,而且节约的能源相当于新建一个大的发电厂,所以应重视这一领域的研究。

3.1.3 有关几何量精度的基本术语和定义

零件的几何量参数也经常称为几何参数,具体包括长度、角度、几何形状、相互位置、几何参数和表面粗糙度等,而几何量精度是指这些几何参数的精度。几何量精度设计的主要任务是要使机械产品能够满足几何互换性的要求。有关几何量精度的基本术语和定义很多,但公差与配合的术语最为基础。为此,本章仅将公差与配合的基本术语及定义作一介绍。

(1)尺寸要素。尺寸要素即由一定大小的线性尺寸或角度尺寸确定的几何形状,尺寸要素可以是圆柱形、球形、两平行对应面、圆锥形或楔形。

(2)实际(组成)要素。即由接近实际(组成)要素所限定的工件实际表面的组成要素部分。

(3)提取组成要素。即按规定方法,有实际(组成)要素提取有限数目的点所形成的实际(组成)要素的近似替代。

(4)拟合组成要素。按规定方法,由提取组成要素形成的并具有理想形状的组成要素。

(5)广义的轴。通常指工件的圆柱形外表面,也包括非圆柱形外表面。

(6)轴。通常指圆柱形的外表面,也包括其他外表面中由单一尺寸确定的部分(图3-2)。

(7)基准轴。在基轴制配合中选作基准的轴,即上偏差为零的轴。

(8)广义的孔。通常指工件的圆柱形内表面,也包括非圆柱形内表面。

(9)孔。通常指圆柱形的内表面,也包括非圆柱形内表面(由两平行平面或切面形成的包容面)。

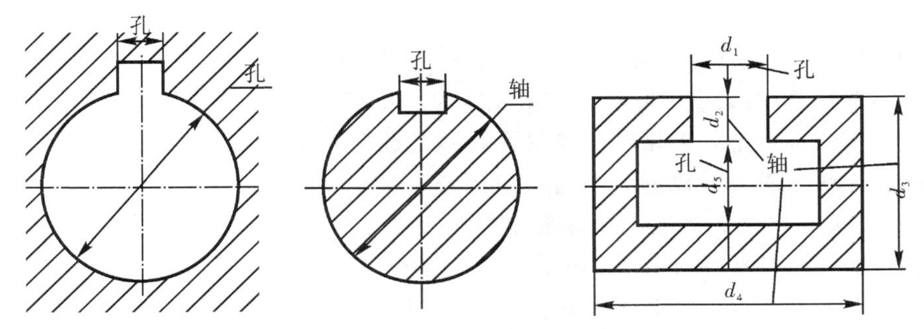

图3-2 孔和轴的说明示例

(10)基准孔。在基孔制配合中选作基准的孔,即下偏差为零的孔。

(11)尺寸。以特定单位表示线性尺寸值的数值。

(12)基本尺寸。通过它应用上、下偏差可算出极限尺寸(图3-3)。注:基本尺寸是一个整数或一个小数,例如32、15、8.75、0.5等。

(13)实际尺寸。通过测量获得的某一孔、轴的尺寸。局部实际尺寸是一个孔或轴的任意截面中的任一距离,即任何两相对点之间测得的尺寸。

(14)极限尺寸。一个孔或轴允许的两个极端尺寸。实际尺寸应位于其中,也可达到极限尺寸。

①最大极限尺寸:孔或轴允许的最大尺寸(图 3-3)。

②最小极限尺寸:孔或轴允许的最小尺寸(图 3-3)。

(15)极限制。经标准化的公差与偏差制度。

(16)零线。在极限与配合图解中,表示基本尺寸的一条直线,以其为基准确定偏差和公差(图 3-3)。通常,零线沿水平方向绘制,正偏差位于其上,负偏差位于其下(图 3-3)。

(17)偏差。某一尺寸(实际尺寸、极限尺寸等等)减其基本尺寸所得的代数差。

①极限偏差:上偏差和下偏差。注:轴的上、下偏差代号用小写字母 es、ei,孔的上、下偏差代号用大写字母 ES、EI 表示(图 3-4)。

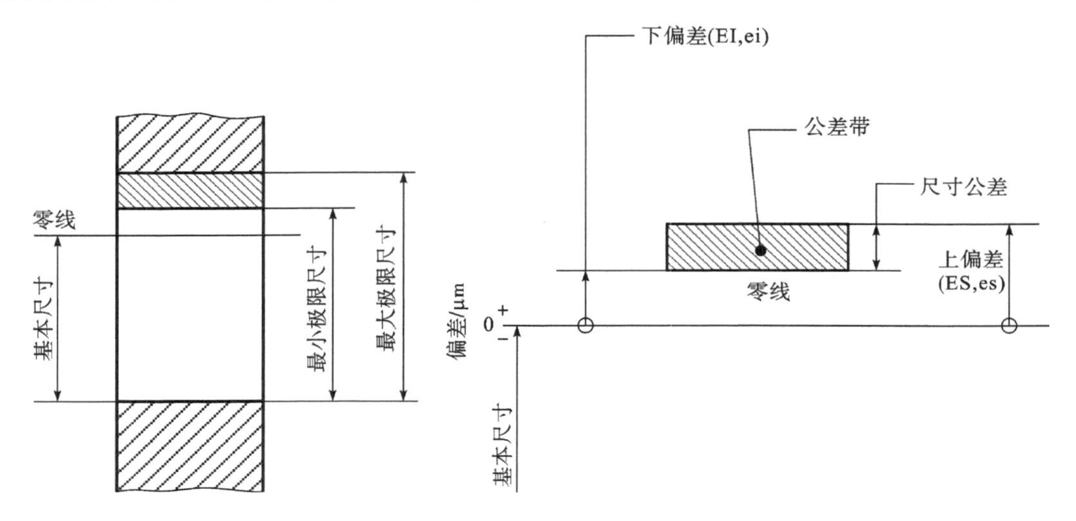

图 3-3 尺寸、最大极限尺寸和最小极限尺寸

图 3-4 公差带图解

②上偏差(ES,es):最大极限尺寸减其基本尺寸所得的代数差(图 3-4)。

③下偏差(EI,ei):最小极限尺寸减其基本尺寸所得的代数差(图 3-4)。

④基本偏差:确定公差带相对零线位置的那个极限偏差(图 3-4)。注:它可以是上偏差或下偏差,一般为靠近零线的那个偏差,如图 3-4 所示为下偏差。

(18)尺寸公差。最大极限尺寸减最小极限尺寸之差,或上偏差减下偏差之差,它是允许尺寸的变动量。注:尺寸公差是一个没有符号的绝对值。

①标准公差(IT):在 GB/T 1800 极限与配合制中,所规定的任一公差。注:字母 IT 为国际公差的符号。

②标准公差等级:在 GB/T 1800 极限与配合制中,同一公差等级(例如 IT7)对所有基本尺寸的一组公差被认为具有同等精确程度。

③公差带:在公差带图解中,由代表上偏差和下偏差或最大极限尺寸和最小极限尺寸的两条直线所限定的一个区域。它是由公差大小和其相对零线的位置如基本偏差来确定的

(图3－4)。

④标准公差因子(i,I):在GB/T 1800极限与配合制中,用以确定标准公差的基本单位,该因子是基本尺寸的函数。注:标准公差因子i用于基本尺寸至500mm;标准公差因子I用于基本尺寸大于500mm。

(19)间隙。孔的尺寸减去相配合的轴的尺寸所得的正差值(图3－5)。

①最小间隙:在间隙配合中,孔的最小极限尺寸减轴的最大极限尺寸所得的正差值(图3－6)。

②最大间隙:在间隙配合或过渡配合中,孔的最大极限尺寸减轴的最小极限尺寸所得的正差值(图3－6和3－7)。

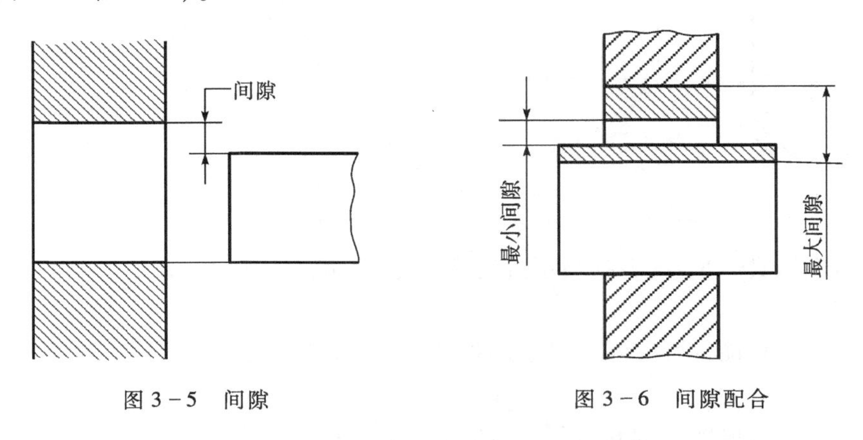

图3－5　间隙　　　　图3－6　间隙配合

(20)过盈。孔的尺寸减去相配合的轴的尺寸所得的负差值(图3－8)。

①最小过盈:在过盈配合中,孔的最大极限尺寸减轴的最小极限尺寸所得的负差值(图3－9)。

②最大过盈:在过盈配合或过渡配合中,孔的最小极限尺寸减轴的最大极限尺寸所得的负差值(图3－9和图3－7)。

(21)配合。基本尺寸相同的、相互结合的孔和轴公差带之间的关系。

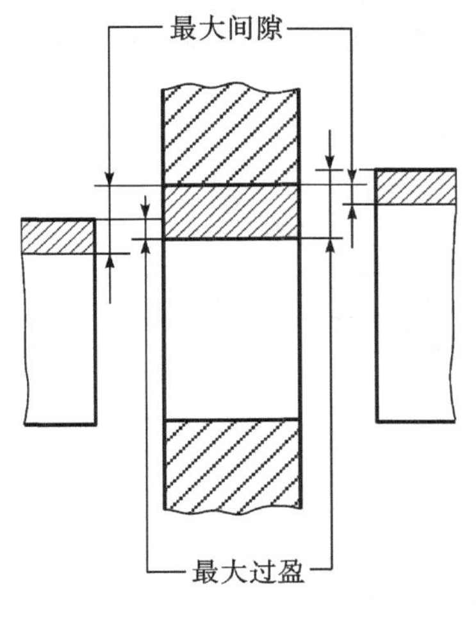

图3－7　过渡配合

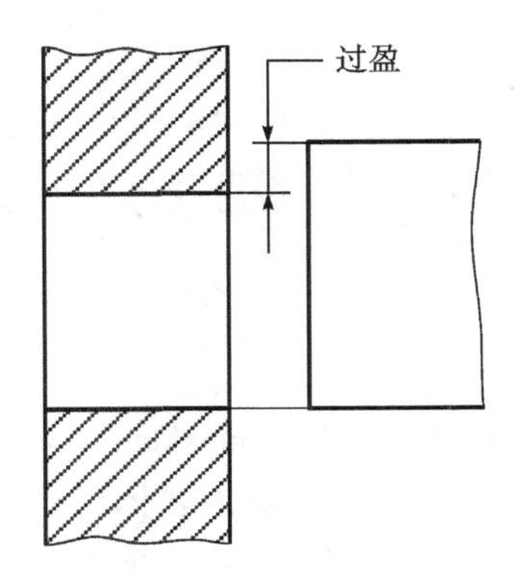

图3－8　过盈

①间隙配合：具有间隙（包括最小间隙等于零）的配合。此时，孔的公差带在轴的公差带之上（图 3－10）。

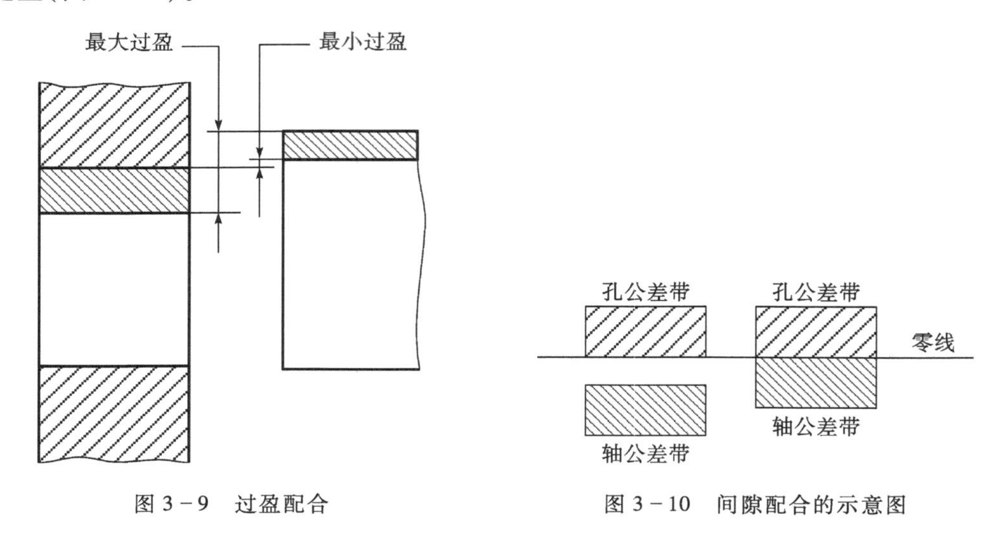

图 3－9　过盈配合

图 3－10　间隙配合的示意图

②过盈配合：具有过盈（包括最小过盈等于零）的配合。此时，孔的公差带在轴的公差带之下（图 3－11）。

③过渡配合：可能具有间隙或过盈的配合。此时，孔的公差带与轴的公差带相互交叠（图 3－12）。

④配合公差：组成配合的孔、轴公差之和。它是允许间隙或过盈的变动量。（注：配合公差是一个没有符号的绝对值）

（22）配合制。同一极限制的孔和轴组成配合的一种制度。

①基轴制配合：基本偏差为一定的轴的公差带，与不同基本偏差的孔的公差带形成各种配合的一种制度。它是轴的最大极限尺寸与基本尺寸相等，轴的上偏差为零的一种配合制（图 3－13），该轴也称为基准轴。

②基孔制配合：基本偏差为一定的孔的公差带，与不同基本偏差的轴的公差带形成各种配合的一种制度。它是孔的最小极限尺寸与基本尺寸相等，孔的下偏差为零的一种配合制（图 3－14），该孔也称为基准孔。

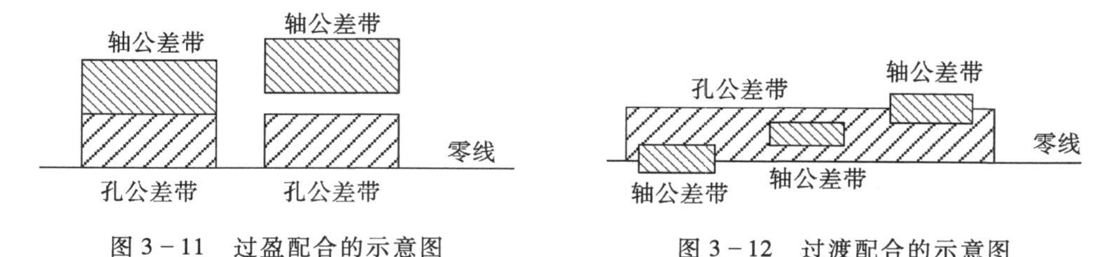

图 3－11　过盈配合的示意图

图 3－12　过渡配合的示意图

（23）最大实体状态（maximum material condition，简称 MMC）：在尺寸公差范围内具有材料量为最多时的状态。最大实体尺寸（maximum material size，简称 MMS）是在最大实体状态下具有理想形状包容面边界的尺寸，即轴的最大极限尺寸或孔的最小极限尺寸。

（24）最小实体状态（least material condition，简称 LMC）：在尺寸公差范围内具有材料量为最少时的状态。最小实体尺寸(least material size,简称 LMS)是在最小实体状态下具有理想形状包容面边界的尺寸,即轴的最小极限尺寸或孔的最大极限尺寸。

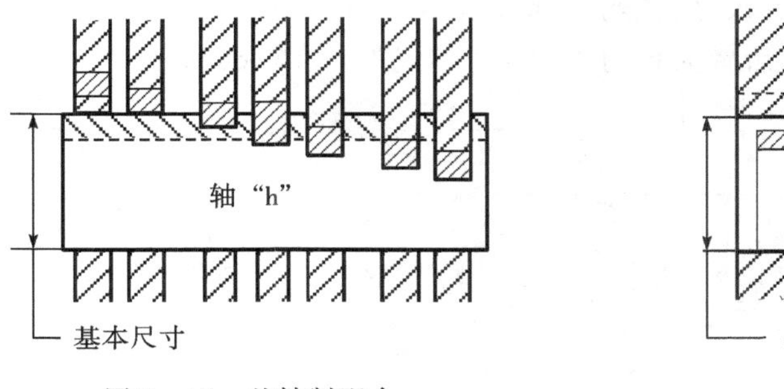

图 3 - 13　基轴制配合

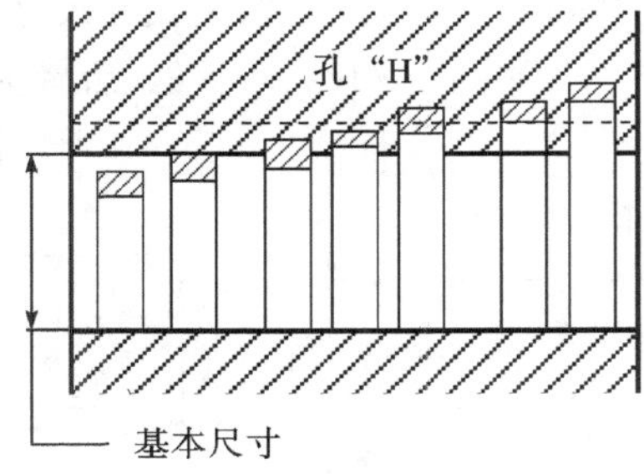

图 3 - 14　基孔制配合

1—水平实线代表孔或轴的基本偏差;2—虚线代表另一极限,表示孔和轴之间可能的不同组合与它们的公差等级有关。

(25)孔或轴的作用尺寸:在配合面的全长上,与实际孔内接的最大理想轴的尺寸,称为孔的体外作用尺寸;与实际轴外接的最小理想孔的尺寸,称为轴的体外作用尺寸(图 3 - 15)。

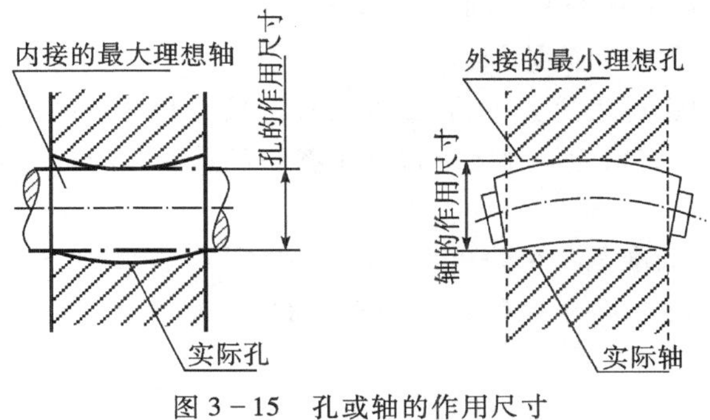

图 3 - 15　孔或轴的作用尺寸

3.2　尺寸公差数值标准

3.2.1　尺寸精度

尺寸误差又分为直线尺寸误差和角度误差。直线尺寸误差描述了实际尺寸对理论尺寸之差。理论尺寸一般并不是基本尺寸。测量局部实际尺寸要用两点法,即量出两点间的直线距离。另一类是角度误差,是实际角度对理论角度之差。角度误差可以用角度表示,也可以用一定半径尺寸上的弧长表示。此外,有些情况下还碰到一些特殊的尺寸误差,如弧长、曲线长度误差等。

尺寸误差必须限定在尺寸公差带之内。但是,零件上的局部实际尺寸都在最大和最小极限尺寸之间,是否就一定合格了呢?从图 3 - 16(a)的情况来看,并非这样。图中孔的轴线有些弯曲,如有一间隙配合,孔的尺寸要求为 $\phi60^{+0.18}_{0}$,与之相配合的轴的尺寸要求为 $\phi60^{0}_{-0.013}$,孔的局部实际尺寸都加工成 60.005mm,而轴线弯曲了 0.010mm;各个局部实际尺寸加工成 60mm 且轴线没有弯曲的轴,却装不进该孔,如硬压进去,便会产生局部过盈,影响预定的配合性质。因此,只是将局部实际尺寸限制在极限尺寸之内,还不能完全保证预定的要求,也即还不能肯定是否合格,尚需要控制作用尺寸。作用尺寸是在配合面的全长上,与实际轴外接的最小理想孔的尺寸,或与实际孔内接的最大理想轴的尺寸。前者为轴的作用尺寸,如图 3-16(b)所示;后者为孔的作用尺寸,如图 3-16(c)所示。

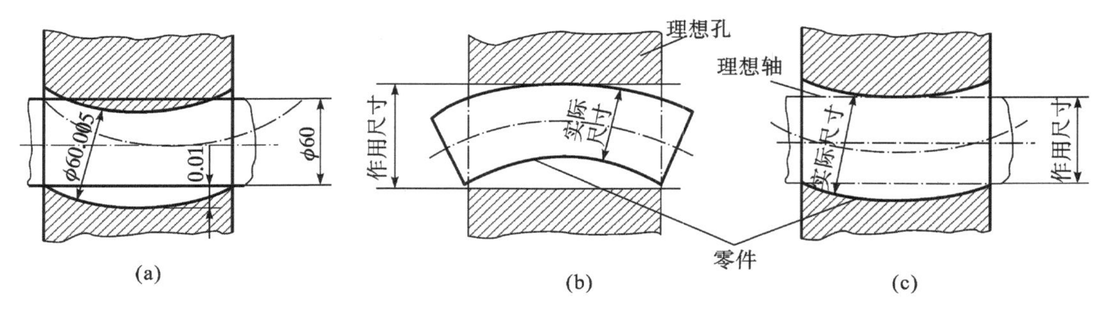

图 3-16 作用尺寸

对于有配合要求的孔、轴,怎样判断孔或轴的直径为合格呢?当孔的作用尺寸不小于孔的最小极限尺寸,而局部实际尺寸不大于孔的最大极限尺寸,或轴的作用尺寸不大于轴的最大极限尺寸,而局部实际尺寸不小于轴的最小极限尺寸时,该孔或轴方为合格。这一判断合格与否的原则称为极限尺寸判断原则。

极限尺寸判断原则也可表达如下:孔或轴的作用尺寸和各自的最大实体尺寸相比较,不超出最大实体边界,而孔或轴的局部实际尺寸和各自的最小实体尺寸相比较,不超出最小实体尺寸,这样方为合格。

几何参数公差数值标准是各个公差标准的基础,其中以尺寸公差标准出现最早。形状和位置公差标准是 20 世纪 50 年代后才发展起来的,表面粗糙度标准是 20 世纪 30 年代发展起来的。

3.2.2 尺寸公差系列值

尺寸公差包括长度尺寸公差和角度尺寸公差两种,其中长度尺寸公差应用更为普遍。

1. 长度尺寸标准公差系列

(1)尺寸公差计算公式

尺寸公差值是限制尺寸误差值的。长度尺寸误差和基本尺寸本身大小有关,也和所用加工方法的精度有关,所以尺寸公差可用下列公式表示:

$$\mathrm{IT} = ai(\text{或 } aI) \tag{3-1}$$

式中,IT—— 标准公差值,μm;

a—— 公差等级系数,它和加工方法的精度有关;

$i(I)$—— 公差单位,它和基本尺寸有关,根据大量实践经验,在不大于 500mm 的尺寸范围内,公差单位 i 和基本尺寸的关系为

$$i = 0.45\sqrt[3]{D} + 0.001D(\mu\mathrm{m}) \tag{3-2}$$

在大于 500 到 3150mm 的大尺寸段内,公差单位 I 的计算公式为

$$I = 0.004D + 2.1(\mu\mathrm{m}) \tag{3-3}$$

在上面两个公式中,D为基本尺寸,单位为 mm。公式(3-2)中前一项和基本尺寸的开三次方根有关,是加工误差影响的结果;后一项和基本尺寸成线性关系,主要是温度引起误差的结果。当基本尺寸不大时,温度的影响不显著,主要影响为开三次方根项。而在大尺寸范围,则温度引起误差成为主要成分,故公差单位和基本尺寸成线性关系。

(2)公差等级

在国家标准 GB/T 1800—2009 中,将标准公差等级分为 20 级,用 IT01,IT0,IT1,IT2,…,IT18 表示,其中 IT01 最高,等级依次降低,IT18 最低。每个公差等级的标准公差计算公式见表 3-1。

表 3-1 标准公差计算公式(尺寸≤500mm)

公差等级	公式	公差等级	公式	公差等级	公式
IT01	$0.3+0.008D$	IT6	$10i$	IT13	$250\ i$
IT0	$0.5+0.012D$	IT7	$16\ i$	IT14	$400\ i$
IT1	$0.8+0.020D$	IT8	$25\ i$	IT15	$640\ i$
IT2	$(IT1)(IT5/IT1)^{1/4}$	IT9	$40\ i$	IT16	$1000\ i$
IT3	$(IT1)(IT5/IT1)^{1/2}$	IT10	$64\ i$	IT17	$1600\ i$
IT4	$(IT1)(IT5/IT1)^{3/4}$	IT11	$100\ i$	IT18	$2500\ i$
IT5	$7i$	IT12	$160\ i$		

(3) 尺寸分段

从公差单位的计算公式可见,公差和基本尺寸有关。为简化公差表格和应用,将不大于 500mm 的尺寸范围分成 13 个尺寸段(见标准公差数值表)。同一段内的标准公差值都一样,它按每一尺寸段($>D_m \sim D_n$)首尾两尺寸的几何平均值$D=\sqrt{D_m \times D_n}$代入公式(3-2),由此公式得到该尺寸段的公差单位值。

(4) 标准公差系列

为便于应用,将标准公差按表 3-1 公式计算并经过圆整得到的数值列成表格,见附表3-1。

2. 角度公差系列

角度公差是和圆锥中的锥角公差相联系的,它有两种表示方式:

(1)AT_a以平面角单位微弧度(μrad)或分(′)秒(″)表示的公差值,AT_a的值和角度边的长度L有关,对于圆锥即与圆锥长度有关。同一公差等级,L愈长,角度能加工得愈准确,故AT_a值也就愈小。

(2)AT_D是以线值单位微米(μm)表示的公差值,其最大、最小值分别与边长(或圆锥长度)的尺寸分段的首尾值对应。

AT_D和AT_a间的换算关系为

$$AT_D = AT_a \times L \times 10^{-3}$$

式中,L的单位为 mm,AT_a的单位为 μrad。

圆锥角公差分 12 个公差等级,分别用 AT1,AT2,…,AT12 表示,其中 AT1 最高,等级依次降低。角度公差数值见附表 3－2。

3.2.3 基本偏差系列值

为保证圆柱结合的互换性,需要明确配合标准。圆柱结合的配合标准包含在 GB/T 1800—2009《产品几何技术规范(GPS)极限与配合》国家标准之中,现将其有关部分介绍如下。

1. 基本偏差

由前述的配合定义可见,“配合”是指相互结合的孔和轴公差带之间的关系。由此可知,要获得不同的配合,就要改变孔、轴公差带的相对位置。为了满足圆柱结合的各种使用要求,标准 GB/T 1800—2009 中对尺寸至 500mm 的孔、轴各规定了 28 种公差带位置,即各规定了 28 种基本偏差(图 3－17)。

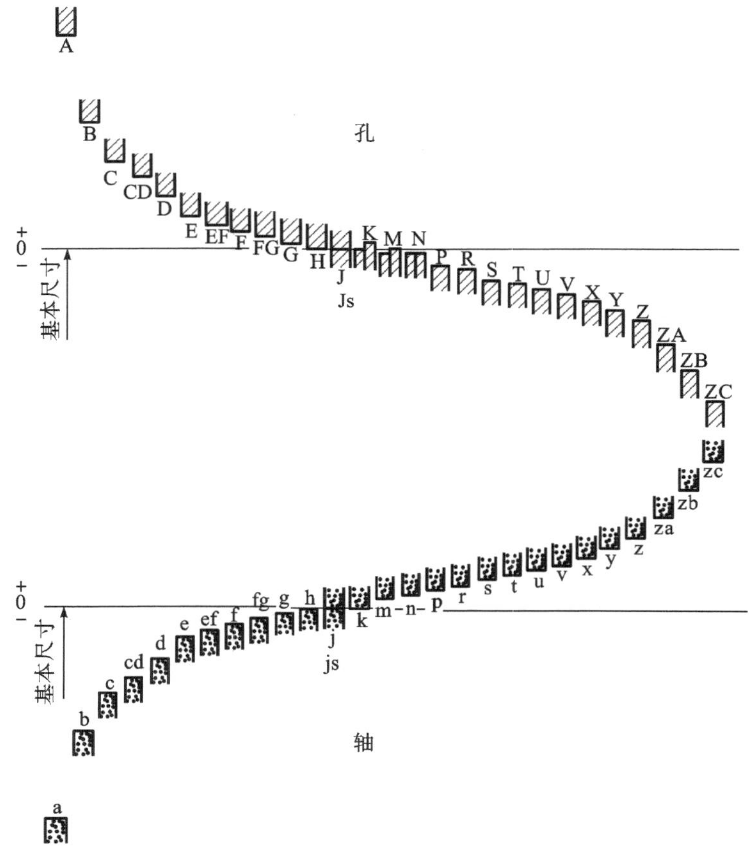

图 3－17 基本偏差系列

标准 GB/T 1800—2009 中把基本偏差定义为:标准表列的、用以确定公差带相对于零线位置的上偏差或下偏差,一般为靠近零线的那个偏差。

轴的基本偏差用小写拉丁字母表示,由 a～zc,其中 a～h 的为上偏差 es,j～zc 的为下偏差 ei;孔的基本偏差用大写拉丁字母表示,由 A～ZC,其中 A～H 的为下偏差 EI,J～ZC 的为上偏差 ES。从 a～h 或 A～H,其基本偏差的绝对值逐渐减小;从 j～zc 或 J～ZC,其基本偏差的绝对值逐渐增大;h 与 H 的基本偏差为零。

2. 基本偏差系列值

轴的基本偏差数值按照表 3－2 所列公式计算,然后将其尾数按一定规则化整而得,见附表 3－3。

表 3－2　轴的基本偏差计算公式

基本偏差		计算公式	应用范围
上偏差 es	a	$=-(265+1.3D)$	$1\leqslant D\leqslant 120$
		$=-3.5D$	$120\leqslant D\leqslant 500$
	b	$\approx-(140+0.85D)$	$1\leqslant D\leqslant 160$
		$\approx-1.8D$	$160\leqslant D\leqslant 500$
	c	$=-52D^{0.2}$	$D\leqslant 40$
		$=-(95+0.8D)$	$40\leqslant D\leqslant 500$
	cd	$=-\sqrt{c\cdot d}$	$D\leqslant 10$
	d	$=-16D^{0.44}$	$D\leqslant 10000$
	e	$=-11D^{0.41}$	
	ef	$=-\sqrt{e\cdot f}$	$D\leqslant 10$
	f	$=-5.5D^{0.41}$	$D\leqslant 10000$
	fg	$=\sqrt{f\cdot g}$	$D\leqslant 10$
	g	$=-2.5D^{0.34}$	$D\leqslant 3150$
	h	$=0$	$D\leqslant 10000$
	js	es $=+\mathrm{IT}/2$ 或 ei $=-\mathrm{IT}/2$	

基本偏差		计算公式	应用范围
下偏差 ei	j	经验数据	$D\leqslant 500$,IT5 至 IT8
	k	$=0$	$D\leqslant 500$,≤IT3 及≥IT8
	m		$5<D\leqslant 3150$
	n	$=+0.6\sqrt[3]{D}$	$D\leqslant 500$,IT4 至 IT7
	p	$=+(\mathrm{IT7}-\mathrm{IT6})$	$D\leqslant 500$
	r	$=0.024D+12.6$	$500<D\leqslant 3150$
	s	$=+5D^{0.34}$	$D\leqslant 500$
	t	$=+0.04D+21$	$500<D\leqslant 3150$
	u	$=\mathrm{IT7}+(0\sim 5)$	$D\leqslant 500$
	v	$=+0.072D+37.8$	$500<D\leqslant 10000$
	x	$=+\sqrt{p\cdot s}$	$D\leqslant 10000$
	y	$=+\mathrm{IT8}+(1\sim 4)$	$D\leqslant 50$
	z	$=+\mathrm{IT7}+0.4D$	$50<D\leqslant 10000$
	za	$=+\mathrm{IT7}+0.63D$	$24<D\leqslant 10000$
	zb	$=+\mathrm{IT7}+D$	$D\leqslant 10000$
	zc	$=+\mathrm{IT7}+1.25D$	$14<D\leqslant 500$
		$=\mathrm{IT7}+1.6D$	$D\leqslant 500$
		$=+\mathrm{IT7}+2D$	$18<D\leqslant 500$
		$=+\mathrm{IT7}+2.5D$	$D\leqslant 500$
		$=+\mathrm{IT8}+3.15D$	
		$=+\mathrm{IT9}+4D$	
		$=+\mathrm{IT10}+5D$	

注:公式中 D 按尺寸分段首尾两个尺寸的几何平均值计,单位为 mm,计算所得偏差为 μm。$D>500$mm 时,公差等级为 IT6 至 IT18。

孔的基本偏差数值是由轴的基本偏差换算而来的。换算的前提是:在孔、轴为同一公差等级或孔比轴低一级的配合条件下,当基轴制(见 3.3.1 节)中孔的基本偏差代号与基孔制(见 3.3.1 节)中轴的基本偏差代号相当(例如,孔的 F 对应轴的 f)时,使基轴制形成的配合(例如 F6/h5)与基孔制形成的配合(例如 H6/f5)相同。表 3－3 为孔的基本偏差换算公式。

附表 3－4 为孔的基本偏差数值表。

表 3－3 孔的基本偏差换算公式

基本尺寸范围 /mm	基本偏差代号	A 至 H	J 至 N		P 至 ZC	
	公差等级	所有等级	≤8 级	>8 级	≤7 级	>7 级
至 500	换算公式	EI = －es	ES = －ei + Δ			
			Δ≠0	Δ=0	Δ≠0	Δ=0
大于 500 至 3150			ES =－ei			

注：①尺寸至 3mm 的 J≤8 级至 N≤8 级，Δ=0；

②尺寸至 3mm 的 K≤7 级至 ZC≤7 级，Δ=0；

③尺寸大于 3mm 的 K>8 级，不采用；

④尺寸大于 3mm 的 N>8 级，ES=0。

3.2.4 公差带与配合的组成

1）公差带的组成

公差带由公差带的大小和公差带相对于零线的位置这两个要素所组成，见图 3－18。公差带大小决定于标准公差。公差带相对于零线的位置决定于基本偏差。由图 3－18 可见：当轴的基本偏差（es 或 ei）确定后，有了公差带的大小，轴的另一极限偏差 ei = es － ITn 或 es = ei + ITn（n 为任一标准公差等级）便可随之确定了；当孔的基本偏差（ES 或 EI）确定后，有了公差带的大小，孔的另一极限偏差 EI = ES － ITn 或 ES = EI + ITn（n 亦为任一标准公差等级），也可随之确定了。

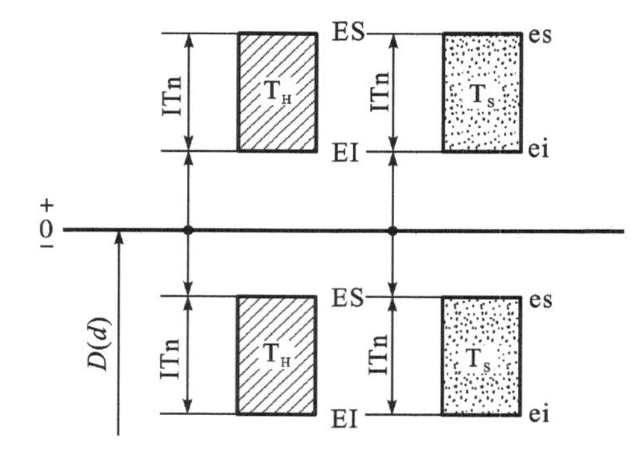

图 3－18 公差带组成

孔、轴公差带的代号由基本偏差代号与公差等级代号中的阿拉伯数字共同组成。基本偏差代号在前，阿拉伯数字在后，例如 H8，F8，K7，P7 等为孔的公差带代号；h7，f7，k6，p6 等为轴的公差带代号。

从可能性来看，20 个标准公差等级和 28 种基本偏差可使孔组成 543 种公差带（J 只能组成 3 种），使轴组成 544 种公差带（j 只能组成 4 种）。实际上，组成那么多公差带既不利于标准化，也无实用必要。标准 GB/T 1801—2009 中对尺寸至 500mm 的孔，规定了 105 种公差带，见附表 3－5；对轴规定了 116 种公差带，见附表 3－6。附表 3－5 和附表 3－6 中，框格之外的为一般用途的公差带，框格之内的为常用的公差带，其中画圆圈的为优先应用的公差带。选用时，应当按照先“优先”、再“常用”、后“一般”的顺序进行。

2）配合的组成

配合由相互结合的孔、轴公差带组成。若孔、轴各可组成 560（=28×20）种公差带，而且配合可由任一孔、轴公差带组成时，理论上则可组成 313600（=560×560）种配合。显然，组成这么多配合更不利于标准化，更无实用必要了。标准 GB/T 1801—2009 中对尺寸至 500mm 的基孔制配合，规定了 59 种常用配合，见附表 3－7；对基轴制配合，规定了 47 种常用配合，见附表 3－8。附表 3－7 和附表 3－8 中打“◤”者为优先配合。

3.3　配合代号及其选用

3.3.1　圆柱结合的配合

基孔制配合与基轴制配合，是标准 GB/T 1800.1—2009 中规定的两种基准制。基孔制，是指基本偏差为一定的孔的公差带，与不同基本偏差的轴的公差带形成各种配合的一种制度。在基孔制中，孔为基准孔，其基本偏差为下偏差，且规定为零，它的上偏差随公差等级的不同而不同，见图 3－19（a）。基轴制，是指基本偏差为一定的轴的公差带，与不同基本偏差的孔的公差带形成各种配合的一种制度。在基轴制中，轴为基准轴，其基本偏差为上偏差，且规定为零，它的下偏差随公差等级的不同而不同，见图 3－19（b）。

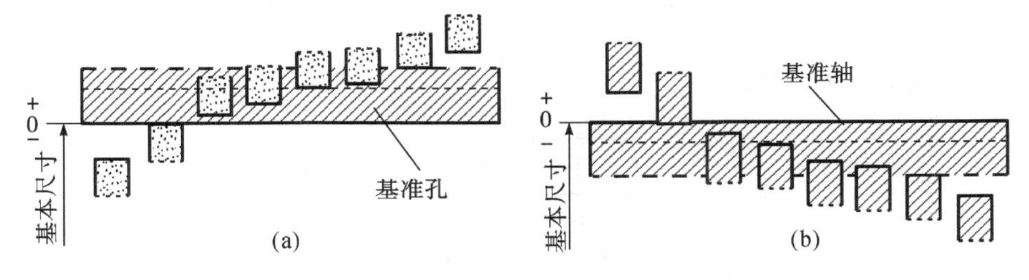

图 3－19　基孔制与基轴制

配合代号由孔、轴公差带的代号组成，写成分数形式，分子位置写孔的公差带代号，分母位置写轴的公差带代号，例如 H8/f7 或 $\frac{H8}{f7}$。具体应用时要标出配合的基本尺寸，如 ϕ50H8/f7 或 $\phi50\,\frac{H8}{f7}$；ϕ30F8/h7 或 $\phi30\,\frac{F8}{h7}$。

例 3－1　试确定 ϕ50H7/f6、ϕ50F7/h6 两种配合孔、轴的极限偏差。

解　50mm 属 >30～50mm 基本尺寸分段，由附表 3－1 可以查得，IT6 的标准公差数值为 16μm，IT7 的标准公差数值为 25μm。

由附表 3－2 可以查得，轴 f 的基本偏差为上偏差 es = －25μm；轴 h 的基本偏差亦为上偏差 es，但其数值为零。由附表 3－3 可以查得，孔 F 的基本偏差为下偏差 EI = +25μm；孔 H 的基本偏差亦为下偏差 EI，但其数值为零。

轴 ϕ50f6 的下偏差 ei = es － IT6 = －25 －16 = －41μm，ϕ50h6 的下偏差 ei = es － IT6 =

0 - 16 = - 16μm；孔 ϕ50F7 的上偏差 ES = EI + IT7 = +25 +25 = +50μm，ϕ50H7 的上偏差 ES = El + IT7 = 0 + 25 = +25μm。

图 3 - 20 为其公差带图。

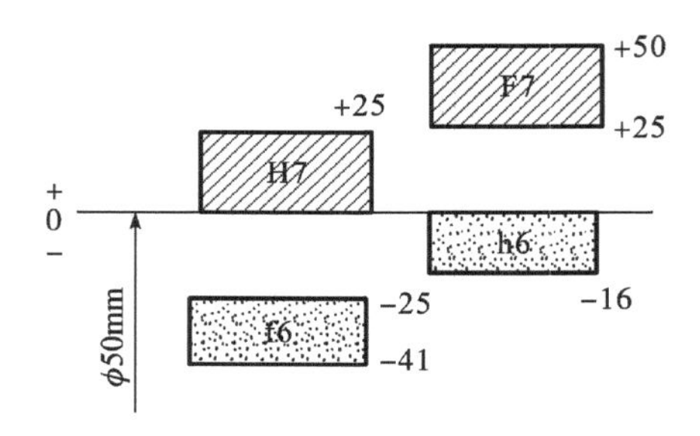

图 3 - 20　例 3 - 1 公差带图

例 3 - 2　试确定 ϕ50H7/p6、ϕ50P7/h6 两种配合孔、轴的极限偏差。

解　50mm 属 > 30 ~ 50mm 基本尺寸分段，由上例可知，IT6 与 IT7 的标准公差分别为 16μm 和 25μm。

由附表 3 - 2 可以查得，轴 p 的基本偏差为下偏差 ei = +26μm；轴 h 的基本偏差为上偏差 es = 0。由附表 3 - 3 可以查得，孔 H 的基本偏差为下偏差 EI = 0；孔 P 的基本偏差为上偏差 ES = -26 + Δ = -26 + 9 = -17μm（P7 在≤7 级范围内，因此要加上一个 Δ 值）。

轴 ϕ50p6 的上偏差 es = ei + IT6 = +26 + 16 = +42μm，ϕ50h6 的下偏差 ei = es - IT6 = 0 - 16 = -16μm；孔 ϕ50P7 的下偏差 EI = ES - IT7 = -17 - 25 = -42μm，ϕ50H7 的上偏差 ES = EI + IT7 = 0 + 25 = +25μm。

图 3 - 21 为其公差带图。

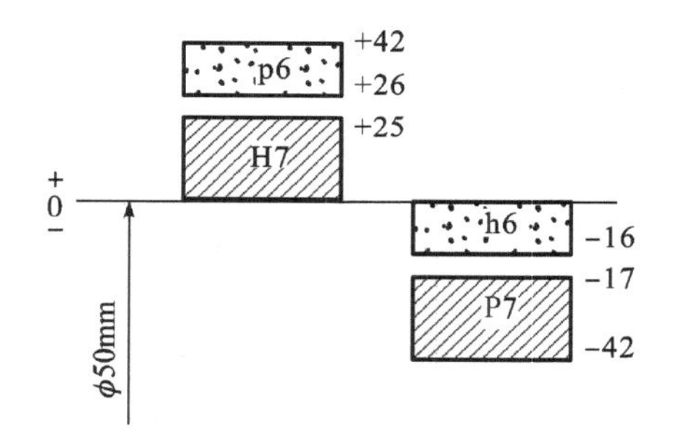

图 3 - 21　例 3 - 2 公差带图

例 3 - 3　试确定 ϕ50H8/p8、ϕ50P8/h8 两种配合孔、轴的极限偏差。

解　50mm 属 > 30 ~ 50mm 基本尺寸分段，从附表 3 - 1 可查得，IT8 的标准公差为 39μm。

由上例可知，轴 p 的基本偏差为下偏差 ei = +26μm；轴 h 的基本偏差为上偏差 es = 0。孔 H 的基本偏差为下偏差 EI = 0。由附表 3 - 3 可查得孔 P 的基本偏差为上偏差 ES = -26μm（P8 在 > 7 级范围内，因此不加 Δ 值）。

轴 ϕ50p8 的上偏差 es = ei + IT8 = +2 6 + 39 = +65μm，ϕ50h8 的下偏差 ei = es - IT8 = 0 - 39 = -39μm；孔 ϕ50P8 的下偏差 EI = ES - IT8 = -26 - 39 = -65μm，ϕ50H8 的上偏差 ES

$= EI + IT8 = 0 + 39 = +39\mu m$。

图 3-22 为其公差带图。

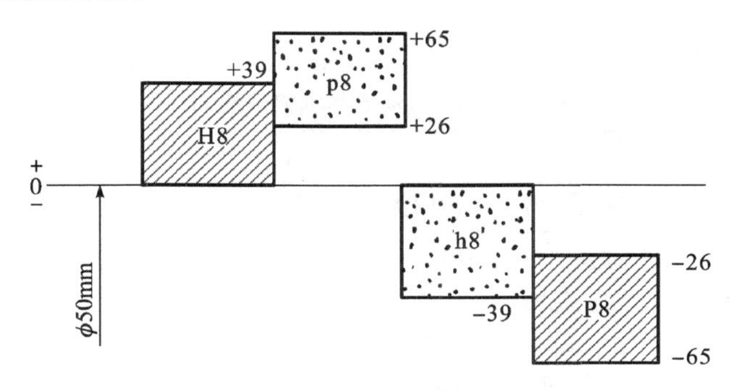

图 3-22 例 3-3 公差带图

3.3.2 配合代号的选用

圆柱结合的配合选用是机械、仪器仪表设计与制造中非常重要的问题。由 $T_f = T_H + T_S$（即配合公差等于孔、轴公差之和）可以看出：配合公差（T_f）愈小，愈易保证配合质量；但 T_f 愈小，孔、轴公差（T_H、T_S）也要愈小，制造就愈加繁难，生产成本也就愈高。从配合质量的要求出发，希望 T_f 愈小愈好；从易于制造和降低成本的角度出发，则希望 T_H、T_S 愈大愈好。配合选用的原则是既能满足使用要求，又要取得最佳的技术经济效果。

圆柱结合的配合选用有两个方面的问题，一是确定配合性质及配合精度，一是选用配合代号。

1. 配合性质及配合精度的确定

配合性质是指结合要求的松紧程度，即要求有多大间隙或多大过盈；配合精度是指同种结合松紧的一致程度，即同种结合允许间隙或过盈有多大变动范围。确定配合性质及配合精度一般有三种方法，即类比法、计算法和试验法。

1）类比法

类比法又有人称为“先例法”、“对照法”，它是以某种结合（使用要求类同并经过实践考验合用的）为参照对象，根据预定结合的具体情况（如承受负荷的情况，孔、轴相对运动的要求，孔、轴的工作温度，孔、轴的材料，配合尺寸、结合长度的大小，装拆要求等），与参照对象作对比，然后进行某些修正，确定出预定结合的配合性质和配合精度的一种方法。

要正确应用这种方法，首先必须确切了解类比对象的使用要求、应用条件、材料及结构、加工和装配等情况；其次是根据预定结合的具体情况作出对比分析。只有这样，才能使配合选用得当。如果不顾预定结合与参照对象的差异，简单地照抄照搬，是不会使所选配合达到预期要求的。

类比法是迄今为止最为常用的一种方法。为了类比方便，表 3-4 列出了各种轴的基本偏差与基准孔的基本偏差（H）形成各种配合时的配合特性及应用场合；表 3-5 为标准中规定的优先配合的应用场合。

在用类比法时，若预定结合为间隙配合，当它比参照结合的配合长度长、形位误差大、旋转速度高、润滑油粘度大时，间隙应有所增加；表面较粗糙、装配精度较高时，间隙应有所减小。若预定结合为过盈配合,当它比参照结合的配合长度长、形位误差大、材料许用应力小、装配精度高、装拆更频繁时,过盈应有所减小;表面较粗糙、有冲击负荷时,过盈应有所增加。

表 3-4 基孔制轴的基本偏差选用说明

配　合	基本偏差	配合特性及应用
间隙配合	a,b	可得到特别大的间隙,应用很少
	c	可得到很大间隙,一般适用于缓慢、松弛的动配合;用于工作条件较差(如农业机械)、受力变形,或为了便于装配,而必须有较大间隙时。推荐配合为 H11/c11。其较高等级的配合,如 H8/c7 适用于轴在高温工作的紧密动配合,例如内燃机排气阀和导管
	d	一般用 IT7 ~ 11 级,适用于松的转动配合,如密封盖、滑轮、空转皮带轮与轴的配合;也适用于大直径滑动轴承配合,如透平机、球磨机、轧辊成型和重型弯曲机及其他重型机械中的一些滑动支承
	e	多用于 IT7 ~ 9 级,通常适用于要求有明显间隙、易于转动的支承配合,如大跨距支承、多支点支承等配合;高等级的 e 轴适用大的高速重载支承,如涡轮发电机、大的电动机的支承等;也适用于内燃机主要轴承、凸轮轴支承、摇臂支承等配合
	f	多用于 IT6 ~ 8 级的一般转动配合。当温度差别不大、对配合基本上没影响时,被广泛用于普通润滑油(或润滑脂)润滑的支承,如齿轮箱、小电动机、泵等的转轴与滑动支承的配合
	g	多用于 IT5 ~ 7 级,配合间隙很小,制造成本高,除很轻负荷的精密装置外,不推荐用于转动配合。最适合不回转的精密滑动配合,也用于插销等定位配合,如精密连杆轴承、活塞及滑阀、连杆销等
	h	多用于 IT4 ~ 11 级,广泛用于无相对转动的零件,作为一般的定位配合;若没有温度、变形影响,也用于精密滑动配合
过渡或过盈配合	js	为完全对称偏差(± IT/2)。平均起来,为稍有间隙的配合。多用于 IT4 ~ 7 级,要求间隙比 h 轴配合时小,并允许略有过盈的定位配合,如联轴节、齿圈与钢制轮毂,一般可用木锤装配
	k	平均起来没有间隙的配合,适用于 IT4 ~ 7 级。推荐用于要求稍有过盈的定位配合,例如为了消除振动用的定位配合。一般用铜锤装配
	m	平均起来具有不大过盈的过渡配合,适用于 IT4 ~ 7 级。一般可用锤装配,但在最大过盈时,要求相当的压入力
	n	平均过盈比用 m 轴时稍大,很少得到间隙,适用于 IT4 ~ 7 级。用锤或压力机装配。通常推荐用于紧密的组件配合。H6/n5 为过盈配合
	p	与 H6 或 H7 配合时是过盈配合,而与 H8 孔配合时为过渡配合。对非铁类零件,为较轻的压入配合,当需要易于拆卸时,对钢、铸铁或铜-钢组件装配是标准压入配合;对弹性材料,如轻合金等,往往要求很小的过盈,可采用 p 轴配合

续表

配　合	基本偏差	配合特性及应用
	r	对铁类零件,为中等打入配合;对非铁类零件,为轻的打入配合,当需要时,可以拆卸。与H8孔配合,直径在100mm以上时为过盈配合;直径小时为过渡配合
	s	用于钢和铁制零件的永久性和半永久性装配,过盈量充分,可产生相当大的结合力。当用弹性材料,如轻合金时,配合性质与铁类零件的p轴相当,例如套环压在轴、阀座等配合上。尺寸较大时,为了避免损伤配合表面,需用热胀或冷缩法装配
	t,u,v,x,y,z	过盈量依次增大,除u外,一般不推荐

表3-5　优先配合选用说明

优先配合		说　明
基孔制	基轴制	
$\frac{H11}{c11}$	$\frac{C11}{h11}$	间隙非常大。用于很松的、转动很慢的动配合;要求大公差与大间隙的外露组件;要求装配方便的很松的配合
$\frac{H9}{d9}$	$\frac{D9}{h9}$	间隙很大的自由转动配合,用于精度非主要要求时。适用于有大的温度变动、高转速或大的轴颈压力时
$\frac{H8}{f7}$	$\frac{F8}{h8}$	间隙不大的转动配合。用于中等转速与中等轴颈压力的精确转动;也用于装配较易的中等定位配合
$\frac{H7}{g6}$	$\frac{G7}{h6}$	间隙很小的滑动配合。用于不希望自由旋转,但可自由移动和转动并精密定位时;也可用于要求明确的定位配合
$\frac{H7}{h6}$ $\frac{H8}{h7}$ $\frac{H9}{h9}$ $\frac{H11}{h11}$	$\frac{H7}{h6}$ $\frac{H8}{h7}$ $\frac{H9}{h9}$ $\frac{H11}{h11}$	均为间隙定位配合,零件可自由装拆,而工作时一般相对静止不动 在最大实体条件下的间隙为零 在最小实体条件下的间隙由公差等级决定
$\frac{H7}{k6}$	$\frac{K7}{h6}$	过渡配合,用于精密定位
$\frac{H7}{n6}$	$\frac{N7}{h6}$	过渡配合,允许有较大过盈的更精密定位
$\frac{H7}{p6}$	$\frac{P7}{h6}$	过盈定位配合,即小过盈配合,用于定位精度特别重要时,能以最好的定位精度达到部件的刚性及对中性要求,而对内孔承受压力无特殊要求,不依靠配合的紧固性传递摩擦负荷

续表

优先配合		说　明
基孔制	基轴制	
$\frac{H7}{s6}$	$\frac{S7}{h6}$	中等压入配合,适用于一般钢件,或用于薄壁件的冷缩配合,用于铸铁件可得到最紧的配合
$\frac{H7}{u6}$	$\frac{U7}{h6}$	压入配合,适用于可以承受高压力的零件,或不宜承受大压力的冷缩配合

2)计算法

计算法是按照一定的理论和公式,通过计算确定配合性质和配合精度的一种方法。

对于有一定负载要求,孔、轴要相对转动的结合,为减小摩擦,要采用流体(液体或气体)润滑,使孔、轴结合面不直接接触,如各种流体动压与静压轴承。动压轴承间隙的计算,其理论基础为流体动力学。由于这类轴承种类繁多、结构各异,涉及因素复杂,目前尚未使其计算方法标准化。常用的单油楔液体摩擦径向滑动轴承的计算方法比较成熟,在"机械零件"课程中对此已有讲述,国内外对这种轴承的计算有许多公式及计算机程序可以借鉴,此处不再引述。

对于孔、轴沿轴向有相对移动要求的结合,其作用间隙(孔的作用尺寸减去轴的作用尺寸所得的代数差)应大于零。计算这种间隙时,应考虑孔与轴的表面粗糙度、结合长度、相对移动的速度、工作温度、受力变化、润滑要求及导向精度等因素,目前尚无成熟的公式可循。

对于完全依靠过盈传递一定轴向力或扭矩的不动结合,其最小过盈应保证结合强度,最大过盈应不致使其应力超过孔、轴材料的比例极限(对弹性联结)。对于弹性范围内的过盈配合,其计算方法已进行了标准化,详见国家标准《极限与配合 过盈配合的计算和选用》(GB/T 5371—2004)。该标准是以拉美(Lame)公式为基础的。某些过盈联结,结合面之间除有弹性变形外,还可能有弹-塑性变形,在相应的塑性变形区域内,应力与应变的关系不再遵循胡克(Hocke)定律。对于具有弹-塑性变形的过盈配合计算问题,国内外学者已进行了许多研究,但目前还不够成熟和统一。

对于主要用于定心的不动结合,从孔、轴轴线的重合精度要求而言,希望其配合间隙或过盈等于零,由于制造误差的影响,这是不可能的。如果把配合间隙或过盈为零的情况作为一批结合的期望值,则在这批结合里,有的具有一些间隙,有的具有一些过盈。对于这类配合,一般不进行计算,必要时可用概率论计算一下所选配合间隙及过盈的概率。

3)试验法

试验法是通过试验确定配合的一种方法。以往常用比较古老的方法进行实物试验。通过改变影响配合性质和质量的各种参数的大小以及变动其他因素,获得合适的间隙或过盈值,用这种方法代价较高。现在,由于科学技术及计算机应用的发展,有的已可以采用各种模拟、仿真技术进行试验,从而可大大提高试验效率、节约成本。

试验法主要用来确定重要的配合,而且往往和计算法或类比法并用。

2. 配合代号的选用

当确定了结合的配合性质和配合质量之后,例如确定了某种相对运动结合的间隙及其允许变动范围,还要选用适当的配合代号。选用配合代号时,要解决以下三个问题:选用基准制;选用孔、轴的尺寸公差等级;选用非基准件(基孔制中的轴或基轴制中的孔)的基本偏差代号。

1)基准制的选用

基准制包括基孔制与基轴制两种。两种基准制的共同特点是既可得到各种配合,又统一了基准件(基孔制中的孔或基轴制中的轴)的基本偏差。这样便可使一定尺寸和一定公差等级的基孔制配合或基轴制配合,其基准件的极限偏差不变,只是改变非基准件的极限偏差便可获得各种不同性质的配合。GB/T 1800.1—2009《公差、偏差和配合的基础》国家标准对基孔制、基轴制都规定了满足各种要求的一些配合,以供设计者选用。选用基准制所要考虑的主要因素是结构情况、制造工艺和经济效益等,与使用要求无关。

一般情况下(特大或特小尺寸的除外),加工孔比加工轴困难,而且孔常用定值刀具(如钻头、铰刀、拉刀等)进行加工,用定值量具(如光滑塞规)进行检验。从这个角度来看,若采用基孔制配合,既可减少定值刀、量具的品种、规格,又易于保证产品质量和降低生产成本。据此,在 GB/T 1800.1—2009《公差、偏差和配合的基础》国家标准中提出:一般情况下,优先采用基孔制。多数生产部门实际上也是这样应用的。

当轴采用冷拉或热轧型料,其结合面无需再进行切削加工时,则选用基轴制较为经济。在一般纺织机械和农业机械中,由于应用这种型料做轴较多,因此采用基轴制配合也就较多。随着冷拉或热轧技术的不断提高,许多较为精密的配合亦采用基轴制配合了。

当在同一基本尺寸的轴上有多孔与之相配且有不同配合性质要求时,或在同一基本尺寸的孔上有多轴与之相配且有不同配合性质要求时,采用何种基准制要视具体情况而定。如图 3-23(a)所示活塞销与活塞销孔、连杆孔的配合,根据使用要求,活塞销与活塞销孔的配合要求较紧,通常选用过渡配合;而活塞销与连杆孔的配合要求较松,通常选用间隙配合。如果采用基孔制,则要将活塞销做成如图 3-23(b)的形状,这样不仅使加工不便,而且装配活塞销时会将连杆衬套的表面擦伤。若改用基轴制,如图 3-23(c),则可避免这种弊病。但如图 3-24 所示的结构,则以采用基孔制为宜。

当机构采用标准零、部件时,由于一般标准件同一等级、同一结合面的尺寸公差带不变,

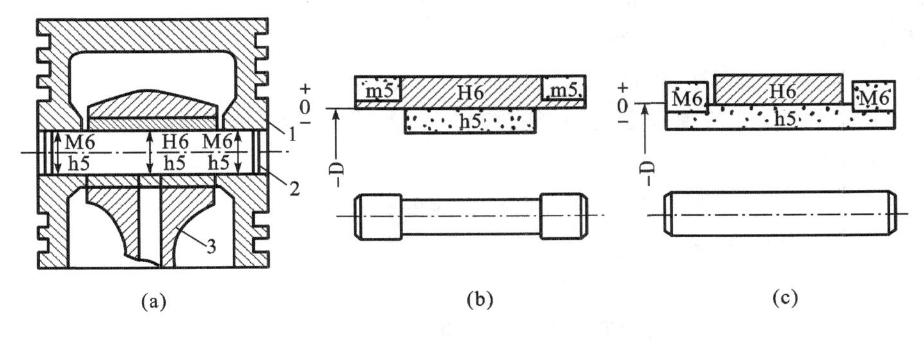

图 3-23 活塞与活塞、连杆的配合

(a)活塞连杆机构;(b)基孔制配合;(c)基轴制配合

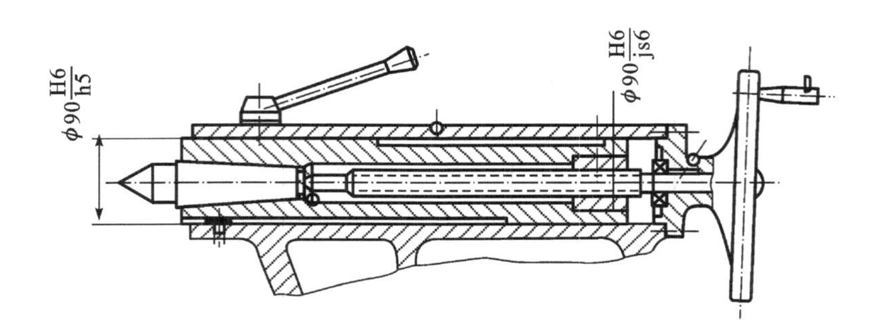

图 3-24 车床尾座部分

所以与其相结合的表面选什么基准制要视标准件结合面是孔还是轴而定。如图 3-25 所示的滚动轴承与轴的配合，只能采用基孔制；与外壳孔的配合，只能采用基轴制。而轴承盖与外壳孔的配合要有一些间隙，但外壳孔已按公差带 ϕ62J7 加工，所以端盖与外壳孔的配合表面不能采用基准轴的公差带，而要用比它的公差带位置更低者，如用 ϕ62f9，ϕ62f9 与 ϕ62J7 形成的配合为非基准制配合（ϕ62J7/f9）。

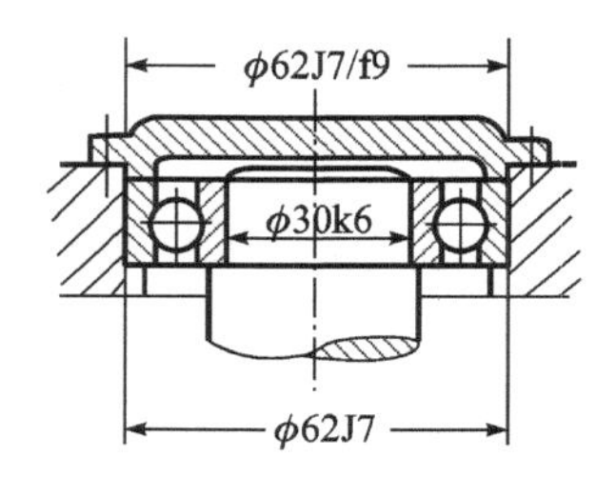

图 3-25 滚动轴承与轴外壳孔的配合

2）孔、轴尺寸公差等级的选用

对于有配合要求的孔、轴，其公差等级的选择主要决定于配合质量，即配合间隙或过盈的允许变动量。对于一般配合，当配合间隙或过盈的允许变动量（即配合公差）确定之后，便可按式（3-1）计算出孔、轴尺寸的公差等级系数，从而便可选定相应的公差等级。

当求得孔的尺寸公差等级系数（a_H）和轴的尺寸公差等级系数（a_S）之后，如（a_H+a_S）小于或接近 50，一般应使配合中孔的尺寸公差等级比轴的低一个等级；如（a_H+a_S）大于 50，应使配合中的孔、轴尺寸公差等级相同。计算出来的（a_H+a_S）一般不会恰为表 3-2 所列的相应公差等级系数之和，此时如何确定公差等级，应视结合的使用要求而定。若必须使配合在预定的间隙或过盈允许范围内变化，宜往较高的公差等级靠拢；如可超出允许的范围，则可选用较低的公差等级。

一般情况下，根据已知的 T_f 可直接查出相应的孔、轴尺寸公差数值，从而确定出相应的公差等级，不必再计算公差等级系数。

3）非基准件基本偏差代号的选用

对于基孔制，a～h 各种轴的基本偏差（上偏差 es 为负值），与基准孔的基本偏差 H 形成间隙配合的最小间隙（X_{min}为正值），其绝对值相等。为此，对于基孔制的间隙配合，可直接按照允许的最小间隙量在附表 3-3 中查出数值相近的非基准件（轴）的基本偏差代号。j ~ zc 各种轴的基本偏差(除 j 至 js 之外,其下偏差 ei 均为正值),它们与基准孔的基本偏差 H 形成基孔制过渡配合的最大间隙和形成基孔制过盈配合的最小过盈,存在如下关系:

$$\mathrm{ei} = T_{\mathrm{H}} - X_{\max} \quad (\text{对过渡配合}) \tag{3-4}$$

$$\mathrm{ei} = T_{\mathrm{H}} - Y_{\min} \quad (\text{对过盈配合}) \tag{3-5}$$

由此可以求得基孔制过渡配合和过盈配合中非基准件(轴)的基本偏差,再在附表 3-2 中查出其相应的基本偏差代号。

对于基轴制,非基准件(孔)的基本偏差代号可以比照上述方法进行选定。

例 3-4 有一孔、轴配合,基本尺寸为 ϕ25 mm,要求过盈的变化范围为 -0.007 ~ -0.041mm,(已考虑孔、轴表面粗糙度影响的压平量),试确定其配合代号。

解 首先,选用基准制,按优先采用基孔制的原则,决定应用基孔制。

其次,选用孔、轴公差等级。因为

$$T_{\mathrm{f}} = |-0.007-(-0.041)| = 34$$

所以可得出

$$T_{\mathrm{H}} + T_{\mathrm{S}} = 34$$

由标准公差数值表中可查出孔、轴的尺寸公差等级分别为 IT7,IT6。

最后,确定轴的偏差代号。根据 $\mathrm{ei} = T_{\mathrm{H}} - Y_{\min}$,得

$$\mathrm{ei} = 21-(-7) = 28$$

按照 ei = +28μm,可在轴的基本偏差数值表中查得非基准件(轴)的基本偏差代号为 r。于是,对这一结合选用配合代号 ϕ25H7/r6,便可满足其使用要求。

例 3-5 有一孔、轴配合,基本尺寸为 ϕ40 mm,要求间隙的变化范围为 10 ~ 52μm,试选择孔、轴配合代号。

解 在没有特殊要求的情况下,优先选用基孔制。

其次,选用孔、轴公差等级。因为 $T_{\mathrm{f}} = 52 - 10 = 42$,根据 $T_{\mathrm{f}} = T_{\mathrm{H}} + T_{\mathrm{S}}$,由标准公差数值表中可查出孔、轴的尺寸公差等级分别为 IT7,IT6。

最后,确定轴的偏差代号。根据 $\mathrm{es} = X_{\min}$,得

$$\mathrm{es} = -10$$

按照 es = -10μm,可在轴的基本偏差数值表中查得非基准件(轴)的基本偏差代号为 g。g 的上偏差 es = -9,最接近于 -10。

于是,这一结合选用配合代号为 ϕ40H7/g6。查出 ϕ40H7/g6 的极限偏差值,看能否满足设计要求?

在 ϕ40H7/g6 中 ES = +25,EI = 0,es = -9,ei = -25,得出 $X_{\max} = +50$,$X_{\min} = +9$。按照原设计要求,间隙的变化范围从 +10 ~ +52,无论是最大间隙还是最小间隙都与原设计要求的极限间隙产生一个差别,这里 $\Delta_1 = 52 - 50 = 2$,$\Delta_2 = 10 - 9 = 1$。Δ_1 影响使用性能,Δ_2 影响制造成本。按照在大批大量生产中,不过多影响使用性能和成本不过分增加的前提下,一般允许选取的配合代号计算出的极限间隙和极限过盈与原设计要求的极限间隙和极限过盈之差与原设计要求的配合公差之比要小于等于 10%,由此得出:

$$\Delta / T_{\mathrm{f}} = 2/42 < 10\%$$

所以说 ϕ40H7/g6 能够满足设计要求。

例3-6 有一孔、轴配合，基本尺寸为 ϕ40mm，孔、轴配合后要求最大间隙不超过 +0.008mm，平均过盈为 -0.0125mm，试选择孔轴配合代号。

解 在没有特殊要求的情况下，优先选用基孔制。

然后根据设计要求，选择孔、轴公差等级。

已知 $X_{max} = +0.008$，$Y_{av} = -0.0125$，由此得出

$$Y_{max} = 2Y_{av} - X_{max} = 2 \times (-0.0125) - 0.008 = -0.033\text{mm}$$

因为 $T_f = |X_{max} - Y_{max}|$，从而得 $T_f = 0.041$。

查标准公差数值表，得孔、轴的公差等级分别为 IT7，IT6，IT7 = 25μm，IT6 = 16μm。

最后确定轴的基本偏差代号。因为此配合为过渡配合，根据 $ei = T_H - X_{max}$，得

$$ei = 25 - 8 = +17\mu\text{m}$$

查轴的基本偏差数值表，得轴的基本偏差代号为 n。n 的基本偏差 ei = +17。

于是，对这一孔、轴配合，选用配合代号为 ϕ40H7/n6，便可满足其使用要求。

习 题

3-1 实际尺寸和作用尺寸有何不同？它们各起什么作用？

3-2 怎样能保证零件的尺寸误差限定在零件尺寸公差带之内？

3-3 标准中规定的直线尺寸公差值是如何得出的？

3-4 标准规定尺寸公差分几个等级？各级应用在什么场合？

3-5 若有一对孔、轴仅有轴线弯曲，没有其他形状和位置误差，其实际尺寸均为 19.980mm，轴线弯曲量均为 0.020mm，试计算它们的作用尺寸，并用图形表示之。

3-6 有一 ϕ90mm 的孔和轴呈间隙配合，要求配合公差为 57μm，试确定孔和轴的公差等级和公差值。

3-7 有一 ϕ190mm 的孔和轴呈过盈配合，要求配合公差为 190μm，试确定孔和轴的公差等级和公差值。

3-8 查出下表所列配合孔、轴的上、下偏差，以及基本偏差和公差，说明配合性质和基准制，计算配合间隙或过盈，绘出其公差带图。

	ϕ18H7/g6		ϕ50H8/m7		ϕ65R6/h5		ϕ120U7/h6	
上偏差								
下偏差								
基本偏差								
公差								
配合性质								
基准制								
最大间隙或最小过盈								
最小间隙或最大过盈								
公差带图								

3－9 填满下列空格。

<table>
<tr><th rowspan="2">序号</th><th rowspan="2">基本尺寸/mm</th><th colspan="4">孔</th><th colspan="4">轴</th><th rowspan="2">最大间隙或最小过盈</th><th rowspan="2">最小间隙或最大过盈</th><th rowspan="2">配合公差</th></tr>
<tr><th>上偏差</th><th>下偏差</th><th>公差</th><th>公差带代号</th><th>上偏差</th><th>下偏差</th><th>公差</th><th>公差带代号</th></tr>
<tr><td>1</td><td>30</td><td>+21</td><td></td><td></td><td></td><td></td><td>－33</td><td>13</td><td></td><td></td><td>+20</td><td></td></tr>
<tr><td>2</td><td>80</td><td>+46</td><td>0</td><td></td><td></td><td></td><td></td><td>30</td><td></td><td></td><td>－62</td><td></td></tr>
<tr><td>3</td><td>140</td><td></td><td>－195</td><td>40</td><td></td><td>0</td><td></td><td></td><td></td><td>－130</td><td></td><td></td></tr>
</table>

<table>
<tr><th colspan="2" rowspan="2"></th><th colspan="3">序号</th></tr>
<tr><th>1</th><th>2</th><th>3</th></tr>
<tr><td colspan="2">公差带图</td><td></td><td></td><td></td></tr>
<tr><td rowspan="2">尺寸标注</td><td>孔</td><td></td><td></td><td></td></tr>
<tr><td>轴</td><td></td><td></td><td></td></tr>
</table>

3－10 有一孔、轴配合，其基本尺寸是 ϕ25mm 要求间隙的变化范围为 +0.005 ~ +0.04mm，试选用适当的配合代号。

3－11 有一孔、轴配合，其基本尺寸是 ϕ70mm，要求间隙的变化范围为 －0.012 ~ －0.065mm，试选用适当的配合代号。

3－12 有一配合 ϕ60H7/h6，结合长度为 100mm，孔、轴的尺寸公差与形位公差之间的关系分别按包容要求和独立原则标注，试计算按两种原则处理时间隙或过盈波动的范围。

3－13 试确定 ϕ20H8/f7 和 ϕ20F8/h7 两个配合的孔、轴的极限偏差，画出公差带图，并说明两个配合之间的关系。

3－14 图 3－26 为钻床夹具简图，试根据表中的已知条件，选择较合适的配合代号。

配合位置序号	已知条件	配合代号
(1)	有定心要求，不可拆连接	
(2)	有定心要求，可拆连接(钻套磨损后可拆卸)	
(3)	有定心要求，孔、轴间需要有轴向移动	
(4)	有导向要求，孔、轴间需要有相对的高速转动	

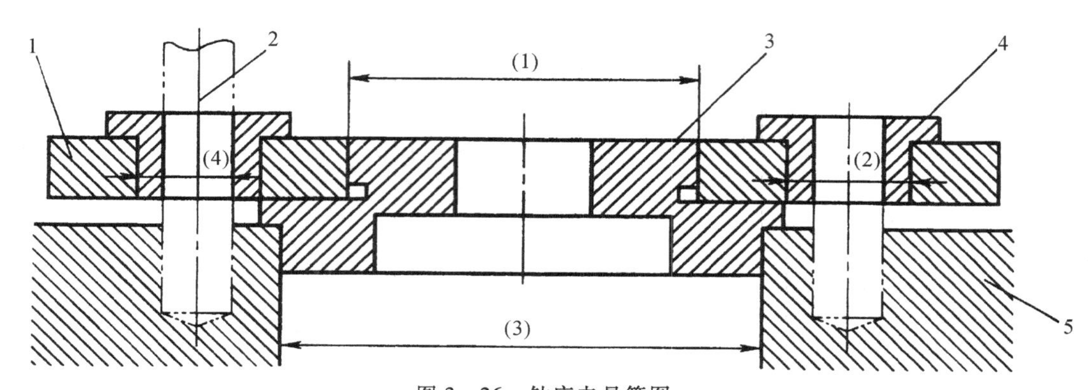

图 3－26　钻床夹具简图

1—钻模板　2—钻头　3—定位套　4—钻套　5—工件

附　表

附表 3-1　标准公差数值(摘自 GB 1800.1—2009)

公称尺寸/mm		标准公差等级																	
		IT1	IT2	IT3	IT4	IT5	IT6	IT7	IT8	IT9	IT10	IT11	IT12	IT13	IT14	IT15	IT16	IT17	IT18
大于	至	μm											mm						
—	3	0.8	1.2	2	3	4	6	10	14	25	40	60	0.1	0.14	0.25	0.4	0.6	1	1.4
3	6	1	1.5	2.5	4	5	8	12	18	30	48	75	0.12	0.18	0.3	0.48	0.75	1.2	1.8
6	10	1	1.5	2.5	4	6	9	15	22	36	58	90	0.15	0.22	0.36	0.58	0.9	1.5	2.2
10	18	1.2	2	3	5	8	11	18	27	43	70	110	0.18	0.27	0.43	0.7	1.1	1.8	2.7
18	30	1.5	2.5	4	6	9	13	21	33	52	84	130	0.21	0.33	0.52	0.84	1.3	2.1	3.3
30	50	1.5	2.5	4	7	11	16	25	39	62	100	160	0.25	0.39	0.62	1	1.6	2.5	3.9
50	80	2	3	5	8	13	19	30	46	74	120	190	0.3	0.46	0.74	1.2	1.9	3	4.6
80	120	2.5	4	6	10	15	22	35	54	87	140	220	0.35	0.54	0.87	1.4	2.2	3.5	5.4
120	180	3.5	5	8	12	18	25	40	63	100	160	250	0.4	0.63	1	1.6	2.5	4	6.3
180	250	4.5	7	10	14	20	29	46	72	115	185	290	0.46	0.72	1.15	1.85	2.9	4.6	7.2
250	315	6	8	12	16	23	32	52	81	130	210	320	0.52	0.81	1.3	2.1	3.2	5.2	8.1
315	400	7	9	13	18	25	36	57	89	140	230	360	0.57	0.89	1.4	2.3	3.6	5.7	8.9
400	500	8	10	15	20	27	40	63	97	155	250	400	0.63	0.97	1.55	2.5	4	6.3	9.7
500	630	9	11	16	22	32	44	70	110	175	280	440	0.7	1.1	1.75	2.8	4.4	7	11
630	800	10	13	18	25	36	50	80	125	200	320	500	0.8	1.25	2	3.2	5	8	12.5

续表

公称尺寸/mm		标准公差等级																	
		IT1	IT2	IT3	IT4	IT5	IT6	IT7	IT8	IT9	IT10	IT11	IT12	IT13	IT14	IT15	IT16	IT17	IT18
大于	至	μm											mm						
800	1000	11	15	21	28	40	56	90	140	230	360	560	0.9	1.4	2.3	3.6	5.6	9	14
1000	1250	13	18	24	33	47	66	105	165	260	420	660	1.05	1.65	2.6	4.2	6.6	10.5	16.5
1250	1600	15	21	29	39	55	78	125	195	310	500	780	1.25	1.95	3.1	5	7.8	12.5	19.5
1600	2000	18	25	35	46	65	92	150	230	370	600	920	1.5	2.3	3.7	6	9.2	15	23
2000	2500	22	30	41	55	78	110	175	280	440	700	1100	1.75	2.8	4.4	7	11	17.5	28
2500	3150	26	36	50	68	96	135	210	330	540	800	1350	2.1	3.3	5.4	8.6	13.5	21	33

注 1:公称尺寸大于 500mm 的 IT1 ~ IT5 的标准公差数值为试运行的。

注 2:公称尺寸小于或等于 1mm 时,无 IT14 ~ IT18。

附表 3－2 圆锥角公差(摘自 GB/T 11334－2005)

圆锥长度 L/mm	AT7			AT8			AT9		
	μrad	(′)(″)	μm	μrad	(′)(″)	μm	μrad	(′)(″)	μm
>25～40	400	1′22″	10.0～16.0	630	2′10″	16.0～25.0	100	3′26″	25.0～40.0
>40～63	315	1′05″	12.5～20.0	500	1′43″	20.0～32.0	800	2′45″	32.0～50.0
>63～100	250	52″	16.0～25.0	400	1′22″	25.0～40.0	630	2′10″	40.0～63.0
>100～160	200	41″	20.0～32.0	315	1′05″	32.0～50.0	500	1′43″	50.0～80.0

圆锥长度 L/mm	AT10			AT11			AT12		
	μrad	(′)(″)	μm	μrad	(′)(″)	μm	μrad	(′)(″)	μm
>25～40	1600	5′30″	40.0～63.0	2500	8′35″	63.0～100.0	400	13′44″	100.0～160.0
>40～63	1250	4′18″	50.0～80.0	2000	6′52″	80.0～125.0	3150	10′45″	125.0～200.0
>63～100	1000	3′26″	63.0～100.0	1600	5′30″	100.0～160.0	2500	8′35″	160.0～250.0
>100～160	800	2′45″	80.0～125.0	1250	4′18″	125.0～200.0	2000	6′52″	200.0～320.0

附表 3-3 尺寸至 500mm 轴的基本偏差 (单位:μm)

基本偏差代号		上偏差 es											js②	下偏差 ei				
		a①	b①	c	cd	d	e	ef	f	fg	g	h		j			k	
基本尺寸/mm		所有等级												5级与6级	7级	8级	4至7级	≤3级 ≥8级
大于	至																	
基本偏差代号		上偏差 es											js②	下偏差 ei				
		a①	b①	c	cd	d	e	ef	f	fg	g	h		j			k	
	3	-270	-140	-60	-34	-20	-14	-10	-6	-4	-2	0	偏差=±IT/2	-2	-4	-6	0	0
3	6	-270	-140	-70	-46	-30	-20	-14	-10	-6	-4	0		-2	-4	—	+1	0
6	10	-280	-150	-80	-56	-40	-25	-18	-13	-8	-5	0		-2	-5	—	+1	0
10	14	-290	-150	-95	—	-50	-32	—	-16	—	-6	0		-3	-6	—	+1	0
14	18																	
18	24	-300	-160	-110	—	-65	-40	—	-20	—	-7	0		-4	-8	—	+2	0
24	30																	
30	40	-310	-170	-120	—	-30	-50	—	-25	—	-9	0		-5	-10	—	+2	0
40	50	-320	-180	-130														
50	65	-340	-190	-140	—	-100	-60	+	-30	—	-10	0		-7	-12	—	+2	0
65	80	-360	-200	-150														
80	100	-380	-220	-170	—	-120	-72	—	-36	—	-12	0		-9	-15	—	+3	0
100	120	-410	-240	-180														
120	140	-460	-260	-200	—	-145	-85	—	-43	—	-14	0		-11	-18	—	+3	0
140	160	-520	-280	-210														
160	180	-580	-310	-230														
180	200	-660	-340	-240	—	-170	-100	—	-50	—	-15	0		-13	-21	—	+4	0
200	225	-740	-380	-260														
225	250	-820	-420	-280														
250	280	-920	-480	-300	—	-190	-110	—	-56	—	-17	0		-16	-26	—	+4	0
280	315	-1050	-540	-330														
315	355	-1200	-600	-360	—	-210	-125	—	-62	—	-18	0		-18	-28	—	+4	0
355	400	-1350	-680	-400														
400	450	-1500	-760	-440	—	-230	-135	—	-68	—	-20	0		-20	-32	—	+5	0
450	500	-1650	-840	-480														

续表

基本偏差代号		下偏差 ei													
		m	n	p	r	s	t	u	v	x	y	z	za	zb	zc
基本尺寸/mm		所有等级													
大于	至														
	3	+2	+4	+6	+10	+14	—	+18	—	+20	—	+26	+32	+40	+60
3	6	+4	+8	+12	+15	+19	—	+23	—	+28	—	+35	+42	+50	+80
6	10	+6	+10	+15	+19	+23	—	+28	—	+34	—	+42	+52	+67	+97
10	14	+7	+12	+18	+23	+28	—	+33	—	+40	—	+50	+64	+90	+130
14	18								+39	+45	—	+60	+77	+108	+150
18	24	+8	+15	+22	+28	+35	—	+41	+47	+54	+63	+73	+98	+136	+188
24	30						+41	+48	+55	+64	+75	+88	+118	+160	+218
30	40	+9	+17	+26	+34	+43	+48	+60	+68	+80	+94	+112	+148	+200	+274
40	50						+54	+70	+81	+97	+114	+136	+180	+242	+325
50	65	+11	+20	+32	+41	+53	+66	+87	+102	+122	+144	+172	+226	+300	+405
65	80				+43	+59	+75	+102	+120	+146	+174	+210	+274	+360	+480
80	100	+13	+23	+37	+51	+71	+91	+124	+146	+178	+214	+258	+335	+445	+585
100	120				+54	+79	+104	+144	+172	+210	+254	+310	+400	+525	+690
120	140	+15	+27	+43	+63	+92	+122	+170	+202	+248	+300	+365	+470	+620	+800
140	160				+65	+100	+134	+190	+228	+280	+340	+415	+535	+700	+900
160	180				+68	+108	+146	+210	+252	+310	+380	+465	+600	+780	+1000
180	200	+17	+31	+50	+77	+122	+166	+236	+284	+350	+425	+520	+670	+880	+1150
200	225				+80	+130	+180	+258	+310	+385	+470	+575	+740	+960	+1250
225	250				+84	+140	+196	+284	+340	+425	+520	+640	+820	+1050	+1350
250	280	+20	+34	+56	+94	+158	+218	+315	+385	+475	+580	+710	+920	+1200	+1550
280	315				+98	+170	+240	+350	+425	+525	+650	+790	+1000	+1300	+1700
315	355	+21	+37	+62	+108	+190	+268	+390	+475	+590	+730	+900	+1150	+1500	+1900
355	400				+114	+208	+294	+435	+530	+660	+820	+1000	+1300	+1650	+2100
400	450	+23	+40	+68	+126	+232	+330	+490	+595	+740	+920	+1100	+1450	+1850	+2400
450	500				+132	+252	+360	+540	+660	+820	+1000	+1250	+1600	+2100	+2600

附表 3-4 基本尺寸至 500mm 孔的基本偏差

（单位：μm）

基本偏差		下偏差 EI											JS	上偏差 ES								
		A[①]	B[①]	C	CD	D	E	EF	F	FG	G	H		J			K		M		N	
基本尺寸 /mm		公差等级																				
大于	至	所有等级												6	7	8	≤8	>8	≤8	>8	≤8	>8
—	3	+270	+140	+60	+34	+20	+14	+10	+6	+4	+2	0	偏差=±IT/2	+2	+4	+6	0	0	−2	−2	−4	−4
3	6	+270	+140	+70	+46	+30	+20	+14	+10	+6	+4	0		+5	+6	+10	+1+Δ	—	−4+Δ	−4	−8+Δ	0
6	10	+280	+150	+80	+56	+40	+25	+18	+13	+8	+5	0		+5	+8	+12	−1+Δ	—	−6+Δ	−6	−10+Δ	0
10	14	+290	+150	+95	—	+50	+32	—	+16	—	+6	0		+6	+10	+15	−1+Δ	—	−7+Δ	−7	−12+Δ	0
14	18																					
18	24	+300	+160	+110	—	+65	+40	—	+20	—	+7	0		+8	+12	+20	−2+Δ	—	−8+Δ	+8	−15+Δ	0
24	30																					
30	40	+310	+170	+120	—	+80	+50	—	+25	—	+9	0		+10	+14	+24	−2+Δ		−9+Δ	−9	−17+Δ	0
40	50	+320	+180	+130																		
50	65	+340	+190	+140	—	+100	+60	—	+30	—	+10	0		+13	+18	+28	−2+Δ	—	−11+Δ	−11	−20+Δ	0
65	80	+360	+200	+150																		
80	100	+380	+220	+170	—	+120	+72	—	+36	—	+12	0		+16	+22	+34	−3+Δ	—	−13+Δ	−13	−23+Δ	0
100	120	+410	+240	+180																		
120	140	+460	+260	+200	—	+145	+85	—	+43	—	+14	0		+18	+26	+41	−3+Δ	—	−15+Δ	−15	−27+Δ	0
140	160	+520	+280	+210																		
160	180	+580	+310	+230																		
180	200	+660	+340	+240	—	+170	+100	—	+50	—	+15	0		+22	+30	+47	−4+Δ	—	−17+Δ	−17	−31+Δ	0
200	225	+740	+380	+260																		
225	250	+820	+420	+280																		
250	280	+920	+480	+300	—	+190	+110	—	+56	—	+17	0		+25	+36	+55	−4+Δ	—	−20+Δ	−20	−34+Δ	0
280	315	+1050	+540	+330																		
315	355	+1200	+600	+360	—	+210	+125	—	+62	—	+18	0		+29	+39	+60	−4+Δ	—	−21+Δ	−21	−37+Δ	0
355	400	+1350	+680	+400																		
400	450	+1500	+760	+440	—	+230	+135	—	+68	—	+20	0		+33	+43	+65	−5+Δ	—	−23+Δ	−23	−40+Δ	0
450	500	+1650	+840	+480																		

续表

基本偏差		上偏差 ES													② Δ/μm					
		P 到 ZC	P	R	S	T	U	V	X	Y	Z	ZA	ZB	ZC						
基本尺寸 /mm		公差等级																		
大于	至	≤7	>7 级												3	4	5	6	7	8
—	3	在>7级的相应数值上增加一个Δ值	-6	-10	-14	—	-18	—	-20	—	-26	-32	-40	-60	0					
3	6		-12	-15	-19	—	-23	—	-28	—	-35	-42	-50	-80	1	1.5	1	3	4	6
6	10		-15	-19	-23	—	-28	—	-34	—	-42	-52	-67	-97	1	1.5	2	3	6	7
10	14		-18	-23	-28	—	-33	—	-40	—	-50	-64	-90	-130	1	2	3	3	7	9
14	18							-39	-45	—	-60	-77	-108	-150						
18	24		-22	-28	-35	—	-41	-47	-54	-63	-73	-98	-136	-188	1.5	2	3	4	8	12
24	30					-41	-48	-55	-64	-75	-88	-118	-160	-218						
30	40		-26	-34	-43	-48	-60	-68	-80	-94	-112	-148	-200	-274	1.5	3	4	5	9	14
40	50					-54	-70	-81	-97	-114	-172	-226	-300	-405						
50	65		-32	-41	-53	-66	-87	-102	-122	-144	-172	-226	-300	-405	2	3	5	6	11	16
65	80			-43	-59	-75	-102	-120	-146	-174	-210	-274	-360	-480						
80	100		-37	-51	-71	-91	-124	-146	-178	-214	-258	-335	-445	-585	2	4	5	7	13	19
100	120			-54	-79	-104	-144	-172	-210	-254	-310	-400	-525	-690						
120	140		-43	-63	-92	-122	-170	-202	-248	-300	-365	-470	-620	-800	3	4	6	7	15	23
140	160			-65	-100	-134	-190	-228	-280	-340	-415	-535	-700	-900						
160	180			-68	-108	-146	-210	-252	-310	-380	-465	-600	-780	-1000						
180	200		-50	-77	-122	-166	-236	-284	-350	-425	-520	-670	-880	-1150	3	4	6	9	17	26
200	225			-80	-130	-180	-258	-310	-385	-470	-575	-740	-960	-1250						
225	250			-84	-140	-196	-284	-340	-425	-520	-640	-820	-1050	-1350						
250	280		-56	-94	-158	-218	-315	-385	-475	-580	-710	-920	-1200	-1550	4	4	7	9	20	29
280	315			-98	-170	-240	-350	-425	-525	-650	-790	-1000	-1300	-1700						
315	355		-62	-108	-190	-268	-390	-475	-590	-730	-900	-1150	-1500	-1900	4	5	7	11	21	32
355	400			-114	-208	-294	-435	-530	-660	-820	-1000	-1300	-1650	-2100						
400	450		-68	-126	-232	-330	-490	-595	-740	-920	-1100	-1450	-1850	-2400	5	5	7	13	23	34
450	500			-132	-252	-360	-540	-660	-820	-1000	-1250	-1600	-2100	-2600						

注：①1mm 以下，各级的 A 和 B 及大于 8 级的 N 均不采用；

②标准公差≤IT8 级的 K、M、N 级≤IT7 级的 P 到 zc，从续表的右侧选取 Δ 值。例：大于 18～30mm 的 P7，Δ=8，因此 ES=-14。

附表 3－5　公称尺寸小于或等于 500mm 的孔公差带

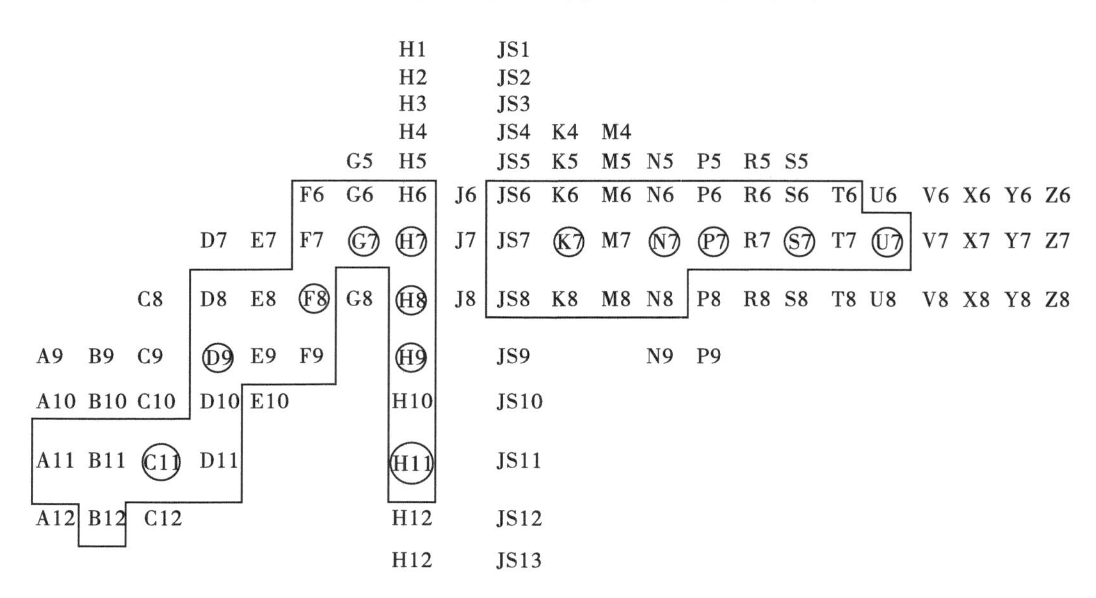

附表 3－6　公称尺寸小于或等于 500mm 的轴公差带

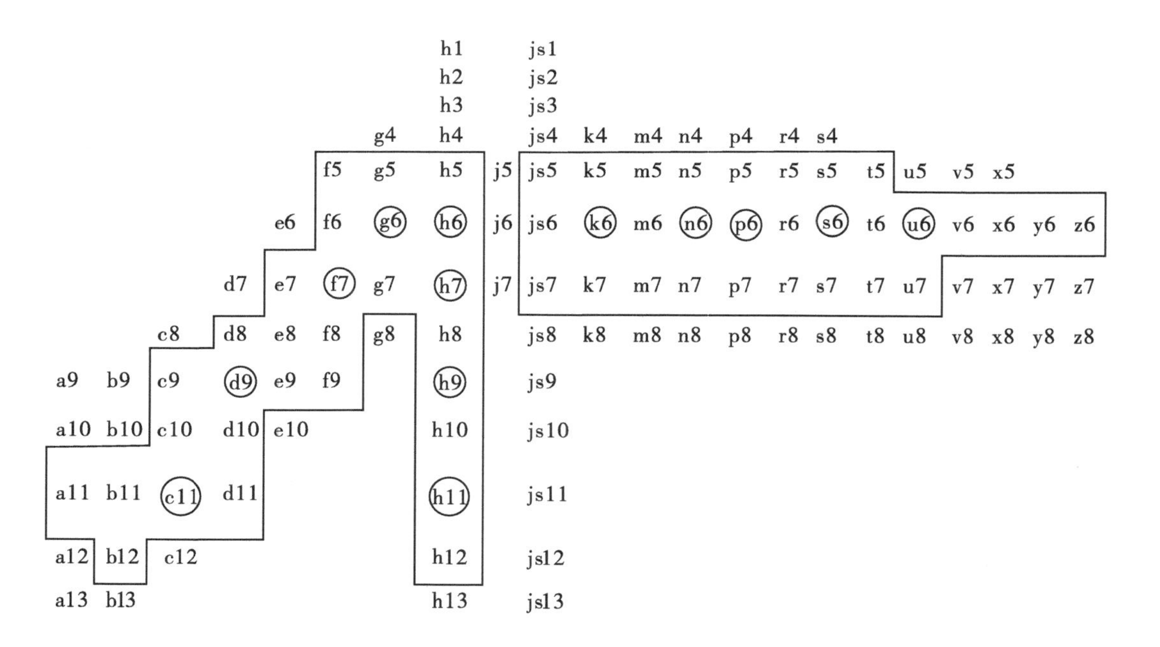

附表3-7 基孔制优先、常用配合

基准孔	轴																				
	a	b	c	d	e	f	g	h	js	k	m	n	p	r	s	t	u	v	x	y	6.5z
	间隙配合								过渡配合			过盈配合									
H6						$\frac{H6}{f5}$	$\frac{H6}{g5}$	$\frac{H6}{h5}$	$\frac{H6}{js5}$	$\frac{H6}{k5}$	$\frac{H6}{m5}$	$\frac{H6}{n5}$	$\frac{H6}{p5}$	$\frac{H6}{r5}$	$\frac{H6}{s5}$	$\frac{H6}{t5}$					
H7						$\frac{H7}{f6}$	◤$\frac{H7}{g6}$	◤$\frac{H7}{h6}$	$\frac{H7}{js6}$	◤$\frac{H7}{k6}$	$\frac{H7}{m6}$	◤$\frac{H7}{n6}$	◤$\frac{H7}{p6}$	$\frac{H7}{r6}$	◤$\frac{H7}{s6}$	$\frac{H7}{t6}$	◤$\frac{H7}{u6}$	$\frac{H7}{v6}$	$\frac{H7}{x6}$	$\frac{H7}{y6}$	$\frac{H7}{z6}$
H8					$\frac{H8}{e7}$	◤$\frac{H8}{f7}$	$\frac{H8}{g7}$	◤$\frac{H8}{h7}$	$\frac{H8}{js7}$	$\frac{H8}{k7}$	$\frac{H8}{m7}$	$\frac{H8}{n7}$	$\frac{H8}{p7}$	$\frac{H8}{r7}$	$\frac{H8}{s7}$	$\frac{H8}{t7}$	$\frac{H8}{u7}$				
				$\frac{H8}{d8}$	$\frac{H8}{e8}$	$\frac{H8}{f8}$		$\frac{H8}{h8}$													
H9			$\frac{H9}{c9}$	◤$\frac{H9}{d9}$	$\frac{H9}{e9}$	$\frac{H9}{f9}$		◤$\frac{H9}{h9}$													
H10			$\frac{H10}{c10}$	$\frac{H10}{d10}$				$\frac{H10}{h10}$													
H11	$\frac{H11}{a11}$	$\frac{H11}{b11}$	◤$\frac{H11}{c11}$	$\frac{H11}{d11}$				◤$\frac{H11}{h11}$													
H12		$\frac{H12}{b12}$						$\frac{H12}{h12}$													

注1：$\frac{H6}{n5}$、$\frac{H7}{p6}$在公称尺寸小于或等于3mm和$\frac{H8}{r7}$在小于或等于100mm时，为过渡配合。

2：标注◤的配合为优先配合。

附表 3-8　基轴制优先、常用配合

基准轴	孔																				
	A	B	C	D	E	F	G	H	JS	K	M	N	P	R	S	T	U	V	X	Y	Z
	间隙配合								过渡配合			过盈配合									
h5						$\frac{F6}{h5}$	$\frac{G6}{h5}$	$\frac{H6}{h5}$	$\frac{JS6}{h5}$	$\frac{K6}{h5}$	$\frac{M6}{h5}$	$\frac{N6}{h5}$	$\frac{P6}{h5}$	$\frac{R6}{h5}$	$\frac{S6}{h5}$	$\frac{T6}{h5}$					
h6						$\frac{F7}{h6}$	◤ $\frac{G7}{h6}$	◤ $\frac{H7}{h6}$	$\frac{JS7}{h6}$	◤ $\frac{K7}{h6}$	$\frac{M7}{h6}$	◤ $\frac{N7}{h6}$	◤ $\frac{P7}{h6}$	$\frac{R7}{h6}$	◤ $\frac{S7}{h6}$	$\frac{T7}{h6}$	◤ $\frac{U7}{h6}$				
h7					$\frac{E8}{h7}$	◤ $\frac{F8}{h7}$		◤ $\frac{H8}{h7}$	$\frac{JS8}{h7}$	$\frac{K8}{h7}$	$\frac{M8}{h7}$	$\frac{N8}{h7}$									
h8				$\frac{H8}{d8}$	$\frac{H8}{e8}$	$\frac{H8}{f8}$		$\frac{H8}{h8}$													
h9				◤ $\frac{D9}{h9}$	$\frac{E9}{h9}$	$\frac{F9}{h9}$		◤ $\frac{H9}{h9}$													
h10				$\frac{D10}{h10}$				$\frac{H10}{h10}$													
h11	$\frac{A11}{h11}$	$\frac{B11}{h11}$	◤ $\frac{C11}{h11}$	$\frac{D11}{h11}$				◤ $\frac{H11}{h11}$													
h12		$\frac{B12}{h12}$						$\frac{H12}{h12}$													

注：标注◤的配合为优先配合。

形状和位置公差

4

4.1 概述

形状和位置误差(简称形位误差)也包含尺寸的变动,故也会影响配合的要求,即引起间隙或过盈大小的变动,使配合在各个局部松紧不均匀。但是,形位误差对配合性质的影响相对尺寸误差而言是第二位的。

形位误差主要影响零件其他功能的要求,例如,机床导轨的直线度误差会使工件被加工面产生相应的形状误差,机床主轴的跳动会引起被加工工件相应的跳动。零件功能要求除上述机床工作精度外,还有其他方面,如气阀的形状误差会影响其密封性等。形位误差,特别是位置误差,还会影响零件的可装配性。

4.1.1 基本术语和定义

1. 基本概念

任何零件都由一些点、线、面所构成,这些点、线、面统称为要素。实际表面上的点、线、面称为实际要素。没有误差的几何点、线、面称为理想要素。回转面的轴线或对称面的中心面称为中心要素。给出了形状或(和)位置公差的要素称为被测要素。

(1)组成要素:构成零件外形的点、线、面各要素,如球面、圆锥面、圆柱面、端平面,以及圆锥面和圆柱面的素线。

(2)导出要素:由一个或几个组成要素得到的中心点、中心线或中心平面。

(3)公称导出要素:由一个或几个公称要素得到的中心点、中心线或中心面。

(4)提取组成要素:提取组成要素按规定方法,由实际要素提取有限数目的点所形成的实际要素的近似替代。

(5)提取导出要素:有一个或几个提取组成要素得到的中心点、中心线或中心面。提取圆柱面的导出中心线称为提取中心线;两相对提取平面的导出中心面称为提取中心面。

(6)拟合组成要素:即按规定的方法由提取组成要素形成的并具有理想形状的组成要素。

(7)拟合导出要素:即由一个或几个拟合组成要素导出的中心点、轴线或中心平面。

(8)被测要素:指给出了几何公差(形状或/和位置公差)的要素。

(9)基准要素:用来确定被测要素方向或/和位置的要素。理想基准要素简称基准。

仅对一些线、面给出形状公差的要素称为单一要素。对其他要素有功能关系的要素称为关联要素。要素不仅是形位误差检测的对象,而且是形位公差规定的对象,一切形位公差都是对要素而言,任何零件都是由许多要素所构成。所以,笼统地说"零件的形位公差"既不够科学,也不够严密。

(10)理论正确尺寸:当给出一个或一组要素的位置、方向或轮廓度公差时,分别用来规定其理论正确位置、方向或轮廓的尺寸称为理论正确尺寸(TED)。TED 也用于确定基准体系中各基准之间的方向、位置关系。TED 没有公差,并标注在一个方框中。

2. 形位公差带

形位公差的公差带必须包含实际的被测要素。根据被测要素的特征和结构尺寸,公差带有下述几种形式:

——圆内的区域;

——两同心圆之间的区域;

——两同轴圆柱面之间的区域;

——两等距曲线之间的区域;

——两平行直线之间的区域;

——圆柱面内的区域;

——两等距曲面之间的区域;

——两平行平面之间的区域;

——球内的区域。

3. 最小条件

最小条件就是公称要素位于实体之外与提取要素相接触,并使被测提取要素对其理想要素的最大变动量为最小。最小条件是评定形状误差的准则。

4.2 形位公差及其标注

1. 形状公差

形状公差值单一实际要素的形状所允许的变动全量,包括直线度、平面度、圆度、圆柱度、线轮廓度、面轮廓度六种。

(1)直线度公差的标注

表 4-1 为几种直线度公差在图样上标注的方式。形位公差在图样上用框格注出,并用带箭头的指引线将框格与被测要素相连,箭头指在有公差要求的被测要素上。一般来说,箭头所指的方向就是被测要素对理想要素容许变动的方向。说明形状公差的框格一般有两格,第一格中注上某项形状公差要求的符号,第二格注明形状公差的数值。

表 4－1　直线度公差的标注

标注示例	说明	标注示例	说明
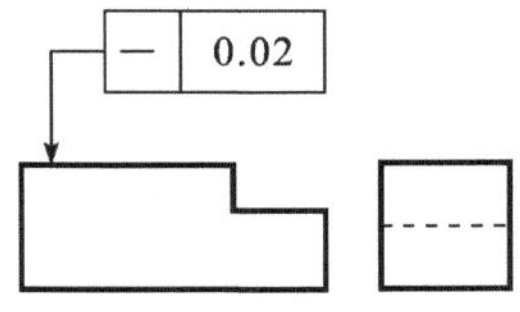 (a)	上平面有直线度要求，公差为 0.02mm	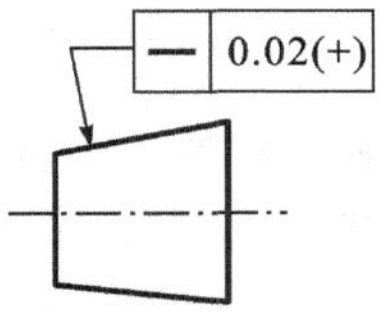 (d)	圆锥体素线的直线度要求为 0.02mm，箭头要垂直于素线；公差数值后的符号(+)说明直线度误差只容许凸起，不能凹入体内；如只能凹入体内，则所加符号为(－)
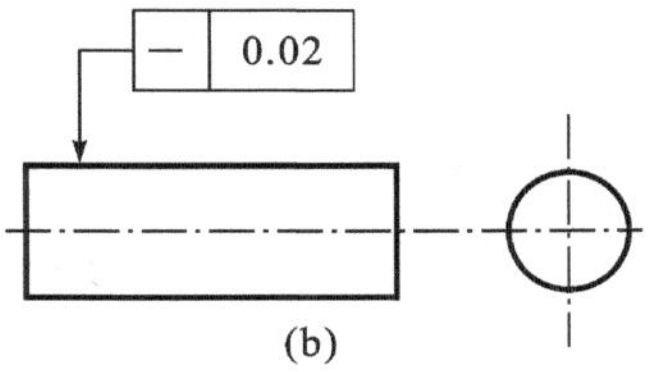 (b)	圆柱面素线的直线度公差为 0.02mm		
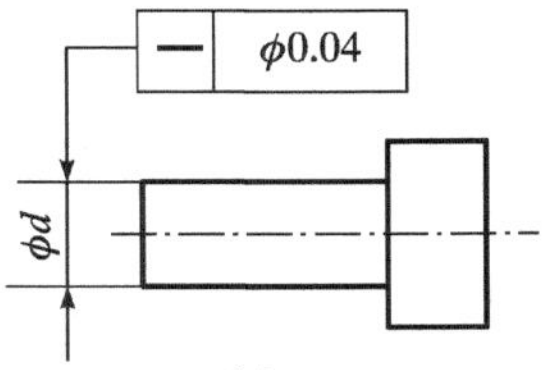 (c)	直径为 ϕd 段圆柱体轴线的直线度误差可在各个方向上产生，所以它的公差带是圆柱体，公差值为圆柱体公差带的直径，故在公差值前须加注 ϕ，以表示公差带的形状是圆柱体或圆。轴线是中心要素，它的形位公差框格的箭头必须和相应直径的尺寸线对齐，而不应直接注在轴线上	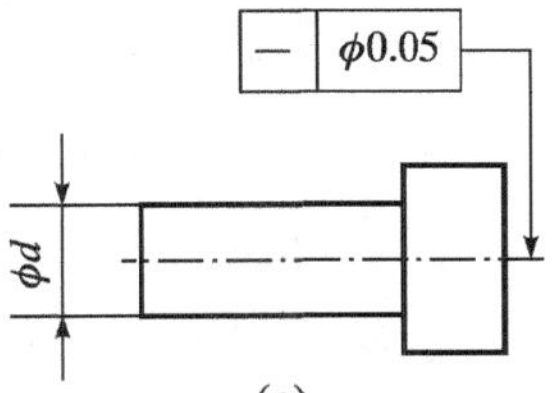 (e)	轴线的直线度要求直接把箭头指在轴线上的方式标注。它的含义是阶梯轴的公共轴线的直线度要求，而不只是 ϕd 一段轴线的直线度要求，其公差为 0.05mm，公差带是一个圆柱体，故公差数值前要加注符号 ϕ

(2)平面度公差的标注

表 4－2 为平面度公差要求的标注方式。平面度公差带只有一种，即由两个平行平面组成的区域，该区域的宽度即为要求的公差值。

表 4－2　平面度公差的标注

标注示例	说明	标注示例	说明
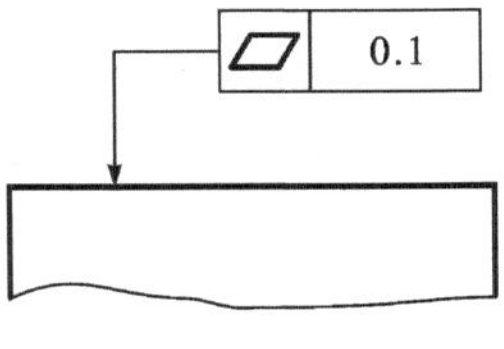 (a)	上平面的平面度公差为 0.1mm，整个上平面不一定连续，中间可有缺口或槽等断开部分	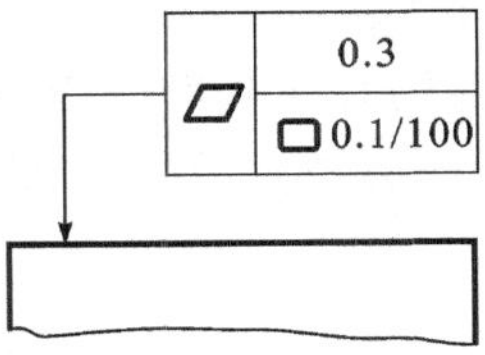 (b)	较大平面的平面度要求，在整个平面上的平面度要求为 0.3mm；其数值注在分母位置，在任意 100mm ×100mm 的面积上的平面度要求为 0.1mm

(3)圆度公差的标注

表 4－3 表示圆度公差在图样上的标注方式。在圆度公差的标注中,箭头方向应垂直于轴线或指向圆心,箭头所指方向说明圆度误差是径向的。

表 4－3　圆度公差的标注

标注示例	说明	标注示例	说明
○ 0.02 (a)	圆柱轴的任意横剖面中的圆度公差值为 0.02mm,圆度框格可标在平行于轴线视图的素线上,这时箭头必须垂于轴线	○ 0.02 (c)	圆锥轴的任意横剖面中的圆度公差为 0.02mm,箭头所指方向必须垂直于圆锥的轴线而不是圆锥的素线
○ 0.02 (b)	所标注的圆度公差和(a)中的含义相同,这是将之标注在垂于轴线视图的圆周上,此时箭头应指向圆心	○ 0.03 球 ϕd (d)	通过球体 ϕd 球心的任意截面中的圆度公差为 0.03mm,箭头也必须指向球心

(4)圆柱度误差及其公差标注

圆柱度公差的标注如表 4－4 所示。由于圆柱度误差包含了轴剖面和横剖面两个方面的误差,所以它在数值上要比圆度误差大。圆柱度的公差带是两同轴圆柱面间的区域,该两同轴圆柱面间的径向距离即为公差值。

表 4－4　圆柱度公差的标注

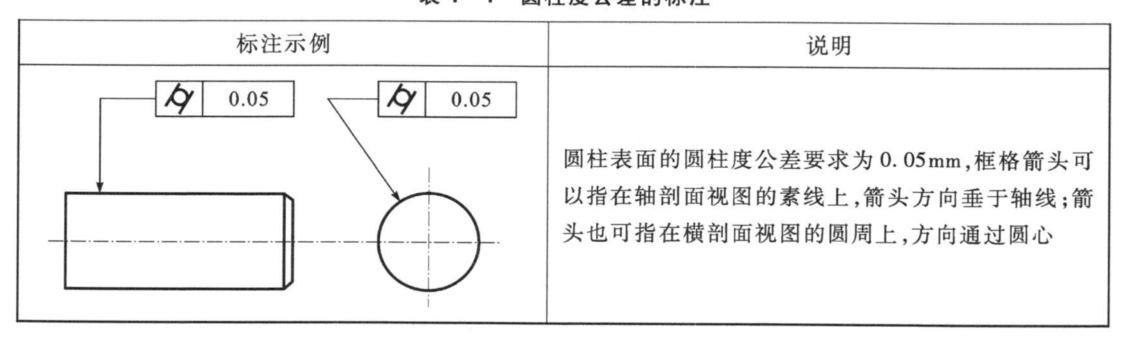

标注示例	说明
(见图)	圆柱表面的圆柱度公差要求为 0.05mm,框格箭头可以指在轴剖面视图的素线上,箭头方向垂于轴线;箭头也可指在横剖面视图的圆周上,方向通过圆心

(5)线轮廓度和面轮廓度误差及其公差标注

线轮廓度和面轮廓度根据有无基准要求可分属于形状和位置公差两种,无基准要求的属形状公差,有基准要求的属位置公差。表 4－5 中表示线、面轮廓度公差标注的几种形式。

表4－5 线、面轮廓度公差的标注

符号	公差带定义	标注和解释
线轮廓度公差		
⌒	公差带是包络一系列直径为公差值 t 的圆的两包络线之间的区域。诸圆的圆心位于具有理论正确几何形状的线上 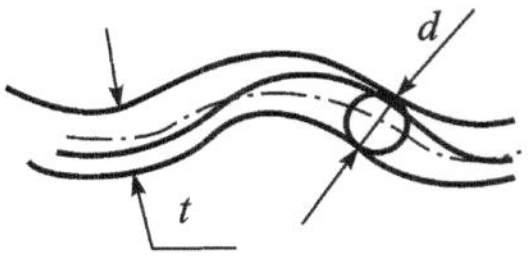 d t $d=t$ 无基准要求的线轮廓度公差见图(a)；有基准要求的线轮廓度公差见图(b)	在平行于图样所示投影面的任一截面上，被测轮廓线必须位于包络一系列直径为公差值0.04mm且圆心位于具有理论正确几何形状的线上的两包络线之间 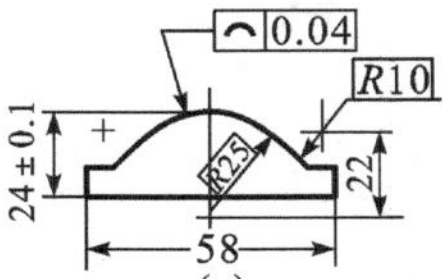 ⌒ 0.04 R10 24±0.1 R25 22 58 (a) ⌒ 0.04 A R A 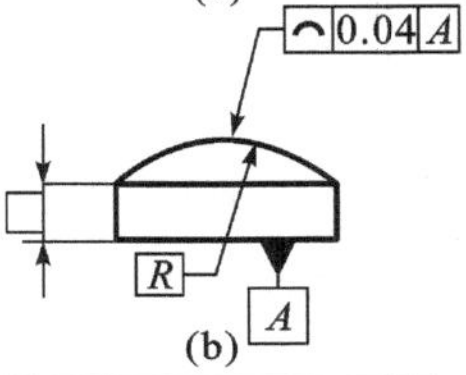 (b)
面轮廓度公差		
⌓	公差带是包络一系列直径为公差值 t 的球的两包络面之间的区域，诸球的球心应位于具有理论正确几何形状的面上 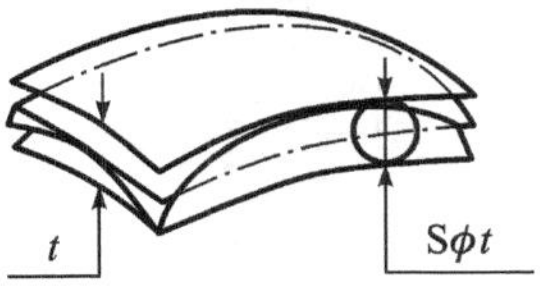 t $S\phi t$ $d=t$ 无基准要求的面轮廓度公差见图(a)，有基准要求的面轮廓度公差见图(b)	被测轮廓面必须位于包络一系列球的两包络面之间，诸球的直径为公差值0.02mm，且球心位于具有理论正确几何形状的面上的两包络面之间 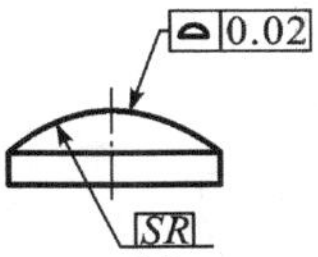 ⌓ 0.02 SR (a) ⌓ 0.1 A SR A 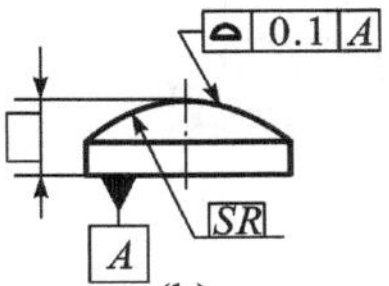 (b)

2. 位置公差及其标注

位置公差表示两个或两个以上要素间相互位置的要求，其中一个要素为被测要素，另一个为被测要素对其有位置要求的基准要素。在位置公差中，因被测要素对基准要素有功能要求，故也称其为关联要素，位置公差的项目见表4－6。

(1)平行度公差及其标注

对平行度误差而言，被测要素可以是直线或平面，基准要素也可以是直线或平面，所以实际组成平行度的类型较多。表4－7中表示出一些标注平行度公差要求的示例。其中，基准符号是用一三角形和带方框的字母标注，字母方向始终是正位，基准是中心要素时，基准粗短划线的引出线必须和有关尺寸线对齐。

表 4－6 位置公差项目

分类		项目		符号
位置公差	定向	平行度		//
		垂直度		⊥
		倾斜度		∠
	定位	同轴度/同心度		◎
		对称度		⌯
		位置度		⌖
	跳动	圆跳动	径向	↗
			端面	
			斜向	
		全跳动	径向	⌰
			端面	

表 4－7 平行度公差的标注

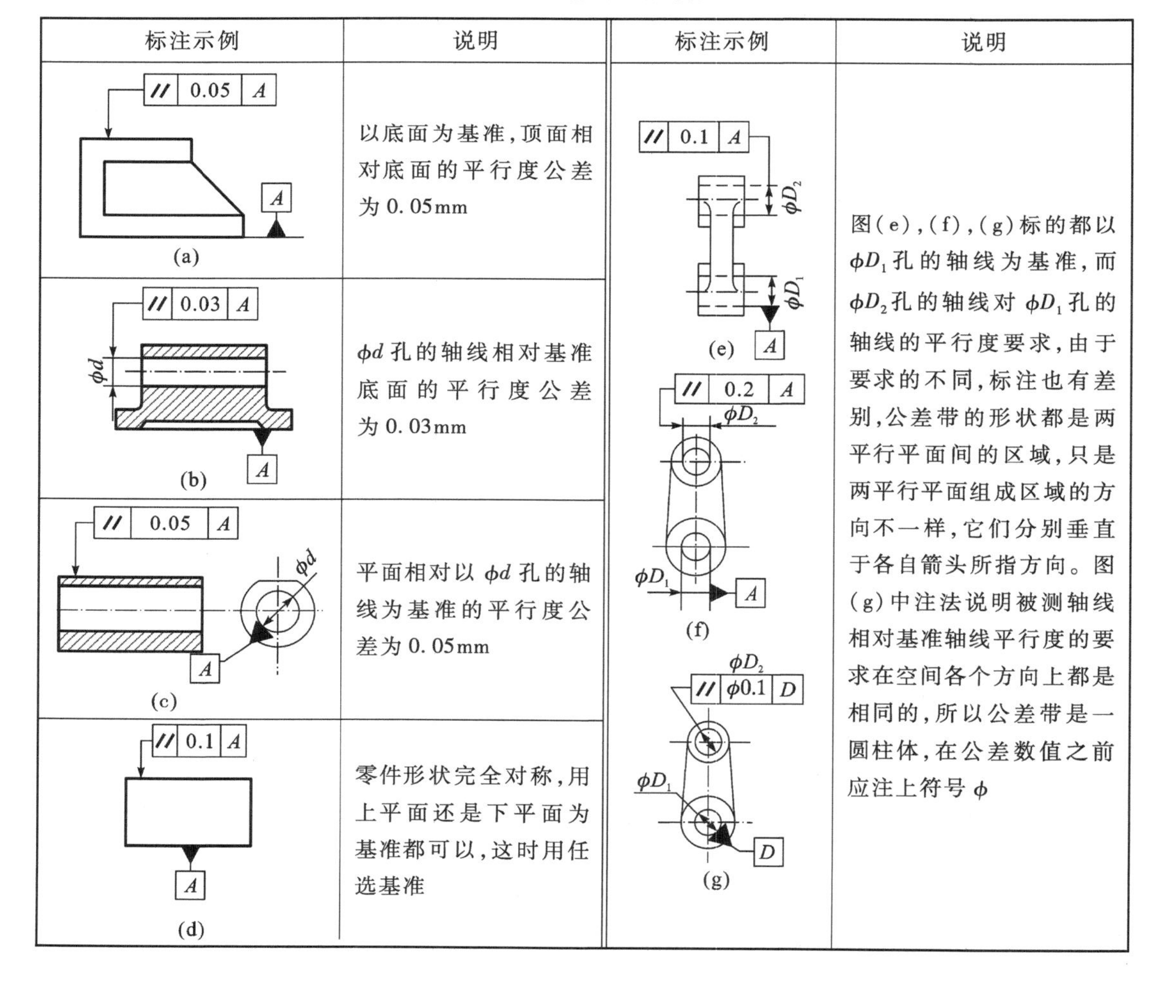

标注示例	说明
(a)	以底面为基准，顶面相对底面的平行度公差为 0.05mm
(b)	ϕd 孔的轴线相对基准底面的平行度公差为 0.03mm
(c)	平面相对以 ϕd 孔的轴线为基准的平行度公差为 0.05mm
(d)	零件形状完全对称，用上平面还是下平面为基准都可以，这时用任选基准
(e)、(f)、(g)	图(e)，(f)，(g)标的都以 ϕD_1 孔的轴线为基准，而 ϕD_2 孔的轴线对 ϕD_1 孔的轴线的平行度要求，由于要求的不同，标注也有差别，公差带的形状都是两平行平面间的区域，只是两平行平面组成区域的方向不一样，它们分别垂直于各自箭头所指方向。图(g)中注法说明被测轴线相对基准轴线平行度的要求在空间各个方向上都是相同的，所以公差带是一圆柱体，在公差数值之前应注上符号 ϕ

(2)垂直度公差及其标注

垂直度和平行度一样,也属定向公差,所以在分析上这两种情况十分相似。垂直度的被测和基准要素也有直线和平面两种。表4-8是几种垂直度标注的示例。

表4-8 垂直度公差的标注

标注示例	说明	标注示例	说明
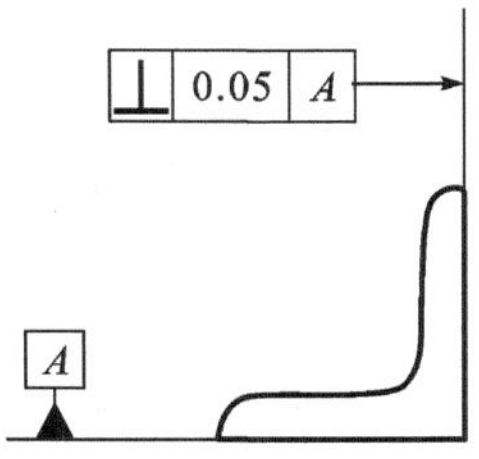 ⊥ 0.05 A; A; (a)	角铁两平面的垂直度公差为0.05mm	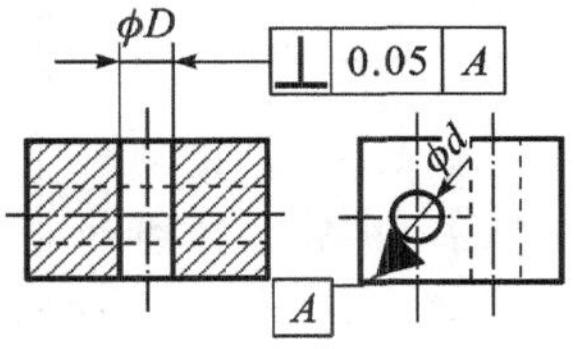 φD; ⊥ 0.05 A; φd; A; (e)	φD孔轴线相对基准为φd孔的轴线的垂直度公差为0.05mm,这两孔的轴线不相交
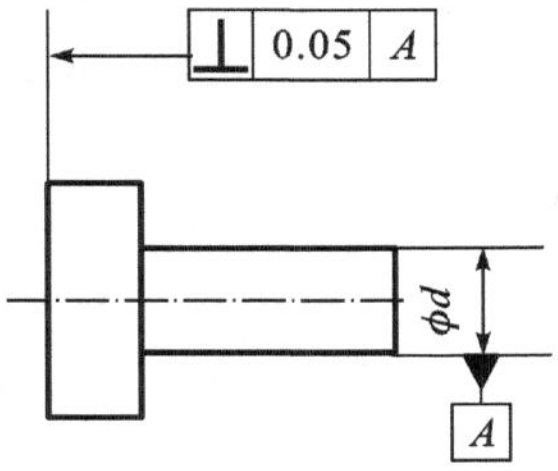 ⊥ 0.05 A; φd; A; (b)	阶梯轴端面对φd段基准轴线的垂直度公差为0.05mm	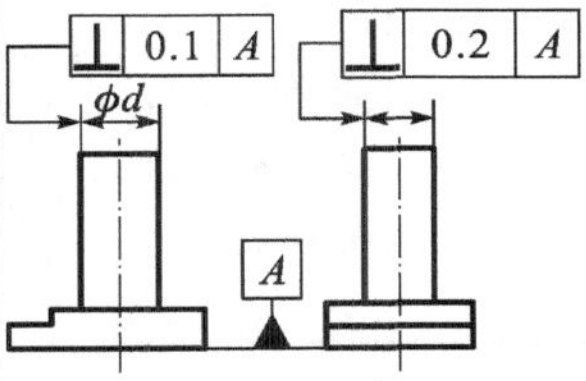 ⊥ 0.1 A; ⊥ 0.2 A; φd; A; (f)	小轴φd的轴线对基准底面的垂直要求,沿长的方向公差为0.1mm;沿短的方向公差为0.2mm
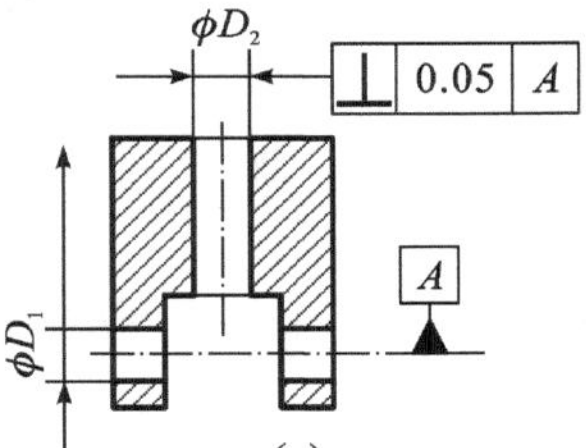 ϕD_2; ⊥ 0.05 A; ϕD_1; A; (c)	内孔ϕD_2的轴线对基准为两ϕD_1孔的公共轴线的垂直度公差为0.05mm	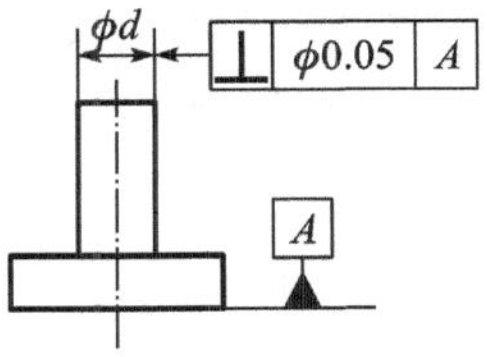 φd; ⊥ φ0.05 A; A; (g)	φd的轴线对基准底面的垂直度要求,由于基准底面形状对轴线对称,因此,对各方向上都有相同的要求,公差带为一圆柱体,故在公差值0.05mm前加注符号φ
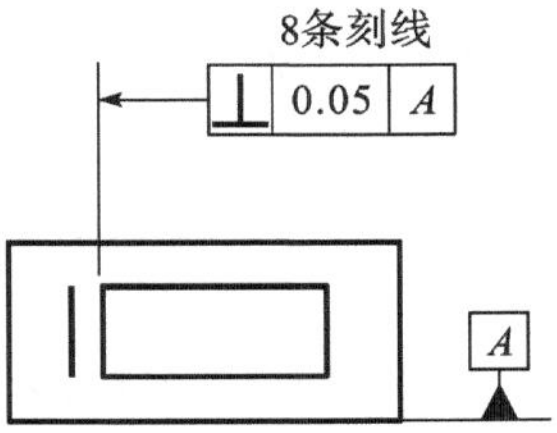 8条刻线; ⊥ 0.05 A; A; (d)	8条刻线对基准底边的垂直度公差为0.05mm		

(3)倾斜度公差及其标注

倾斜度也是定向公差。由于倾斜的角度是随具体零件而定的,所以在倾斜度的标注中,总需将要求倾斜的角度作为理论正确角度注出,这是它的特点。表4-9举出了一些零件标注倾斜度公差的示例。

表 4-9　倾斜度公差的标注

标注示例	说明	标注示例	说明
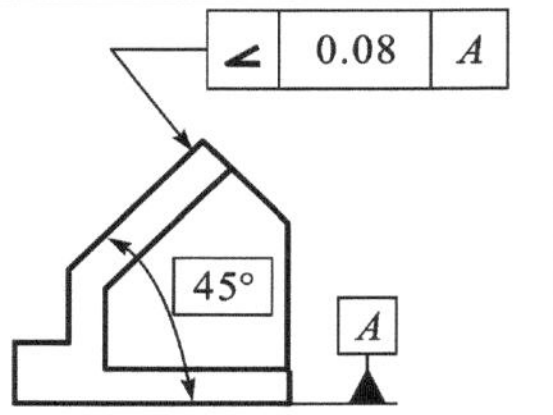	倾斜 45°的斜面对基准底面的倾斜度公差为 0.08mm	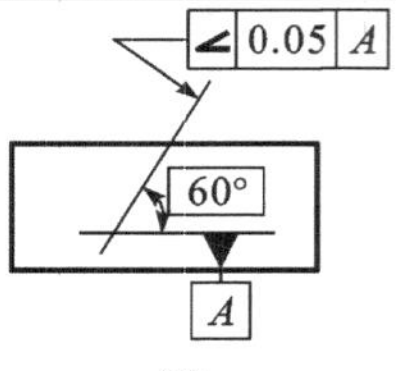 (d)	零件表面上一倾斜 60°的直线对基准水平线的倾斜度要求公差为 0.05mm
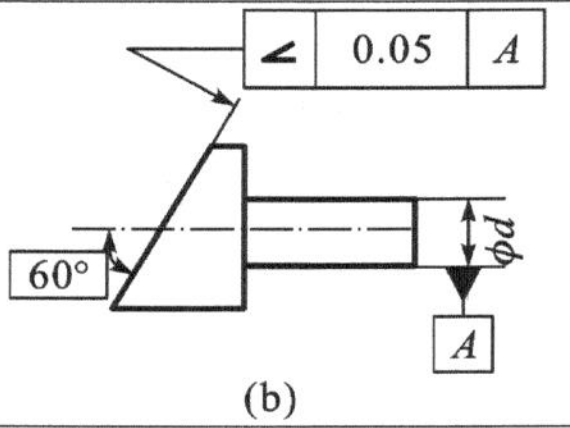 (b)	倾斜 60°的端面对 ϕd 段基准轴线的倾斜度公差为 0.05mm	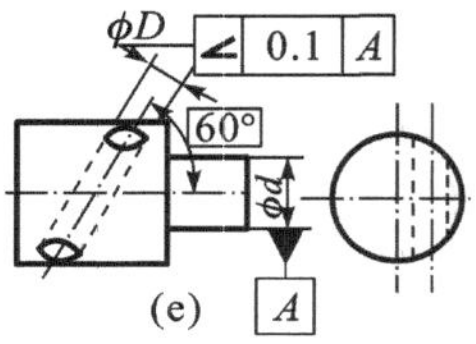 (e)	一倾斜 60°的偏孔 ϕD 的轴线对 ϕd 段基准轴线的倾斜度公差为 0.1mm，这两轴线在空间不相交
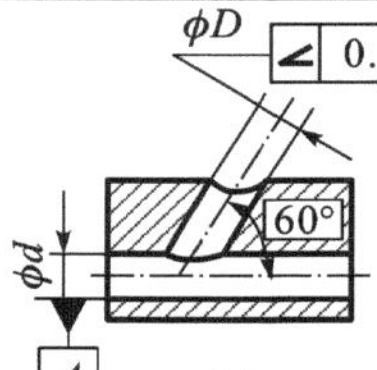 (c)	倾斜 60°的 ϕD 孔的轴线对 ϕd 段基准轴线的倾斜度公差为 0.1mm	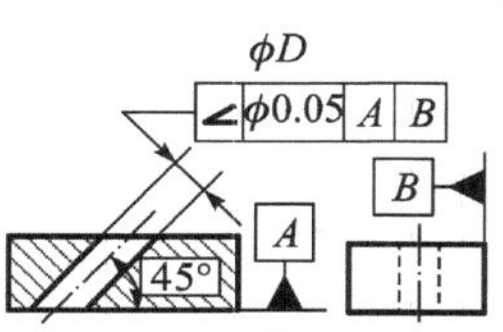 (f)	ϕD 轴线除对基准底面 A 有倾斜 45°的要求外，还要平行于基准面 B，且公差带是个圆柱体，故在公差值 0.05mm 前加标符号 ϕ

(4)同轴度公差及其标注

同轴度是定位公差，理论正确位置即为基准轴线。由于被测轴线对基准轴线的不同点可能在空间各个方向上出现，因此其公差带为一以基准轴线为轴线的圆柱体，公差值为该圆柱体的直径，在公差值前总加注符号 ϕ。表 4-10 为一些同轴度公差标注的示例。

表 4-10　同轴度公差的标注

标注示例	说明
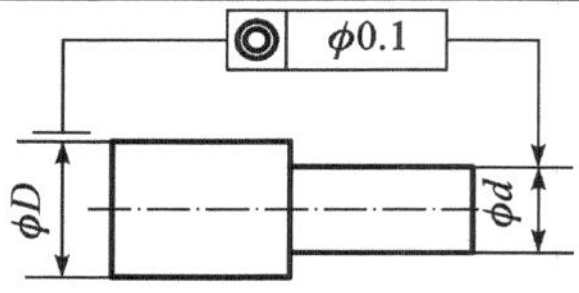 (a)	ϕd 的轴线对基准 ϕD 的轴线的同轴度公差为 0.1mm
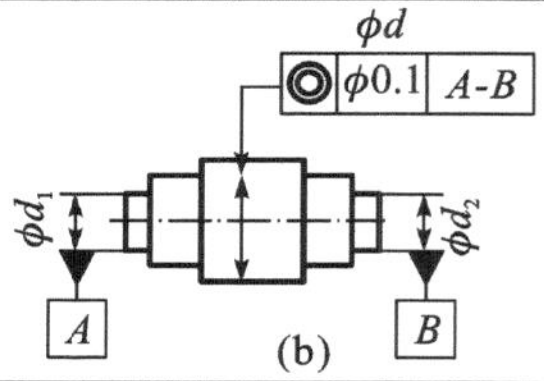 (b)	ϕd 的轴线对 ϕd_1、ϕd_2 段的公共轴线的同轴度公差为 0.1mm
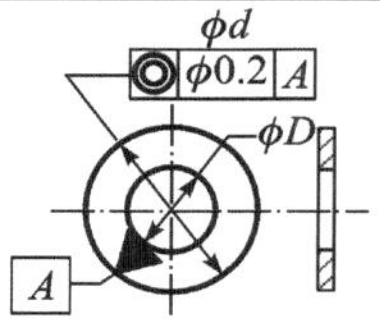 (c)	垫圈的外径轴线相对内孔轴线的同轴度公差为 0.2mm。因垫圈较薄，故可认为其公差带为一以内孔圆心为圆心的圆，其直径公差值为 0.2mm

(5)对称度公差及其标注

对称度和同轴度相似，也是定位公差，但对称度的被测要素和基准要素都可能是一直线或一平面，所以形式比同轴度要多。表4-11举出了一些对称度公差标注的示例。

表4-11 对称度公差的标注

标注示例	说明	标注示例	说明
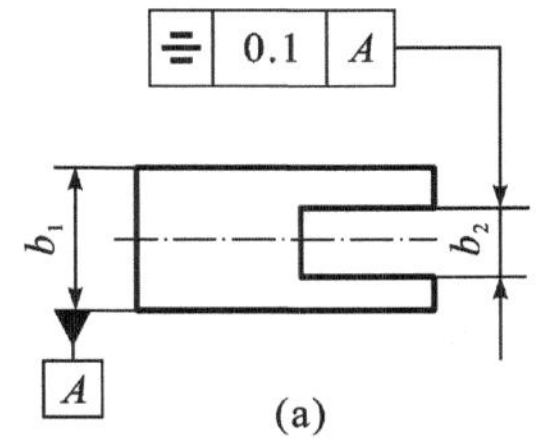 (a)	槽 b_2 的中心平面对槽 b_1 的基准中心平面的对称度公差为0.1mm	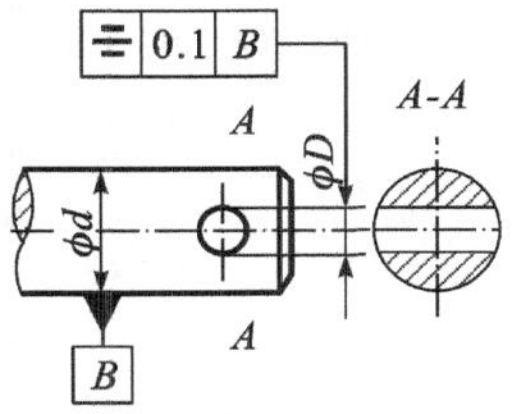 (d)	孔 ϕD 的轴线对轴 ϕd 的轴线的对称度公差为0.1mm
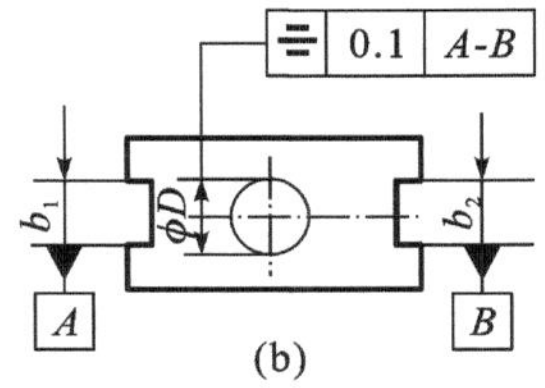 (b)	孔 ϕD 的轴对作为基准的槽 b_1、b_2 的公共中心平面的对称度公差为0.1mm	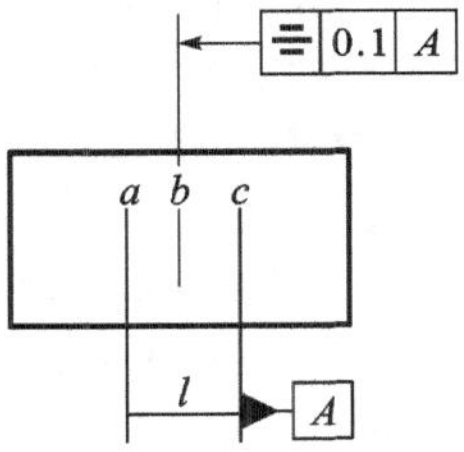 (e)	工件表面上三条直线，其中间直线 b 相对两边直线 a 和 c 的对称中心线的对称度公差为0.1mm
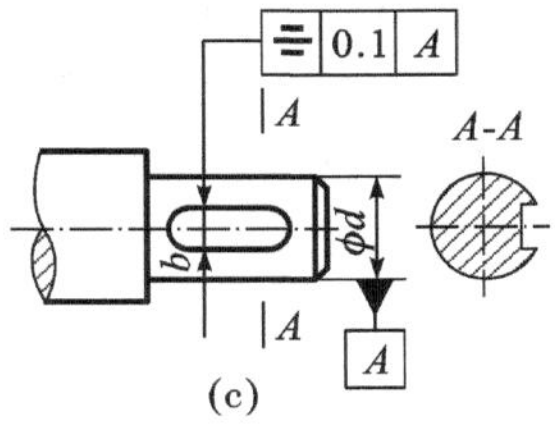 (c)	键槽 b 的中心平面对 ϕd 轴线的对称度公差为0.1mm		

(6)位置度公差及其标注

位置度误差是被测实际要素偏离其理论位置的结果。理论位置由理论正确尺寸决定，所以标注位置度公差要求时，总有带框的理论正确尺寸标出。另外，有位置度要求的要素除线和面以外，还有点的位置度。表4-12举出了位置度公差标注的示例。

表4-12 位置度公差的标注

标注示例	说明	标注示例	说明
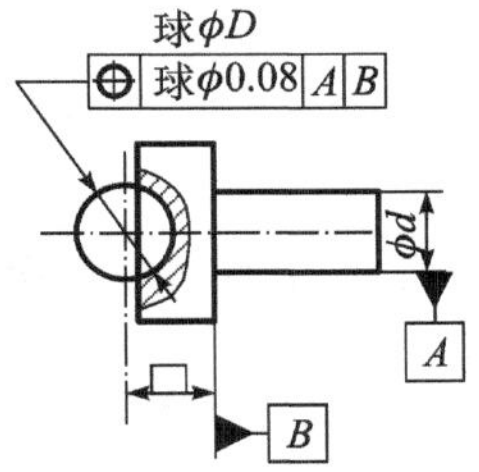 球ϕD ⊕ 球ϕ0.08 A B (a)	球窝 ϕD 的球心对 ϕd 轴的轴线以及端面 B 的位置度公差为0.08mm，公差带是以理论球心为球心的一个球体，在公差值前加注球 ϕ	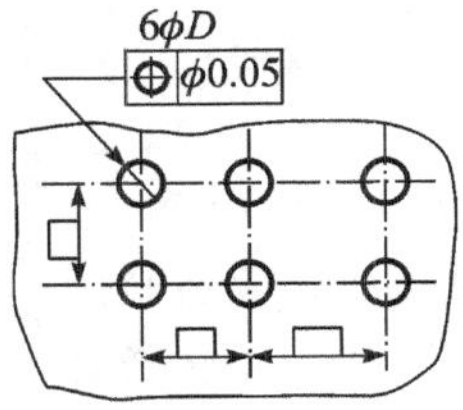 6ϕD ⊕ ϕ0.05 (d)	零件和(c)中的相同，只是位置度的要求在任意方向上都一样，所以公差带是一个圆柱体而不是个四棱柱，在公差值前加注符号 ϕ

续表

标注示例	说明	标注示例	说明
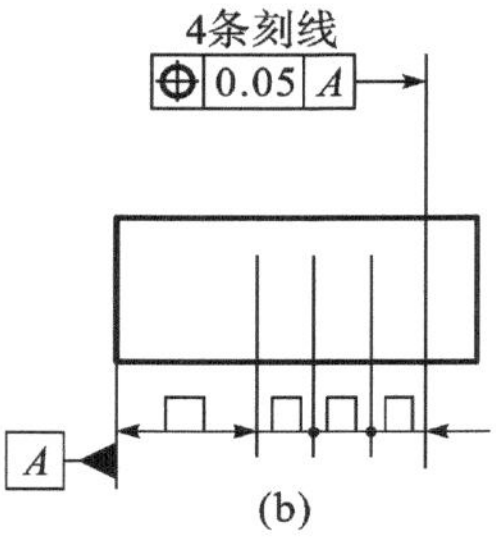 4条刻线 ⊕ 0.05 A (b)	四条刻线相对侧面 A 的位置度公差为 0.05mm	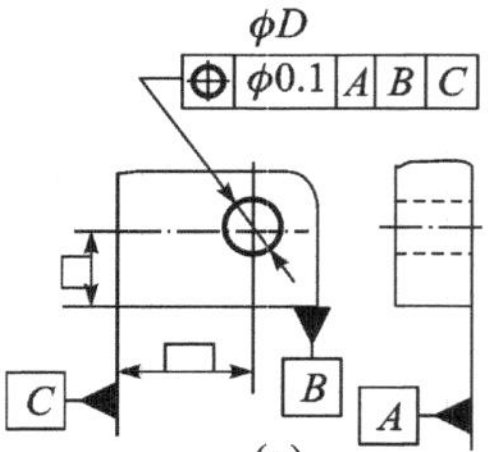 ϕD ⊕ ϕ0.1 A B C (e)	ϕD 孔轴线对顶面 A、底面 B 和侧面 C 的位置度要求，公差为 0.1mm，且公差带为一圆柱体，在公差值前加注符号 ϕ。三个基面 A、B、C 的重要程度不同，A 为第一基准，是首要的；B 为第二基准，稍次要些；C 为第三基准，是最次要的；它们组成一个直角坐标系的三基面体系
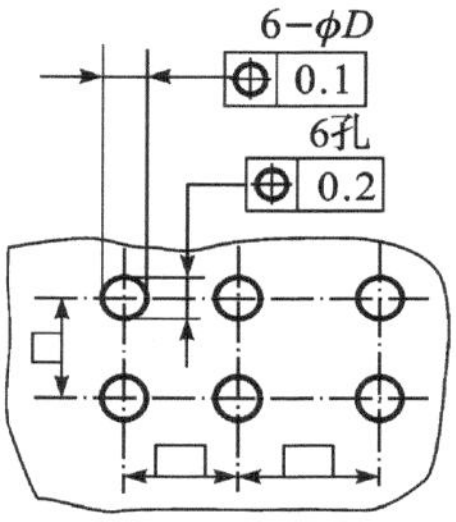 6−ϕD ⊕ 0.1 6孔 ⊕ 0.2 (c)	六个孔相互间位置度公差在两个相互垂直方向上的要求。沿水平方向要求公差为 0.1mm，沿垂直方向要求公差为 0.2mm。由于只是六个孔相互间的位置度要求，且是薄板型零件，所以公差框格中没有标出基准，这是特殊的情况	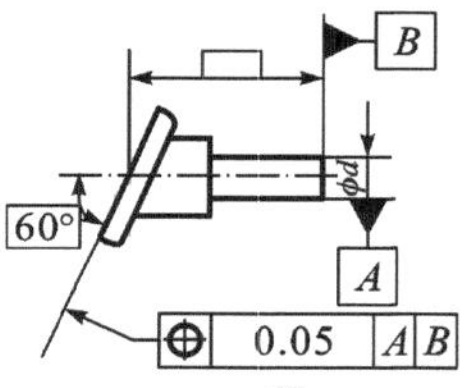 60° ⊕ 0.05 A B (f)	倾斜 60° 的斜面相对 ϕd 段轴线 A 和右端面 B 的位置度公差为 0.05mm

(7)圆跳动公差及其标注

圆跳动分径向、端面和斜向三种。跳动的名称是和测量相联系的，测量时零件绕基准轴线回转，测量用指示表的测头接触被测要素，回转时指示表指针的跳动量就是圆跳动的数值。指示表测头指在圆柱面上为径向圆跳动，指在端面为端面圆跳动，垂直指向圆锥素线上为斜向圆跳动。表 4－13 举出了标注圆跳动的一些示例。

表 4－13　圆跳动度公差的标注

标注示例	说明	标注示例	说明
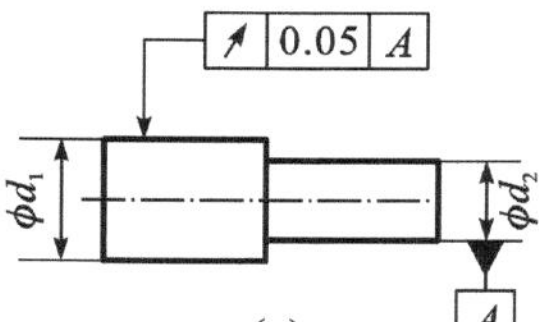 ↗ 0.05 A ϕd_1　ϕd_2 (a)	ϕd_1 圆柱面相对 ϕd_2 段轴的轴线的径向圆跳动公差在任意横剖面中为 0.05mm	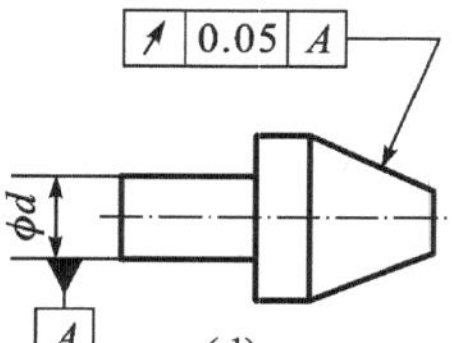 ↗ 0.05 A ϕd (d)	圆锥面对 ϕd 轴线的斜向圆跳动公差为 0.05mm，此时箭头应垂直于圆锥素线

续表

标注示例	说明	标注示例	说明
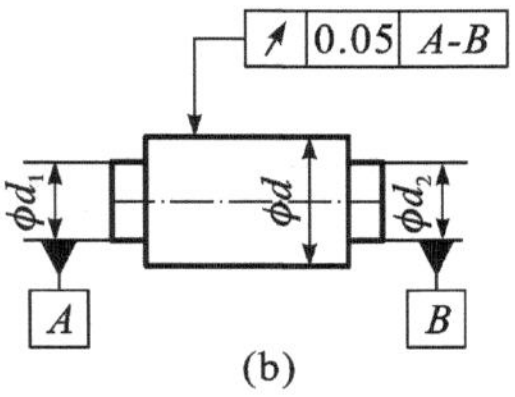 (b)	ϕd 圆柱面相对 ϕd_1 和 ϕd_2 轴段的公共轴线的径向圆跳动公差在任意横剖面中为 0.05mm	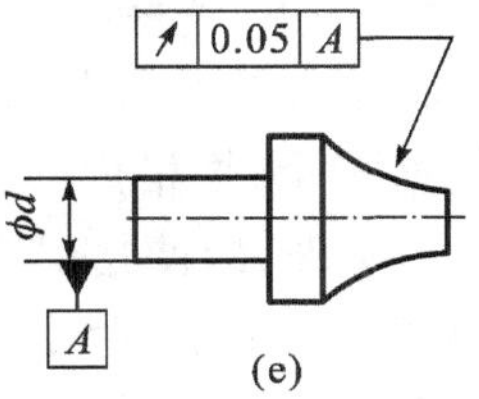 (e)	回转曲面对 ϕd 轴线的斜向圆跳动公差为 0.05mm
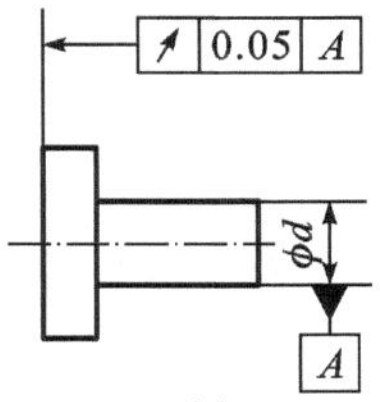 (c)	左边端面对 ϕd 轴线的端面圆跳动公差的任意半径上为 0.05mm	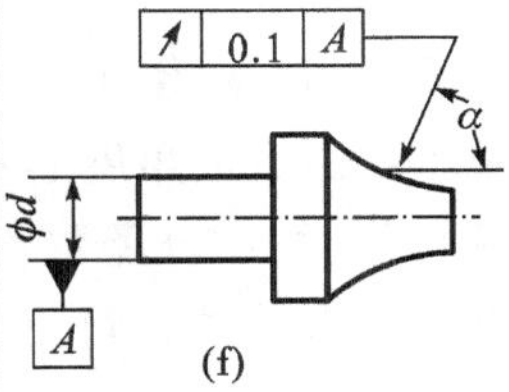 (f)	零件和(e)中的相同，回转曲面的斜向圆跳动公差为 0.1mm，在此，箭头始终指向和回转轴组成 α 角的方向，而图(e)中箭头方向始终和曲线成法向，故测量时要求指示表的测头所指方向能变动

(8)全跳动公差及其标注

全跳动只分径向和端面两种，表 4－14 为其标注示例。

表 4－14　全跳动公差的标注

标注示例	说明	标注示例	说明
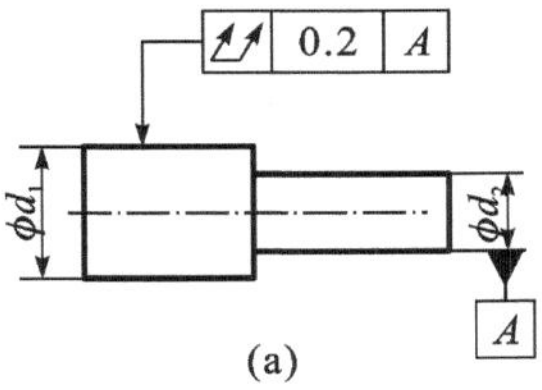 (a)	ϕd_1 圆柱面相对 ϕd_2 轴的轴线的径向全跳动公差 0.2mm	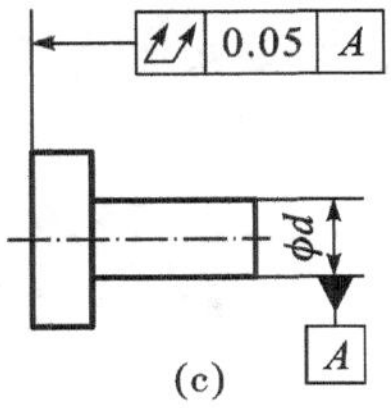 (c)	左边端面相对 ϕd 段轴线的端面全跳动公差为 0.05mm
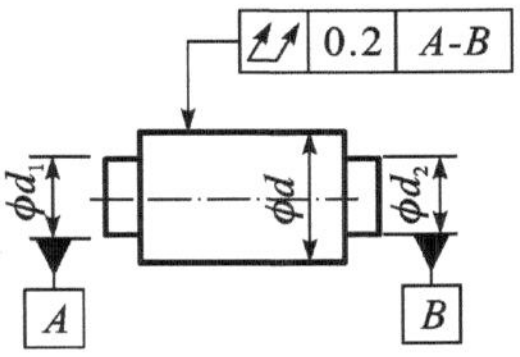 (b)	ϕd 圆柱面相对 ϕd_1 和 ϕd_2 轴段的公共轴线的径向全跳动公差为 0.2mm		

表 4－13 和表 4－14 中(a)、(b)、(c)的零件相同，但全跳动和圆跳动不同。径向圆跳动只是在某一横剖面量出的跳动量，端面圆跳动只是在端面某一半径上量出的跳动量。径向全跳动在用指示表和被测圆柱面接触测量时，除工件要围绕基准轴线转动外，指示表还得相对工件作轴向移动，以便在整个圆柱面上量出跳动量。端面全跳动在测量时，工件除要围

绕基准轴线转动外，指示表还得相对工件作垂直回转轴线的移动，以便在整个端面上量得跳动量。对同一零件，全跳动误差值总大于圆跳动误差值。

3. 形位公差标注中需注意的问题

综观形位公差的标注，需注意以下几点：

(1)形位公差内容用框格表示，框格内容自左向右第一格总是形位公差项目符号，第二格为公差数值，第三格以后为基准，即使指引线从框格右端引出也是这样。

(2)被测要素为中心要素时，箭头必须和与中心要素有关的尺寸线对齐。只有当被测要素为单段的轴线或各要素的公共轴线、公共中心平面时，箭头可直接指在轴线或中心线上。这样标注很简便，但一定要注意该公共轴线中没有包含非被测要素的轴段在内。

(3)被测要素为轮廓要素时，箭头指向一般均垂直于该要素。但是对圆度公差，箭头方向必须垂直于轴线，对于回转曲面给定角度的斜向圆跳动公差也有例外。

(4)当公差带为圆或圆柱体时，在公差数值前需加注符号 ϕ，其公差值为圆或圆柱体的直径，这种情况一般是被测要素为轴线。同轴度的公差带总是一圆柱体，所以公差值前总是加上符号 ϕ；轴线对平面的垂直度、轴线的位置度一般也是采用圆柱体公差带，故在公差值前一般也加上符号 ϕ。

(5)对一些附加要求，常在公差数值后加注相应的符号，如(+)符号说明被测要素只许呈腰鼓形外凸，(-)说明被测要素只许呈鞍形内凹，(◁)说明误差只许按符号的小端方向逐渐减小。如形位公差要求遵守最大实体要求时，则需加符号Ⓜ。在框格的上方和下方也可用文字作附加的说明。如对被测要素数量的说明，应写在公差框格的上方；属于解释性说明(包括对测量方法的要求)，应写在公差框格的下方。例如：在离轴端300mm 处；在 a、b 范围内等。

4.3 形位误差的评定

公差带的形状取决于被测要素的几何理想要素和设计要求，并以此评定形位误差。示例及说明如下：

①在给定平面内的直线度公差要求被测要素上各点相对其理想线的距离应等于或小于给定的公差值。理想线的方向由最小条件确定，即两平行直线包容被测线且其间距离为最小，如图 4 - 1 所示。

图示说明：

理想线可能的方向：$A_1—B_1$、$A_2—B_2$、$A_3—B_3$；

相应的距离为 h_1、h_2、h_3；

在图 4 - 1 中，$h_1 < h_2 < h_3$。

因此，理想线应选择符合最小条件的方向 $A_1—B_1$，h_1 必须小于或等于给定的公差值。

②平面度公差要求被测要素上的各点相对其理想平面的距离等于或小于给定的公差值。理想平面的方向由最小条件确定，即两平行平面包容被测面且其间距离为最小，如图 4 - 2所示。

图示说明：

平面可能的方向：$A_1—B_1—C_1—D_1$、$A_2—B_2—C_2—D_2$；

相应的距离：h_1、h_2；

在图 4-2 中，$h_1 < h_2$。

因此，理想平面应选择符合最小条件方向的 $A_1—B_1—C_1—D_1$，h_1必须小于或等于给定的公差值。

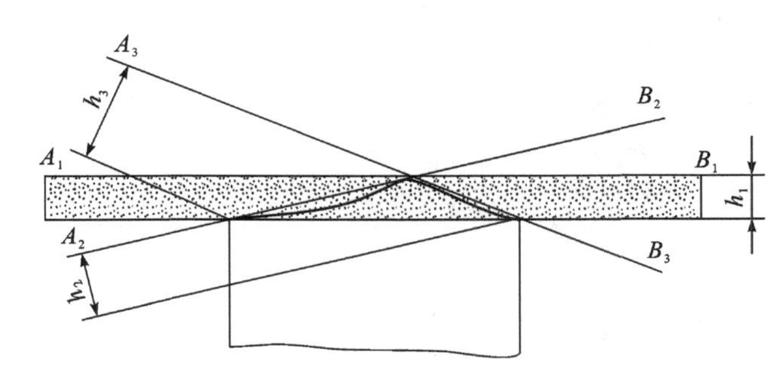

图 4-1　直线度公差

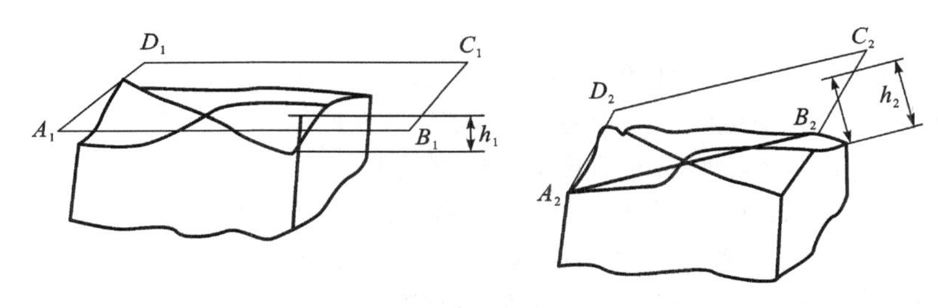

图 4-2　平面度公差

③圆度公差要求被测要素处于两个同心圆间的区域内，两圆的半径差应小于或等于给定的公差值。该两圆中心点的位置和半径差值的选择应符合最小条件，即必须使两圆间的半径差为最小，如图 4-3 所示。

图示说明：

两同心圆的中心点位置和最小半径差可能是：以 A_1圆中心点 O_1定位的两个同心圆；以 A_2圆中心点 O_2定位的两个同心圆。

相应的半径差：Δr_1和 Δr_2。

在图 4-3 中，$\Delta r_2 < \Delta r_1$。

因此，两同心圆的正确位置是 A_2组，半径差 Δr_2必须小于或等于给定的公差值。

④单一被测要素的圆柱度公差要求被测要素处于两个同轴圆柱面之间的区域内，两圆柱面的半径差应小于或等于给定的公差值。该两圆柱面轴线的位置和半径差值的选择应符合最小条件，即必须使两同轴圆柱面间的半径差为最小，如图 4-4 所示。

图示说明：

两同轴圆柱面的轴线位置和最小半径差可能是：以 A_1圆柱面的轴线 Z_1定位的两个同轴圆柱面；以 A_2圆柱面的轴线 Z_2定位的两个同轴圆柱面。

相应的半径差：Δr_1和 Δr_2。

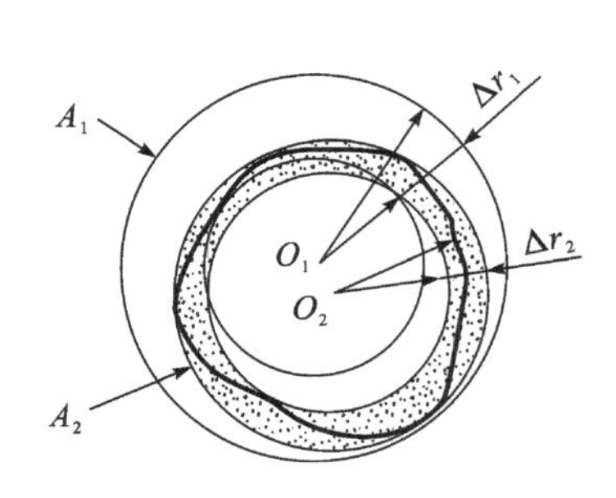

图 4－3 圆度公差

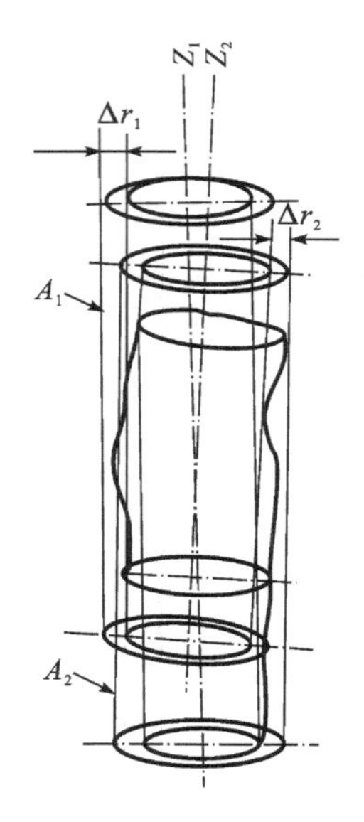

图 4－4 圆柱度公差

在图 4－4 中，$\Delta r_2 < \Delta r_1$。

因此，两同轴圆柱面的正确位置是 A_2组，半径差 Δr_2必须小于或等于给定的公差值。

被测实际要素的变动可以只限于一个平面之内，也可以限于空间之内。图 4－1 中轮廓的直线度误差就是在一个截面内的垂直于理想直线方向上的变动量，它表现为两直线间包容的区域。圆度误差和线轮廓度误差也是在一截面内的。而圆柱体表面本身是空间的几何面，它表现出的形状误差也是空间的。被测实际直线对理想直线的变动可以在空间几个方向上，所以也可以是空间的一个区域，这是根据在哪个方向上要控制直线度误差而定的。

4.4 公差原则

尺寸和形位公差应遵循包括 GB/T 4249—2009 和 GB/T 16671—2009 的公差原则国家标准。公差原则包含独立原则和相关要求，在相关要求中又分为包容要求、最大实体要求和最小实体要求。

4.4.1 独立原则

独立原则就是在确定形位公差和尺寸公差时，各按功能要求分别规定。它们相互没有关系，分别用通用量仪的检验方法来检查它们是否合格。在图样的标注上及各自的公差上，不附带任何符号。和它相反的是相关要求，即形位公差和尺寸公差有关系。

独立原则通常用在形位精度和尺寸精度需分别满足各自要求的场合，往往形位精度要求较高，特别在为了保证机构的工作精度、密封性等功能要求的场合。未注公差均按独立原则。

图 4－5 举出了按独立原则标注公差的例子。零件内孔直径为 $\phi30^{+0.021}_{0}$，内孔轴线对端面 A 的垂直度公差为 0.015mm，内孔轴线直线度公差为 0.01mm，内孔圆度公差为 0.006mm。

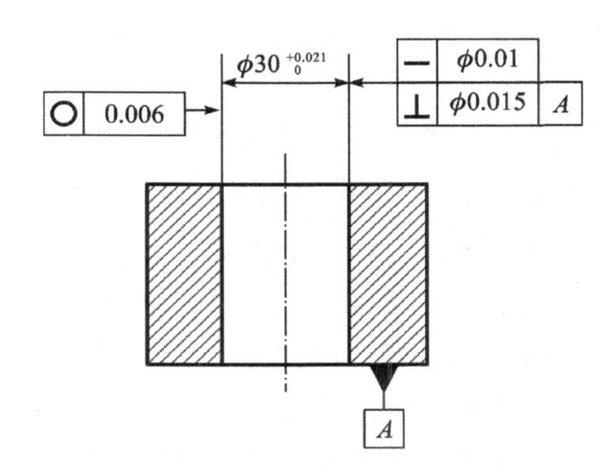

图4－5　按独立原则标注公差

4.4.2　包容要求

包容要求就是指形位公差受尺寸公差所约束，即被测要素的实际轮廓面或与之有关的轮廓面必须遵守最大实体边界（maximum material boundary，简称 MMB），即不能超出这个边界；另外，该要素的局部实际尺寸由其最小实体尺寸所限制。包容要求和极限尺寸判断原则是等价的，包容要求一般用在要求严格保证配合性质的场合。

包容要求用于单一要素和用于关联要素时的标注方法是不同的，图4－6举出了它们的标注示例。

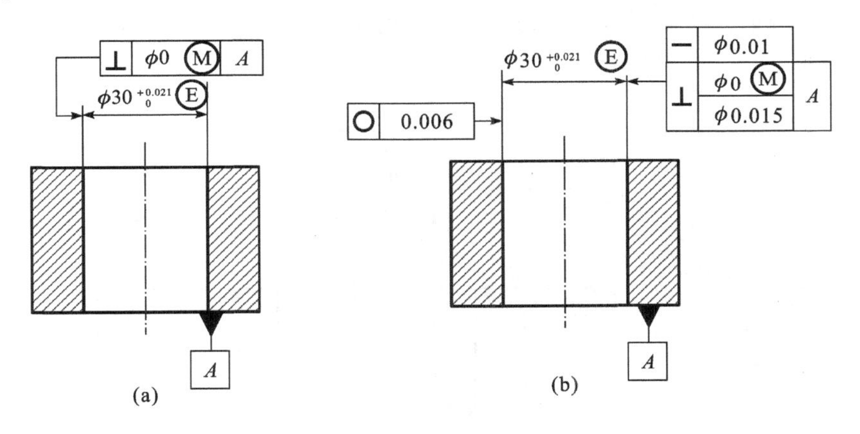

图4－6　按包容要求标注公差

图4－6（a）表示只用包容要求控制形位公差的情形。单一要素用包容要求时，在尺寸公差值之后加注符号Ⓔ，如图中为 $\phi30^{+0.021}_{0}$Ⓔ。它说明内孔表面的圆度、圆柱度、素线直线度以及内孔轴线的直线度都包含在 $\phi30^{+0.021}_{0}$ 的尺寸公差之内。如以轴线直线度来说，当内孔直径加工成最大实体状态，即尺寸为 ϕ30mm 时，轴线不允许有直线度误差；只有当孔直径加工成偏离最大实体状态时，才允许有轴线直线度误差，且其允许值为最大实体尺寸和孔的实际加工所得尺寸之差的绝对值。如实际孔加工到尺寸为 ϕ30.01mm，则轴线直线度误差的允许值可为 $|30-30.01|=0.010$mm。当孔加工为最小实体尺寸 ϕ30.021mm 时，轴线直线度公差可达 0.021mm。但如按图4－5所示的独立原则，当孔加工成最大实体尺寸 ϕ30mm 时，轴线直线度公差仍为 0.01mm，即轴线直线度允许有 0.01mm 的误差。而当孔加

工成最小实体尺寸 ϕ30.021mm 时，轴线直线度的允许误差仍为 0.01mm，不受孔尺寸大小以及孔直径公差的影响。

当关联要素采用包容要求时，在该关联要素位置公差项目标注框格中的应注公差值的框格内，需注上 ϕ0 Ⓜ或 0 Ⓜ的符号。如图 4－6(a)中标注的是 ϕ30 孔轴线对基准 A 的垂直度公差采用包容要求，其含义是当孔直径加工成最大实体尺寸即 ϕ30mm 时，轴线对基面不允许有垂直度误差；只有当孔直径尺寸偏离最大实体尺寸时，才可允许有垂直度误差，其允许误差值为孔加工成的实际直径尺寸和最大实体尺寸之差的绝对值。所以，当孔的直径为最小实体尺寸时，垂直度误差的允许值达最大为 0.021mm。而图 4－5 中按独立原则标注的含义就不一样，当孔直径加工成最大实体尺寸时，轴线垂直度误差可允许为 0.015mm；而当孔的直径为最小实体尺寸时，轴线垂直度的公差仍为 0.015mm，即垂直度公差和尺寸公差相互独立，没有关系。

图 4－6(b)中标注了包容要求，又对其圆度、直线度和垂直度提出了进一步要求。它的含义是当孔的直径尺寸为最大实体尺寸时，圆度误差、轴线直线度误差和轴线垂直度误差都不容许存在；当孔的直径为最小实体尺寸时，这里圆度误差、轴线直线度误差和轴线垂直度误差就不能像图 4－6(a)中那样最大为 0 .021mm，而应受到所注的公差限制，即分别为 0.006mm、0.01mm、0.015mm。

4.4.3　最大实体要求

图 4－7 为按最大实体要求标注的示例。它的标注方式是在形位公差的非零数值后加注Ⓜ符号。

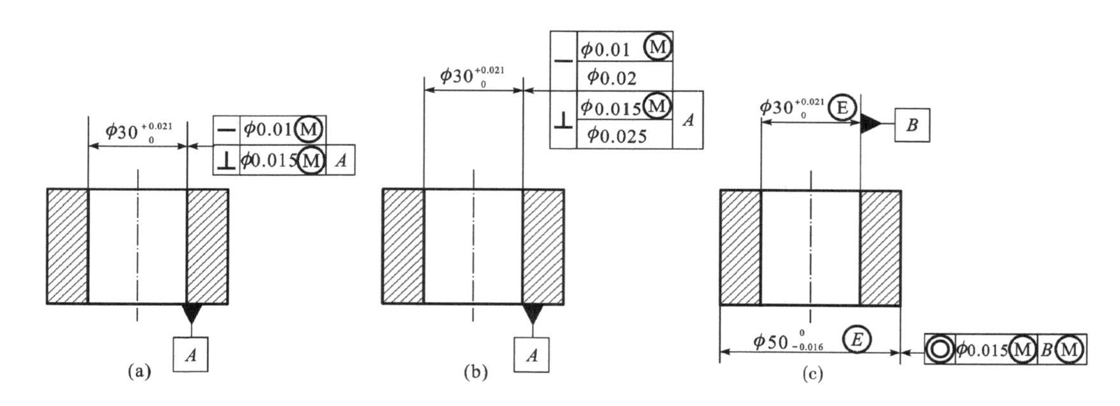

图 4－7　按最大实体要求标注公差

图 4－7(a)中标注的含义是内孔轴线有直线度和对 A 面垂直度两项要求，被测要素内孔轴线采用最大实体要求。当内孔直径加工成最大实体尺寸时，内孔轴线直线度和垂直度仍可分别允许有误差 0.01mm 和 0.015mm。由图样上给定的被测要素最大实体尺寸和该要素轴线或中心平面的形状或位置公差所形成的综合极限边界称实效边界。对单一要素而言，该极限边界应具有理想形状；对关联要素而言，该极限边界应具有理想形状并应符合图样上给定的几何关系。确定实效边界的尺寸称实效尺寸。图 4－7(a)中由孔轴线直线度确定的实效边界是孔最大实体尺寸 ϕ30mm 和轴线直线度公差 0.01mm 形成的综合边界，其实

效尺寸为 $\phi(30-0.01)=\phi29.99$mm；由孔轴线垂直度确定的实效边界是孔最大实体尺寸 $\phi30$mm 和轴线对端面的垂直度公差 0.015mm 形成的综合边界，它的实效尺寸为 $\phi(30-0.015)=\phi29.985$mm。如果被测要素为外表面即为轴时，其实效尺寸的计算式为该外表面的最大实体尺寸与该外表面中心要素的形状或位置公差之和。当孔直径为最小实体尺寸 $\phi30.021$mm 时，该孔轴线的直线度和垂直度误差分别允许为 0.031mm 和 0.036mm。即这时具有理想形状和相对基准为理想位置且其尺寸分别为 $\phi29.99$mm 和 $\phi29.985$mm 的轴仍能与之相配。

图 4－7(b)中标注的是在最大实体要求下对形位公差提出了进一步要求。其含义是在孔直径为最大实体尺寸时，和图 4－7(a)中的标注含义一样；当孔直径偏离最大实体尺寸时，直线度和垂直度公差可以从孔直径偏离最大实体尺寸的量中得到补偿，但它们容许最大的误差值受所标公差值的限制，分别只能为 0.02mm 和 0.025mm。

图 4－7(c)中标注的是外圆柱面轴线相对内孔轴线的同轴度要求公差为 $\phi0.015$mm，遵守最大实体要求，基准是内孔轴线，也遵守最大实体要求；而内孔和外圆柱面的形状公差均遵守包容要求。内孔直径在最大实体尺寸 $\phi30$mm 时，不能有直线度误差；而当内孔直径为最小实体尺寸 $\phi30.021$mm 时，轴线直线度误差可允许达 0.021mm。当内孔直径为最大实体尺寸时，作为基准的内孔轴线不能有直线度误差。这时，如外圆直径也为最大实体尺寸 $\phi50$mm，它的轴线对基准内孔轴线 B 的同轴度误差容许为 0.015mm。决定外圆实效边界的实效尺寸为 $\phi50+0.015\text{mm}=\phi50.015$mm。当外圆直径为最小实体尺寸 $\phi49.984$mm 时，它的轴线对基准轴线 B 的同轴度误差可以从尺寸公差中得到补偿，即可允许达 $0.015+0.016=0.031$mm。如决定基准轴线的内孔的直径尺寸不是最大实体尺寸而是最小实体尺寸 $\phi30.021$mm，则这时的实际基准轴线可以处在以最大实体尺寸 $\phi30$mm 时的基准轴线为轴线且直径为 $\phi0.021$mm 的圆柱体内的任意位置浮动。这时，外圆轴线相对内孔轴线的同轴度误差还可从决定基准轴线的内孔的直径公差得到补偿。基准采用最大实体要求时，对被测要素位置误差增加的补偿量可达多少，因情况比较复杂，很难用统一计算式表达。

必须强调指出，只有中心要素才能采用最大实体要求；此外，当基准要素为中心要素时，也可采用最大实体要求。

最大实体要求一般用于相配件主要要求为可装配性的场合，它比包容要求要求为低。在图样中，应用最多的是独立原则。

4.4.4　最小实体要求

图 4－8 为按最小实体要求标注的示例。它的标注方式是在形位公差的数值后加注“Ⓛ”符号，如图 4－8(a)所示；当用于基准要素时，应在形位公差框格内的基准字母代号后标注符号“Ⓛ”，如图 4－8(b)所示。

最小实体要求应用于被测要素时，被测要素的实际轮廓在给定的长度上处处不得超过最小实体实效边界，即其体内作用尺寸不应超过最小实体实效尺寸，且其局部实际尺寸不得超出最大实体尺寸和最小实体尺寸。

最小实体要求应用于被测要素时，被测要素的形位公差值是在该要素处于最小实体状态时给出的。当被测要素的实际轮廓偏离其最小实体状态，即其实际尺寸偏离最小实体尺

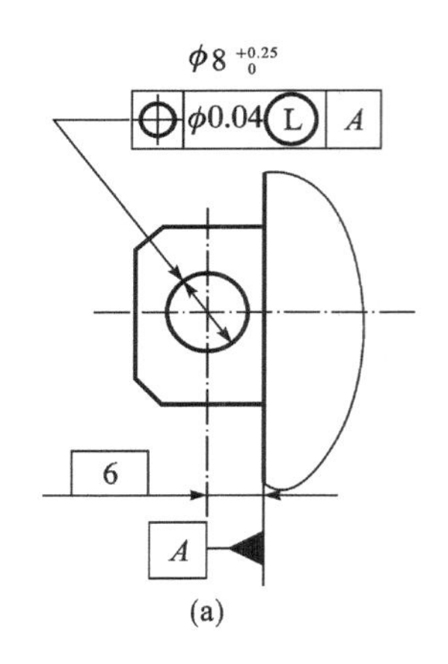

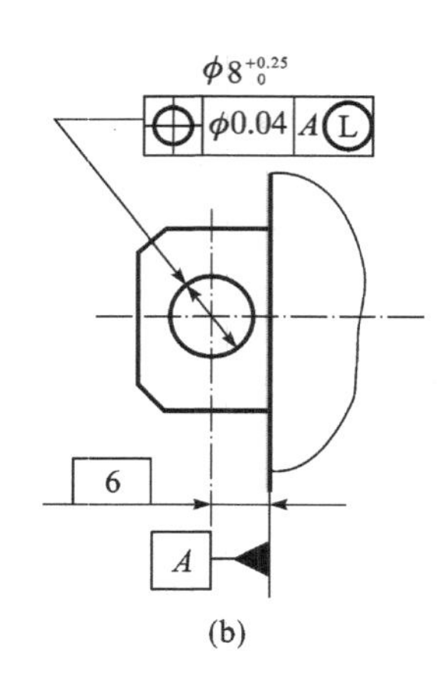

图 4－8　按最小实体要求标注公差

寸时,形位误差值可超出在最小实体状态下给出的形位公差值,即此时的形位公差值可以增大。

当给出的形位公差值为零时,则为零形位公差。此时,被测要素的最小实体实效边界等于最小实体边界;最小实体实效尺寸等于最小实体尺寸。

图 4－8(a)表示孔 $\phi 8_{\ 0}^{+0.25}$ 的轴线对 A 基准的位置度公差采用最小实体要求。当被测要素处于最小实体状态时,其轴线对 A 基准的位置度公差为 $\phi 0.04$mm。该孔应满足下列要求:

(1)实际尺寸在 $\phi 8 \sim 8.25$mm 之内。

(2)实际轮廓不超出关联最小实体实效边界,即其关联体内作用尺寸不大于最小实体实效尺寸 $DLv = DL + t = 8.25 + 0.04 = \phi 8.29$mm。

当该孔处于最大实体状态时,其轴线对 A 基准的位置度误差允许达到最大值,即等于图样给出的位置度公差($\phi 0.04$mm)与孔的尺寸公差(0.25mm)之和 $\phi 0.29$mm。

4.4.5　可逆要求

可逆要求(RPR)是最大实体要求(MMR)或最小实体要求(LMR)的附加要求,表示尺寸公差可以在实际几何误差小于几何公差之间差值范围内增大,在图样上用符号Ⓡ标注在Ⓜ或Ⓛ之后。在最大实体要求(MMR)或最小实体要求(LMR)附加可逆要求(RPR)后,改变了尺寸要素的尺寸公差,用可逆要求(RPR)可以充分利用最大实体实效状态(MMVC)和最小实体实效状态(LMVC)的尺寸,在制造可能性的基础上,可逆要求(RPR)允许尺寸和几何公差之间相互补偿。

用于最大(最小)实体要求时,与最大(最小)实体要求的应用场合相同。所不同的是,可逆要求不仅允许尺寸公差补偿给几何公差,而且还允许几何公差补偿给尺寸公差,进一步放宽了零件的合格条件。

(1)可逆要求(RPR)用于最大实体要求(MMR)

可逆要求(RPR)在图样上用符号Ⓡ标注在导出要素的几何公差值和符号Ⓜ之后。与 MMR 相比,可逆要求(RPR)不要求注有公差要素的提取局部尺寸遵守"对于外尺寸要素,等于或小于最大实体尺寸(MMS);对于内尺寸要素,等于或大于最大实体尺寸(MMS)"的规定,其他规定与 MMR 相同。有关可逆要求(RPR)用于最大实体尺寸(MMS)的解释可参见可逆要求(RPR)用于最小实体要求(LMR)示例解释。

(2)可逆要求(RPR)用于最小实体要求(LMR)

与 LMR 相比,可逆要求(RPR)用于最小实体要求时,可逆要求(RPR)不要求注有公差要素的提取局部尺寸遵守"对于外尺寸要素,等于或大于最小实体尺寸(LMS);对于内尺寸要素,等于或小于最小实体尺寸(LMS)"的规定,其他规定与 LMR 相同。

图 4-9 为一个内尺寸要素与一个作为基准的同心外尺寸要素具有位置度要求的 LMR 和附加 RPR 示例。

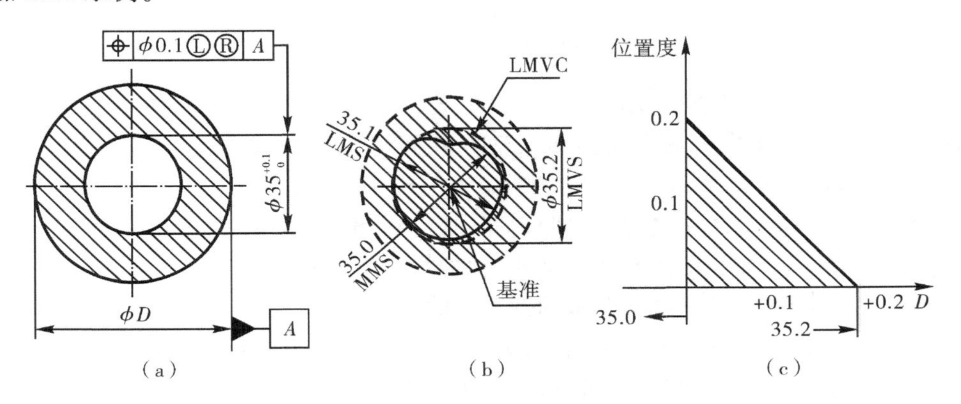

图 4-9　一个内尺寸要素与一个作为基准的同心外尺寸要素具有位置度要求的 LMR 和附加 RPR 示例
(a)图样示例;(b)解释;(c)动态公差图

图 4-9(a)所示的图样标注表示可用图 4-9(b)解释,即内尺寸要素的提取要素不得违反其最小实体实效状态(LMVC),其直径为 LMVS=35.2mm;内尺寸要素的提取要素各处的局部直径应大于 MMS=35.0mm,RPR 允许其局部直径从 LMS(35.1mm)增大至 LMVS(35.2mm);LMVC 的方向与基准 A 相平行,并且其位置在与基准 A 同轴的理论正确位置上。上述解释也可以理解:图 4-9(a)中轴线的位置度公差(ϕ0.1mm)是该内尺寸要素为其最小实体状态(LMC)时给定的;若该内尺寸要素为其最大实体状态(ϕMMC)时,其轴线位置度误差允许达到的最大值可为图 4-9(a)中给定的轴线位置度公差(ϕ0.1m)与该内尺寸要素尺寸公差(0.1mm)之和 ϕ0.2mm;若该内尺寸要素为其最小实体状态(LMC)与最大实体状态(MMC)之间,其轴线位置度公差在 0.1mm ~ 0.2mm 之间变化。由于该示例还附加了可逆要求(RPR),因此如果其轴线位置度误差小于给定的公差(ϕ0.1mm)时,该内尺寸要素的尺寸公差允许大于 0.1mm,如果其轴线位置度误差为零,则其局部直径允许增大至 35.2mm。图 4.9(c)给出了表述上述关系的动态公差图。

4.4.6　圆柱结合孔、轴形位公差与尺寸公差之间的关系

对于某些结合(如小间隙配合)的孔、轴,当使用要求必须严格保证其配合性质和配合精度时,孔、轴形位公差与尺寸公差之间的关系应按包容原则处理,否则,将不能满足使用要求,甚至改变其配合性质。

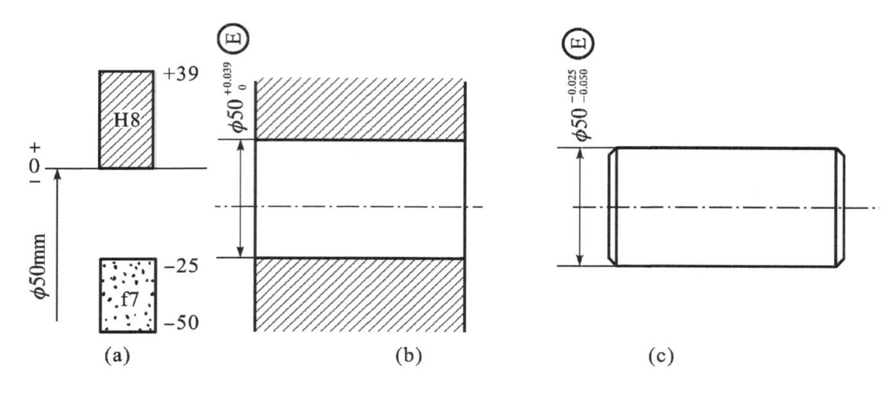

图 4-10 ϕ50H8/f7 的配合图释

例如 ϕ50H8/f7 的配合，由图 4-10(a)的公差带图可见，它是一种间隙配合，X_{min} = +0.025mm，X_{max} = +0.089mm。如必须保证这种间隙配合的性质，并使其间隙只允许在 +0.025 ~ +0.089mm 之内变化，则孔、轴均应采用包容原则，见图 4-10(b)、(c)。在此原则下，孔的作用尺寸不应小于其最小极限尺寸，轴的作用尺寸不应大于其最大极限尺寸；孔的局部实际尺寸不应大于其最大极限尺寸，轴的局部实际尺寸不应小于其最小极限尺寸。假定轴为最小实体状态，其轴线弯曲量达到允许的最大值，如图 4-11(a)所示；孔为最小实体状态，其轴线弯曲亦达到允许的最大值，如图 4-11(c)所示。即使这种情况，孔、轴结合在一起仍能保证其配合性质和配合精度，如图 4-11(b)所示。

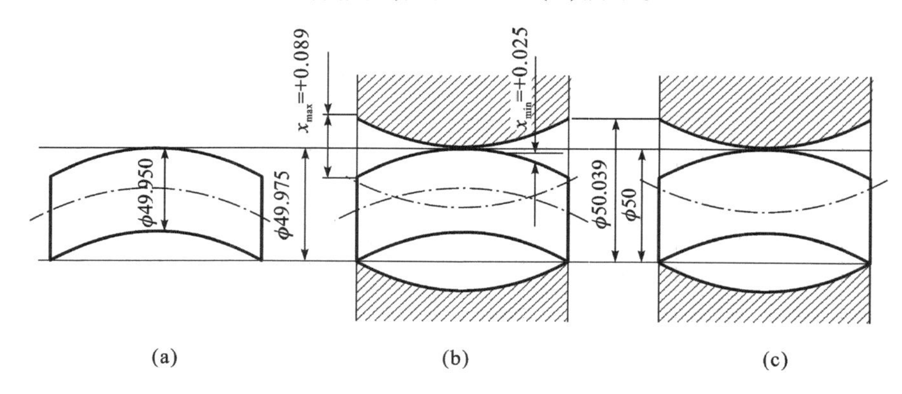

图 4-11 ϕ50H8/f7 配合孔、轴采用包容要求可能出现的情况

(a)实际轴；(b)实际配合；(c)实际孔

如果不采用包容要求而用独立原则，设它们的轴线最大弯曲量各为 0.025mm，将可能难以保证其配合性质。图 4-12 是采用独立原则时，孔、轴结合可能出现的情况。

对于虽有配合要求，但无需严格控制其间隙或过盈范围时，孔、轴形位公差与尺寸公差之间的关系可用独立原则处理。

圆柱结合的孔、轴，其形位公差与尺寸公差之间的关系究竟采用包容要求还是独立原则，要视具体情况而定。如某种结合虽有严格的配合要求，但若其结合长度较短，或者孔、轴的形位误差较小，且其实际尺寸的分布符合正态分布时，即使采用独立原则，也能保证其配合要求。又如某种结合虽不必严格保证其配合要求，但从检测的角度出发，若用光滑极限量规检验更为合适时，亦可采用包容要求。

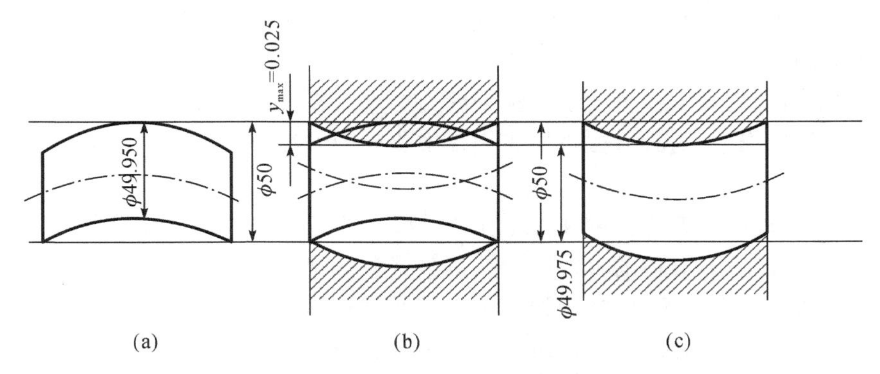

图 4－12　φ50H8/f7 配合孔、轴采用独立原则可能出现的情况

4.5　几何参数误差的检测

几何参数误差的检测从原理上可分为两类。一类是和标准作比较，这类检测一般不能获得被测参数的具体值，而只能得出被测参数是否合格的结论。作为检验用的比较标准有各自的名称。检验尺寸和形位误差用的标准称为量规。量规分极限量规和标准量规。标准量规只用在形状误差的检验，如检验平板、直尺、刀口尺等。检验表面粗糙度的比较标准称比较块。另一类是用一些通用量仪测出被测参数的具体误差值。由于各项几何参数误差都有各自的评定准则，而测量的目的是为了得到正确的几何参数误差值，因此测量方法需要符合各自的评定准则，才能得出正确的误差值，这是在考虑测量方法时必须特别注意的问题。有时，若完全按照评定准则来评定，不是所用仪器很复杂贵重，就是计算很繁杂，实际生产中往往用一些简易的方法来评定，如用三点法测圆度等。

4.5.1　尺寸误差的测量

1. 按包容要求标注的尺寸，要用光滑极限量规进行检验，才符合极限尺寸判断原则的要求。

2. 不按包容要求标注的尺寸，一般用通用量仪按两点法进行测量，如直径或长度尺寸的测量。在生产实际中，可供使用的通用量仪较多，选用的余地较大，不像光滑极限量规那样只有一种。从原理上讲，两点法测量不符合极限尺寸判断原则，若用通用量仪测量作用尺寸实际上是很困难的，但当工件的形位误差不大时，用两点法测量来进行判断也是可以的；即使用极限量规进行检验，由于生产中各种制约因素关系，极限量规的形状也并不完全符合极限尺寸判断原则要求的接触形式，因此也往往并不符合这一原则的要求，但在工件形位误差不大时，用这种量规进行检验也没有什么问题。

4.5.2　形状误差的测量

为了测得整个被测要素的误差，量仪的测量头总需依一定的基准作所需的运动，以量得被测要素的各个部位。图 4－13 是测量一些形状误差的原理图。

图 4－13(a)是用水平仪测量工件直线度误差的情形。水平仪按气泡位置读数，依次以一定的步距 L 测得每步距段上实际工件轮廓的倾斜值，然后将各段所测得的数值进行处理，以获得直线度误差。

图 4－13(b)是用一个作为直线度标准的刀口尺放在被测要素上进行比较，从漏光缝的大小判断出直线度误差，这种方法也属于用标准比较的方法。它要用目测估计缝隙的大小，故主观性较大。

图 4－13(c)是用一直线度量规检验孔的轴线在任意方向上的直线度误差，它只能得出合格与否的结论，测不到具体的直线度误差值。这种量规是通规，用它控制被测孔的实效尺寸不超出规定的综合极限边界，如这种量规能够通过被测孔，也就能控制孔的轴线直线度误差不超过规定的公差值，它适用于按最大实体原则和包容原则标注公差的场合。

图 4－13(d)表示用指示表测量工件表面的平面度误差。指示表装在测量架上，测量架在检验平板上来回移动，以测得整个被测平面上各区段相对检验平板的高度波动值，然后再处理得到平面度误差值。现代仪器也有将测量头感触到的数值经变换和预处理后输入计算机进行处理，并直接显示出量得的平面度误差值。

图 4－13(e)是用作为标准平面的平晶测量工件表面的平面度误差的情形。在一定光照下，在平晶中能看到光波干涉的条纹数和形状，由此来衡量平面度误差。由光波干涉原理可知，相应于两相邻干涉条纹处的被测表面上相应点间的高度差为半个光波波长($\lambda/2$)。它比用刀口尺目测估计光隙大小要精确得多。

图 4－13(f)是在圆度仪上测量圆锥体某横截面上圆度误差的情形。测头绕主轴回转一周，测得该截面上各点相对回转轴线间的距离变动值，并由此处理出圆度误差。

图 4－13(g)为在 V 形块上用带测量架的指示表以三点法测量圆柱面上某一截面的圆度误差。这里，指示表指针所指的最大变动量并非真正的圆度误差值，还要按 V 形块的夹角 α 及圆度误差生成的棱数进行一定的修正。

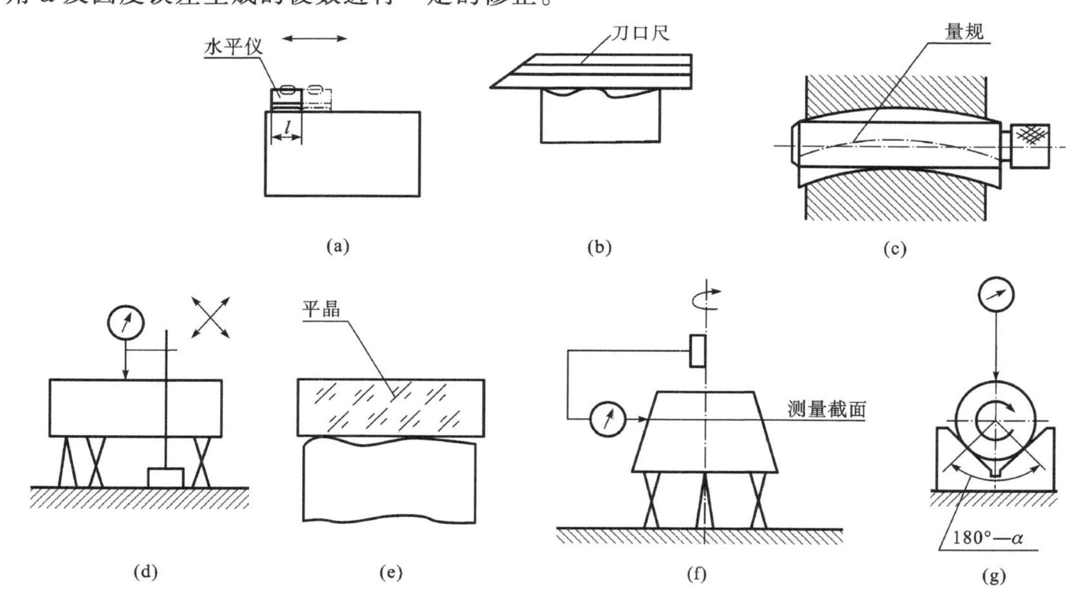

图 4－13　几种形状误差测量原理图

以上各种测量除图4－13(b)、(c)、(e)为和标准比较外,其他都用量仪进行测量。为量得被测要素的形状误差,量仪的感测部分必须在整个被测要素的轮廓线或表面上移动,且移动要依一定的基准进行。在图4－13(a)中基准是水平面,在图4－13(d)中是检验平板,在图4－13(f)中是测量头回转主轴轴线,在图4－13(g)中为V形块。作为基准,精度要求比被测工件高得多,因此基准的误差通常忽略不计。形状误差的评定要按最小条件来确定被测要素的理想要素的方位,它一般不会和量仪感测部分移动的方位相重合,所以必须对测得的数据进行一定的变换,使变换过的数值符合直线度、平面度和圆度等误差的评定准则,只有这样才能得到正确的结果。

4.5.3 位置误差的测量

有位置公差要求时,被测要素属关联要素,其误差值相对基准要素确定。因此,测头移动的方位应和基准要素相重合,才能测得正确的结果。图4－14列出了几种位置误差测量的原理图。

图4－14(a)是测上平面相对下基准平面的平行度误差的情形。将被测工作的下基准面放在平板上,用带指示表的测量架依平板在整个被测表面上按规定的测量线进行测量。指示表的最大和最小读数之差为该零件的平行度误差。

图4－14(b)是测上导轨面对A基准平面的平行度误差的情形。将被测工件在平板上用固定和可调支承调至水平,然后用水平仪分别在基准表面和被测表面上沿长度方向进行测量。先确定基准表面的方位,然后求出被测表面相对基准的最大和最小距离之差,即为要测的平行度误差。

图4－14(c)为测孔轴线对基准底面平行度误差的情形。将基准底面A放在平板上,把检验心轴插在被测孔中,用它模拟被测轴线。用带指示表的测量架依平板分别在心轴的左右端相距为L_2的两位置上测得两高度相对读数M_1和M_2,则$f = L_1/L_2 | M_1 - M_2 |$即为预测的平行度误差。

图4－14(d)为测两平面间垂直度误差的情形。将基准平面固定在直角座上,同时调整工件使靠近基准处的被测表面沿垂直图面方向上相距最远处的两读数差为零,用带指示表的测量架依平板在整个被测表面各点测得的最大与最小读数之差,即为需测的垂直度误差。

图4－14(e)为测两孔轴线间垂直度误差的情形。基准轴线和被测轴线均由心轴模拟。把带指示表的测量架固定在基准心轴上,转动基准心轴(轴向定位需固定),在测量距离为L_2的两个置上测得两读数M_1和M_2,则$f = L_1/L_2 | M_1 - M_2 |$即为测得的垂直度误。

图4－14(f)为测两孔轴线间同轴度的情形,它和图4－14(e)一样,用心轴模拟基准轴线和被测轴线,并调整被测工件,使其基准轴线与平板平行。在靠近被测孔端A、B两点用装在测量架上的指示表依平板测量,并求出两点分别与高度$L + d_2/2$的差值f_{Ax}和f_{Bx}。把被测工件翻转90°测工件,按上述方法测取f_{Ay}和f_{By}。则A点处的同轴度误差为$f_A = 2\sqrt{(f_{Ax})^2 + (f_{Ay})^2}$;$B$点处的同轴度误差为$f_A = 2\sqrt{(f_{Bx})^2 + (f_{By})^2}$。取两者中的较大值作为该被测要素同轴度误差。

图4－14(g)为用位置量规检验两孔轴线同轴度误差的情形,量规通过方为合格。位置量规属极限量规,也不能得到具体的误差值。该例中被测要素和基准要素都采用最大实体

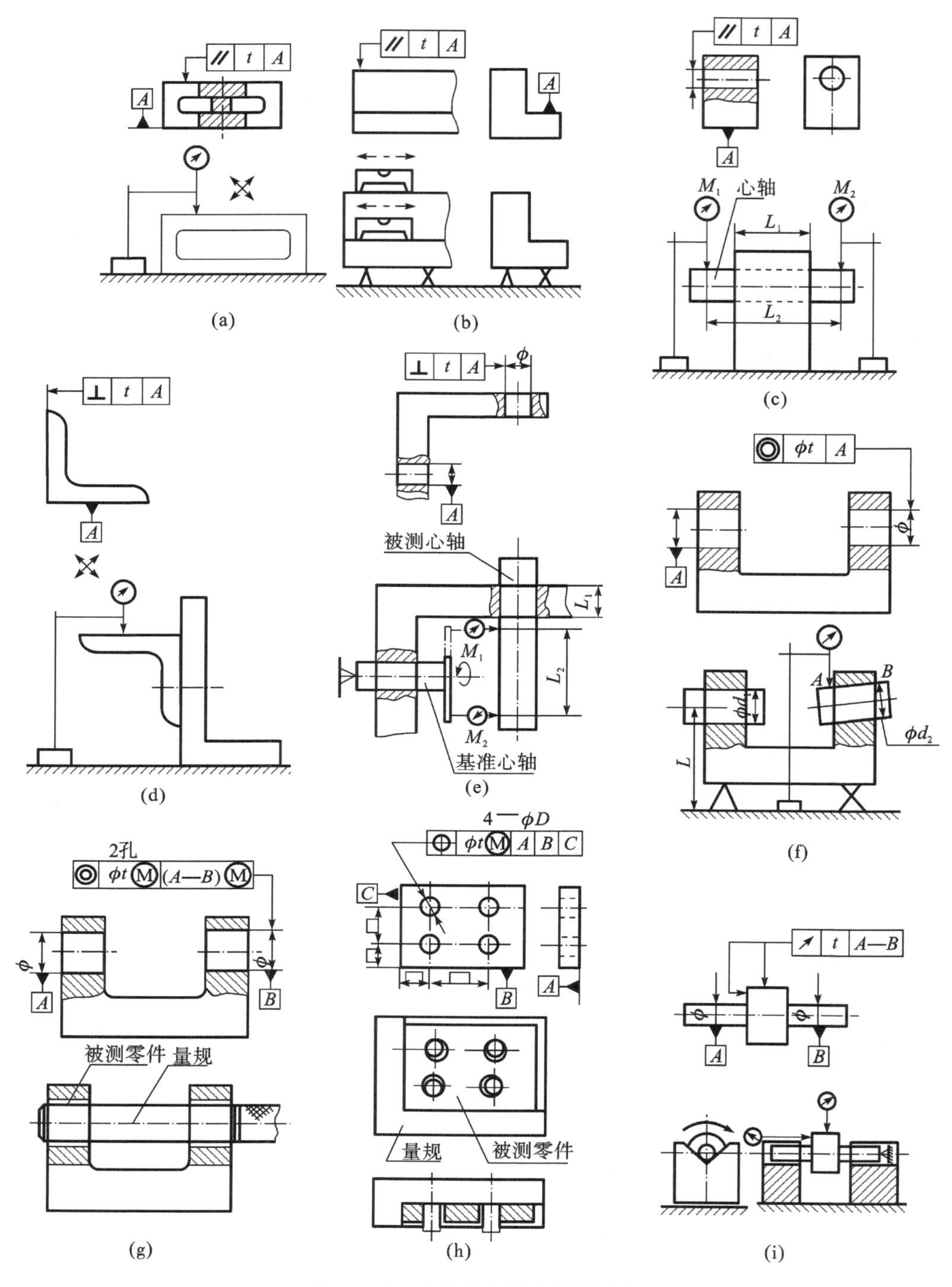

(a) (b) (c) (d) (e) (f) (g) (h) (i)

图 4-14 几种位置误差测量原理

原则,在此情况下,用量规检验最为方便,如果像图 4-14(e)中那样用通用量仪检查,还需考虑工件孔不为最大实体状态时的补偿问题,这就比较复杂了。图 4-14(e)中的垂直度要求是按独立原则标注的,故需用通用量仪进行测量。

图4-14(h)为用位置量规检验位置度误差的情形。被测工件靠在位置量规的两侧面和底面上，四个销子要能同时插入四个被测孔内方为合格。由图可见，被测要素的位置度公差也是采用最大实体原则的。基准要素是三个平面，不属包容或被包容面，所以它们不能采用最大实体原则。

图4-14(i)为测轴的中间段相对两边段基准轴线的径向和端面圆跳动误差的情形。两边轴段支在V形块上，用V形块模拟两边轴段的基准轴线，用装在测量架上的指示表测中间段的圆柱面和侧面。转动被测工件，指示表摆动量的最大值即为所测的径向和端面圆跳动误差。

测量位置误差时，只要量仪的感测部分(一般为测头)的移动是按基准要素的方位行进，则测得的量即可表示为位置误差。它不像测形状误差那样，需按最小条件处理。但要注意的是，基准实际要素的理想要素的位置要符合最小条件。

下面举一测量直线度误差的实例

例4-1 用水平仪测一长度为1400mm的导轨的直线度误差，每隔200mm测一个点，共测7个点，得如下读数：

测点序号	0	1	2	3	4	5	6
水平仪读数/μm	0	+9	+18	-9	-3	-9	+12
读数累积值 y/μm	0	+9	+27	+18	+15	+6	+18

如图4-15所示，将累积值和导轨长度作坐标图的步骤如下：

因第1段0~200mm内，水平仪读数为零，即该段导轨正好处在水平位置。将导轨200mm处的点作为零测点序号，依次400mm处为序号点1，直至1400mm处点序号为6。将这些点连成折线，它即代表导轨实际的不直情况。由于 y 方向尺度比例放大很多，而 x 方向的尺度比例却缩小很多，因此图形和实际不直情况直观上并不一致。

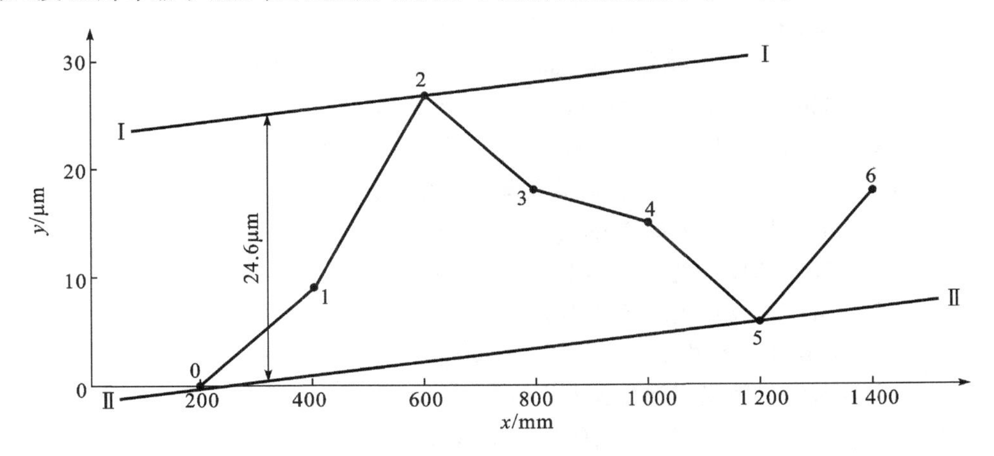

图4-15 作图法求直线度误差

将点0和点5连成直线II-II，过点2作II-II的平行线I-I，则I-I和II-II即为组成包容实际导轨的最小包容区域的两平行线。符合"低—高—低"的最小条件判别准则。可从图形上直接量得I-I和II-II间的坐标距离为24.6μm，该值也可从图形的几何关系中计算得到。

习 题

4－1 怎样按实际要素确定其理想要素的位置?

4－2 标注轮廓要素和中心要素的形位公差时,有什么异同?

4－3 同一要素上的形状公差和位置公差间有什么关系?

4－4 什么是最小条件?

4－5 定向位置公差、定位位置公差和跳动三者有什么关系?

4－6 各种公差原则对形位公差值有什么影响?

4－7 最大实体边界和实效边界有什么区别?

4－8 确定实效尺寸时,对孔和轴有什么不同?

4－9 哪些情况下在形位公差值前要加注符号 ϕ?

4－10 对未注公差的要素,是否对它们无任何要求?

4－11 对哪些要素的要求上可用最大实体要求?

4－12 位置度公差值怎样给定?

4－13 哪些场合要用正确理论尺寸? 是怎样标注的?

4－14 对下列图形中形位公差的标注,指出其错误所在,并改正之(图 4－16)。

4－15 将下列尺寸和形位公差要求标注在各自的图样上(图 4－17)。

(a)(i) 小轴直径 ϕ30, 公差等级 6 级公差为 13μm,上偏差为零;

(ii) 轴线直线度公差 10μm;

(iii) 素线直线度公差 15μm;

(iv) 相对素线平行度公差 30μm。

(b)(i) 上平面平面度要求 30μm,在每 100mm × 100mm 内要求为 10μm;

(ii) 高 300mm 的平面对上平面的平行度公差为 40μm;

(iii) 底平面平面度公差 30μm,每 100mm × 100mm 内公差为 10μm,只允许凹;

(iv) 500mm 高尺寸公差 100μm,上下偏差绝对值相等;

(v) 300mm 高尺寸公差 100μm,上下偏差绝对值相等。

(c)(i) 内孔直径尺寸 ϕ40mm,公差等级 7 级,公差 25μm, 下偏差为零;

(ii) 外圆直径尺寸 ϕ50mm,公差等级 6 级,公差 16μm;

(iii) 外圆圆度公差 4μm,内孔圆度公差 7μm;

(iv) 内孔轴线直线度公差 10μm;

(v) 内孔相对素线平行度公差 15μm;

(vi) 内外圆轴线同轴度公差 20μm。

(d)(i) 两内孔直径尺寸和公差为 ϕ20mm 和 21μm,下偏差为零;

(ii) 两孔对公共轴线的同轴度公差为 15μm;

(iii) 底面的平面度公差为 15μm,只允许凹进;

(iv) 两孔对底面高度尺寸为 50mm,公差为 62μm,上、下偏差绝对值相等;

(v) 公共轴线对底面的平行度公差为 20μm。

(e)(i)ϕ50 尺寸公差为 25μm,上偏差为零;

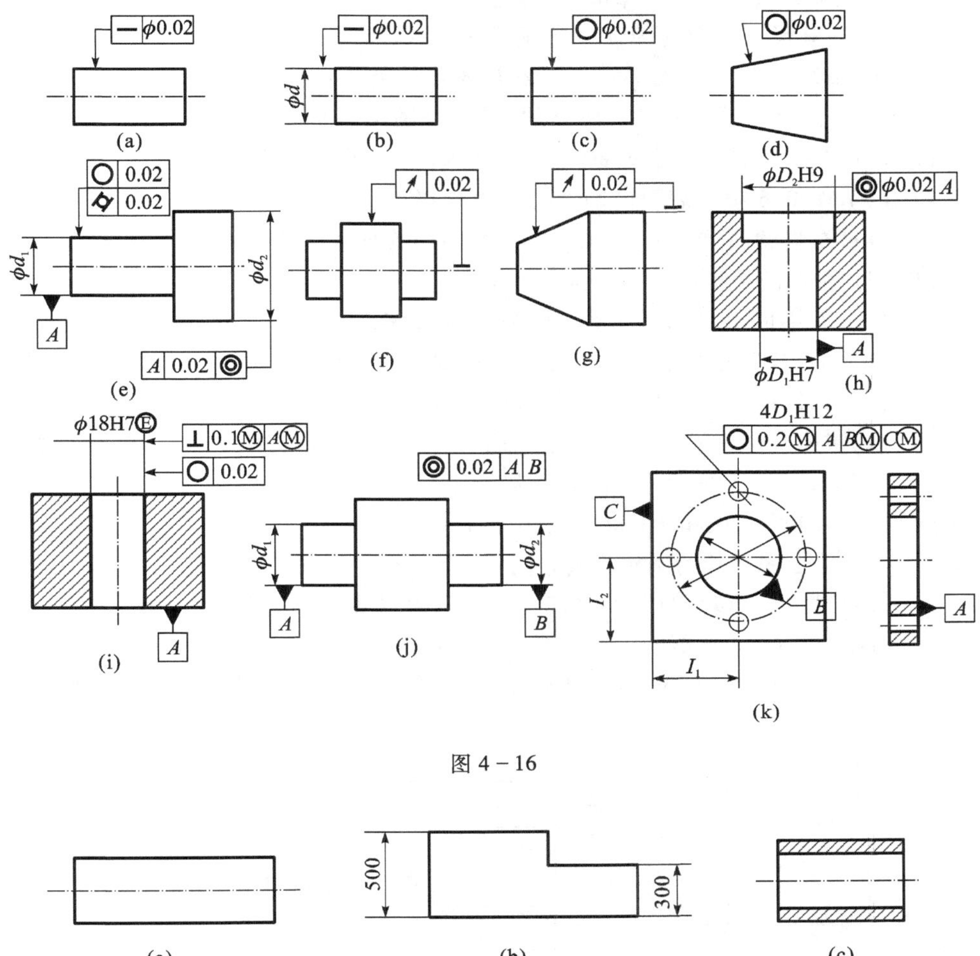

图 4－16

图 4－17

(ii) ϕ75 尺寸公差为 30μm，上偏差为 －30μm；

(iii) ϕ50 段轴线直线度公差为 15μm；

(iv) ϕ50 轴相对素线平行度公差为 15μm，只允许外端小；

(v) ϕ50 段圆度公差 7μm；ϕ75 段圆度公差为 8μm；

(vi) ϕ75 段轴线相对 ϕ50 段轴线同轴度公差为 25μm；

(vii) 如(vi)中要求不标注同轴度而标注径向圆跳动公差，可标注径向圆跳动公差值为多少？

(f)(i)$\phi50$ 尺寸公差为 25μm,上偏差为零,采用包容要求;

(ii)$\phi50$ 尺寸公差为 30μm,上偏差为 -30μm;

(iii)$\phi75$ 段轴线相对 $\phi50$ 段轴线同轴度公差采用包容要求。

4-16 将下列形位公差要求标注在各自的图样上(图 4-18)。

(a)(i)$\phi100$h6 圆柱表面对 $\phi30$P7 孔的轴线的径向圆跳动公差为 0.015mm;

(ii)$\phi100$h6 圆柱表面的圆度公差为 0.004mm;

(iii)左端的凸台平面对 $\phi30$P7 孔的轴线的垂直度公差为 0.01mm。

(b)(i) 左端面的平面度公差为 0.01mm;

(ii) 右端面对左端面的平行度公差为 0.04mm;

(iii) $\phi70$H7 孔的轴线对左端的垂直度公差为 0.02mm;

(iv)$\phi210$h7 和 $\phi70$H7 的同轴度公差为 0.03mm;

(v) 4-$\phi20$H8 孔的轴线对左端面(第一基准)和 $\phi70$H7 孔的轴线位置度公差为 0.15mm,且采用最大实体原则。

(c)(i) $\phi70$h6 两处和 $\phi65$h6 均采用包容原则;

(ii)两处 $\phi70$h6 的圆柱度公差为 0.006mm;

(iii) 两处 $\phi70$h6 的轴线对其公共轴线的同轴度公差为 0.04mm;

(iv) $\phi30$v9 轴上槽的中心平面对 $\phi30$v9 轴线的对称度公差为 0.16mm,平行度公差为 0.012mm,对两 $\phi70$h6 的公共轴线和 $\phi65$h6 轴线组成的公共平面的垂直度公差为 0.1mm。

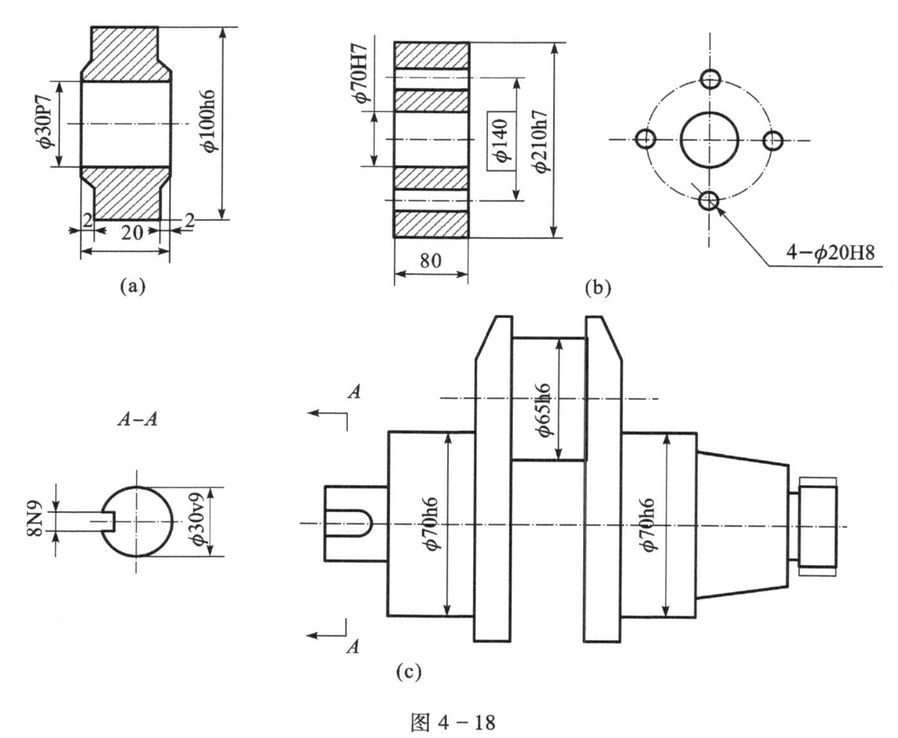

图 4-18

4-17 按图 4-19(a)、(b)、(c)、(d)中有关尺寸和形位公差的规定,填满表格内容:

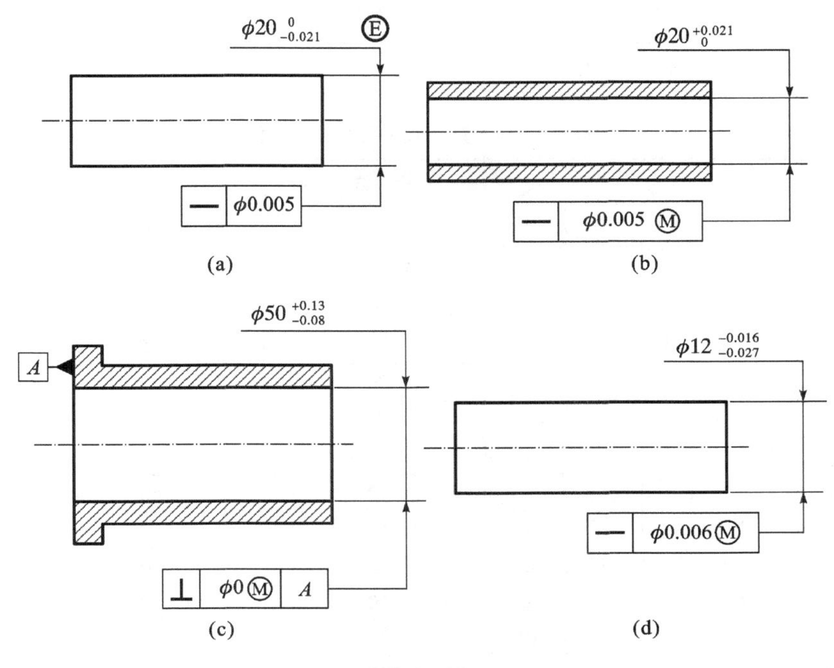

图 4－19

图例	最大实体尺寸(MMS)/mm	MMC 时的形位公差值/μm	LMC 时的形位公差值/μm	边界名称及边界尺寸/mm	局部实际尺寸合格范围/mm	采用的公差原则
(a)						
(b)						
(c)						
(d)						

4－18　用分度值为 0.01/1000 的合像水平仪测量长度为 1600mm 的导轨直线度误差，测得值(格)如下表所示，测量用桥板跨距为 200mm，试用图解法和计算法，按最小条件法和首尾两点连线法求导轨直线度误差(图 4－20)。

测点序号	0	1	2	3	4	5	6	7
测得值(格)	0	－2	－3	＋1	0	＋3	＋2	－3

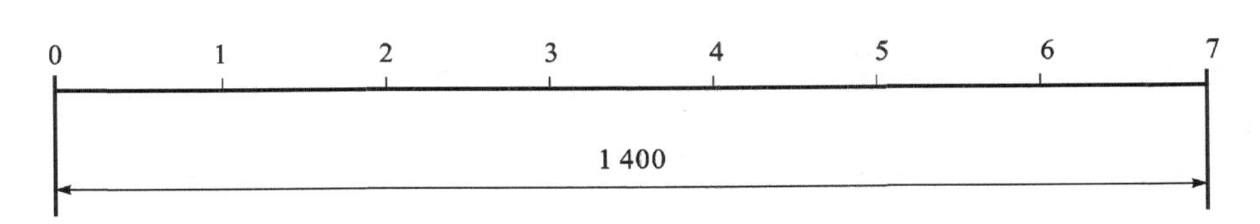

图 4－20

附 表

附表 4-1 直线度、平面度公差值

主参数 L/mm	公差等级											
	1	2	3	4	5	6	7	8	9	10	11	12
	公差值/μm											
≤10	0.2	0.4	0.8	1.2	2	3	5	8	12	20	30	60
>10~16	0.25	0.5	1	1.5	2.5	4	6	10	15	25	40	80
>16~25	0.3	0.6	1.2	2	3	5	8	12	20	30	50	100
>25~40	0.4	0.8	1.5	2.5	4	6	10	15	25	40	60	120
>40~63	0.5	1	2	3	5	8	12	20	30	50	80	150
>63~100	0.6	1.2	2.5	4	6	10	15	25	40	60	100	200
>100~160	0.8	1.5	3	5	8	12	20	30	50	80	120	250
>160~250	1	2	4	6	10	15	25	40	60	100	150	300
>250~400	1.2	2.5	5	8	12	20	30	50	80	120	200	400
>400~630	1.5	3	6	10	15	25	40	60	100	150	250	500
>630~1000	2	4	8	12	20	30	50	80	120	200	300	600
>1000~1600	2.5	5	10	15	25	40	60	100	150	250	400	800
>1600~2500	3	6	12	20	30	50	80	120	200	300	500	1000
>2500~4000	4	8	15	25	40	60	100	150	250	400	600	1200
>4000~6300	5	10	20	30	50	80	120	200	300	500	800	1500
>6300~10000	6	12	25	40	60	100	150	250	400	600	1000	2000

主参数图例

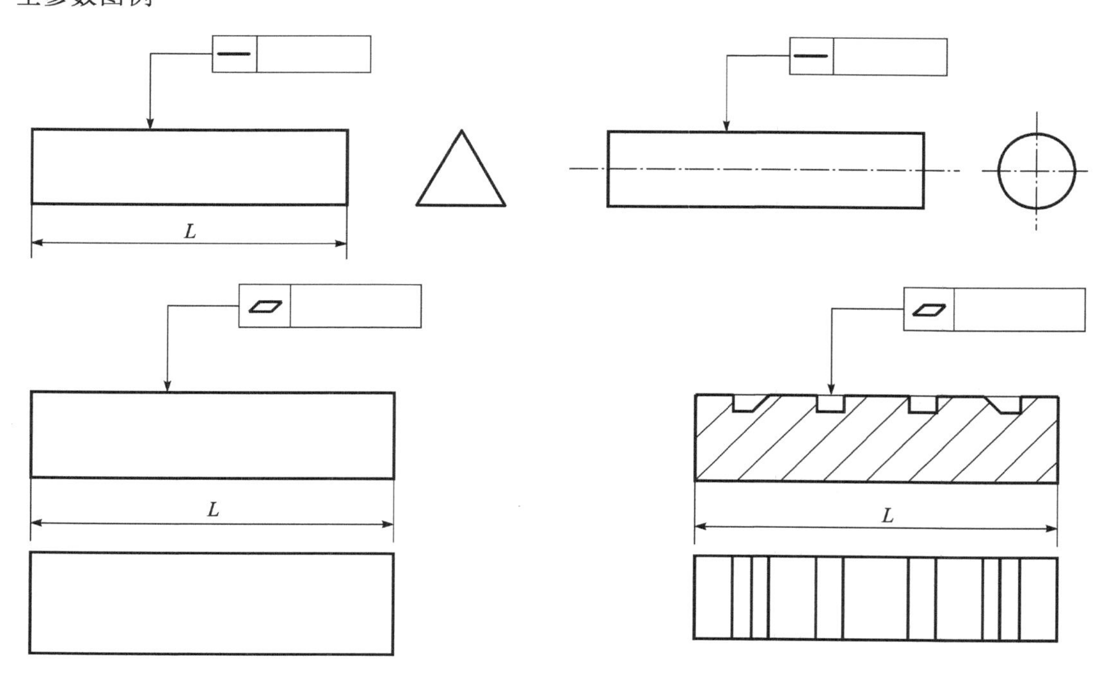

附表 4－2　圆度、圆柱度公差值

主参数 $d(D)$ /mm	公差等级												
	0	1	2	3	4	5	6	7	8	9	10	11	12
	公差值/μm												
≤3	0.1	0.2	0.3	0.5	0.8	1.2	2	3	4	6	10	14	25
>3～6	0.1	0.2	0.4	0.6	1	1.5	2.5	4	5	8	12	18	30
>6～10	0.12	0.25	0.4	0.6	1	1.5	2.5	4	6	9	15	22	36
>10～18	0.15	0.25	0.5	0.8	1.2	2	3	5	8	11	18	27	43
>18～30	0.2	0.3	0.6	1	1.5	2.5	4	6	9	13	21	33	52
>30～50	0.25	0.4	0.6	1	1.5	2.5	4	7	11	16	25	39	62
>50～80	0.3	0.5	0.8	1.2	2	3	5	8	13	19	30	46	74
>80～120	0.4	0.6	1	1.5	2.5	4	6	10	15	22	35	54	87
>120～180	0.6	1	1.2	2	3.5	5	8	12	18	25	40	63	100
>180～250	0.8	1.2	2	3	4.5	7	10	14	20	29	46	72	115
>250～315	1.0	1.6	2.5	4	6	8	12	16	23	32	52	81	130
>315～400	1.2	2	3	5	7	9	13	18	25	36	57	89	140
>400～500	1.5	2.5	4	6	8	10	15	20	27	40	63	97	155

主参数图例

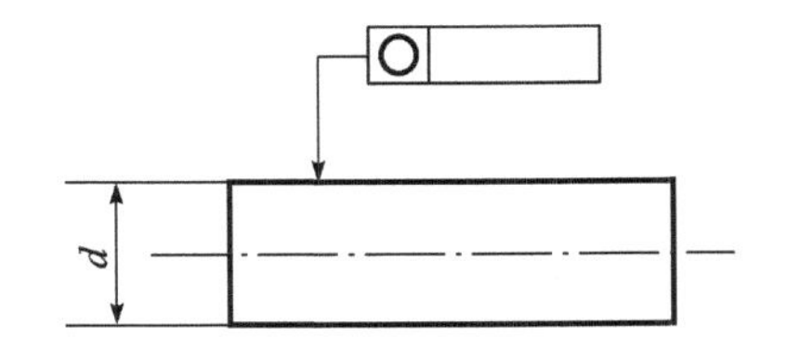

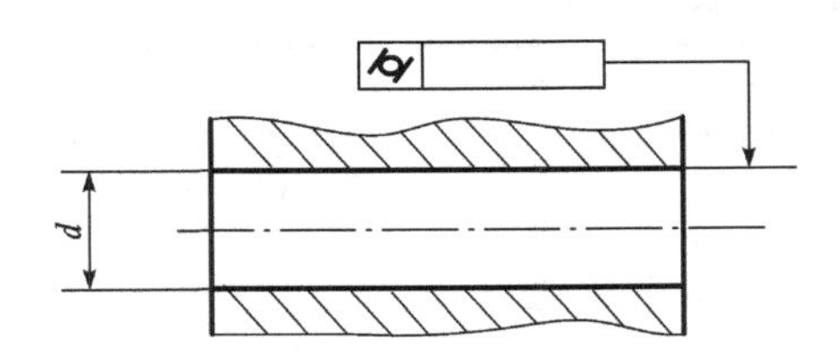

附表 4-3　平行度、垂直度、倾斜度公差值

主参数 $L,d(D)$ /mm	公差等级											
	1	2	3	4	5	6	7	8	9	10	11	12
	公差值/μm											
≤10	0.4	0.8	1.5	3	5	8	12	20	30	50	80	120
>10~16	0.5	1	2	4	6	10	15	25	40	60	100	150
>16~25	0.6	1.2	2.5	5	8	12	20	30	50	80	120	200
>25~40	0.8	1.5	3	6	10	15	25	40	60	100	150	250
>40~63	1	2	4	8	12	20	30	50	80	120	200	300
>63~100	1.2	2.5	5	10	15	25	40	60	100	150	250	400
>100~160	1.5	3	6	12	20	30	50	80	120	200	300	500
>160~250	2	4	8	15	25	40	60	100	150	250	400	600
>250~400	2.5	5	10	20	30	50	80	120	200	300	500	800
>400~630	3	6	12	25	40	60	100	150	250	400	600	1000
>630~1000	4	8	15	30	50	80	120	200	300	500	800	1200
>1000~1600	5	10	20	40	60	100	150	250	400	600	1000	1500
>1600~2500	6	12	25	50	80	120	200	300	500	800	1200	2000
>2500~4000	8	15	30	60	100	150	250	400	600	1000	1500	2500
>4000~6300	10	20	40	80	120	200	300	500	800	1200	2000	3000
>6300~10000	12	25	50	100	150	250	400	600	1000	1500	2500	4000

主参数图例

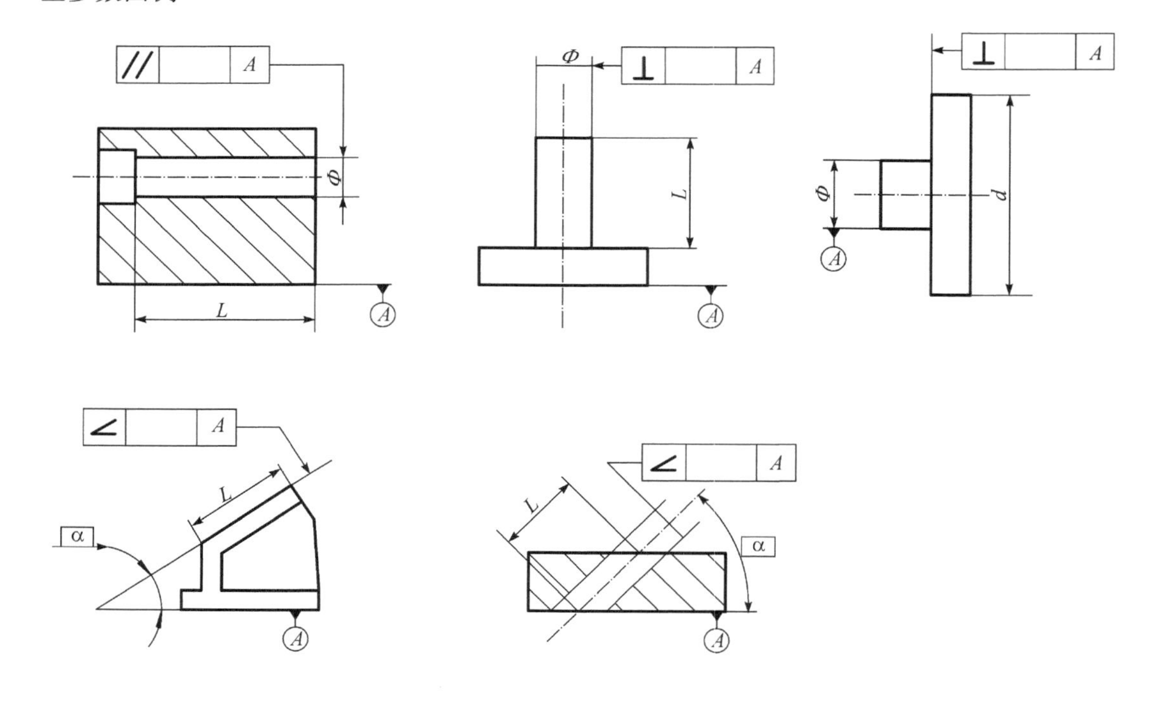

附表 4－4　同轴度、对称度、圆跳动和全跳动公差值

主参数 $d(D),B,L$ /mm	公差等级											
	1	2	3	4	5	6	7	8	9	10	11	12
	公差值/μm											
≤1	0.4	0.6	1.0	1.5	2.5	4.0	6.0	10.0	15.0	25.0	40.0	60.0
>1～3	0.4	0.6	1.0	1.5	2.5	4.0	6.0	10.0	20.0	40.0	60.0	120.0
>3～6	0.5	0.8	1.2	2.0	3.0	5.0	8.0	12.0	25.0	50.0	80.0	150.0
>6～10	0.6	1.0	1.5	2.5	4.0	6.0	10.0	15.0	30.0	60.0	100.0	200.0
>10～18	0.8	1.2	2.0	3.0	5.0	8.0	12.0	20.0	40.0	80.0	120.0	250.0
>18～30	1.0	1.5	2.5	4.0	6.0	10.0	15.0	25.0	50.0	100.0	150.0	300.0
>30～50	1.2	2.0	3.0	5.0	8.0	12.0	20.0	30.0	60.0	120.0	200.0	400.0
>50～120	1.5	2.5	4.0	6.0	10.0	15.0	25.0	40.0	80.0	150.0	250.0	500.0
>120～250	2.0	3.0	5.0	8.0	12.0	20.0	30.0	50.0	100.0	200.0	300.0	600.0
>250～500	2.5	4.0	6.0	10.0	15.0	25.0	40.0	60.0	120.0	250.0	400.0	800.0
>500～800	3.0	5.0	8.0	12.0	20.0	30.0	50.0	80.0	150.0	300.0	500.0	1000.0
>800～1250	4.0	6.0	10.0	15.0	25.0	40.0	60.0	400.0	200.0	400.0	600.0	1200.0
>1250～2000	5.0	8.0	12.0	20.0	30.0	50.0	80.0	120.0	250.0	500.0	800.0	1500.0
>2000～3150	6.0	10.0	15.0	25.0	40.0	60.0	100.0	150.0	300.0	600.0	1000.0	2000.0
>3150～5000	8	12	20	30	50	80	120	200	400	800	1200	2500
>5000～8000	10	15	25	40	60	100	150	250	500	1000	1500	3000
>8000～10000	12	20	30	50	80	120	200	300	600	1200	2000	4000

主参数图例

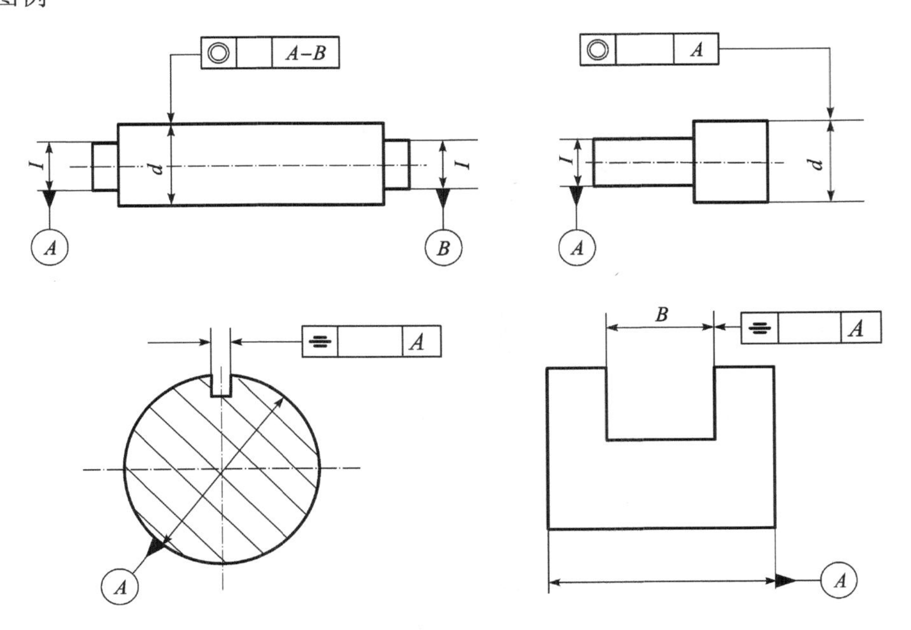

附表 4－5 位置度公差值系数

1	1.2	1.5	2	2.5	3	4	5	6	8
1×10^n	1.2×10^n	1.5×10^n	2×10^n	2.5×10^n	3×10^n	4×10^n	5×10^n	6×10^n	8×10^n

注：n 为正整数。

表面粗糙度

5

5.1 概述

表面粗糙度对零件功能的影响比尺寸和形位误差的影响更为广泛,即影响零件功能的种类更多,如影响滑动摩擦系数的大小、耐磨性、疲劳强度、接触刚度、耐腐蚀性、表面间的传热和导电以及清洁、卫生和美观等等。对于间隙配合,磨损会使间隙增大;对于过盈配合,过盈量会随表面微观峰谷被挤压而使实际过盈量变小。因此,当按实际需要的间隙或过盈量选用配合种类时,要按配合零件容许的表面粗糙度的参数值进行一定的修正。表面粗糙度是零件表面微观上的高低不平程度,它的微观形状可以是较有规则的周期起伏,也可是完全没有规则的随机起伏。由于表面微观形状不规则,带来了评定粗糙度的复杂性。对零件的功能,除微观高低起伏的程度有影响外,微观高低起伏的间距对少数功能亦有明显影响,这就使得表面粗糙度的评定参数多样化。表面粗糙度虽然影响零件功能的面很广,但由于它是微观形状误差,其峰谷间的高度和间距相对都较小,所以在影响程度上,对有些功能来说,比起形位误差和尺寸误差都是属于第二位的。

另外,一个表面上各处的微观不平度也不均匀,只是在某一处评定会带来不完全代表整个表面状况的问题,这些都给表面粗糙度的评定带来较多的复杂因素。

表面波纹度是介于宏观和微观形状误差之间,它影响零件的使用功能,如工作精度、接触刚度以及振动特性等等。

5.1.1 基本术语和定义

(1)轮廓滤波器:把轮廓分成长波和短波成分的滤波器,即轮廓滤波器。在测量粗糙度、波纹度和原始轮廓的测量仪器中使用三种滤波器,即轮廓滤波器:λs 滤波器、λc 滤波器和 λf 滤波器。

(2)实际表面 :即物体与周围截止分离的表面(图 5－1)。

(3)表面轮廓:即一个指定平面与实际表面相交所得的轮廓。实际上,通常采用一条名义上与实际表面平行,并在一个适当方向上的法线来选择一个平面(图 5－1)。

(4)原始轮廓:即通过 λs 轮廓滤波器后的总轮廓。

(5)粗糙度轮廓:对原始轮廓采用 λc 滤波器抑制长波成分以后形成的轮廓即粗糙度轮廓,它是经过人为修正的轮廓。

(6)波纹度轮廓:即对原始轮廓连续应用 λf 和 λc 两个轮廓滤波器以后形成的轮廓。采

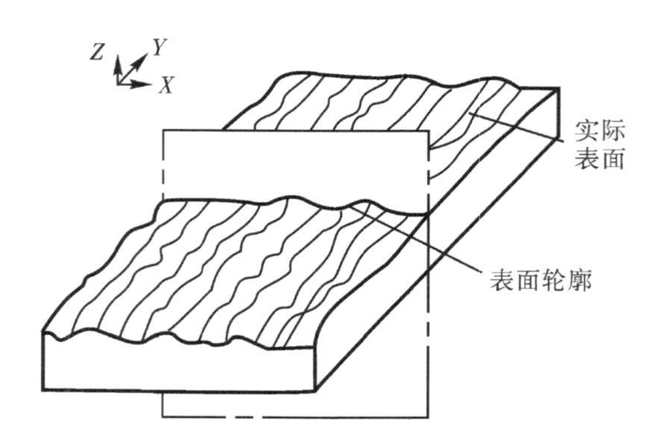

图 5-1　实际表面与轮廓表面

用 λf 和 λc 两个轮廓滤波器分别抑制长波成分和短波成分,该轮廓是经过人为修正的轮廓。

(7)中线:即具有几何轮廓形状并划分轮廓的基准线。

(8)取样长度:即在 X 轴方向判别评定轮廓不规则特征的长度。

(9)评定长度:用于评定被评定轮廓的 X 轴方向的长度。评定长度包含一个或几个取样长度。

5.1.2　表面粗糙度的评定

1. 表面粗糙度的评定

表面粗糙度的评定目前只局限在截面的轮廓上进行,各国标准都是这样规定的。为了在评定时减弱表面波纹度的影响,只规定在一小段轮廓长度内评定表面粗糙度,这段长度称为取样长度。取样长度的大小和表面微观的高低不平程度有关,标准中规定了它的数值数列。为了减少表面各处粗糙度不均给评定带来的偶然性,标准中又规定,要在 n 个取样长度上得到表面粗糙度的平均评定值,n 个取样长度的大小称为评定长度。n 的取值和表面粗糙度的均匀程度有关。

在测量表面微观高低不平时,也需要建立一个理想表面作基准,此理想表面的几何形状和图样的规定一致。由于评定时都在某一截面的轮廓上进行,所以理想表面成为一理想轮廓。作为基准理想轮廓的位置用最小二乘法确定,称轮廓的最小二乘中线,简称中线。由于最小二乘中线计算比较麻烦,因此以实际轮廓图形处理中线时,常近似地用轮廓的算术平均中线作为最小二乘中线。算术平均中线是这样从实际轮廓图形上得到的,如图 5-2 所示;在取样长度内作一条具有几何轮廓形状与轮廓走向一致的线段,该线段应使轮廓上下两边所围的面积相等。

为了保证零件的互换性、提高产品质量以及正确地标注、测量和评定表面粗糙度,参照国际标准(ISO),我国制定了 GB/T 3505—2009《产品几何技术规范(GPS)表面结构 轮廓法 术语、定义及表面结构参数》、GB/T 10610—2009《产品几何技术规范(GPS)表面结构 轮廓法 评定表面结构的规则和方法》、GB/T 1031—2009《产品几何技术规范(GPS)表面结构 轮廓法 表面粗糙度参数及其数值》和 GB/T 131—2006《产品几何技术规范(GPS)技术产品文件中表面结构的表示法》等国家标准。

评定表面粗糙度的参数分为三类:与微观不平度高度特性有关的参数,与间距特性有关

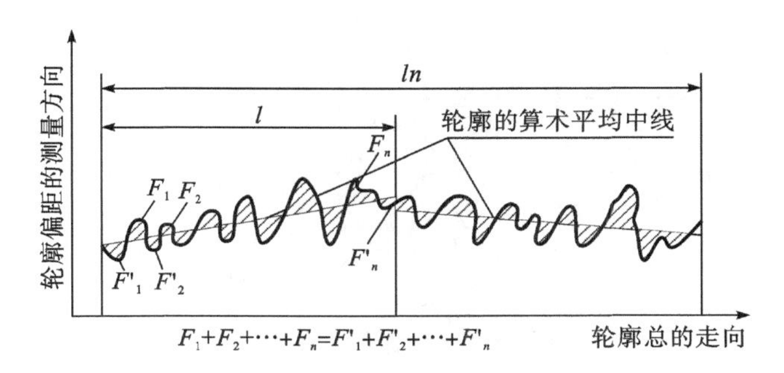

图 5-2 轮廓的算术平均中线

的参数和与形状特性有关的参数。

2. 表面粗糙度的评定参数

表面粗糙度的评定参数是用来定量描述零件表面微观几何形状特征的。表面粗糙度的评定参数应从轮廓的算术平均值偏差 *Ra* 和轮廓的最大高度 *Rz* 两个主要评定参数中选取。除此两个高度参数外，根据表面功能的需要，还可以从轮廓单元的平均宽度 *RSm* 和轮廓的支撑长度率 *Rmr*(*c*) 两个附加参数中选取。

(1) 轮廓算术平均偏差 *Ra*

在一个取样长度 *l* 内，被测轮廓线上各点至中线距离的算术平均值称为轮廓的算术平均偏差 *Ra*，如图 5-3 所示。

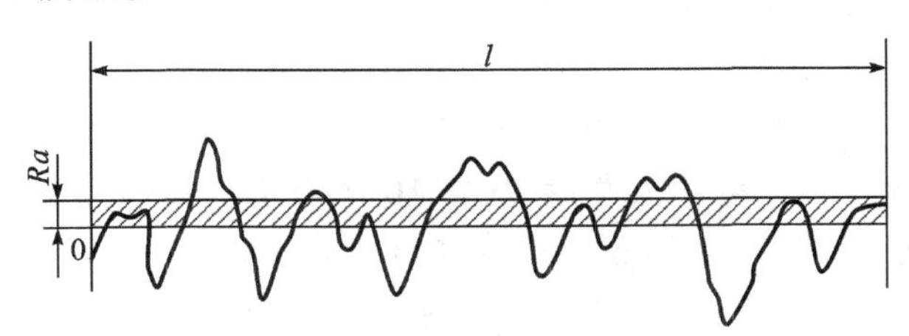

图 5-3 轮廓算术平均偏差 *Ra*

$$Ra = \frac{1}{l}\int_0^l |y(x)|\mathrm{d}x$$

近似为

$$Ra = \frac{1}{n}\sum_{i=1}^{n}|y_i|$$

式中，*n*—— 在取样长度内所取测量点的数目。

所谓轮廓偏距 *y* 是在测量方向上轮廓线上的点与基准线之间的距离。测得值 *Ra* 越大，则表面越粗糙，*Ra* 能客观地反映表面微观几何形状的特性。

(2) 轮廓最大高度 *Rz*

它是在一个取样长度内，轮廓峰顶线和轮廓谷底线之间的距离，如图 5-4 所示。轮廓峰顶线和轮廓谷底线分别是在取样长度 *l* 内平行于基准线并通过轮廓最高点和最低点的线。

对于同一表面，只标注 *Ra* 和 *Rz* 中的一个，切勿同时对两者都进行标注。

(3) 微观不平度十点高度 R_z(旧标准中的参数)

在取样长度内5个最大的轮廓峰高的平均值与5个最大的轮廓谷深的平均值之和，如图 5-5 所示。

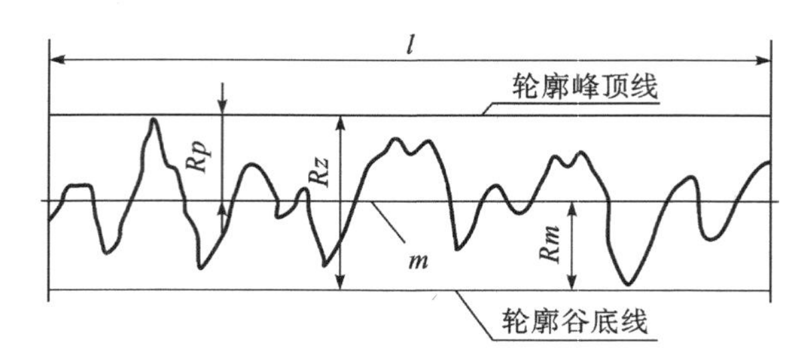

图 5-4　轮廓最大高度 Rz

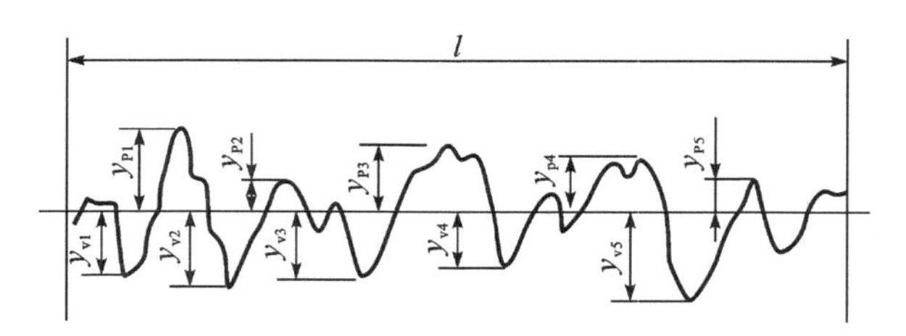

图 5-5　微观不平度十点高度 R_z

$$R_z = \frac{\sum_{i=1}^{5} y_{pi} + \sum_{i=1}^{5} y_{vi}}{5}$$

式中，y_{pi}——第 i 个最大的轮廓峰高。

y_{vi}——第 i 个最大的轮廓谷深。

以上 3 个参数都是高度参数。轮廓最大高度 *Rz* 是在取样长度内只由两点高度信息所决定，其代表性差。微观不平度十点高度 *Rz* 取 10 个点上的高度信息再平均，所以代表性比 *Rz* 好。轮廓算术平均偏差 *Ra* 取整个取样长度内各点高度平均，所以代表性最好。但零件功能要求各式各样，零件形状也各有差异。对有些功能来说，如疲劳强度，*Rz* 要比 *Ra* 更能反映。

(4) 轮廓单元的平均宽度 *Rsm*(旧标准称为轮廓微观不平度的平均间距 *Sm*)

向外(从材料到周围介质)的轮廓部分称轮廓峰，向内(从周围介质到材料)的轮廓部分称轮廓谷。如图 5-6 所示，一个轮廓峰和相邻的轮廓谷的组合叫做轮廓单元，在一个取样长度内，中线与各个轮廓单元相交线段的长度叫做轮廓单元宽度。轮廓单元的平均宽度是指在一个取样长度内，所有轮廓单元宽度的平均值即为 *Rsm*。

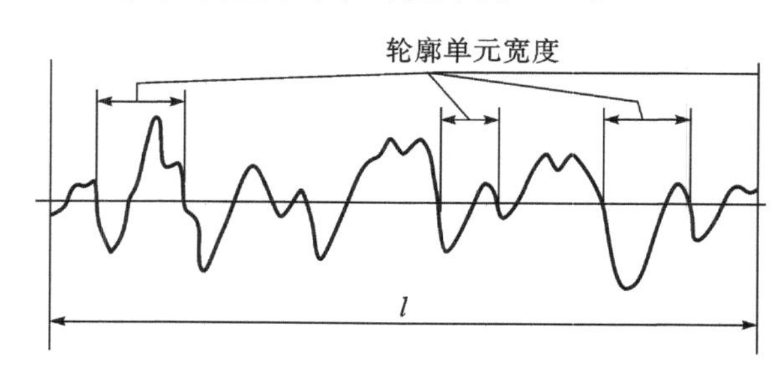

图 5-6　轮廓单元宽度和轮廓单元的平均宽度

(5) 轮廓的单峰平均间距 S(旧标准中的参数)

它是在取样长度内,轮廓的单峰间距的平均值。轮廓的单峰间距就是两相邻单峰的最高点之间的距离投影在中线上的长度,如图5-7所示。轮廓的单峰就是两相邻轮廓最低点之间的轮廓部分,它和中线没有关系,而轮廓峰则是和中线相联系的,如图5-8所示。

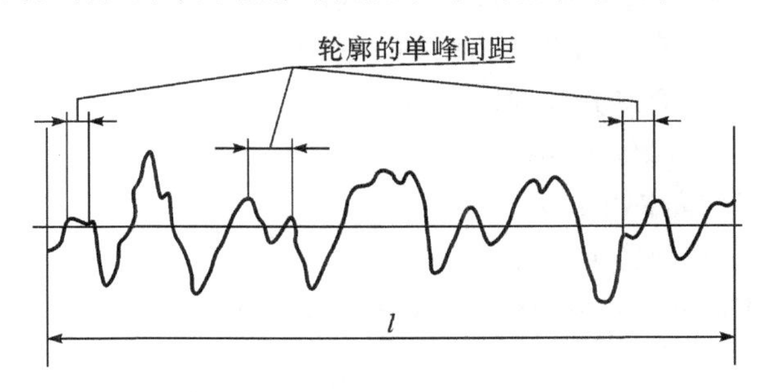

图5-7 轮廓的单峰间距

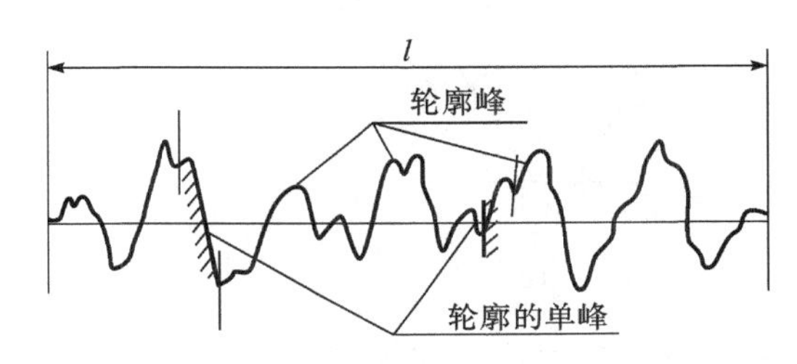

图5-8 轮廓峰和轮廓的单峰

(6) 轮廓支承长度率 $Rmr(c)$

在取样长度内,用一平行于中线且与轮廓峰顶线相距 c(称轮廓水平截距)的线与轮廓相截,各段截线长度 b_i 之和称为实体材料长度 $Ml(c)$,如图5-9所示。实体材料长度 $Ml(c)$ 与取样长度之比称为轮廓支承长度率 $Rmr(c)$。评定时应给出对应的水平截距 c。

$$Rmr(c) = \frac{Ml(c)}{l}$$

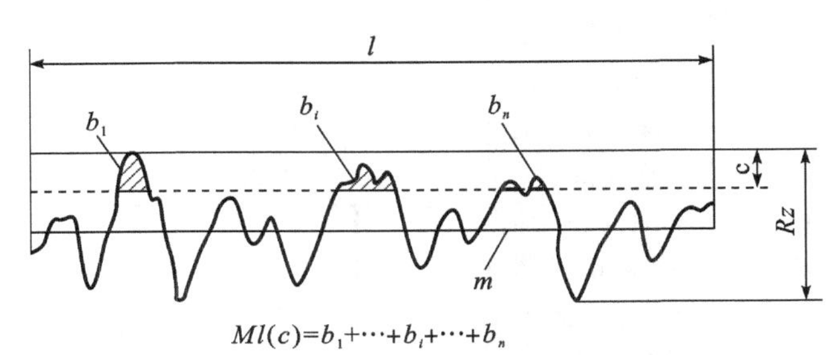

图5-9 轮廓支承长度率

表面粗糙度平度参数 Rsm 和 $Rmr(c)$ 不能单独使用,只有当规定高度参数还不能控制表面功能要求时,才能选取用以作为补充控制。当选取参数 $Rmr(c)$ 时,还应同时给出水平截距 c 的数值。c 的数值可用微米给出,也可按 Rz 的百分数给出。

3. 表面粗糙度在图样上的标注

图样上标注的表面粗糙度代号是指该表面完工后的要求。GB/T 131—2006 规定了零件表面结构的图形符号及其在图样上的标注。

图 5－10 为表面粗糙度符号各个部位所注数值和符号的含义。其中：

a_1，a_2处为粗糙度高度参数的允许值(单位为 μm)；

b 处标注加工方法、镀涂或其他表面处理；

c 处标出取样长度值(单位为 mm)；

d 处标出加工纹理方向符号；

e 处标出加工余量(单位为 mm)；

f 处标出粗糙度附加的间距参数值(单位为 mm)或轮廓支承长度率。

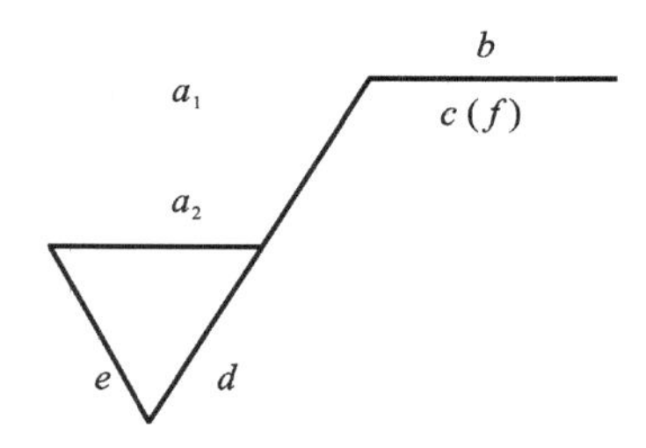

图 5－10　表面粗糙度标准符号

从标注示例中可以看出，表面粗糙度必须标注两项内容即高度参数和取样长度。高度参数如选 *Ra*，则只需注上数值；如选用 *Rz*，还需在数值前加注 *Rz* 参数的符号。取样长度如采用标准附录中推荐的数值，则可不必注上，否则须在相应部位注出。粗糙度符号上虽然可注很多内容，但实际上大多数只需注一个高度参数就可以了。表 5－1 列出了零件表面上标注表面粗糙度的一些例子。

表 5－1　表面粗糙度的标注

标注示例	说明	标注示例	说明
3.2　6.3　6.3 (a)	圆柱面的粗糙度要求，它用去除材料的加工符号和不大于 3.2μm 的 *Ra* 值共同表示；两端面的要求是用不去除材料的加工符号和不大于 6.3μm 的 *Ra* 值表示	3.2　*Rz*12.5　*Rz*50　*Rz*50 (d)	圆柱表面要求用去除材料的方法加工，*Ra* 最大为 3.2μm。*Rz* 最大为 12.5μm，两端面用任意方法加工得到，*Rz* 最大为 50μm

续表

标注示例	说明	标注示例	说明
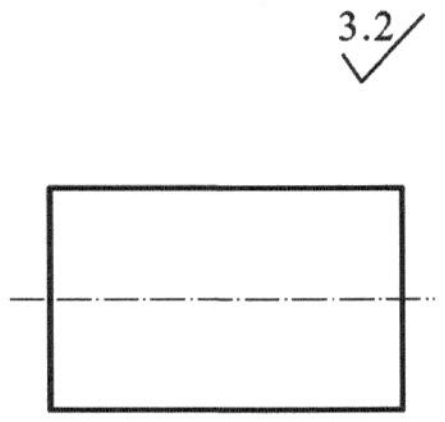 3.2 (b)	零件上所有表面可用任意方法加工符号√得到，*Ra* 的最大值为 3.2μm	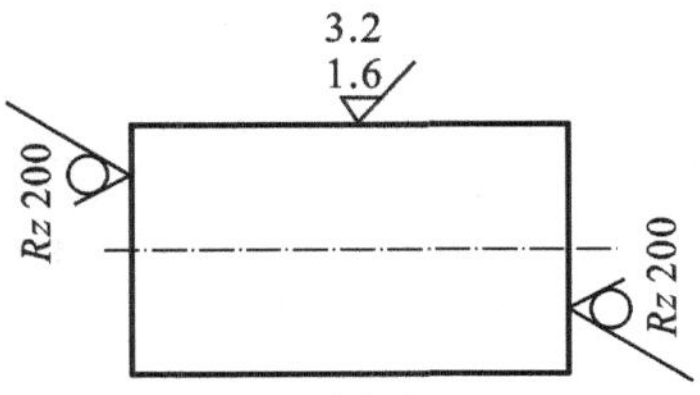 3.2 1.6 *Rz* 200 *Rz* 200 (c)	圆柱表面用去除材料的方法加工后，*Ra* 的最大允许值为 3.2μm，最小允许值为 1.6μm；两端面要求用不去除材料的方法得到，*Rz* 最大值为 200μm
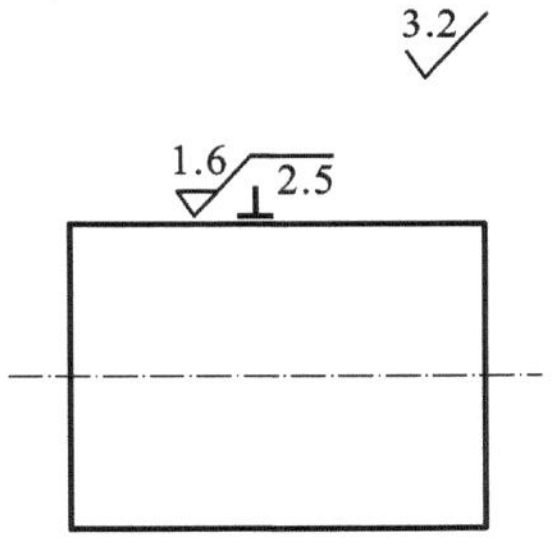 3.2 1.6 2.5 (e)	圆柱表面用去除材料的方法加工得到，*Ra* 最大为 1.6μm；取样长度不是采用标准附录中的规定值，而是用稍大的 2.5mm；此外，表面加工纹理要求和视图中素线的方向垂直；其他表面可用任意方法得到，*Ra* 最大为 3.2μm	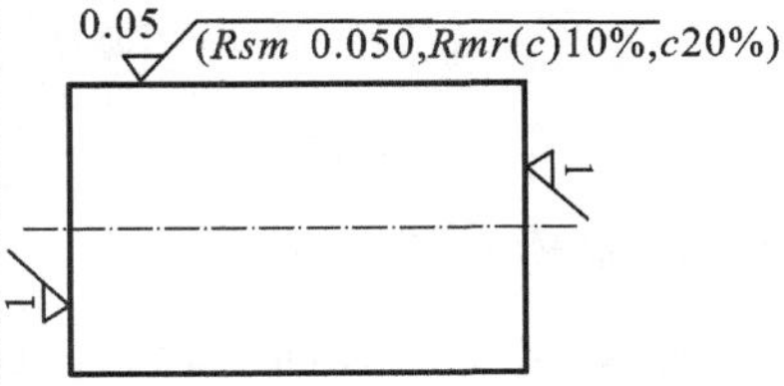 0.05 (*Rsm* 0.050,*Rmr*(*c*)10%,*c*20%) 1 1 (f)	圆柱表面用去除材料的方法加工得到，*Ra* 最大为 0.050μm；此外附加要求 *Rsm* 为 0.050mm，*c* 为 20% 时的 *Rmr*(*c*) 最小为 10%

5.1.3　表面波纹度

表面波纹度是指磨削加工过程中主要由于机床-工件-砂轮系统的振动而在零件表面上形成的具有一定周期性的高低起伏。它是间距大于表面粗糙度但小于表面几何形状误差的表面几何不平度，属于微观和宏观之间的几何误差。根据 JB/T 9924—2014《磨削表面波纹度》的标准，定义了波纹度参数为平均波幅值 W_z，并且又把它分为直线波纹度和圆周波纹度两种。

1. 直线波纹度的平均波幅值 W_z

如图 5－11(a)所示，W_z是指在测量长度 l_p 内波纹曲线上 5 个最大波幅的算术平均值。当测量长度内少于 5 个波数时，则取测量长度内全部波的平均波幅作为 W_z。波纹度曲线上某一波的波幅值 W 是指波峰至两相邻波谷连线间的坐标距离，如图 5－11(b)所示。

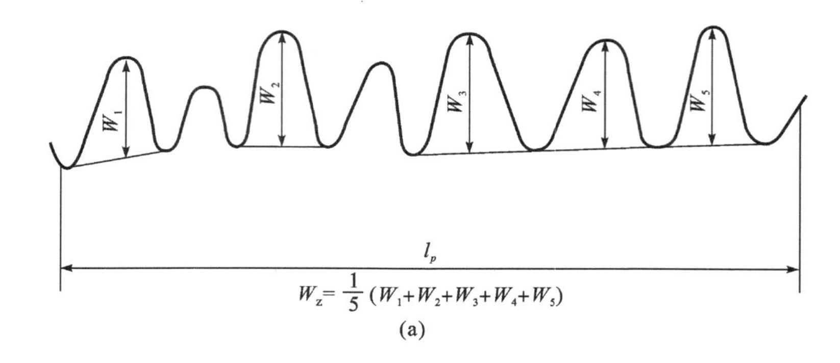

(a)

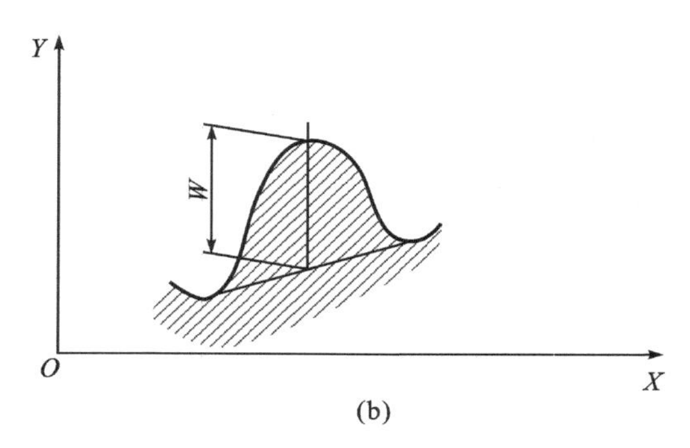

(b)

图 5-11 直线平均波幅值

2. 圆周波纹度的平均波幅值 W_z

如图 5-12(a) 所示，W_z 是指在同一横剖面波纹曲线上 5 个最大波幅的算术平均值，即

$$W_z = \frac{1}{5}(W_1 + W_2 + W_3 + W_4 + W_5)$$

波幅值 W 是指相邻峰、谷的半径之差，如图 5-12(b) 所示。

除平均波幅值外，在有些国家的标准中还有波度间距方面的参数。

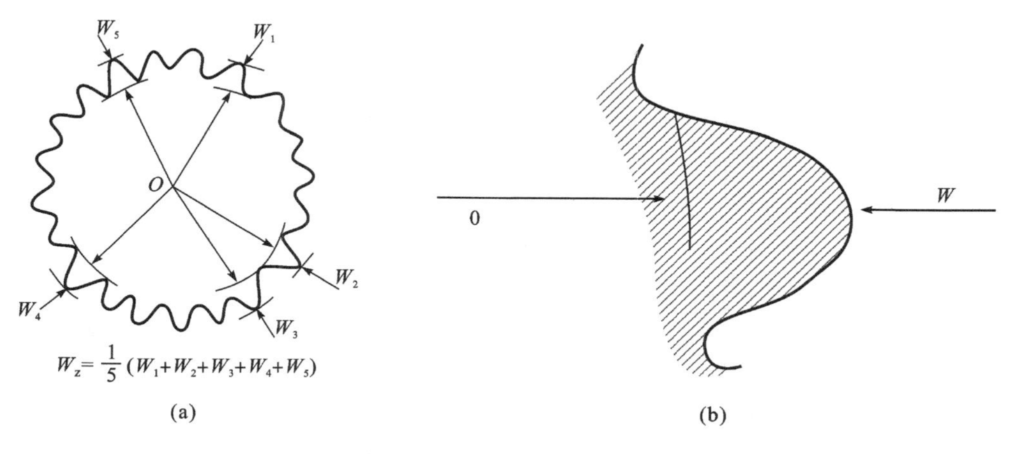

(a) (b)

图 5-12 圆周平均波幅值

5.2　表面粗糙度的数值及测量

5.2.1　表面粗糙度的数值系列

国家标准对表面粗糙度的评定参数都规定有各自的系列数值。表面粗糙度参数的数值不叫公差,也没有分级,在图样上标注的 *Ra*、*Rz*、*Rsm* 值是最大值(或上限值),标注的 *Rmr*(*c*)值是最小值(或下限值)。它们的数值见附表 5－1 到附表 5－8。

取样长度规定的系列值以及其在相应的 *Ra* 时的推荐值见附表 5－1 和附表 5－8。

5.2.2　表面粗糙度的测量

表面粗糙度是微观几何形状误差,它在尺度上很小,有的参数如轮廓算术平均偏差 *Ra* 计算也较复杂,一般均需用放大倍率较大的专门仪器进行测量。现代轮廓仪多用计算机进行数据处理,且可量得表面粗糙度各种参数值。

检验表面粗糙度也有用标准进行目测比较的,所用的标准称表面粗糙度比较样块。但是,一定要用相同加工方法制作的比较样块,才能较符合实际。它也只能得出合格与否的结论,不能测得 *Ra* 等的实际值。一般比较样块只是用来比较 *Ra*,只在极粗糙时,比较 R_z。用比较样块在车间现场检验,十分方便。当用比较样块比较,还不能确定合格与否时,可再用仪器进行测量确定。

图 5－13 所示是几种测量表面粗糙度的原理图。

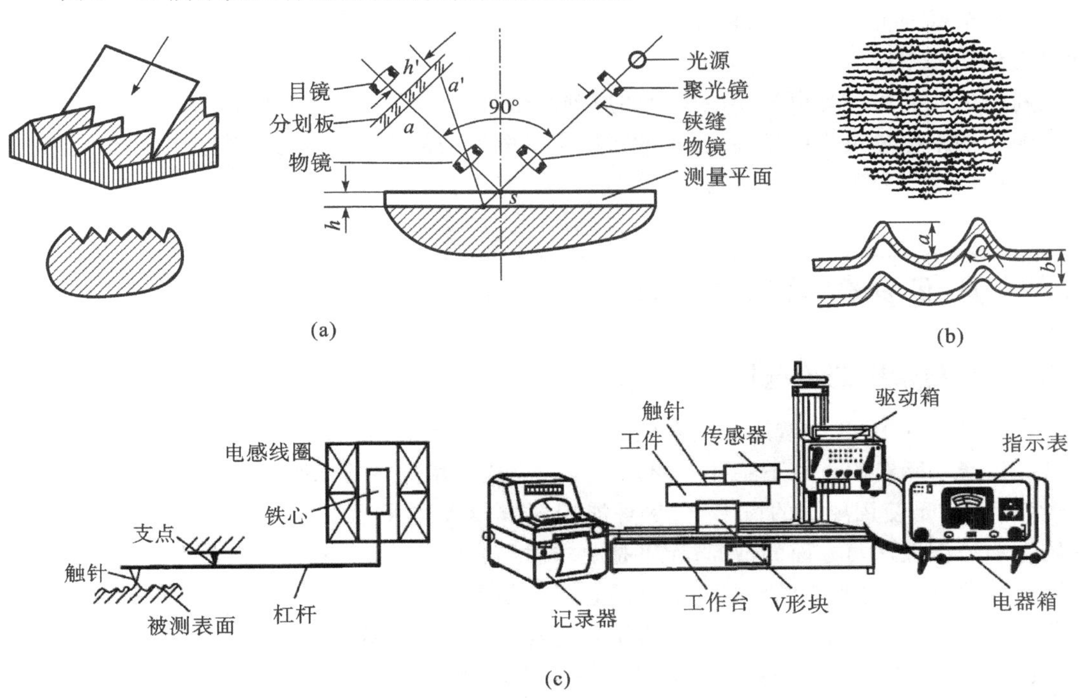

图 5－13　表面粗糙度测量原理

图 5-13(a)是用光切显微镜测表面粗糙度的原理。一片光束成45°角斜照被测工件表面上,和表面相截成一斜切轮廓形状的光带。由显微镜观察该光带的图形,并在目镜镜头中用分划板测出微观不平度峰谷的高度。它可测出 Rz 和 R_z 的参数值,若测 Ra 参数,读数和计算都很繁复。它适用于测 R_z 值的范围为0.5~60μm。

图 5-13(b)是用干涉显微镜测表面粗糙度的镜头视场和处理方法图。它是按等厚干涉测量微观不平度的峰谷间的高度的。图中上半部分是在显微镜目镜视场中观察到的典型干涉条纹图,下半部分为干涉条纹图的局部放大图形。微观不平度的峰谷高度可按公式 $h=\frac{a}{b}\times\frac{\lambda}{2}$ 计算得到,式中 a 为同一条干涉条纹中的峰谷间距离,b 为相邻两干涉条纹间的距离,λ为所用光波的波长。干涉显微镜也只测 Rz 和 R_z 参数,且只适用于测 R_z 值的范围为0.05~0.8μm。

图 5-13(c)示出了用轮廓仪测量表面粗糙度的原理,即利用触针直接在被测表面上轻轻划过,从而测出表面粗糙度的参数值。电动轮廓仪就是利用针描法测量表面粗糙度的仪器。它由传感器、驱动箱、指示表、记录器和工作台等主要部件组成。传感器端部装有金刚石触针。测量时,将触针搭在工件上,与被测表面垂直接触,驱动箱以一定的速度拖动传感器。由于被测表面轮廓的峰、谷起伏,触针将上、下移动,通过杠杆的作用使铁芯在线圈中上、下移动,因而引起线圈中电感量的变化。此微弱的信号经电路处理后推动记录器进行记录,即得到被测截面轮廓的放大图,或把信号经电路处理后送入电流表直接进行读数,以获得包括 Ra、Rz、Rsm 以及 $Rmr(c)$ 在内的参数值。

随着电子技术的发展,也可将电动轮廓仪用于粗糙度的三维测量。此时测量应在相互平行的多个截面上进行,并将模拟量转变成数字量,送入计算机进行数据处理,由显示屏显示出三维立体图形。

利用激光光斑和光电转换电压比的原理测量表面粗糙度的激光光斑法也已开始用于生产。随着纳米测量技术的发展,更小的粗糙度参数值的测量可用隧道显微镜、原子力显微镜或光探针扫描外差干涉仪等进行。

5.3 几何参数公差的选择与应用

5.3.1 几何参数公差选用的一般原则

在零件设计中,正确选用几何参数的公差(尺寸公差、形位公差、表面粗糙度等)需要有丰富的生产实际经验。以下主要介绍几何参数公差选用的一般原则。

(1)在满足使用要求的情况下,尽可能用要求较大的公差值。选用公差时必须照顾使用质量和经济性这两方面的情况,而不是要求愈严愈好。通常,选用公差要从零件的使用功能要求出发,但同时要考虑制造经济等因素。在使用功能无突出要求的情况下,公差往往按工艺可能达到的程度来选定。因此,需了解通常工艺所能达到的加工精度水平。

(2)尺寸公差 > 位置公差 > 形状公差 > 表面粗糙度。规定各几何参数公差时,必须注意它们之间的数值关系。就数值上的大小次序来说,最大应是尺寸公差,其次是位置公差,然后是形状公差,最小是表面粗糙度,并要注意相互之间的协调。有些位置公差如位置度、对称度等往往和尺寸公差相当,在零件形状特殊如细长轴等情况下,轴线直线度误差会大得很多,故以上所说的关系是指一般情况。在没有特别要求的情况下,还需注意它们之间工艺上的一致,否则,还要为某项几何参数的公差增设专门的工艺来保证。因此,设计人员还需了解各种常用工艺方法所能保证各种几何参数误差的范围。

(3)定位公差应大于定向公差。在同一要素上,定位公差中包含了定向公差的要求,而定向公差却不能包含定位公差。

(4)整个表面上的形位公差应比其某个截面上的形位公差大。如圆柱表面的圆柱度公差应比圆度、素线和轴线的直线度公差大;平面的平面度公差应比该平面的直线度公差大;面轮廓度公差应比线轮廓度公差大;径向全跳动公差应比径向圆跳动公差大;端面全跳动公差应比端面圆跳动公差大。

(5)尺寸公差、形状公差和位置公差同级。一般情况下,尺寸公差、形状公差和位置公差应选成同一公差等级。

(6)要考虑现场的测量条件。选用哪些几何参数要考虑工厂的测量条件能否进行测量。如圆柱面的形状误差虽可用圆柱度公差来综合表示,但目前大多数工厂都没有能测圆柱度的量仪,因此,现在还不宜选用。可用横截面中的圆度和轴截面中的素线直线度和相对素线平行度来控制。表面粗糙度选用 Ra 或 Rz,但要根据测量条件而定。如工厂只有光切显微镜和干涉显微镜,则应选 Rz 参数;如有轮廓仪,则可选 Ra 参数;如用比较样块比较,也应选用 Ra 参数,因为比较样块是用 Ra 标定的。

(7)未注公差的要素要符合未注公差的规定。零件图样上很多要素没有注出尺寸公差和形位公差,这并不是没有公差要求,可任意变动,而只是要求较低,规定公差也较大,为了简化而不在图样上标出。其数值大小一般由企业或行业按照有关国家标准统一作出规定。

对表面粗糙度的规定却很不一样。如图样上未注上表面粗糙度的要求,那就确实没有要求,即表面任意粗糙都行,也不用检查。实际上,任何表面从某种功能上讲,如美观等,总有要求,所以零件图样上的各个表面都注出一定的表面粗糙度要求,没有不注的。

(8)表面粗糙度的上限值和最大值(下限值和最小值)。由于零件功能要求和粗糙度对它影响的不同,GB/T 1031—2009 规定给定表面粗糙度参数的值可以是上限值或最大值。如给定要求为最大值,则在工件表面上所测得的粗糙度参数值均不得超出规定的最大值。如给定的要求是上限值,则所测得的值超过上限值的次数小于总次数的16%是容许的。

(9)按有关标准中规定的技术要求选用。凡有关标准已规定了技术要求的,按该标准的规定选用各有关公差和参数数值,例如滚动轴承内外圆的要求等。

5.3.2 选用几何参数公差值的方法

确定公差值的方法可有3种:计算法、类比法和试验法。

1. 计算法

目前只在少数场合才用计算法确定几何量公差值,以下列举两个方面。

1)位置度公差的计算

(1)螺栓连接场合

当用螺栓连接两个或两个以上的零件时,被连接零件上光的通孔供螺栓通过,这些光孔轴线的位置度公差 T 按下式计算：

$$T \leqslant KZ$$

$$Z = D_{min} - d_{max}$$

式中，D_{min}——光孔直径的最大实体尺寸；

d_{max}——螺栓直径的最大实体尺寸。

对于不需调整的固定连接，推荐 $K=1$；需要调整的固定连接，推荐 $K=0.8$ 或 0.6。

（2）螺钉连接场合

螺钉连接的两个零件，其中一件上面是螺孔，另一件上面是光孔。只有光孔和螺钉间的间隙可以用来补偿孔轴线的位置度误差，使其能装配起来。这时，光孔和螺钉轴线的位置度公差 T 按下式计算：

$$T \leqslant 0.5\ KZ$$

$$Z = D_{min} - d_{max}$$

式中，字母的含义以及 K 的推荐值和螺栓连接中的相同。

计算得到位置度公差值后，按附表 3－1 选定标准公差值。

2）尺寸公差值的计算

例 5－1 有一孔和轴的直径的基本尺寸为 ϕ50mm，配合后要求间隙的变动范围为 +50 ~ +114μm，要求确定孔和轴的公差值。

解 配合公差 T_f为 114－50＝64μm。配合公差为孔公差和轴公差之和，即

$$T_f = T_h + T_s = a_h i + a_s i = a_f i$$

式中，下角标 h、s 和 f 分别代表孔、轴和配合的代号。

求公差等级系数：

$$a_f = \frac{T_f}{i} = \frac{64}{1.56} = 41$$

它相当于公差等级在 7 级和 8 级之间。当在 8 级公差等级以上时，孔公差等级一般比轴公差等级低一级。因此，选定孔为 8 级，轴为 7 级。查附表 3－1 得孔直径公差为 39μm，轴直径公差为 25μm。本例由于只有孔和轴两个直径要确定公差，较为简单，也可由附表 3－1 直接查表。

$$T_f = T_h + T_s = 39 + 25 = 64\mu m$$

由于零件尺寸在公差带范围内的分布往往近似呈正态分布，所以用上述方法计算结果偏于保守。

用计算法确定公差的详细方法在尺寸链一章中还会详细分析，而且不只是尺寸公差可以计算，一些形位公差也可用尺寸链方法进行计算。

2. 类比法

确定公差时大量应用的是类比法。它一般是按现有同样机器上所用的公差等级再比照工作条件的差异进行一定修正确定。另一种方式是对现有机器所用的各几何参数的公差等级或参数值进行分析统计，并归纳成表格形式。设计时可参照表中所列情况进行选用。表 5－2 到表 5－8 分别列出了尺寸、形位公差和表面粗糙度的选用数据。

表5-2　公差等级的应用

应用	公差等级(IT)																			
	01	0	1	2	3	4	5	6	7	8	9	10	11	12	13	14	15	16	17	18
量块	—	—	—																	
量规			—	—	—	—	—	—	—											
配合尺寸							—	—	—	—	—	—	—	—	—					
特别精密零件的配合				—	—	—	—													
非配合尺寸															—	—	—	—	—	—
原材料公差										—	—	—	—	—	—	—				

表5-3　直线度和平面度公差等级的应用

公差等级	应用举例
1 ~ 2	用于精密量具、测量仪器的测量和工作表面,如量块和标准直尺,三坐标测量机的导轨面;精密磨床和坐标镗床的导轨面;特别精密的柱塞偶件
3 ~ 4	用于普通精度量具有测量和工作的表面,如检验直尺、平板、千分尺等测量面,水平仪支承面等;高精度平面和轴承磨床的导轨;高精度检验夹具的基准安装面和测量面
5 ~ 6	一般精度机床的导轨面和工作台面;高精度工艺夹具的基准安装面,内燃机进排气门导杆;齿轮和螺杆泵的平结合面,大功率汽轮机止推轴承面等
7 ~ 8	划线用平板面;曲柄和液压压力机导轨面;机床箱体结合表面;导套和其它工艺夹具的基准表面;轴承架支承表面;内燃机汽缸缸盖结合面,连杆的剖分面;减速器箱体和传动轴支承轴承的剖分结合面等
9 ~ 10	机床挂轮架结合面;轧钢机机身接合面;辅助和手动机械的机架支承面;管道法兰的接合面;阀片表面等
11 ~ 12	低精度机械的不重要工作面;易变形的薄片,如离合器的摩擦片;一些机械的基础表面等

表5－4 圆度和圆柱度公差等级的应用

公差等级	应用举例
0～2	精密机床和量仪的主轴颈;球和滚柱(滚动轴承的);特别精密滚动轴承的滚道表面和配合表面及与之相配的轴和机架表面;高速柴油机进、排气门;特别精密的柱塞偶件副等
3～4	高精度滚动轴承滚道和配合面及与之相配的轴和机架表面;高精度机床主轴轴承和主轴箱体孔;工具显微镜套管外圆和顶针;较高精度机床主轴颈;航空和汽车发动机曲轴轴颈;活塞销和相配孔;高精度微型轴承内、外圈;高压且要求不漏的液压传动中的柱塞、活塞、套筒等
5～6	一般精度滚动轴承配合面和与之相配轴和机架的配合面;一般量仪主轴和测杆外圆;一般机床主轴及箱体孔;拖拉机和船用内燃机曲轴轴颈和轴瓦;减速器轴颈和轴瓦;蒸汽涡轮机和大型水泵轴颈和轴瓦;柴油机和煤气机活塞销和孔;中低压无密封圈或中高压带密封圈的液压、气动传动中的活塞、柱塞、缸套和缸筒;纺机锭子等
7～8	大功率低速柴油机曲轴、活塞、活塞销、连杆、汽缸;大型水轮机的轴颈和轴承;汽车、拖拉机发动机的汽缸、缸套、活塞和活塞环;千斤顶和压力油缸活塞;液压传动系统分配机构;机车传动轴;印刷机传墨辊等
9～10	低速和轻载滑动轴承;带软密封低压泵活塞和汽缸;空气压缩机缸体;柴油机和煤气机活塞;通用机械杠杆与拉杆用套筒销;印染机导布辊;绞车、吊车、起重机滑动轴承轴颈等

表5－5 平行度公差等级的应用

公差等级	应用举例
1～2	精密机床的导向和基准面;精密量仪、量具等主要基准面和工作面等
3～4	高和较高精度机床的导轨面;控制和调节仪器的极精密导轨;精密滚动轴承的面等
5～6	一般精度机床的工作面:千分尺、游标卡尺的测量面;高精度工艺夹具的工作面;高精度滚动轴承端面;高精度机械和仪器的导向槽;高精度齿轮传动箱体孔轴线;泵中工作齿轮和螺杆的端面和轴线;发动机机架、汽缸和箱体的基准平面等
7～8	压力机和锻锤的工作表面;冲模和钻套工作表面;一般精度滚动轴承用环和衬套的支承端;铣刀端面;连杆头轴线;发动机汽缸装缸套的孔轴线;一般精度齿轮传动箱体孔轴线等
9～10	重型机械中轴承端盖;柴油机、煤气机曲轴轴线和连杆头轴线;卷扬机和手动传动装置中的轴线等
11～12	起重运输机减速器箱体剖分面和支承平面;农业机械上离合器轴线和表面等

表5－6 垂直度和端面圆跳动公差等级的应用

公差等级	应用举例
1 ～ 2	精密机床、量仪、量具等的主要导向和基准表面；精密滚动轴承端面；精密机床主轴肩端面；光学分度头和齿轮量仪的主轴和心轴等
3 ～ 4	高和较高精度机床主要导轨和基准表面；直角尺的工作面；装精密滚动轴承用的轴肩；大型涡轮机和发电机的轴端法兰面等
5 ～ 6	一般精度机床工作表面；机床花盘和夹盘端面；装高精度滚动轴承的机壳和轴上支承肩；插齿刀和剃齿刀的支承端面；高压泵的转子、工作齿轮、螺杆和壳体的端面；水力机械的端面轴瓦；发动机离合器的轴端法兰；液压仪器壳体的端面
7 ～ 8	低精度机床和压力机工作表面；机床套筒端面；装一般精度滚动轴承的机壳和轴的支承肩；衬套端面；锥齿轮减速器箱体孔轴线；汽车、拖拉机活塞和活塞销孔轴线等
9 ～ 10	手动卷扬机和传动中的轴承端面；发动机支承平面和螺栓轴线；减速器壳体平面等

表5－7 同轴度和径向圆跳动公差等级的应用

公差等级	应用举例
1 ～ 2	精密机床主轴和花盘工作表面；齿轮量仪和光学分度头的配合和支承主轴颈；精密滚动轴承套圈的工作面；高速空气轴系的主轴颈和孔等
3 ～ 4	较高和一般精度机床工作台和主轴工作表面；高精度滚动轴承套圈的工作面；泵和水轮机轴承衬套的配合和支承表面；小功率电机（较高和一般精度）的轴端；装高精度齿轮的配合面；高精度液压仪器的高速轴和轴线；大型汽轮机的伸出轴等
5 ～ 6	较高精度机床衬套；金刚钻切割砂轮；测量仪器的测量杆；一般精度滚动轴承套圈的工作面；装较高精度齿轮的配合面；汽车发动机曲轴和分配轴的支承轴颈；大型汽轮机轴的法兰；高精度高速轴等
7 ～ 8	铰刀、扩孔钻、丝锥的工作刀刃面；柴油机和煤气机曲轴；中型水轮机和泵的轴；印刷机传墨辊；一般精度高速轴（转速到1000r/min）；传动轴（长度到1000mm）；9级精度以下齿轮的配合面；起重机鼓轮的配合表面；农业机械中带有加工过齿的齿轮；棉花精梳机前后滚子等
9 ～ 10	板牙、钻头和铣刀的切削刃；内燃机汽缸套配合面；自行车中轴；印染机导布辊；内燃机活塞环槽底径；长度为1000 ～ 4000mm的传动轴；农业机械中尺寸公差为IT11和IT12的轴颈轴线等
11 ～ 12	低精度表面

表5－8 表面粗糙度应用举例

粗糙度 $Ra/\mu m$	应用举例
12.5	粗加工非配合表面，如轴端面、倒角、钻孔，键槽非工作表面，垫圈接触面，不重要安装支承面，螺钉、铆钉孔表面等

续表

粗糙度 $Ra/\mu m$	应用举例
6.3	半精加工表面;用于不重要零件的非配合表面,如支柱、轴、支架、外壳、衬套、盖的端面;螺钉、螺栓和螺母的自由表面;不要求定心及配合特性的表面,如螺栓孔、螺钉孔、铆钉孔等,飞轮、皮带轮、离合器、联轴节、凸轮、偏心轮的侧面,平键及键槽上下面,花键非定心表面,齿顶圆表面;所有轴和孔的退刀槽;不重要的铰接配合表面;犁铧、犁侧板、深耕铲等零件的摩擦工作面,插秧爪面等
3.2	半精加工表面,如外壳、箱体、盖、套筒、支架和其他零件连接而不形成配合的表面;不重要的紧固螺纹表面,非传动用梯形螺纹、锯齿形螺纹表面;燕尾槽表面;键槽侧面;要氧化的表面;需滚花的预加工表面;低速滑动轴承和轴的摩擦面;张紧链轮、导向滚轮孔与轴的配合表面;滑块及导向面(速度 20 ~ 50m/min);收割机械切割器的摩擦片、动刀片、压力片的摩擦面,脱粒机格板工作表面等
1.6	要求有定心及配合特性的固定支承,衬套、轴承和定位销的压入孔表面;不要求定心及配合特性的活动支承面,活动关节及花键结合面;8 级齿轮的齿面,齿条齿面;传动螺纹工作面,低速传动的轴颈、楔形键及键槽上下面,轴承盖凸肩(对中心用)、三角皮带轮槽表面、电镀前金属表面等
0.8	要求保证定心及配合特性的表面,如锥销和圆柱销表面;与 G 和 E 级滚动轴承相配合的孔和轴颈表面;中速转动的轴颈;过盈配合的孔 IT7,间隙配合的孔 IT8、IT9;花键轴定心表面;滑动导轨面;不要求保证定心及配合特性的活动支承面,如高精度的活动球状接头表面、支承垫圈、磨削的轮齿、榨油机螺旋榨辊表面等
0.4	要求能长期保持配合特性的孔 IT7、IT6,7 级精度齿轮工作面,蜗杆齿面(7 ~ 8 级),与 D 级滚动轴承配合的孔和轴颈表面;要求保证定心及配合特性的表面;滑动轴承轴瓦工作表面;分度盘表面,工作时受交变应力的重要零件表面,如受力螺栓的圆柱表面;同曲轴和凸轮轴工作表面;发动机气门圆锥面;与橡胶油封相配合的轴表面等
0.2	工作时受交变应力的重要零件表面,保证零件的疲劳强度、防腐蚀性和耐久性并在工作时不破坏配合特性要求的表面,如轴颈表面、活塞表面、要求气密的表面和支承面、精密机床主轴锥孔、顶尖圆锥表面;精确配合的孔 IT6、IT5,3,4,5 级精度齿轮的工作表面;与 C 级滚动轴承配合的孔的轴颈表面;喷油器针阀体的密封配合面,液压油缸和柱塞的表面;齿轮泵轴颈等
0.1	工作时受较大交变应力的重要零件表面,保证疲劳强度、防腐蚀性及在活动接头工作中耐久性的一些表面,如精密机床主轴箱与套筒配合的孔、活塞销的表面;液压传动用孔的表面,阀的工作面,气缸内表面,保证精确定心的锥体表面;仪器中承受摩擦的表面,如导轨、槽面等
0.05	滚动轴承套圈滚道、滚珠及滚柱表面,摩擦离合器的摩擦表面,工作量规的测量表面,精密刻度盘表面;精密机床主轴套筒外圈面等
0.025	特别精密的滚动轴承套圈滚道、滚珠及滚柱表面;量仪中较高精度间隙配合零件的工作表面;柴油机高压油泵中柱塞副的配合表面;保证高度气密的结合表面等
0.012	仪器的测量面;量仪中高精度间隙配合零件的工作表面;尺寸超过 100mm 量块的工作表面等
0.008	量块的工作表面;高精度量仪的测量面,光学量仪中的金属镜面等

3. 试验法

对重要零件,生产批量又较大时,为了更经济地生产和保证所需产品的质量,可用试验法来确定选用公差。但是,由于影响因素较多,且各项几何误差都在同一表面上,要分清各项参数的影响往往不易,试验的工作量又较大,因此实际中很少采用。

5.3.3　几何参数公差选用示例

例 5-2　车床尾架中套筒各几何参数公差的确定。该套筒在尾架中的装配图和它的零件图见图 5-14。

1. 尺寸公差的选用

尾架 1 的孔和套筒 2 的外圆柱面在工作时无相对运动,但在安装工件时要作慢速轴向移动,到位后锁紧。前后两顶尖的等高性和其间隙有关,故不能大,基本尺寸为 ϕ90mm,要求间隙公差为 40μm。考虑高精度时轴的公差等级比孔的高一级,故选轴为 IT5,孔为 IT6,查得间隙公差为 37μm。套筒后部 ϕ55mm 孔与螺母 3 为外圆配合。手轮 4 转动丝杠 5 时,使螺母带动套筒作轴向移动,因此,螺母和套筒间无相对运动。丝杠和螺母的轴线有较高的同轴度要求,故螺母和套筒间的配合间隙不能大;但为防止套筒有大的变形,过盈也不能大;为此,选用过渡配合。为保证套筒和螺母间无相对运动,用两只骑缝螺钉 6 固定。套筒和螺母间要求配合公差为 50μm,考虑轴的公差等级为 IT6,套筒上孔的公差等级为 IT7,即 $\phi 55^{+0.030}_{0}$。

为使套筒只能作轴向移动而不能有转动,套筒体上开有长键槽以嵌入平键 7 进行导向。由于要求滑动自如,按键结合标准选用 IT9,即 $12^{+0.043}_{0}$。

锥孔尺寸按 5 号莫氏锥度尺寸,其他尺寸均不重要,作为未注公差尺寸。

2. 形位公差选用

套筒外径配合面要求配合间隙小而且均匀,以保证定位精度,故除采用包容原则外,对圆度还要严格要求,故取 5 级,公差为 4μm。

为保证后顶尖高度的位置,锥孔对 ϕ90mm 外圆轴线应有径向圆跳动要求,它可比机床主轴的要求稍低,故选用 5 级,公差为 8μm。

为保证螺母和丝杠结合的要求和导向良好,套筒和螺母配合的内孔 ϕ55mm 与外径 ϕ90mm 的圆柱面应有同轴度要求,且 ϕ55mm 圆柱面采用包容原则。因螺母和丝杠的配合间隙较大,故同轴度要求不高,选 8 级,公差为 40μm。

套筒外径表面在轴剖面中除符合包容原则外,其相对素线平行度亦应严格要求,它与机床主轴类似,故选 3 级,公差为 12μm。

套筒上长键槽起导向作用,故对 ϕ90mm 外圆轴线应有平行度要求。键槽的两侧面对该轴线本应有对称度要求,但因该键槽很长,且深度较浅,由导向误差引起的转角所产生的顶尖上下位移很小,故只用平行度控制,取 9 级,公差为 200μm。

其他形位公差均作为未注公差要求处理。

3. 表面粗糙度参数的选用

套筒外圆表面要求保证定心及配合特性,故选 $Ra \leqslant 0.4$μm。

5 号莫氏锥度孔为要求保证定心的表面,作过盈配合用,选 $Ra \leqslant 0.8$μm。

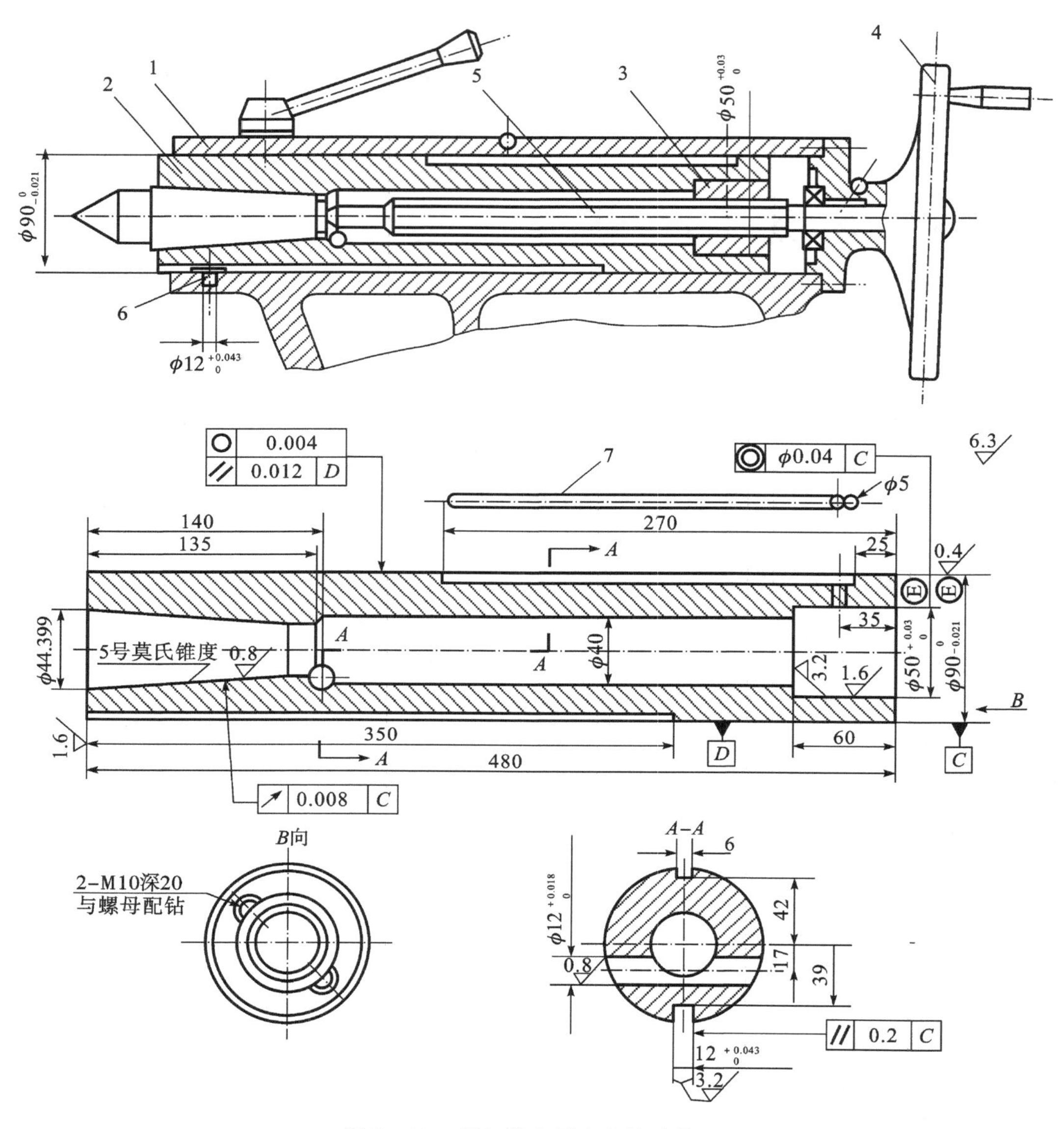

图 5-14　尾架装配图和套筒零件图

左端面因伸出在外，为了美观、卫生等，选 $Ra \leqslant 1.6\mu m$。

$\phi 55$mm 孔的公差等级为 IT7，作为有定心及配合要求的固定支承，选 $Ra \leqslant 1.6\mu m$。

$\phi 55$mm 孔中底面为和螺母的贴合面，选用 $Ra \leqslant 3.2\mu m$。

其他均为半精加工表面，用 $Ra \leqslant 6.3\mu m$。

例 5-3　图 5-15 所示为一圆柱齿轮减速器，它由箱体 1、输出轴 2、轴承盖 3 和 8、滚动轴承 4、轴筒 5、齿轮 6、垫片 7 和螺钉、齿轮轴、键等零部件组成。齿轮减速器主要要求传递需要的功率和运动，它需保证其中齿轮副的工作要求。现分析轴 2、齿轮 6 和轴承盖 8 的有关几何参数要求。

1. 图 5-16 所示为输出轴 2，根据功能要求给出了几何参数公差等要求。

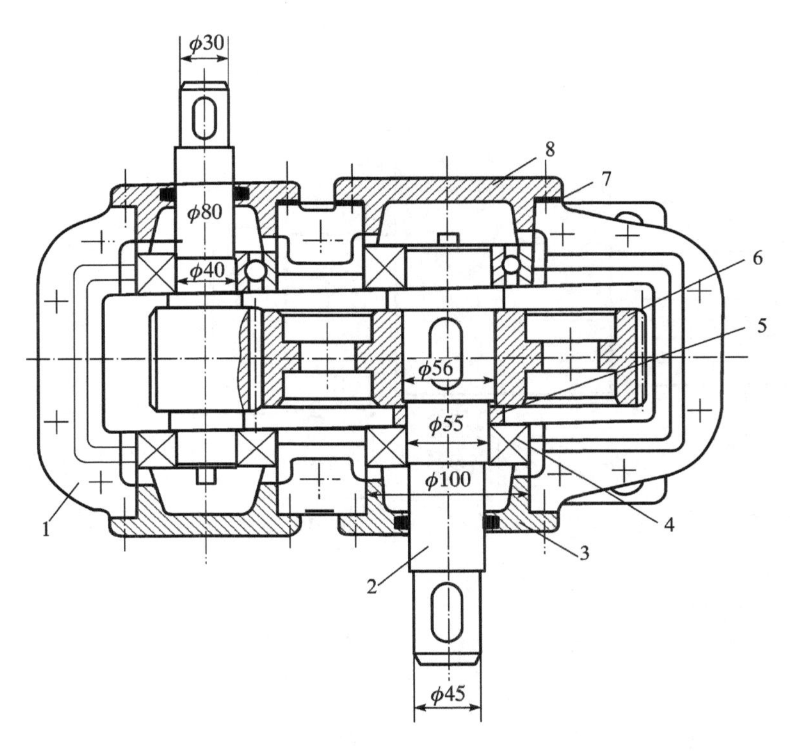

图5-15 圆柱齿轮减速器

(1) 尺寸公差的选用

两处 φ55mm 轴颈和G级滚动轴承内圈相配合,按滚动轴承配合要求选用IT6,为过渡配合。

φ56mm 处和齿轮孔相配合,按齿轮工作要求选用 IT6,为过盈配合。

φ45mm 处为输出端,和齿轮或皮带轮的孔相配合,按和齿轮孔配合要求选用 IT6,为过渡配合。

在 $A-A$ 和 $B-B$ 剖面中有两键槽宽度 12mm 和 14mm,按平键结合要求选用 IT9,为过渡配合。键槽深度的两个尺寸 39. 5mm 和 50mm,其尺寸公差按平键结合要求,选为 $39.5_{-0.2}^{\ 0}$mm 和 $50_{-0.2}^{\ 0}$mm。

其他尺寸按未注公差尺寸考虑,但其中轴肩长度 12mm 是轴向尺寸链中一环,应按尺寸链计算确定公差等级。

(2) 形位公差的选用

两处 φ5mm 轴颈和轴承内圈配合,为保证配合性质,采用包容要求,但和轴承配合,对圆柱度误差有更高要求,选用和尺寸公差相同的等级,即用6级,圆柱度公差为 5μm。

φ56mm 处轴颈和齿轮孔配含,也采用包容要求。另外,为保证齿轮工作正常,对两 φ5mm 轴颈的公共轴线应有径向圆跳动要求,选公差等级为6级,公差为 15μm。

φ45mm 轴颈有配合要求,采用包容要求。

φ62mm 轴颈处有两个轴肩,左边轴肩和滚动轴承相靠,右边轴肩和齿轮端面相靠,均为轴向定位基面,应有端面圆跳动要求,选公差等级为6级,公差为 15μm。

φ45mm 轴颈为安装齿轮或皮带轮等用,也应有径向圆跳动要求(相对 $A-B$ 公共轴线),

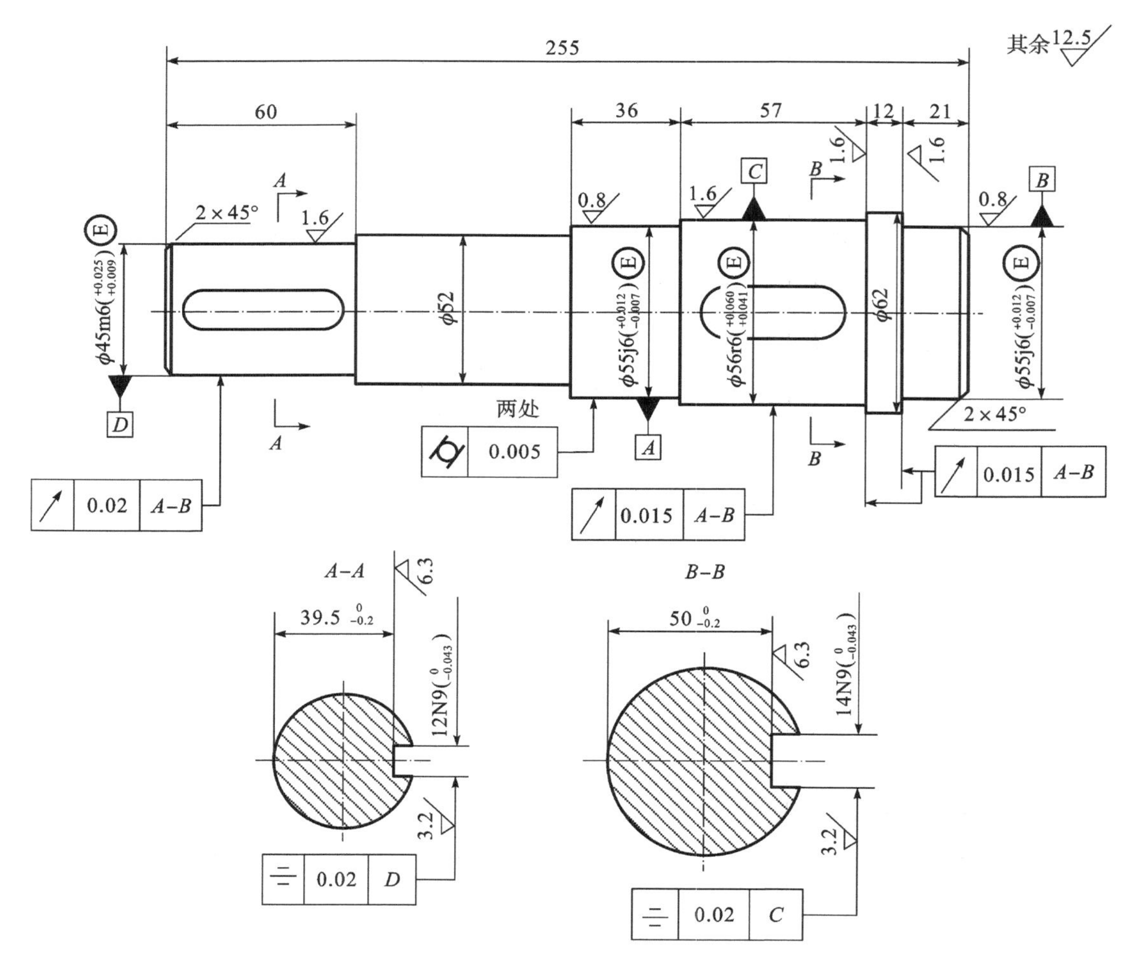

图 5－16　输出轴上参数要求的应用

因其距离比 ϕ56mm 轴颈距基准轴颈为远，故公差等级选低一级，用 7 级，公差为 20μm。

两键槽按平键结合要求，对本身圆柱轴线有对称度要求，选公差等级为 8 级，公差为 20μm。

其他均为未注公差要求。

（3）表面粗糙度参数的选用

两处 ϕ55mm 轴颈按和 G 级滚动轴承相配结合面要求，选用 $Ra \leqslant 0.8$μm。

ϕ56mm 和 ϕ45mm 轴颈均为有配合要求的固定支承，选用 $Ra \leqslant 1.6$μm。

ϕ62mm 轴颈两轴肩端面为轴向定位基面，选用 $Ra \leqslant 1.6$μm。

两键槽侧面为工作表面，选用 $Ra \leqslant 3.2$μm。键槽底面选用 $Ra \leqslant 6.3$μm。

其余表面选用 Ra 不大于 12.5μm。

2. 图 5－17 所示为齿轮 6 的各项要求（一些不重要的尺寸未注出）。

（1）尺寸公差的选用

ϕ56mm 孔为齿轮的基准面，按齿轮工作精度要求选用 IT7，公差为 30μm。

ϕ243mm 外圆柱面不作基准，按齿坯公差要求选用 IT11，公差为 290μm。

键槽宽度 16mm 按平键结合要求，选公差等级为9级，公差为 42μm，为过渡配合。

决定键槽深度的尺寸 62.3mm，按平键结合要求，确定公差为 $62.3^{+0.20}_{0}$ mm。

(2) 形位公差的选用

ϕ56mm 孔是齿轮的基面，和轴有配合要求，采用包容要求。

齿轮的两个端面，一边与轴肩紧靠，另一边与轴套5紧靠，作为轴套的基准，在加工中，均可作为切齿时的工艺基准。因此，该两端面应对内孔轴线 A 有端面圆跳动要求，选用公差等级为6级，公差为 15μm。

键槽 16mm 对基准轴线 A 有对称度要求，按平键结合标准，选用8级，公差为 20μm。

(3) 表面粗糙度参数的选用

ϕ56mm 孔为有定心和配合要求的固定支承表面，选用 $Ra \leqslant 1.6$μm。

两端面是作为基准的表面，和其他零件相靠，但不形成配合，选用 $Ra \leqslant 3.2$μm。

齿轮齿面粗糙度按齿轮精度等级选用 $Ra \leqslant 1.6$μm。

齿轮顶圆表面选 $Ra \leqslant 6.3$μm。

键槽两侧面为工作表面，选 $Ra \leqslant 3.2$μm。

键槽顶面为非配合表面，选 $Ra \leqslant 6.3$μm。

其他表面选用 $Ra \leqslant 12.5$μm。

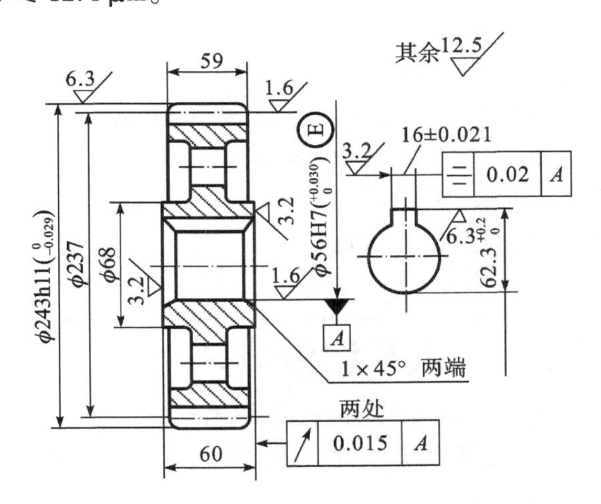

图 5-17 齿轮上几何参数的应用

3. 图 5-18 所示为轴承盖 8 的各项要求(一些不重要的尺寸未注出)。

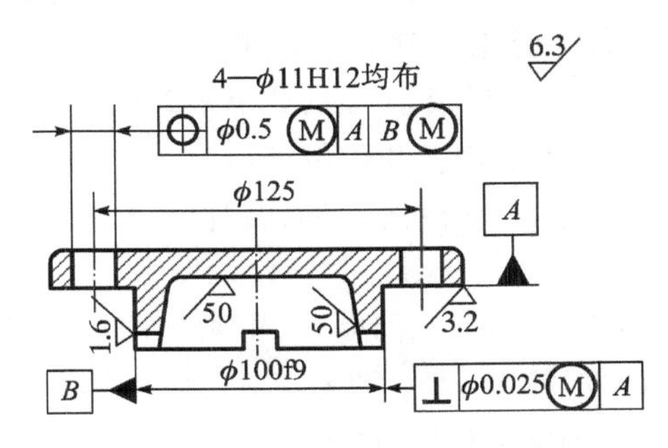

图 5-18 轴承盖上几何参数的应用

(1) 尺寸公差的选用

轴承盖重要的尺寸是定心直径 ϕ100mm，主要要求是可装配性，并不要求高的定心精度，选用公差等级为 9 级。

4 个螺钉通孔并非配合尺寸，故选公差等级为 12 级。

其他尺寸均为未注公差尺寸。

(2) 形位公差的选用

4 个 ϕ11mm 螺钉通孔的位置由位置度公差限制，以保证可装配性。这 4 个孔以端面 A 和 ϕ100mm 外圆柱面的轴线 B 作为基准，且 A 作为第 1 基准，B 为第 2 基准。4 孔分布的圆周直径 ϕ125mm 作为决定 4 孔位置的理论正确尺寸。位置度公差值按螺钉连接计算：$T \leqslant 0.5KZ$，因属不需调整的固定连接，$K = 1$，$Z = 1$mm，故 $T = 0.5$mm。由于轴线位置度公差带是一圆柱体，公差值前加注符号 ϕ。因只要求可装配性，故被测要素和基准 B 均采用最大实体要求。基准 A 是平面，不是中心要素，不能用最大实体要求。

为保证装配和 A 面定位可靠，ϕ100mm 圆柱面轴线 B 对 A 基面应有垂直度要求。由于 ϕ100mm 尺寸选用的公差带已保证有 36μm 的最小间隙(由 f 代号决定)，故 B 轴线对 A 面的垂直度可选用公差等级为 7 级，公差为 25μm，且由于只要求可装配性，被测要素用最大实体要求，但基准要素 A 不能用最大实体要求。

其他要素均为未注公差要求。

(3) 表面粗糙度参数的选用

ϕ100mm 圆柱面有配合要求，作定心用，选 $Ra \leqslant 1.6\mu m$。

基准 A 和箱体连接但无配合要求，选 $Ra \leqslant 3.2\mu m$。

其他加工表面选用 $Ra \leqslant 6.3\mu m$。

内腔不加工的铸造表面选用 $Ra \leqslant 50\mu m$。

5.4 几何形状误差的光学测量方法

本节介绍几何形状误差的三种非接触、无损伤光学测量方法，分别是移相干涉显微技术、白光干涉显微技术和激光扫描共焦显微技术，后两类方法分别是面扫描和点扫描方法，前两类方法依赖于光学干涉效应。

移相干涉显微镜，或称移相干涉仪(phase-shifting interferometer, PSI)，是一种广泛用于表面轮廓、粗糙度、面形检测等领域的测量技术。对于普通移相干涉测量技术，其干涉原理决定了轴向干涉条纹随表面高度变化是等幅周期正余弦分布，从而引出 2π 相位周期不确定性问题，对应于表面高度大于 $\lambda/2$(反射)时，如 $N\lambda/2+z$ 与 z 对于干涉条纹强度没有差别，所以普通干涉显微测量技术需要进行相位解缠(phase unwrapping)。一般假设表面高度变化是光滑连续的，否则对包含大跳变点的面形，普通干涉显微测量给出不确定相位，无法获得真实表面高度。

在原理上克服 2π 相位解缠不确定性问题，这里阐述两类不同方法：第一类方法是使用宽带光源代替单色激光照明，由于空间相干性的差异，轴向干涉条纹出现幅度衰减、周期振荡，典型的方法是白光干涉仪(white-light interferometer, WLI)。由于宽带光源是低相干光源，所以只有当测量臂和参考臂的光程接近时干涉强度输出最大，本节第二部分介绍白光干涉仪的基本原理及实现。第二类方法是激光扫描共焦显微技术(laser scanning confocal microscopy,LSCM),通过点照明、点聚焦、点探测实现三点共轭聚焦成像,采用单色激光照明,引用光束或机械扫描,具有高横向分辨率和轴向光学层析响应特性。

5.4.1　移相干涉显微技术

移相干涉技术(PSI)的概念来源于电气工程领域,称为同步检测,用来决定两电信号之间的相位差。PSI 于 1966 年由 P. Carre 提出,在 20 世纪 60 年代后期和 70 年代发展,80 年代随着高性能 CCD 和功能强大计算机的出现,移相干涉显微技术被广泛使用。下面阐述干涉显微技术的基本原理。

典型的多步移相干涉系统光路,如图 5-19 所示,基于泰曼-格林型干涉仪结构。CCD 探测面处干涉场振幅分布为测量光场(由样品表面反射和散射形成)和参考光场(一般由平面反射镜反射引入)的振幅叠加,可表示为

$$E = E_S + E_R \tag{5-1}$$

其中,E_S 和 E_R 分别是测量臂和参考臂形成的测量光场和参考光场的振幅分布。样品表面高度变化用 $h_S(x, y)$ 表示,则测量光场复振幅分布为

$$E_S(x,y) = a_S(x,y)\exp[\mathrm{j}\varphi_S(x,y)]$$

$a_S(x, y)$ 是测量光场振幅分布,$\varphi_S(x, y) = 2kh_S(x, y)$ 是表面形貌产生的相位调制。参考光场复振幅分布为

$$E_R(x,y) = a_R(x,y)\exp\{\mathrm{j}[\varphi_R(x,y) - \varphi_i]\}$$

$a_R(x, y)$ 是参考光场振幅分布,$\varphi_R(x, y)$ 是参考相位,φ_i 表示测量臂和参考臂之间相位差(ϕ_i 前面是负号为了后续阐述方便起见)。

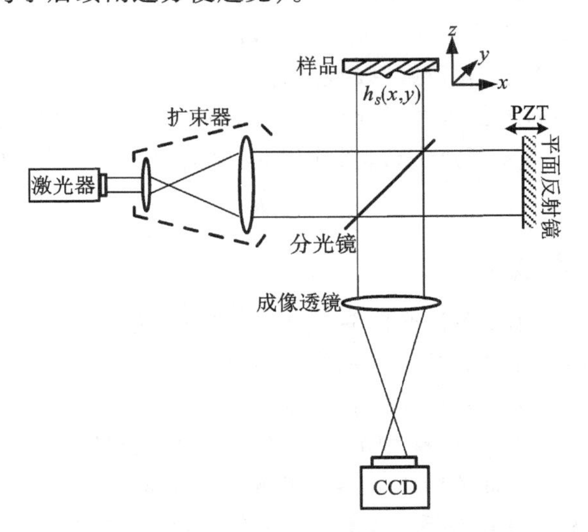

图 5-19　移相干涉显微成像光路示意图

CCD 像面探测得到的干涉场强度可表示为

$$I(x,y) = |E_S + E_R|^2 = I_d(x,y) + I_a(x,y)\cos[\varphi(x,y) + \varphi_i] \tag{5-2}$$

其中,$I_d(x,y) = a_S^2(x,y) + a_R^2(x,y)$,表示$(x,y)$点轴向干涉条纹平均强度;$I_a(x,y) = 2a_S(x,y)a_R(x,y)$,表示干涉场条纹幅度;参考和测量波前的位相差为 $\varphi(x,y) = \varphi_S(x,y) -$

$\varphi_R(x,y)$；φ_i 可以通过压电陶瓷驱动参考平面反射镜或载物台引入，假设引入轴向位移 Δz，则对应相位变化为 $\varphi_i = 2k\Delta z$，k 是波数，移相也可以通过其他途径引入，如在参考光路中采用声光移相器。

对于固定点(x,y)，干涉条纹沿轴向随 Δz 的变化是周期为 λ 的等幅余弦干涉条纹，由式(5－2)可得干涉条纹对比度为

$$\gamma(x,y) = \frac{I_{\max} - I_{\min}}{I_{\max} + I_{\min}} = \frac{2a_S(x,y)a_R(x,y)}{a_S^2(x,y) + a_R^2(x,y)} \tag{5-3}$$

由式(5－2)知，改变 φ_i(Δz 变化引入相移)干涉条纹按余弦规律沿轴向平移；当相位 φ_i 已知时，通过测得的 I_i，建立联立方程组，求解得到 $\varphi(x,y)$ 或 $\varphi_S(x,y) - \varphi_R(x,y)$；进一步当参考相位 φ_R 已知，即可得到被测相位波前 $\varphi_S(x,y)$，进而获得表面高度变化 $h_S(x,y)$。这是移相干涉显微技术的基本原理，最常用的技术是采用多步移相算法(大于等于 3 步)。

对于三步移相算法，φ_i 一般可表示为 $\varphi_i = (i-2)\alpha$，$i = 1,2,3$，三步移相算法中经常采用 $\alpha = \pi/2$。则由式(5－2)得到方程组

$$\begin{cases} I_1(x,y) = I_d(x,y) + I_a(x,y)\cos[\varphi(x,y) - \alpha] \\ I_2(x,y) = I_d(x,y) + I_a(x,y)\cos[\varphi(x,y)] \\ I_3(x,y) = I_d(x,y) + I_a(x,y)\cos[\varphi(x,y) + \alpha] \end{cases} \tag{5-4}$$

求解式(5－4)，得到

$$\tan[\varphi(x,y)] = \frac{I_1 - I_3}{2I_2 - I_1 - I_3}\tan\left(\frac{\alpha}{2}\right) \tag{5-5}$$

$\varphi(x,y)$ 所处象限由式(5－4)决定，同样求解式(5－4)得到干涉条纹对比度。

从上面的分析看到，PSI 相位解算 $\varphi(x,y)$ 通过反正切函数的计算得到，由于是周期函数，因此相位求解的结果具有周期不确定性，arctan 的主值区间在$[-\pi/2,\pi/2]$，如果进一步结合 sin 和 cos 的函数符号，相位解算的范围扩展为$[-\pi,\pi]$；如果假设探测器相邻点之间的相位差小于 π，当相邻相位差大于 π 时，通过加减 2π 周期使得相位差小于 π，实现相位解缠，上述过程需要对所有相邻点进行，保证所有相邻点之间的相位差小于 π，对应表面高度变化小于 $\lambda/4$。

5.4.2 白光干涉显微技术

移相干涉显微技术采用单色激光照明，轴向干涉条纹变化呈现等幅余弦规律，导致普通移相干涉显微技术在形貌测量时具有表面高度变化 $\lambda/2$ 的不确定性(2π 相位不确定性)。另一类基于干涉原理的宽场层析显微技术，亦称为低相干性干涉显微技术(low-coherence interferometry)，采用了低相干宽带光源照明，典型的技术包括白光干涉技术(white-light interferometry，WLI)(1986 年由美国加州 KLA 仪器公司 M. Davidson 提出，见美国专利 4 818 110)。

本节介绍 WLI 的基本原理及系统实现、特点等。WLI 的层析本质上是由于采用低相干度宽带光源，宽带光源的相干长度由光源频谱带宽决定，当测量臂和参考臂之间的光程差变化时，轴向干涉强度响应呈现幅度衰减、振荡特性，此时幅度的衰减特性由相干长度决定。当光程接近时，干涉条纹振荡幅度最大，反之，幅度降低。利用这一特性通过轴向包络检测，进而峰值提取得到表面高度坐标位置(对应物面位于光程差为零的平面内)，对每一(x,y)像素点对应的沿轴干涉条纹曲线，进行包络检测和峰值提取，由此实现三维层析测量。而

WLI 不需要横向 $X-Y$ 扫描，因此是一种宽场层析显微测量技术。WLI 广泛应用于表面粗糙度、三维形貌、台阶高度、膜厚、超精密定位等光学测量领域。

1. 白光干涉显微技术基本理论

M. Davidson 最初提出双光束林尼克型白光干涉显微镜，用于对集成电路等进行检测。1990 年，IBM 研究员 B. S. Lee 和 T. C. Strand 提出了迈克尔逊型白光干涉显微镜，斯坦福大学 G. S. Kino 和 S. S. C. Chim 提出了米勒型白光干涉显微镜，等等。可见，多种干涉仪类型可以用来实现 WLI。WLI 与移相干涉显微技术（PSI）的主要差异在于照明光源的不同，因此成像原理具有显著差异。如图 5-20 是简化的 WLI 系统结构，利用该图阐述白光干涉仪的基本理论。

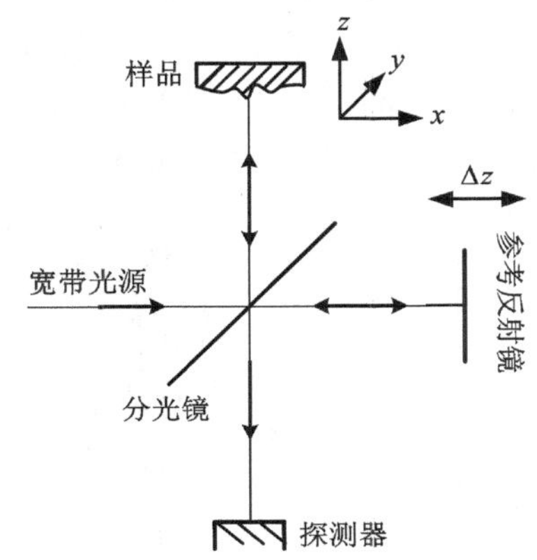

图 5-20 白光干涉仪原理示意图（物或参考反射镜进行沿轴扫描）

如图 5-20 所示，在低相干宽带光源照明条件下，样品置于测量光路，利用参考平面反射镜引入参考光场，由物面反射的测量光和平面镜反射的参考光在分光镜处相遇干涉，干涉场由 CCD 接收。与单色激光光源产生干涉情形不同，由于激光是窄带线光源，对应空间相干长度 $\Delta L=\bar{\lambda}^2/\Delta\lambda$，其中 $\bar{\lambda}$ 是中心波长，$\Delta\lambda$ 是激光谱宽，ΔL 因此很长。如 $\bar{\lambda}=632.8\text{nm}$，$\Delta\lambda=1\times10^{-7}\text{nm}$，则 $\Delta L\approx4\text{km}$；而对于相干性差的半导体激光器，例如 $\bar{\lambda}=532\text{nm}$，$\Delta\lambda=1\text{nm}$，则 ΔL 仅有 $283\mu\text{m}$。

图 5-20 所示的干涉仪结构其干涉场是测量光与参考光的叠加，根据干涉理论推导得到干涉条纹强度分布为

$$I(\tau)=1+V\cos[\alpha_{11}(\tau)-4\pi d/\bar{\lambda}] \tag{5-6}$$

其中，干涉条纹对比度为

$$V=\frac{2SR}{S^2+R^2}\text{Re}\{\gamma_{11}(\tau)\} \tag{5-7}$$

可见，条纹对比度 V 亦决定了干涉条纹的包络变化。S 和 R 是测量光和参考光的振幅系数；光源的自相干函数为 $\Gamma_{11}(\tau)=\langle U_0^*(t)U_0(t+\tau)\rangle$，其归一化为自相干度 $\gamma_{11}(\tau)$，即 $\gamma_{11}(\tau)=\Gamma_{11}(\tau)/\Gamma_{11}(0)$；$\tau=2d/c$，$d$ 是测量臂和参考臂之间的光程差，c 是光速。白光干涉仪使用宽带光源，用 $\bar{\upsilon}$ 表示光源的中心频率，且 $\bar{\upsilon}=c/\bar{\lambda}$，$\alpha_{11}(\tau)=2\pi\bar{\upsilon}\tau+\arg[\gamma_{11}(\tau)]$，$\text{Re}\{\gamma_{11}(\tau)\}$ 表示 $\gamma_{11}(\tau)$ 的实部。频谱覆盖一定的带宽，而光源的光谱宽度决定了光源的时间相干性，一般规律是频谱越宽，光源的相干时间越短，因此相干长度也越短，通过改变参考臂的长度，从而改变参考和测量光束之间的延时。当参考和测量臂距离相等时，干涉强度最大，而光程差增大时，干涉条纹振荡衰减。

白光干涉仪使用宽带光源，如使用光辐射二极管（light emitting diode，LED），对应光谱是高斯分布。设光源的频谱宽度 $\Delta\upsilon$，$\bar{\lambda}$ 是中心频率，由光源频谱的傅里叶变换得到自相干度为

$$\gamma_{11}(\tau)=\exp[-(\pi\tau\Delta\upsilon)^2]\exp(-\text{j}2\pi\bar{\upsilon}\tau)$$

从而式(5-6)为

$$I(\tau) = 1 + \frac{2SR}{S^2 + R^2}\exp[-(\pi\tau\Delta\upsilon)^2]\cos(2\pi\bar{\upsilon}\tau) \tag{5-8}$$

由于 $\tau = 2d/c$，从而 $I(\tau)$ 是光程差 d 的函数，具体是测量臂和参考臂的距离差 $d = z_R - z_S$（空气介质）。显然，不管是测量面轴向位移还是参考反射镜轴向移动，都改变光程差（OPD），从而输出干涉强度 $I(\tau)$ 发生变化。对于任意点 (x,y)，干涉条纹的强度曲线（假设测量和参考光路对称，$S = R = 0.5$）为

$$I(d) = 1 + V(d)\cos(4\pi d/\bar{\lambda}) \tag{5-9}$$

$\bar{\lambda}$ 是中心波长，白光干涉响应的结果 $I(d)$ 是条纹对比度 $V = \exp[-(\pi 2d\Delta\upsilon/c)^2]$ 对余弦函数 $\cos(4\pi d/\bar{\lambda})$ 进行调制。

图 5－21 所示是式(5－9) 对应的宽带光源干涉条纹曲线随 OPD 变化，对应 $\bar{\lambda} = 500\text{nm}$，以及 $\Delta\lambda = 100\text{nm}$ 和 $\Delta\lambda = 50\text{nm}$ 的情形，$\Delta\upsilon/c = \Delta\lambda/(\bar{\lambda}^2 - \Delta\lambda^2/4)$。图 5－21 中虚线所示的条纹包络是对比度 V，可见光谱越宽（$\Delta\lambda$），轴向包络越窄，包络峰值点对应光程差等于零的情形。

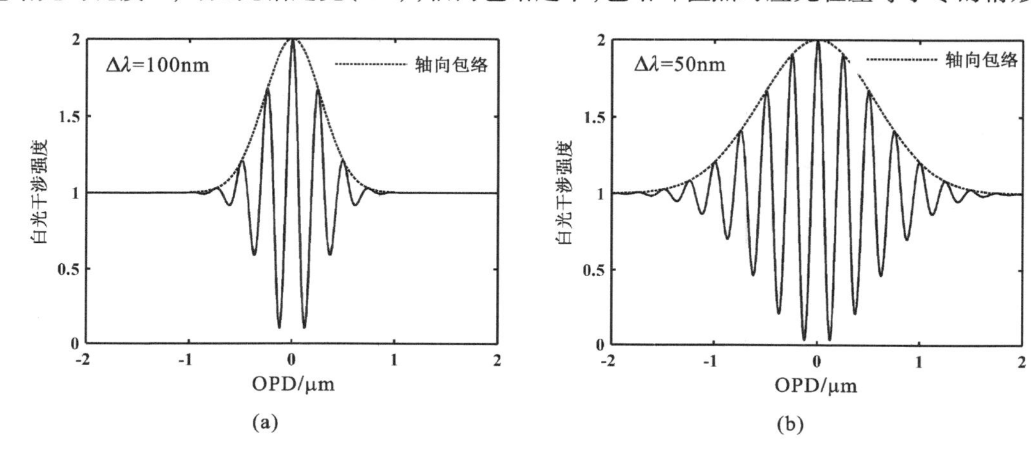

图 5－21　白光干涉仪轴向干涉条纹

(a) $\Delta\lambda = 100\text{nm}$；(b) $\Delta\lambda = 50\text{nm}$

2. 白光干涉显微测量原理

利用 WLI 可以对表面形貌进行显微层析精密测量。设 $z_S(x,y)$ 代表 (x,y) 点处表面高度，固定测量面，通过精密微位移台（如 PZT）移动参考反射镜改变 OPD（$d = z_R - z_S$）。显然，干涉条纹中心点进行轴向平移，每一个测量点 (x,y) 对应一条轴向扫描干涉包络曲线，通过对干涉响应曲线的后处理，包括包络检测和峰值提取等，确定对应扫描点的表面高度 z_S（相对高度）。它与普通共焦显微镜顶点层析类似，不同之处是共焦显微镜强度响应曲线由于是非干涉产生，强度响应本身具有显著单峰衰减特性，因此无需包络检测，进行简单的峰值提取（如取重心法）即可。普通共焦顶点层析轴向分辨率在数十纳米，而白光干涉仪利用干涉技术，存在复杂的轴向多峰变化，需要采用特定的算法进行有效的包络检测及提取，峰值点对应表面形貌的具体位置。WLI 基于干涉测量原理，通过选取合适的算法，可以实现亚纳米级轴向分辨率测量。WLI 另外的优点是无需横向 $X-Y$ 扫描，只需对参考反射镜（也可以对测量面）进行沿轴扫描，因为是一种并行宽场层析测量方法。

白光干涉仪是一种重要的光学测量方法，可用于光纤传感技术、光纤色散测量、表面形

貌测量、膜厚测量、精确定位等。对白光干涉条纹的处理涉及不同的算法，目的是对干涉条纹包络峰值进精确定位，定位精度决定测量精度，主要由干涉条纹本身的宽度（由光源的光谱宽度决定）和干涉条纹算法选取（如空域、频域等）决定。在干涉系统结构确定条件下，光源特性确定，由此白光干涉条纹的基本特性确定，此时干涉信号处理算法最终决定了测量精度。白光干涉信号处理算法有很多种，如重心法、移相法、曲线拟合法、频域滤波法等，各种算法的计算速度、测量精度等不同。

白光干涉仪具有极高的轴向分辨率，可实现表面高度纳米及亚纳米灵敏度精密测量，但轴向分辨率与普通共焦显微镜的来源不同。普通共焦显微镜的轴向强度响应曲线的宽度是由显微物镜的数值孔径 NA 决定，NA 越大，轴向强度曲线越窄，分辨率越高，但应该指出共焦显微镜表面测量轴向分辨率与峰值检测的精度有关，而不绝对依赖于轴向层析曲线的宽度。而白光干涉仪的高轴向分辨率取决于光源带宽，而不取决于显微物镜的 NA，轴向分辨率正比于 $\Delta\upsilon$，进一步由 $\Delta\upsilon/c=\Delta\lambda/(\bar{\lambda}^2-\Delta\lambda^2/4)$ 知，轴向包络宽度反比于 $\Delta\lambda$，$\Delta\lambda$ 越宽，轴向分辨率越高。

从白光干涉仪测量原理可以看出，相比于 PSI，要求表面形貌起伏变化小于 $\lambda/4$，因此为了克服相位不确定性问题，需要进行相位解缠等，而白光干涉可以从内在原理上克服普通干涉显微技术的相位不确定性问题。

3. 白光干涉显微测量系统

WLI 可以采用多种干涉光路类型实现层析测量，如采用林尼克型、迈克尔逊型、米勒型等典型干涉仪系统结果，图 5－22 所示是不同类型白光干涉仪核心结构。最直接的方法是林尼克型干涉光路，此时参考臂和测量臂分离，分别使用独立的显微物镜，允许使用大数值孔径测量物镜。而迈克尔逊型干涉光路，由于参考和测量光束在显微物镜和测量面之间，通过分光镜分离合并，因此只能采用小数值孔径物镜（长工作距），此时测量视场很大，但横向分辨率很低。米勒型干涉光路采用共光路设计，是广泛使用的白光干涉仪系统核心结构，通常的限制依然是小数值孔径，但斯坦福大学 Kino 等实现了 NA＝0.8 数值孔径系统，使用了非常薄的分光膜设计。上述三种干涉仪结构在理论原理上等价。林尼克干涉仪比米勒干涉仪提供较高的数值孔径，但林尼克型结构要比米勒型复杂，以及

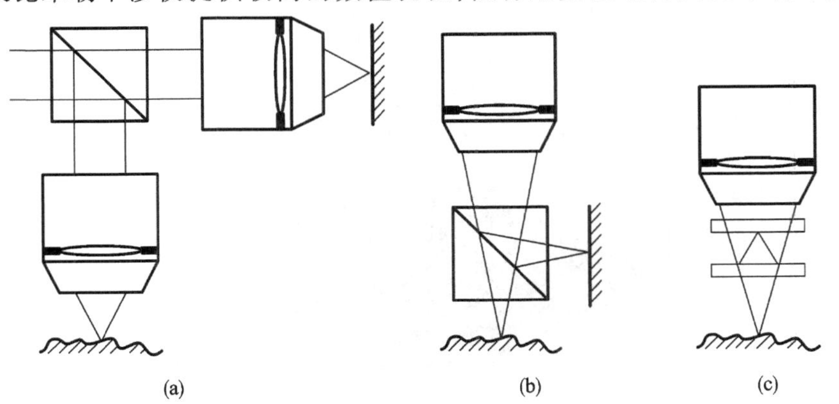

图 5－22　不同干涉仪结构的白光干涉仪系统核心光路

（a）林尼克型；（b）迈克尔逊型；（c）米勒型

对系统机械结构更为敏感。林尼克型结构的主要缺点是显微物镜装调对准方面的难度，尤其是相移是林尼克型结构的严重问题。

米勒型白光干涉仪实际光路结构如图 5－23 所示，是广泛采用的白光干涉仪结构系统。通过科勒照明引入均匀宽场照明，利用 CCD 面阵探测器实现并行探测，通过位移台对测量件或者利用 PZT 驱动显微物镜进行轴向扫描等。

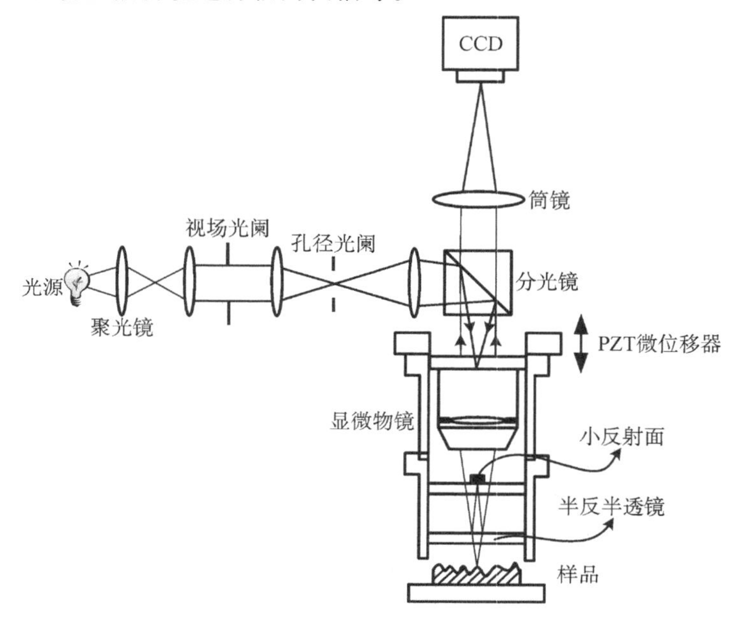

图 5－23 米勒型白光干涉仪结构示意图

著名的白光干涉仪生产商如英国 Taylor Hobson（2004 年被美国 AMETEK 有限公司收购），于 2003 年推出了 Talysurf CCI 6000，实现了 Z 向（垂直）分辨率 0.01nm（10pm）超高分辨率测量，Z 向重复精度 3pm，横向分辨率在 0.4 ~ 0.6μm（取决于测量表面），$X-Y$ 测量范围超过 360μm × 360μm。

图 5－24 所示是利用迈克尔逊型白光干涉仪对 1μm 高的台阶测量结果图。

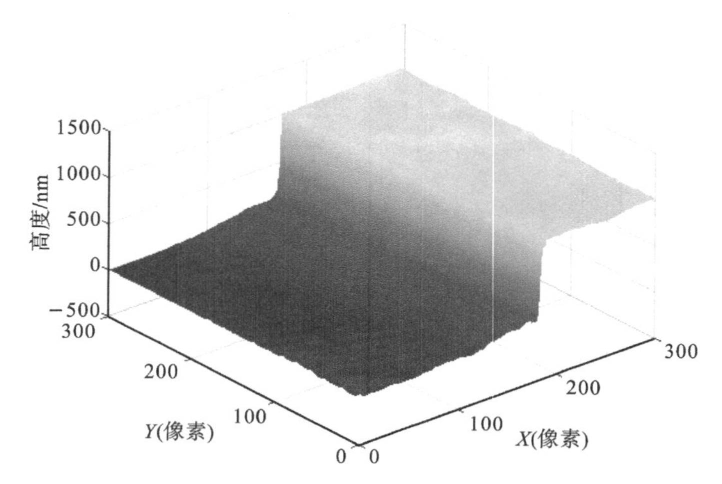

图 5－24 迈克尔逊型白光干涉仪台阶测量结果

5.4.3 激光扫描共焦显微技术

共焦显微镜(confocal microscope)是20世纪光学显微技术领域所取得的最重要的进展之一,是与扫描电子显微镜(SEM)、近场扫描光学显微镜(NSOM)和原子力显微镜(AFM)等同等重要的高端显微成像及测量仪器,共焦显微技术的发展对现代生物及医学研究、精密工程测量、材料科学等产生了广泛而深远的影响。

共焦显微镜诞生于20世纪50年代中后期,实验探索研究于60年代后期至70年代中期,70年代后期至80年代中期共焦显微成像理论体系建立,并应用于工程测量和生物成像领域,80年代后期共焦显微镜开始商业化,至90年代中期共焦显微成像理论基本成熟,同时贯穿整个90年代,共焦显微技术在理论和技术领域产生了一系列重要延拓。进入21世纪,共焦显微技术的应用领域继续扩展,宽场光学层析显微技术、三维高分辨率共焦显微技术、共焦微内窥镜、超连续白光激光共焦荧光显微技术等成为研究的热点。共焦显微技术经历六十多年的发展与演变,产生众多分支领域,共焦显微镜的应用领域涉及分子生物学、细胞生物学、发育生物学、神经科学、药理学、植物学、材料科学、精密工程、矿物学、考古学等。共焦显微技术具有的突出特点是具有高成像分辨率和轴向光学层析能力,可实现三维高分辨率成像与测量等。

共焦显微成像装置于20世纪50年代中后期由美国哈佛大学初级研究员 M. Minsky 提出(按照 Minsky 本人的回忆,共焦显微镜发明于1955年),Minsky 研制了共焦显微成像装置的原始样机,并于1957年申请了美国发明专利,其中详细阐述了这种新的显微装置系统结构及其特性。共焦显微镜在结构上的突出特点是采用点照明和点探测(理想共焦成像系统),并引入逐点扫描装置实现宽场成像,该发明于1961年获得美国发明专利权。

激光扫描共焦显微技术(laser scanning confocal microscopy, LSCM)或共焦激光扫描显微技术(confocal laser scanning microscopy, CLSM)极大促进了共焦显微技术的应用与发展,1973年首次实现对在体活细胞进行成像。

1. 共焦扫描光学成像理论

在普通扫描光学成像中,光源和探测器尺度同时收缩成一点,即采用点照明和点探测,此时点光源、扫描物点、点探测,三点处于共轭聚焦状态,这种特殊的扫描光学成像模式称为共焦扫描光学成像,如图5-25所示。点光源和点探测具体通过有限尺寸物理针孔来实现,分别称为照明针孔和探测针孔。

采用点光源照明和点探测器探测的共焦显微成像系统对应理想共焦显微成像情形,此时 $S(x_1,y_1)=\delta(x_1,y_1)$,$D(x_2,y_2)=\delta(x_2,y_2)$,则理想共焦扫描光学系统的像场为

$$\begin{aligned}&I(x_s,y_s,z_s)\\&=\left|\iiint_{-\infty}^{\infty}t(x_o-x_s,y_o-y_s,z_o-z_s)\exp(\mathrm{j}2kz_o)h_1(x_o,y_o,z_o)h_2(x_o,y_o,z_o)\mathrm{d}x_o\mathrm{d}y_o\mathrm{d}z_o\right|^2\\&=|h_{\mathrm{eff}}(x_s,y_s,z_s)\otimes t(-x_s,-y_s,-z_s)|^2\end{aligned}\tag{5-10}$$

其中,t 是物函数,h_1 和 h_2 分别是照明物镜和收集物镜对应的振幅点扩散函数(APSF),共焦扫描成像系统的有效三维振幅点扩散函数为

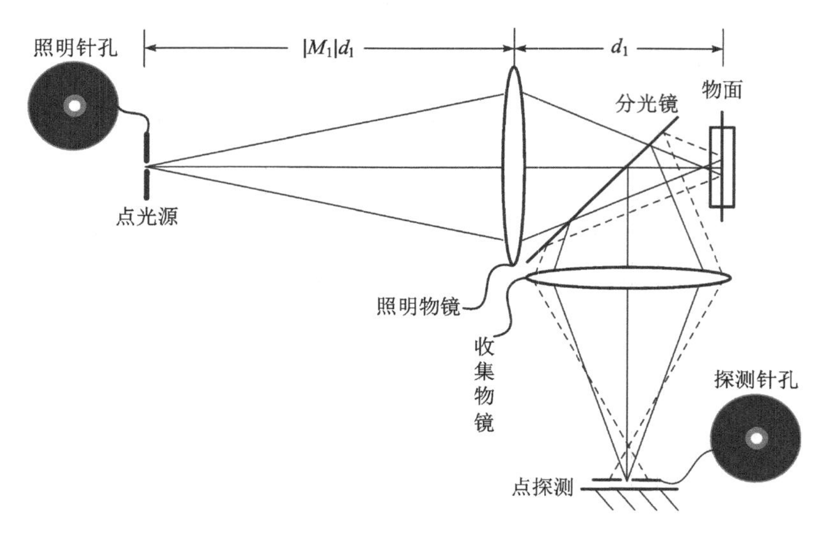

图 5－25　反射式共焦扫描光学显微成像光路示意图

$$h_{\text{eff}}(x,y,z) = \exp(\mathrm{j}2kz)h_1(x,y,z)h_2(x,y,z)$$

与普通宽场光学成像和普通扫描光学成像比较，共焦扫描成像系统的有效三维振幅点扩散函数为照明物镜和收集物镜点扩散函数的乘积，再与一个线性相位因子相乘（三维厚样品成像）；与普通宽场相干光学成像类似，式（5－10）可简记为 $I_{\text{conf}} \sim |h_{\text{eff}} \otimes t|^2$。

对理想点物扫描成像，由式（5－10）得到理想共焦扫描成像三维强度点扩散函数为

$$I(x_s,y_s,z_s) = |h_1(x_s,y_s,z_s)h_2(x_s,y_s,z_s)|^2$$

表明理想共焦显微成像系统的 IPSF 是照明系统（照明物镜）和探测系统（收集物镜）强度点扩散函数（IPSF）的乘积；当 $h_1 = h_2$，且显微物镜理想无像差时，则式（5－10）具体为

$$I_{\text{conf}}(v,u) = |h_1(v,u)|^4 = \left|2\int_0^1 P_1(\rho)J_0(v\rho)\exp(-\mathrm{j}u\rho^2/2)\rho\mathrm{d}\rho\right|^4 \tag{5-11}$$

其中，P_1 是光瞳函数；对应横向和轴向 IPSF 分别为

$$I_{\text{conf}}(v,0) = \left[\frac{2J_1(v)}{v}\right]^4 \tag{5-12}$$

和

$$I_{\text{conf}}(0,u) = \mathrm{sinc}^4\left(\frac{u}{4\pi}\right) \tag{5-13}$$

是普通光学成像 $I_{\text{conv}}(v,0) = [2J_1(v)/v]^2$ 和 $I_{\text{conv}}(0,u) = \mathrm{sinc}^2[u/(4\pi)]$ 的平方，平方效应使得共焦扫描光学成像具有更锐利的 IPSF，对应成像分辨率的提高。v 和 u 是引入的横向和轴向光学坐标，$v = kr\sin\alpha$，$u = 4kz\sin^2(\alpha/2)$，r 和 z 是横向和轴向真实坐标，$k = 2\pi/\lambda$，显微物镜数值孔径 $\mathrm{NA} = \sin\alpha$。函数 $\mathrm{sinc}(x) = \dfrac{\sin(\pi x)}{\pi x}$。

图 5－26 所示是理想共焦显微成像 IPSF 分布。图 5－26（a）和图 5－26（b）是横向 IPSF 分布，对应式（5－12），可见主瓣宽度得到压缩，旁瓣几乎消失（约为主瓣最大值的 0.03%）；图 5－26（c）是共焦轴向 IPSF 的一维分布，对应式（5－26）；图 5－26（d）所示是沿轴子午平面内的共焦 IPSF 分布，对应式（5－11）的结果，共焦显微成像 IPSF 的旁瓣消失，且中央主瓣

被平方压缩。

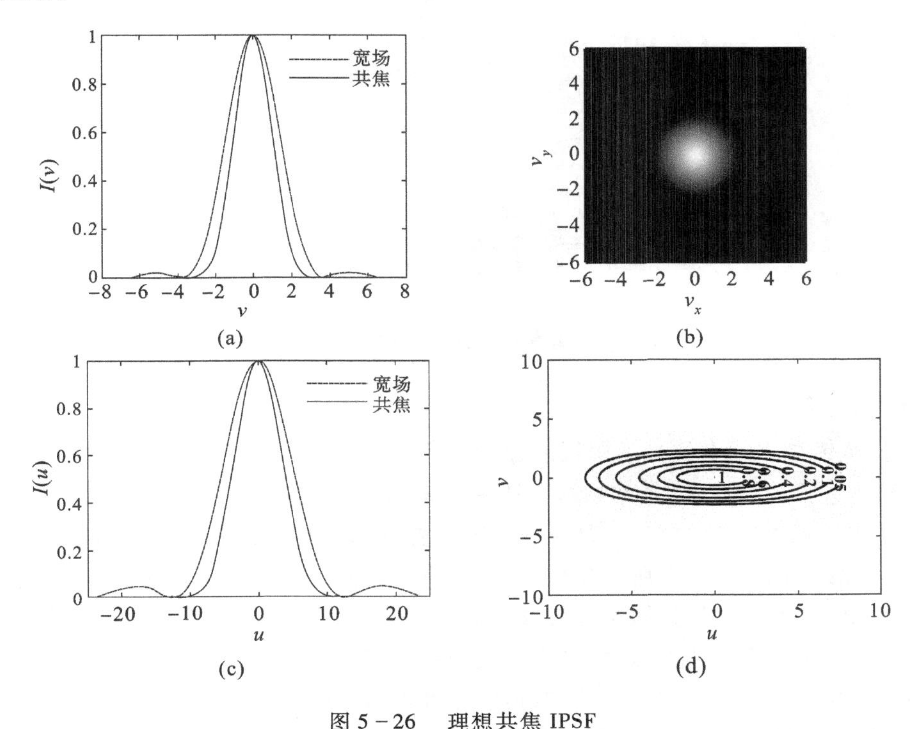

图 5－26　理想共焦 IPSF

(a) 横向一维分布;(b) 横向二维分布;(c) 沿轴一维分布;(d) 沿轴子午平面内强度分布

对理想均匀反射面轴向扫描成像,$t(x_o - x_s, y_o - y_s, z_o - z_s) = \delta(z_o - z_s)$,根据式(5－10),设照明物镜和收集物镜的数值孔径分别为 $\sin\alpha_1 \approx a_1/d_1$ 和 $\sin\alpha_2 \approx a_2/d_2$,则对无像差、圆对称物镜,式(5－10)最终简化为

$$I(u) = \left| 2\int_0^1 P_q(\rho)\exp(-\mathrm{j}u_q\rho^2)\rho\mathrm{d}\rho \right|^2 \tag{5-14}$$

其中,$u_q = 4kz_s\sin^2(\alpha_q/2)$,$q$ 为 1 或 2,取照明物镜和收集物镜数值孔径较小者,式(5－14)省略了积分号外的部分常数项。设物镜为理想无像差,则式(5－14)的积分结果为

$$I(u) = \left| 2\int_0^1 \exp(-\mathrm{j}u\rho^2)\rho\mathrm{d}\rho \right|^2 = \left[\frac{\sin(u/2)}{u/2}\right]^2 = \mathrm{sinc}^2[u/(2\pi)] \tag{5-15}$$

简单起见省略了 u_q 的下角标。共焦扫描光学成像具有独特的深度鉴别特性,对处于不同离焦位置的物面,其强度响应不再为常数。当物面位于准焦位置时,对应轴向强度响应最大;而当物面发生离焦时,强度迅速衰减。这一特性体现了共焦显微镜的轴向光学层析能力(optical sectioning capability),式(5－15)结果如图 5－27 所示,式(5－15)是理想共焦显微成像轴向光学层析响应。

上面分析的共焦成像系统是采用理想点照明和点探测,实际共焦照明和探测针孔是有限尺寸的针孔或单模光纤等,可进一步分析共焦探测器类型和尺寸对共焦扫描光学成像特性的影响,在此不再介绍。

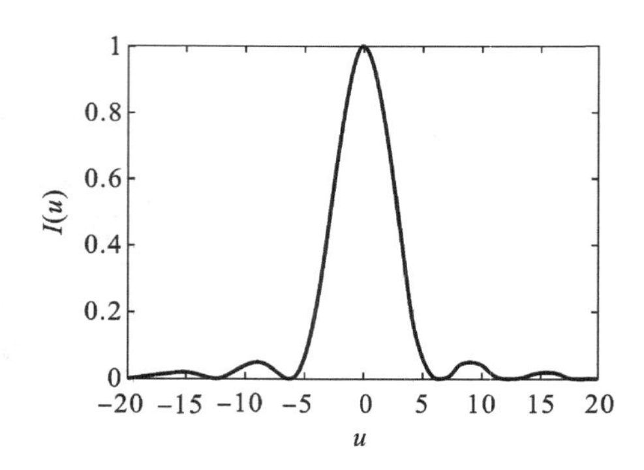

图 5-27 共焦扫描光学轴向层析响应曲线

2. 扫描方法

共焦显微镜具有固有的光学层析成像能力，形成微米及亚微米厚的光学切片，通过三维 $X-Y-Z$ 扫描进行逐点成像，基本扫描方式是在 $X-Y$ 面内进行逐点光栅式扫描，然后 Z 向层析步进。$X-Y$ 平面扫描时，如 X 方向为快速线扫描，Y 方向则为慢扫，Y 方向步进只在 X 方向连续扫描完成线扫描后执行，所以整个 $X-Y$ 水平扫描的时间主要由 X 轴步进执行器的最大扫描频率决定，对 Y 方向的扫描速度要求降低，而 Z 向的扫描速度最慢，需要等待 $X-Y$ 平面扫描结束，即完成单场一帧扫描，如采用普通振镜扫描，大约需要 1 秒，因此 Z 轴扫描频率在赫兹量级。而根据样品的结构特点，三维扫描亦可采用其他模式，如在 $X-Z$ 垂直切面内进行光栅式扫描，Y 向层析步进，适用于待观测区域沿轴向成长条形分布样品。相比于水平切面扫描，垂直切面层析扫描的好处是可以获得高层析分辨率特性，更一般的情况可以进行倾斜平面扫描（设与 $X-Y$ 水平面成 θ 角），$X-Y$ 水平切面扫描对应于 $\theta=0^{\circ}$，$X-Z$ 垂直切面扫描对应于 $\theta=90^{\circ}$，随着倾角 θ 增大，层析分辨率提高。

将共焦扫描技术简单分类为：

（1）载物台三维扫描：这是最基本也是最易实现的扫描方式，利用三维微位移工作台驱动样品进行三维载物台扫描，利用压电陶瓷驱动器或步进电机实现，这种扫描方式实现最为简单，但扫描速度最慢。三维物扫描具有的优点是，光学系统大为简化，对光学系统像差校正要求最低，只要求校正轴上球差即可，轴外像差影响降至最低，样品各点的扫描成像特性一致，扫描视场由微位移台线性行程决定，结合步进电机等可以进一步实现宏微结合大样品扫描测量。

（2）横向光束扫描、轴向机械扫描：这是目前典型商用共焦显微镜普便采用的扫描方式。横向利用振镜、谐振镜等进行二维光束扫描，或者快轴采用谐振镜，慢轴采用普通振镜，亦可以快轴采用声光偏转器（AOD），慢轴采用普通振镜。轴向扫描可以采用载物台扫描或显微物镜扫描，物镜轴向扫描利用 PZT、音叉，或步进电机（微米及亚微米层析步进）等。采用横向光束扫描，使得成像及测量速度大为提高，如快轴采用谐振镜扫描，小角度可达到 8kHz 扫描速度。光束扫描相比于物扫描，光学系统结构复杂化，需要精心配备扫描透镜及中继透镜，轴外像差，如场曲、慧差、像散等需要精心校正，三维扫描需要数据的同步采集，场曲与畸变对共焦显微精密工程测量、材料表面分析等影响很大。

（3）三维全光束扫描：在横向振镜扫描基础上，结合轴向光束扫描可实现全场光束快速扫描。Z 向光束扫描的实现通过一组反向对称光路实现，在聚焦物镜焦面附近引入一个轻巧的小平面镜沿轴运动,使反射聚焦光束沿轴作镜向扫描,实现了 $X-Y-Z$ 三维扫描速度匹配的扫描模式,适用于普通三维光栅式扫描、倾斜平面扫描和自由轨迹扫描等多种形式。轴向光束扫描还可以通过可编程空间光调制器(SLM)实现,对入射聚焦波前的调制,相应地改变了轴向扫描点位置,现有液晶空间光调制器(LC-SLM)可以实现数十赫兹至百赫兹的扫描速率。

(4)Nipkow 转盘扫描:这是广泛使用的并行扫描方法,可实现视频和实时扫描成像,由于与微透镜阵列的结合,形成双层同轴 Nipkow 扫描方法,克服了普通 Nipkow 转盘并行扫描极低光效的缺点,扫描速度高达 1000 帧/秒以上;而 1996 年牛津大学提出的孔径关联共焦显微技术,通过巧妙的针孔像素编码,实现了高光效全场层析,光能利用率最高可达 50%。

(5)线扫描:这是一种介于单光束点扫描和多光束阵列扫描的方法,横向通过狭缝进行一维线扫描,结合轴向物镜或载物台扫描。狭缝线扫描共焦显微技术主要在眼科医学领域发展起来并得到了广泛应用。

3. 共焦层析测量方法

上面对共焦三维扫描模式进行分类概括,共焦显微镜用于三维表面轮廓测量,利用共焦轴向层析响应特性,根据层析测量基本原理可以分为顶点层析和线层析两大类,具体原理如下:

(1)顶点层析:基本共焦轴向层析响应曲线具有典型的单峰响应,曲线的最大强度对应扫描物点在焦点的情形,对共焦轴向层析响应曲线进行峰值检测,得到对应扫描点的(相对)高度信息,峰值检测是共焦显微测量的基本方法。对于实际样品,共焦测量过程通过三维逐点扫描,得到实验数据为三维矩阵 $I(x_i,y_i,z_i)$,对应扫描点 (x_i,y_i) 的每一条轴向曲线,由于每一特定扫描点局部形貌各异,造成共焦轴向强度响应曲线具有微小或较大差异,峰值点对应的轴向扫描坐标不同,曲线的最大值、宽窄、对称性、旁瓣幅度等各不同,但理论上,轴向强度峰值点位置,对应于待测点位于显微物镜焦点的情形保持不变,从原始三维数组中,通过峰值检测提取出各峰值点的三维坐标位置,得到样品的三维精细结构及表面形貌,这是共焦扫描测量的基本过程。顶点层析表面形貌测量精度与峰值检测算法的选取有关,如滤波取峰值点、重心法、曲线拟合法等,顶点层析的主要缺点是由于峰值点低灵敏度特性,造成峰值检测精度下降,一般轴向分辨率在数十纳米。

(2)强度-位移线层析:在表面形貌测量中,共焦轴向层析响应曲线两侧边带强度衰减与离焦位移之间近似成线性关系。可利用这一特定量程范围得到离焦位移量,对应扫描物点的离焦位移,构建单次测量范围内的表面形貌,如果待测样品的表面高度变化超过线性区量程,则可以在完成单次横向扫描之后,进行样品的下一层深度范围测量,利用数据拼接完成整个表面形貌测量。强度-位移线性区层析具有的突出优点是避免了普通共焦层析采用峰值检测,显著提高了灵敏度和轴向分辨率,进而可提高测量精度,同时线层析避免轴向步进扫描,在线性区量程范围内只需进行单次横向光栅式扫描,利用强度与离焦位移校正关系曲线查找得到对应的高度信息,因此线层析方法的扫描速度即单场扫描速度。强度-位移线层析方法依赖于表面材质,不同材料表面反射率特性不同,如金属材料银、铝反射率高,而玻璃等材质反射率很低,使得强度-位移线层析方法必须对不同材质表面分别进行测量曲线校正,建立查找表。强度对样品材质的依赖性形成了对该方法的限制,利用线性量程的高灵敏度特性可实现纳米级深度分辨率测量。另外,强度-位移线层析方法假设前提是对不同位置的样品扫描点,线性测量曲线具有稳定性,即层析曲线形貌维持不变,否则线层析丧失了有效性,结果要求共焦强度-位移线层析方法适用于光滑微细结构形貌的测量。

(3)波长-位移线层析:利用波长色散聚焦特性,不同波长对应的共焦层析响应曲线会发生轴向偏移,可建立顶点位置与波长的线性对应关系曲线,由此得到类似于强度-位移线层析的波长-位移线层析曲线,量程由照明波长的光谱范围决定,探测光路需要引入光谱分光等。

4. 现代共焦显微镜系统

图5-28所示是现代激光扫描共焦显微镜系统示意图,包括点照明(单模光纤)、点探测(针孔)、点聚焦(显微物镜)和点扫描($X-Y$振镜与Z向PZT组合)等。

图5-29(a)是NA 0.9物镜的(准焦探测)共焦层析响应曲线(FWHM = 564nm),FWHM是半高全宽;

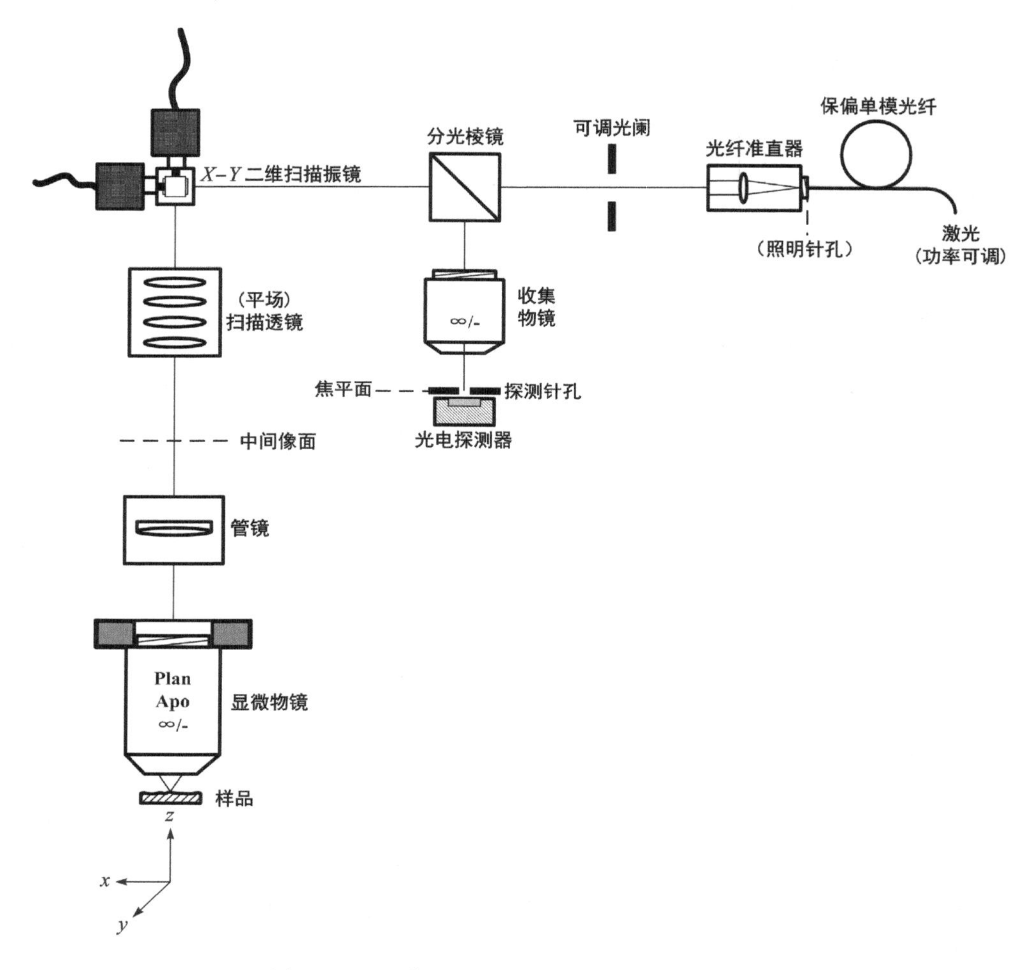

图5-28 现代激光扫描共焦显微镜系统示意图

图5-29(b)是NA 0.45物镜基本共焦和差动共焦层析响应曲线,准焦探测FWHM为3.32μm;图5-29(c)是周期为15μm的二维微透镜阵列,矢高3μm,垂直步进100nm,层析深度10μm,水平扫描范围为60.81μm×60.81μm;图5-29(d)是校准高度为630nm标准台阶(中国计量科学研究院检定)局部测量结果,所测高度约590nm,垂直步进50nm,层析深度6μm,水平扫描范围为60.81μm×60.81μm;而图5-29(e)是一维标准

光栅的三维扫描层析轮廓，图 5-29 所示三维轮廓进行了简单的二维中值滤波处理。

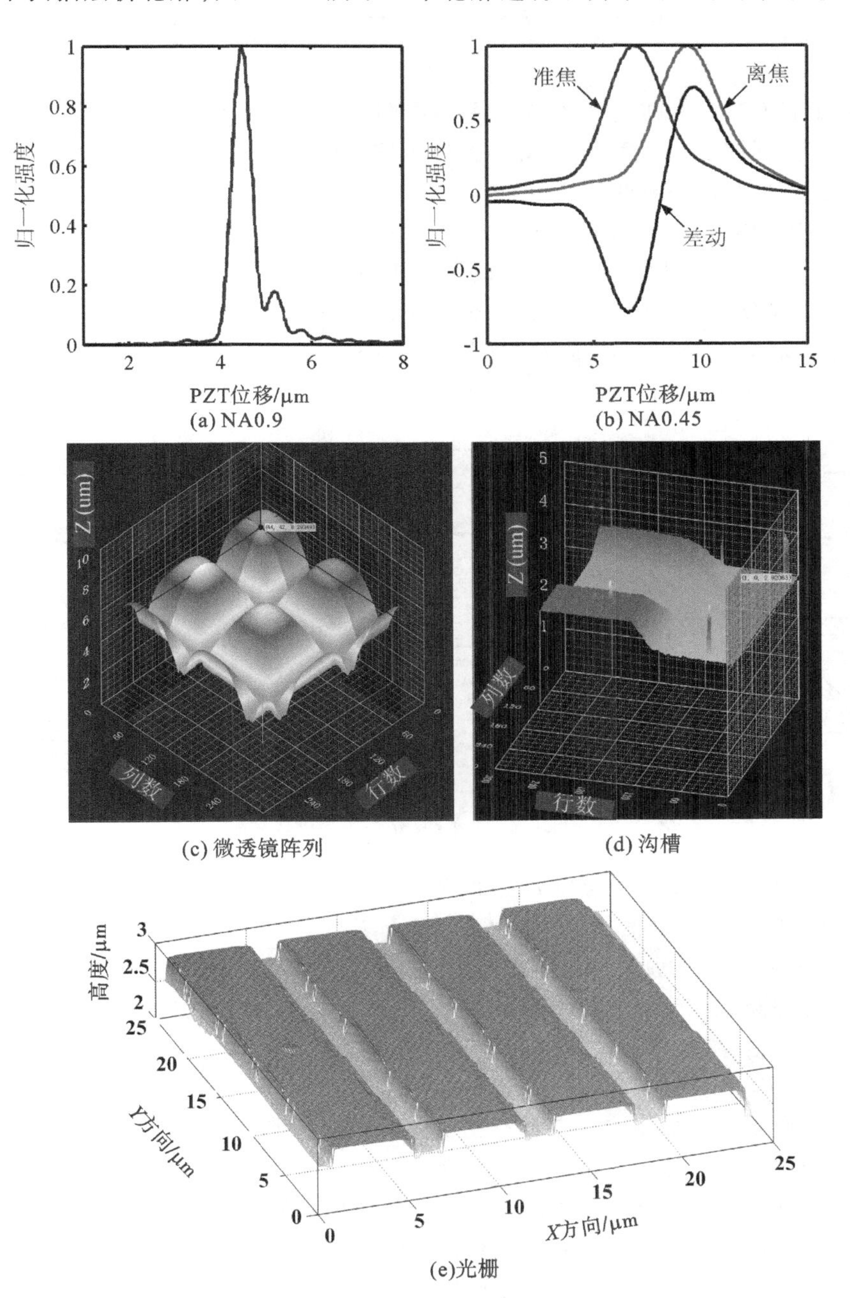

(a) NA0.9　(b) NA0.45

(c) 微透镜阵列　(d) 沟槽

(e)光栅

图 5-29　研制的工业型共焦显微镜特性及典型样品测量结果

习 题

5－1 在评定表面粗糙度时为什么要规定一段取样长度，并且还规定了个评定长度？

5－2 在图样上标注表面粗糙度时，必须要标出的两项内容是什么？怎样标注法？

5－3 给定公差值时应注意些什么？

5－4 将下列表面粗糙度要求标注在图5－30中：

(a)(i) 圆柱表面为加工表面，*Ra* 不大于0.8μm；

(ii)其余表面为加工表面，*Ra* 不大于3.2μm；

(b)(i) 底表面为加工表面，*Ra* 不大于1.6μm；

(ii) 上顶面为加工表面，*Ra* 不大于1.6μm。

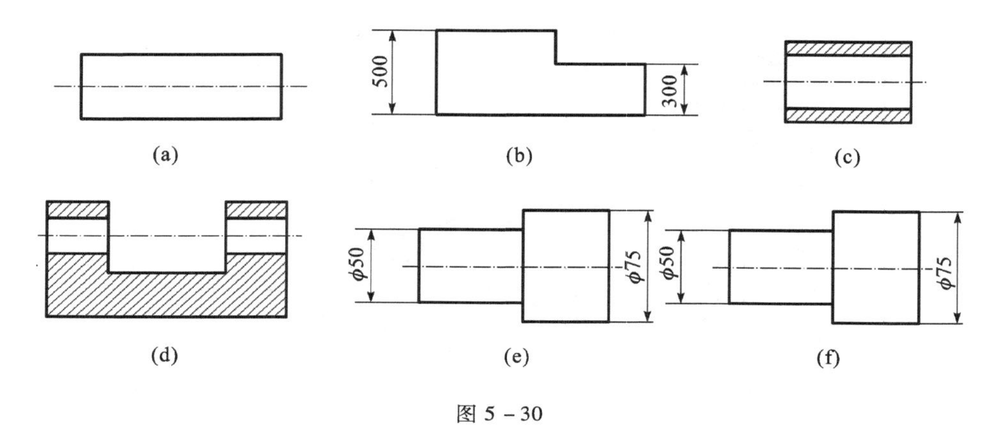

图5－30

(iii)高300mm的面为加工表面，*Ra* 不大于3.2μm；

(iv)其余表面均加工，*Ra* 不大于6.3μm；

(c)(i)内孔表面为加工，*Ra* 不大于3.2μm；

(ii)外圆表面为加工，*Ra* 不大于1.6μm，且有附加要求，*Rsm* 不大于0.05mm；

(iii)其余表面均加工，*Ra* 不大于12.5μm。

(d)(i)两内孔表面加工，*Ra* 不大于1.6μm；

(ii)底平面为加工，*Ra* 不大于0.8μm；且有附加要求，在 *c* 为20%时，*Rmr*(*c*)不小于40%，且加工纹理应平行于视图平面；

(iii)其余表面均为不加工表面，R_z不大于400μm。

(e)(i) ϕ50外圆为加工表面，*Ra* 不大于0.8μm，R_y不大于3.2μm；

(ii)ϕ75外圆为加工表面，*Ra* 不大于1.6μm；

(iii)ϕ50轴肩为加工表面，*Ra* 不大于1.6μm；

(iv)其余表面均加工，*Ra* 不大于6.3μm。

5－5 试考虑用什么测量方案来测量题4－15中的(e)和(f)的要求。

5－6 **综合作业**

图5－31为X6132型铣床主轴部件的部分结构简图。主轴部件采用三支承结构，前、中支承分别用D7518和E7513圆锥滚子轴承，以承受作用于主轴上的径向力和轴向

力，中支承轴承间隙由螺母 M64 ×2 -6H 进行调整；后支承只起辅助支承作用。主轴前支承处大齿轮和圆盘紧固在一起，它们作为飞轮使用，以提高主轴运转的稳定性。端面键用于联结主轴和刀杆，传递扭矩。该铣床小批量生产。

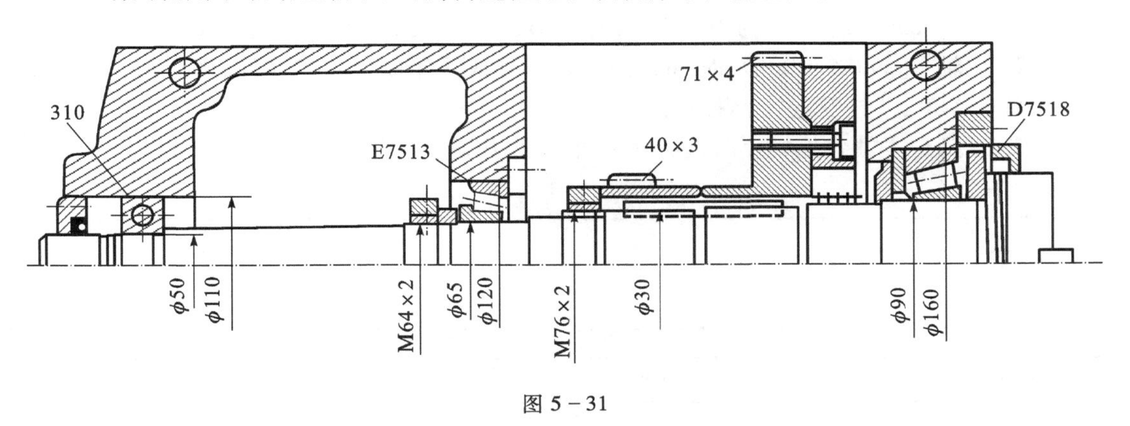

图 5－31

图 5－32 为主轴图。

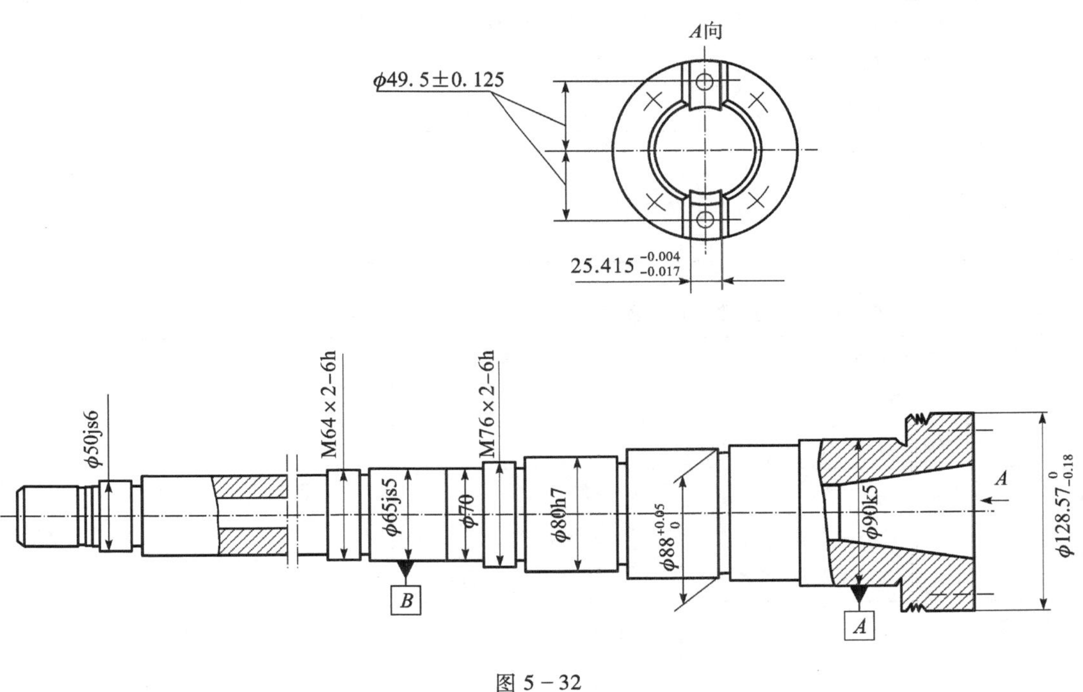

图 5－32

1. 在主轴图上标出如下形位公差要求：

(1) $\phi128.57_{-0.018}^{\ 0}$ 圆柱面对 ϕ90k5 和 ϕ65js5 圆柱面的 $A-B$ 公共轴线的径向圆跳动公差为 0.007mm；

(2) ϕ50js6 圆柱面对 $A-B$ 公共轴线的径向圆跳动公差为 0.01mm；

(3) $\phi128.57_{-0.018}^{\ 0}$ 圆柱的两端面对 $A-B$ 公共轴线的端面圆跳动公差为 0.005mm；

(4) 圆锥孔对 $A-B$ 公共轴线的径向圆跳动公差，靠近主轴端处为 0.005mm，距离主轴端面 300mm 处为 0.01mm；

(5)大端直径为 $\phi 88^{+0.05}_{0}$ 的圆柱面和 ϕ80h7 圆柱面对 $A-B$ 公共轴线的径向圆跳动公差均为0.01mm；

(6)两个$25.415^{-0.004}_{-0.017}$槽的两侧面对 $A-B$ 公共轴线的平行度公差为0.01mm；

(7)两个$25.415^{-0.004}_{-0.017}$槽的中心平面对 $A-B$ 公共轴线的位置度公差为0.08mm。

2. 主轴上 ϕ90k5、ϕ80h7、ϕ65js5 和 ϕ50js6 处应采用哪种公差原则，确定这几处的形状公差值，并按规定标于图上。

3. 试确定主轴各处的表面粗糙度参数值，并按规定标于图上。

附　表

附表 5－1　取样长度的数值(摘自 GB/T1031—2009)　(单位：μm)

0.08	0.25	0.8	2.5	8	25

附表 5－2　*Ra* 参数值与取样长度 *lr* 值以及评定长度 *ln* 值的对应关系

Ra/μm	取样长度 *lr*/mm	评定长度 *ln*/mm($ln=5\times lr$)
≥0.008～0.02	0.08	0.4
>0.02～0.1	0.25	1.25
>0.1～2.0	0.8	4.0
>2.0～10.0	2.5	12.5
>10.0～80.0	8.0	40.0

附表 5－3　轮廓算数平均偏差 *Ra* 的数值(摘自 GB/T 1031—2009)　(单位：μm)

第1系列	第2系列	第1系列	第2系列	第1系列	第2系列	第1系列	第2系列
	0.008						
	0.010(▽14)						
0.012			0.125		1.25(▽7)	12.5	
	0.016		0.16(▽10)				160
	0.020(▽13)	0.20		1.60	2.0		20(▽3)
0.025			0.25		2.5(▽6)	25	
	0.032		0.32(▽9)				32
	0.040(▽12)	0.40		3.2	4.0		40(▽2)
0.050			0.50		5.0(▽5)	50	
	0.063	0.80	0.63(▽8)				63
	0.080(▽11)			6.3	8.0		80(▽1)
0.100			1.00		10.0(▽4)	100	

注：优先选用第1系列，当选用第1系列不能满足要求时，可选取第2系列值。

附表 5－4　微观不平度十点高度 R_z（摘自 GB/T 1031—1995）　（单位：μm）

R_z/μm	0.025	0.4	6.3	100	1600
	0.05	0.8	12.5	200	
	0.1	1.6	25	400	
	0.2	3.2	50	800	

附表 5－5　轮廓最大高度 Rz 的数值（摘自 GB/T 1031—2009）　（单位：μm）

第 1 系列	第 2 系列	第 1 系列	第 2 系列	第 1 系列	第 2 系列	第 1 系列	第 2 系列	第 1 系列	第 2 系列	第 1 系列	第 2 系列
			0.125		1.25	12.5			125		1250
			0.160	1.60 (∇9)			16.0		160 (∇2)	1600	
		0.20 (∇12)			2.0		20 (∇5)	200			
0.025			0.25		2.5	25			250		
	0.032		0.32	3.2 (∇8)			32		320 (∇1)		
	0.040	0.40 (∇11)			4.0		40 (∇4)	400			
0.050 (∇14)			0.50		5.0	50			500		
	0.063		0.63	6.3 (∇7)			63		630		
	0.080	0.80 (∇10)			8.0		80 (∇3)	800			
0.100 (∇13)			1.00		10.0 (∇6)	100			1000		

注：优先选用第 1 系列，当选用第 1 系列不能满足要求时，可选取第 2 系列值。

附表 5-6 轮廓单元的平均宽度 *Rsm*① 和轮廓的单峰平均间距 *S*② 的数值

第 1 系列	第 2 系列	第 1 系列	第 2 系列	第 1 系列	第 2 系列	第 1 系列	第 2 系列	第 1 系列	第 2 系列
		0.0125			0.125		1.25	12.5	
			0.016		0.160	1.6			
			0.020	0.20			2.0		
	0.002		0.023		0.25		2.5		
	0.003	0.025			0.32	3.2			
	0.004		0.040	0.40			4.0		
	0.005	0.050			0.50		5.0		
0.006			0.063		0.63	6.3			
	0.008		0.080	0.80			8.0		
	0.010	0.10			1.00		10.0		

注：优先选用第 1 系列，当选用第 1 系列不能满足要求时，可选取第 2 系列值。

①旧标准中称为轮廓微观不平度的平均间距，用 S_m 表示。

②轮廓的单峰平均间距 *S* 数值摘于 GB/T 1031—1995。

附表 5-7 轮廓支承长度 *Rmr*(*c*) 的数值

Rmr(*c*)/%	10	15	20	25	30	40	50	60	70	80	90

附表 5-8 轮廓水平截距 *c* 的数值（按 *Rz* 的百分数）

c/%	5	10	15	20	25	30	40	50	60	70	80	90

机器几何精度设计

6

6.1 概述

任何一台机器的设计,都需要经过以下 3 个方面的分析计算。

(1)运动的分析与计算。根据机器或机构应实现的运动,由运动学原理,确定机器或机构的合理传动系统,选择合适的机构或元件,以保证实现预定的动作,满足机器或机构的运动方面的要求。

(2)强度的分析与计算。根据强度、刚度等方面的要求,决定各个零件合理的基本尺寸,进行合理的结构设计,使其在工作时能承受规定的负荷,达到强度和刚度方面的要求。

(3)几何精度的分析与计算。零件基本尺寸确定后,还需要进行精度计算,以决定产品各个部件的装配精度以及零件的几何参数和公差。

需要指出的是,以上 3 个方面,在设计过程中是缺一不可的。由于本书讨论的是精度问题,所以,本章主要讨论的是机器几何精度的分析与计算。

机器精度的分析与计算是多方面的,但归结起来,设计人员总是要根据给定的整机精度,最终确定出各个组成零件的精度,如尺寸公差、形状和位置公差,以及表面粗糙度参数值。但是,根据上述设计精度制造出的零件,装配成机器或机构后,还不一定能达到给定的精度要求。因为机器在运动过程中,其所处的环境条件(如电压、气温、湿度、振动等等)及所受的负荷都可能发生变化,从而会造成相关零件的尺寸发生变化;或者相对运动的零件耦合后,其几何精度在运动过程中也可能发生改变。为此,除分析计算机器静态的精度问题之外,还必须分析在运动情况下,零件及机器的精度问题。而且由于现代机械产品正朝着机光电一体化的方向发展,这样的产品,其精度问题已不再是单纯的尺寸误差、形状和位置误差等几何量精度问题,而是还包含光学量、电学量等及其误差在内的多量纲精度问题,其分析与计算比传统的几何量精度分析更为复杂和困难。

6.1.1 机器精度的含义

精度是机器(构件、部件、零件)的最重要的指标之一。它的大小也用误差来表示,误差大说明精度低,误差小说明精度高。机器精度的一般含义可以定义为实际机器与理想机器的性能指标或运动规律的偏差。为进一步理解精度的概念,可以从以下 3 个方面进行描述:

1. 机器准确度

如图 6-1 所示,机器准确度是由机器的系统误差所引起的机器实际性能指标或运动规

律 $y(x)$ 与理想的性能指标或运动规律 $y_0(x)$ 的偏差,即:

$$\Delta y(x)=y(x)-y_0(x) \tag{6-1}$$

例如,在参数 x_i 处,其准确度为

$$\Delta y_i(x_i)=y(x_i)-y_0(x_i)$$

准确度反映了机器的系统误差的大小。从理论上讲,无论是定值系统误差,还是变值系统误差,都是可以消除的。比如,可以通过调整、更换零件、加修正量进行误差补偿等方法,消除或最大限度地降低系统误差的影响,从而提高机器准确度。

2. 机器精密度

如图 6-2 所示,机器精密度表示机器在多次重复运动时,其性能指标或运动规律 $y'(x)$ 对其平均水平 $y(x)$ 的分散程度。它是由机器中存在的随机误差引起的。这样,机器在多次重复运动到参数 x_i 处时,机器的性能指标并不是 $y_i(x_i)$,而是在 $y_i(x_i)$ 的上下浮动,浮动的大小,即图中所示的虚线的范围 δ_i,即表示机器精密度的大小。

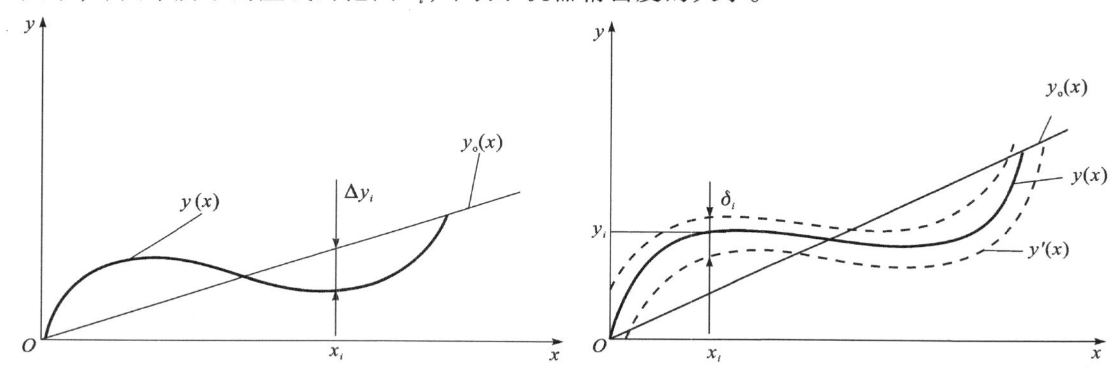

图 6-1 机器准确度示意图　　图 6-2 机器精密度示意图

精密度反映机器的随机误差的大小。从理论上讲,随机误差不能完全消除,它是许多微小的因素综合作用的结果,但每个因素都不起决定作用。因此,误差表现为较强的随机性。例如,加工时被加工材料的性能不一致,加工余量不恒定引起的误差、配合间隙、作用力的变化、摩擦及弹性变形可能引起的尺寸及形状和位置的变化等等。

由于准确度和精密度两者反映的是不同的误差种类,所以,它们之间有很大的不同,从图 6-1 和图 6-2 可以看出:准确度高,不一定说明其精密度也高;同样地,精密度高,也不说明其准确度也高。这体现了准确度与精密度之间相互独立的一个方面。另一方面,在一定条件下,两者又是互为相关和联系的,这表现为在一定条件下,系统误差与随机误差可以相互转化。比如,仪器零点的调整误差,在多次重复调整中表现为随机误差,但在一次调整后测量一批零件就表现为定值系统误差。

3. 机器精确度(机器精度)

如上所述,系统误差与随机误差既相互独立,又可以相互转化,它们的综合构成了机器的整体误差。对一台机器而言,我们希望它的准确度和精密度都高。机器的准确度与精密度的综合称为机器精确度,也叫作机器精度。它反映了机器的系统误差与随机误差综合作用的程度。只有准确度与精密度的综合才能全面反映机器精度的特征。

需要指出的是,从广义上讲,这里的“机器”应该是“机器系统”。即,我们不仅要研究由零件、构件及部件所组成的机器本身的精度设计问题,同时也要研究系统可能存在的一些补偿环节的精度设计问题。前者称之为开环系统,后者称之为闭环系统,如图 6－3 所示。按照控制论的方法,可写出描述这样的机器系统的动力学方程:

$$\begin{cases} X(t) = F(X(t), u(t), f(t)) & X \in R^m \\ Y(t) = H(X(t), u(t), f(t)) & Y \in R^n \end{cases} \tag{6-2}$$

式中,$X(t)$——系统的状态变量。比如位移、速度、加速度、切削用量以及刀具的状态参数等等;

$u(t)$——系统输入变量;

$Y(t)$——系统的输出变量,与 $X(t)$ 可能代表的含义一样;

$u(t)$,$Y(t)$——既可能表示几何量、力学量,也可能表示各种非几何量及非力学量,如电学量或化学量等;

$f(t)$——机器系统可能承受的一些外来扰动、如电压的波动、机器基座的振动等等。

图中的虚线部分表示系统可能具有的反馈环节,其作用是检测输出信号或状态变量信号与输入信号 $u(t)$ 作比较,再输入到系统中去。对机器设备而言,这样可提高加工的效率和有效地降低废品率。

从图 6－3 可知,若要使机器系统总的精度高,必须进行以下 3 个方面的工作。

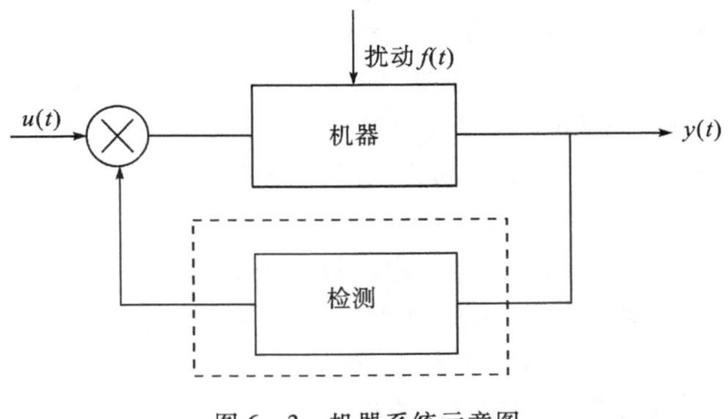

图 6－3　机器系统示意图

①分析由零件、构件或部件所组成的机器中,各种尺寸误差、形位误差及表面粗糙度对机器精度的影响。

②分析机器在运行过程中,外来扰动及机器本身参数的改变对机器精度的影响。

③分析机器在有检测反馈环节,如传感器系统时,传感系统的精度对机器精度的影响。

严格来讲,只有在实际上解决好上述三方面的精度分析问题,才能使机器达到或很好地接近设计的预期水平。

6.1.2　机器精度设计的内容

机器精度设计分为两大内容:

1. 静态精度设计

静态精度设计,就是处理静态误差的大小问题。所谓静态误差,是指零部件或机器中各种尺寸误差、零件各几何要素及其要素之间的形位误差等,不考虑运动状态下可能产生的一些附加误差。静态精度设计,就是研究这些误差之间的关系。这里,静态的含义还可以理解为尺寸连接处的两个零件表面是相互接触的,而且在一般情况下,彼此之间没有相对运动。

静态精度设计是第一位的,必须首先解决好静态精度问题。传统的精度设计主要是机器的静态精度设计。静态精度的分析与设计所采用的方法有很多种,如在机构精度分析中采用的微分法、转换机构法及作用线增量法等,但在机器精度分析中,尺寸链的理论和方法应用最为普遍,况且在很多情形下,别的方法也可以划入尺寸链的分析与计算之中。

本章将较为详细地介绍有关尺寸链的方法和理论。

2. 动态精度设计

动态精度设计,就是处理动态误差的大小问题。所谓动态误差,就是机器在运动过程中可能产生的各种附加误差,而且在一般情况下,这些误差是时间的函数。这里,动态的含义不仅可以理解为零件之间存在相对运动(连接它们的尺寸就表现为动态的尺寸关系),而且还可以理解为在运动过程中,来自机器内部的和外部的一些非尺寸量,如机器中的阻尼、磨擦、光学量、电学量及气动量的改变对机器性能参数的扰动。因为一部机器的性能好坏,主要在工作中才能体现出来,所以必须研究它的传动精度或动态精度。

随着科学技术的日益进步,现代机械产品正朝着高效率、高速度(高频率)、高精度这样的趋势发展,体现出机光电的高度集成化。这在现代的自动化生产系统中表现得尤为突出,如柔性制造系统(FMS)和计算机集成制造系统(CIMS)。要达到上述的"三高"要求,机器的动态精度设计就显得特别重要。可以毫不夸张地说,无论在高精尖的国防产品,还是在一般的民用产品中,只有很好地解决动态精度问题,才能使产品在市场中具有竞争力。

与传统的静态精度分析相比,动态精度分析,无论在理论上还是方法上都显得很不完善。原因可从两个方面来讲,一方面,受一定的技术限制和当时的生产水平的制约,未能对机器的性能提出更高的要求。这样,动态误差的影响不大,这也就限制了对动态精度设计方法的研究和探索;另一方面,从力学的角度讲,静态精度设计可以认为是属于静力学范围的,而动态精度设计则可认为是属于动力学范围的。由于机器系统是一个严重的本质非线性多变量系统,这就给理论研究带来很大的困难。另外,动态精度分析的对象是一些动态误差,这些误差中哪一个影响最显著,误差信号怎样提取,由于机器处于动态条件下,也给实验研究带来困难。

动态精度问题是机器精度理论的新发展,即使在目前,仍然是国内外研究的新课题,由于它所研究的对象的变化规律本质地影响机器的动态性能,所以很值得我们深入地进行研究。

相对于研究静态尺寸误差关系的尺寸链,有时也把研究动态误差关系的精度分析称为运动链的精度设计。但是,运动链的误差分析只是动态精度分析的一种形式,动态精度分析的内涵比运动链或传动链的精度分析要广泛得多。

6.2　静态精度设计方法——尺寸链

在设计或制造机器时,经常遇到这样的问题:怎样分析机器或机构中各零件之间的尺寸关系?怎样保证机器的装配精度与技术要求?怎样制定组成机器产品各零件的尺寸公差和位置公差?诸如此类的问题在很大程度上可归纳为尺寸链问题来解决。

如前所述,在分析静态尺寸所构成的精度问题中,主要以尺寸链的理论为主。机器的精度与各种尺寸之间有着密切的联系,这里的尺寸可以是线性尺寸、角度及形位误差等几何量,也可以是物理量、化学量等广义尺寸。由于零件尺寸不能制造得绝对精确,总会存在一定的误差。所以,当把这些零件装配以后,就形成误差的累积,累积后的总误差就会影响机器的精度,从而影响机器的工作性能。因此,在机器的设计与制造过程中,应全面考虑有联系的所有尺寸,以及这些尺寸的误差与总的累积误差之间的关系,合理地确定零件的公差,这是进行尺寸链分析与计算的基础。

尺寸链在设计中的应用可归纳为如下几点:

(1)对机器结构进行分析,由一定的功能指标合理确定零部件的精度。

(2)对机器结构提供改进方案,比如设置必要的调整环,使产品具有良好的可装配性与互换性。

(3)对加工过程中的工序误差及其累积误差进行分析,能合理确定工序尺寸公差,合理安排工艺流程,使产品具有良好的加工工艺性和经济性。

尺寸链在制造中的作用可归纳为如下几点:

(1)能进行工艺尺寸换算和工序间转换尺寸的计算。

(2)能合理制定装配路线和方法。

(3)能合理地分析产品的质量问题。

本节将着重介绍常用尺寸链的分析方法。

6.2.1　有关尺寸链的基本概念

1. 尺寸链的定义和有关术语

机器和仪器零、部件的各要素之间,都有一定的尺寸关系。其中许多尺寸彼此联接,形成封闭状态,且其中某一尺寸的大小受其他所有尺寸变动影响。在机器装配和零件加工过程中,相互联接的尺寸形成封闭的尺寸组称为尺寸链。

图 6-4 所示为孔与轴的间隙配合。孔径 A_1,轴径 A_2 以及间隙 A_0 就构成了一个装配尺寸链。间隙 A_0 的大小受孔径和轴径变化的影响。

图 6-5 表示一分齿轮轴在加工过程中各端面间的尺寸关系。加工时,先分别按尺寸 B_1 和 B_2 加工台阶表面,再按 B_3 将零件切断,则 B_0 也就随之确定。在这个零件上,尺寸 B_1、B_2,B_3 和 B_0 构成封闭的尺寸组,形成一个零件尺寸链。

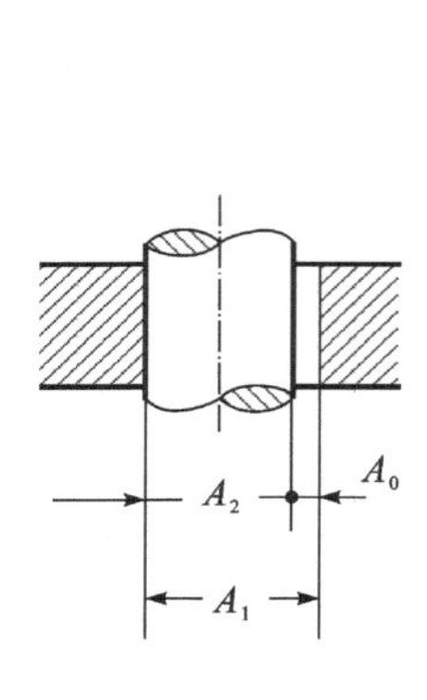

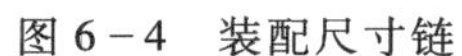
图 6-4 装配尺寸链

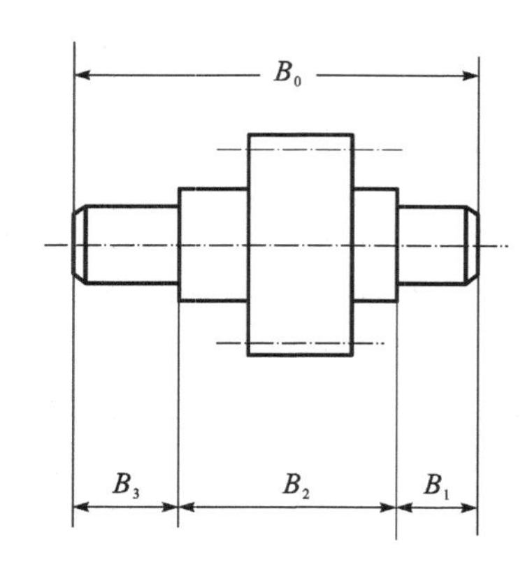

图 6-5 零件尺寸链

图 6-6 为一个工艺尺寸链,其中 C_0 为加工余量。

在进行尺寸链的分析和计算时,为方便起见,可不画出零部件的具体结构,也不必按严格的尺寸比例,只要依次画出尺寸链中的各个尺寸,这种图形称之为尺寸链图,如图 6-7 所示。

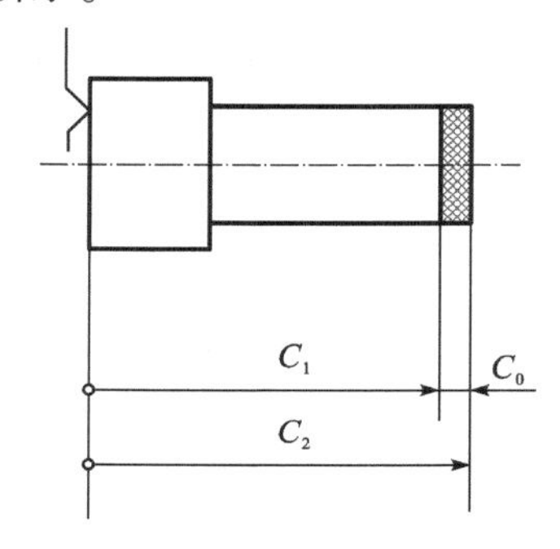

图 6-6 工艺件尺寸链

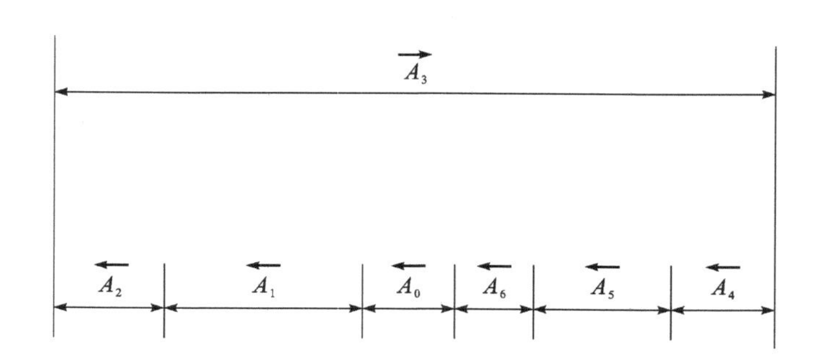

图 6-7 尺寸链图

列入尺寸链中的每一个尺寸均称为环。在这些环中,存在两种不同性质的组成部分,其中的一种,称之为封闭环,另一种称之为组成环,其定义和性质如下:

(1)封闭环。在装配过程或加工过程中最后形成的一个环称为封闭环。通常用下标为“0”的字母表示,如 A_0 等。封闭环是由其他尺寸环间接形成的最终环,这些环的误差必然累积到这个环上,所以封闭环的误差是所有组成环的误差的综合。

(2)组成环。尺寸链中对封闭环有影响的全部环称为组成环。通常用下标为 1,2,3,…的数字表示,如 A_1,A_2,A_3 等。组成环误差的大小,是由加工设备和方法决定的,不受其他环的影响。按对封闭环的不同影响,组成环又可分为两种:

①增环。组成环中某一环的变动引起封闭环的同向变动,即当其他组成环不变时,该环增大封闭环也增大,该环减小封闭环也减小,则这个组成环称为增环。如图 6-7 中的 A_3,也可用 A_z 来表示。

②减环。组成环中某一环的变动将引起封闭环的反向变动,这个环就称为减环。如图 6-7 中的 $A_1 \sim A_6$,也可用 A_j 来表示。

如上所述,尺寸链具有以下两个基本特征:

- 封闭性。全部尺寸依次连接构成封闭尺寸组,这是尺寸链的形式;
- 关联性。所有组成环的变动都直接导致封闭环的变动,这是尺寸链的实质。

2. 尺寸链的分类

尺寸链可按下述特征进行分类。

按应用的场合,可以分为

(1)装配尺寸链。全部组成环为不同零件设计尺寸所形成的尺寸链(图6-4)。

(2)零件尺寸链。全部组成环为同一零件设计尺寸所形成的尺寸链(图6-5)。

(3)工艺尺寸链。全部组成环为同一零件的工艺尺寸所形成的尺寸链(图6-6)。所谓工艺尺寸是指工序尺寸、定位尺寸与基准尺寸等。

按各环在空间的位置,可以分为

(1)直线尺寸链。全部组成环均平行于封闭环的尺寸链(图6-4到图6-6)。

(2)平面尺寸链。全部组成环位于一个或几个平行平面内,但某些组成环不平行于封闭环的尺寸链,如图6-8所示。

(3)空间尺寸链。组成环位于几个不平行平面内的尺寸链。

按尺寸链的不同计量单位,可以分为

(1)长度尺寸链。全部环为长度尺寸的尺寸链。

(2)角度尺寸链。全部环为角度尺寸的尺寸链。

有时,在长度尺寸链中,组成环有些是长度尺寸,另外一些是角度尺寸,但封闭环是长度尺寸;同样,在有些角度尺寸链中,组成环既有长度尺寸,也有角度尺寸,但封闭环是角度尺寸。

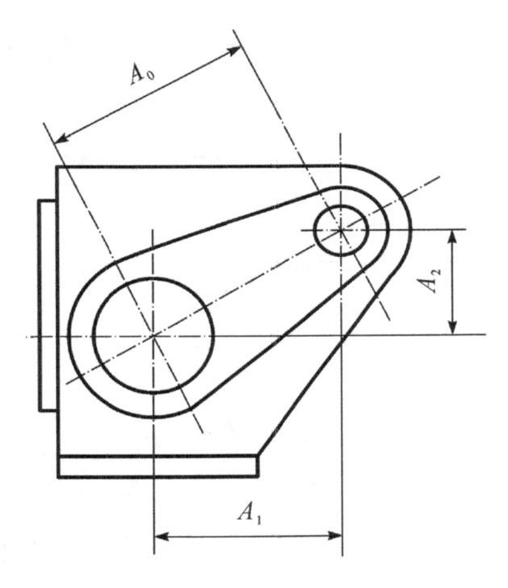

图6-8 平面尺寸链

6.2.2 尺寸链的建立和分析

为了保证机器、仪器的设计要求和装配过程中零部件的互换性,需要从中找出相互联系的尺寸,从而建立尺寸链;然后,经过必要的精度分析与精度分配,达到精度设计经济合理的目的。

1. 尺寸链的建立

(1)首先确定封闭环。确定的依据是根据设计要求和文件的技术要求。如前所述,封闭环是在装配或加工过程中最后形成的一个环,是各组成环的误差累积的最终环。建立尺寸链,首先要正确地确定封闭环。装配尺寸链中的封闭环,如图6-4所示的孔轴配合的间隙,往往代表产品的技术规范或装配要求,是机器或部件上有装配精度要求的尺寸。工艺尺寸链的封闭环为被加工零件要求达到的设计尺寸或工艺过程需要的余量尺寸,如图6-6所示中的余量尺寸 C_0。零件尺寸链中的封闭环,应为公差等级要求最低的环,一般在零件图上不进行标注,以免引起加工中的混乱。如图6-5中的尺寸 B_0,在零件图上是不标注的。此外还应注意,零件尺寸链和工艺尺寸链中,封闭环必须在加工顺序确定之后才能判断。加工顺序改变了,封闭环也随之改变。如图6-5中的齿轮轴,若分别加工轴向尺寸 B_1,B_2,和

B_0，则尺寸 B_3 是最后形成的，也就成为封闭环。

（2）根据与封闭环有关的尺寸作出尺寸链图。确定组成环时，必须注意将与封闭环无关或无直接影响的尺寸排除在外。一个尺寸链中组成环的环数应尽量减少。

具体查找装配尺寸链时，先找出与封闭环一侧相邻的零件尺寸，然后再找出与第一个零件尺寸相邻的第二个零件尺寸，这样依次查找出各个相邻并直接影响封闭环变动的全部尺寸，直至最后一个尺寸与封闭环另一侧相接，从而形成封闭的尺寸组。

例如，车床头架主轴轴线与尾架轴线高度差的允许值 A_0 是装配技术要求，为封闭环，如图 6－9 所示。可从尾架顶尖起查找，尾架顶尖到底面的高度 A_1，与床面相连的底板的厚度 A_2，与床身导轨前面接触的头架底平面到顶尖的高度 A_3，最后回到封闭环，各组成环与封闭环形成封闭的尺寸组。

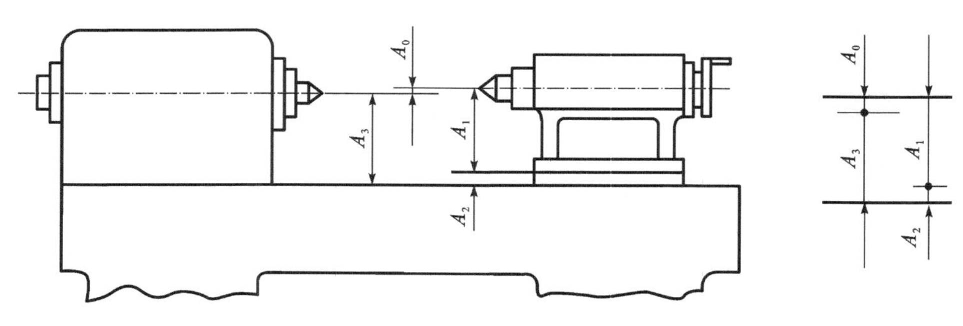

图 6－9　车床头架顶尖与尾架顶尖的等高尺寸链

2. 尺寸链的分析

（1）分析计算尺寸链的目的、任务和方法

①目的。分析和计算尺寸链，也称为解尺寸链，就是要分析尺寸链中组成环与封闭环的基本尺寸之间、公差之间及极限偏差之间的关系，合理分配公差和确定极限偏差，并进行各环公差和极限偏差的验算，以确保加工和装配过程经济合理，保证产品的精度要求和技术要求。

②任务。如前所述，在尺寸链中，要进行精度分析和精度分配。精度分析可认为是根据各组成环的基本尺寸和极限偏差，求封闭环的基本尺寸和极限偏差，从而分析封闭环的变动范围是否符合技术要求。精度分配，是已知封闭环的极限尺寸和各组成环的基本尺寸，求各组成环的极限偏差。精度分析与分配是尺寸链分析的两大方面。

③方法。根据产品的设计要求，结构特征、公差大小和生产设备条件等因素，可以采用下列方法之一进行尺寸链的分析计算。

- 互换法。按互换程度的不同，分为极值法（也叫完全互换法）和概率法。
- 其他方法。根据具体情况，分为分组互换法、修配法和调整法等等。

（2）尺寸链的基本关系式

假定在一个尺寸链中，封闭环 A_0 组成环 $A_i(i=1,\cdots,n)$ 之间的函数关系为

$$A_0=f(A_1,A_2,\cdots,A_n) \tag{6-3}$$

则称上式为尺寸链的基本尺寸关系式。由此式即可导出 A_i 的误差与封闭环 A_0 的误差之间的关系。

对式(6-3)求全微分,可得:

$$dA_0 = \sum_{i=1}^{n} \frac{\partial A_0}{\partial A_i} dA_i$$

A_0 对 A_i 的偏导数$\frac{\partial A_0}{\partial A_i}$称为 A_1 对 A_0 的传递比,记为 $r_i = \frac{\partial A_0}{\partial A_i}$,则上式成为

$$dA_0 = \sum_{i=1}^{n} r_i \cdot dA_i \tag{6-4}$$

当 A_1 为增环时,即 A_0 为 A_i 的增函数,此时 $r_i > 0$;反之,当 A_i 为减环时,$r_i < 0$。

若将 dA_i 和 dA_0 分别以公差 T_i 和 T_0 近似代替时,则式(6-4)成为

$$T_0 = \sum_{i=1}^{n} |r_i| T_i \tag{6-5}$$

式(6-5)就是极值法解尺寸链的基本关系式。

若考虑误差分布特性,就要用统计的方法来计算。由式(6-3),可建立 A_0 与 A_i 之间的方差的关系式,由概率统计学,假定各组成环之间是相互独立的,则可得到如下的近似表达式:

$$\sigma_0^2 = \sum_{i=1}^{n} \sigma_i^2 r_i^2$$

有 $T_i = 6\sigma_i / K_i$ 代入上式可得到

$$T_0 = \frac{1}{K_0} \sqrt{\sum_{i=1}^{n} K_i^2 r_i^2 T_i^2} \tag{6-6}$$

式(6-6)就是以概率法解尺寸链的基本关系式。

式中,K_i——各组成环的相对分布系数 $i = 1, 2, \cdots$,以 n_0,K_i 可结合实际情况而定。对于形位误差,一般认为,对折叠正态分布,取 $K_i = 1.2$,对瑞利分布,取 $K_i = 1.14$。也可以结合实际情况综合给定;

K_0——封闭环的相对分布系数。由概率论的中心极限定理,当组成环数 n 很大时,封闭环趋于正态分布,这样 $K_0 \approx 1$。但当 $n \leqslant 5$ 时,封闭环将偏离正态分布,一般取 $K_0 \approx 1.2$,且认为是对称分布。

若 $K_0 \approx 1$,则式(6-6)成为

$$T_0 = \sqrt{\sum_{i=1}^{n} K_i^2 r_i^2 T_i^2} \tag{6-7}$$

6.2.3 直线尺寸链

1. 极值法

采用极值法,在全部产品中,装配时各组成环不需挑选或改变其大小和位置,装入后即能达到封闭环的公差要求。其出发点为:当所有增环均为最大极限尺寸,且所有减环均为最小极限尺寸时,获得封闭环的最大极限尺寸;当所有增环均为最小极限尺寸,且所有减环均为最大极限尺寸时,获得封闭环的最小极限尺寸。

(1)基本尺寸。在直线尺寸链中,传递比 $r_i = \pm 1$,且封闭环为各组成环的线性式。若共有 n 个组成环,其中 m 个为增环,记为 A_z,减环记为 A_j。则可建立如下方程(参见图 6-7):

$$A_0 = \sum_{i=1}^{m} A_z - \sum_{i=m+1}^{n} A_j \tag{6-8}$$

（2）极限尺寸、极限偏差及公差。由极值法原理，对直线尺寸链，极限尺寸的关系即为

$$A_{0\max} = \sum_{i=1}^{m} A_{z\max} - \sum_{i=m+1}^{n} A_{j\min}$$
$$A_{0\min} = \sum_{i=1}^{m} A_{z\min} - \sum_{i=m+1}^{n} A_{j\max} \tag{6-9}$$

由式（6－8）及式（6－9），可得封闭环与组成环的极限偏差的关系式为

$$ES_0 = \sum_{i=1}^{m} ES_z - \sum_{i=m+1}^{n} EI_j$$
$$EI_0 = \sum_{i=1}^{m} EI_z - \sum_{i=m+1}^{n} ES_j \tag{6-10}$$

式中，ES_z、EI_z、ES_j、EI_j——分别为增环和减环的上、下偏差。

式（6－10）中的两式相减，可得公差方程式：

$$T_0 = \sum_{i=1}^{n} T_i \tag{6-11}$$

2. 概率法

采用概率法，极限偏差和极限尺寸的导出要借助于中间偏差的计算。因为对非正态分布的组成环，其均值$\bar{x}$与公差带中心不重合，即存在相对不对称系数 a。

对式（6－4）两端取数学期望，得到：

$$\overline{dA_0} = \sum_{i=1}^{n} r_i \overline{dA_i}$$

有$\overline{dA_i} = \Delta_i + \alpha_i T_i/2$，$\overline{dA_0} = \Delta_0 + \alpha_0 T_0/2$，代入上式，即得：

$$\Delta_0 = \sum_{i=1}^{n} r_i(\Delta_i + \alpha_i \cdot T_i/2) - \alpha_0 T_0/2 \tag{6-12}$$

$$\Delta_i = (EI_i + ES_i)/2 \tag{6-13}$$

式中，Δ_i——中间偏差；

α_i——组成环 A_i 的相对不对称系数；

α_0——封闭环的相对不对称系数。当组成环数较多时，取 $\alpha_0 = 0$ 。

$$ES_0 = \Delta_0 + T_0/2$$
$$EI_0 = \Delta_0 - T_0/2 \tag{6-14}$$

于是，封闭环的极限尺寸为

$$A_{0\max} = A_0 + ES_0 = A_0 + \Delta_0 + T_0/2$$
$$A_{0\min} = A_0 + EI_0 = A_0 + \Delta_0 - T_0/2 \tag{6-15}$$

由式（6－6），知其公差方程为

$$T_0 = \frac{1}{k_0}\sqrt{\sum_{i=1}^{n} k_i^2 r_i^2 T_i^2} \tag{6-16}$$

而其基本尺寸 A_0，仍由式（6－3）确定。

式（6－3）、式（6－12）～式（6－16）即是概率法解尺寸链的基本关系式。

对于直线尺寸链，在上面的公式中，注意 $r_i = 1$ 即可。

式（6－16）即为国家标准中所命名的“统计公差”的公式。

当组成环数较多时，封闭环趋于正态分布，若假定各组成环亦为正态分布，则式（6－16）成为

$$T_0 = \sqrt{\sum_{i=1}^{n} r_i^2 T_i^2} \qquad (6-17)$$

式（6－17）即为国家标准中所命名的“平方公差”的公式。

例 6－1 轴在装配前需要镀铬，铬层厚度 $t = (12 \pm 2)\mu m$，孔径为 $\phi 50^{+0.025}_{0}$ mm。要求镀铬后，孔与轴的配合满足 ϕ50H7/f6。试用极值法求镀铬前轴的尺寸 A_2。

解 （1）确定封闭环。依题意，镀铬后孔与轴的配合应满足 ϕ50H7/f6 的间隙要求。间隙是在装配过程中最后形成的，是封闭环，即为 $A_0 \phi 50\text{H7}(^{+0.025}_{0})$ 孔和 $\phi 50\text{f6}(^{-0.025}_{-0.041})$ 轴的配合的极限间隙为

$$X_{max} = +0.025 - (0.041) = +0.066\text{mm}$$

$$X_{min} = 0 - (-0.025) = +0.025\text{mm}$$

于是封闭环可写为 $A_0 = 0^{+0.066}_{+0.025}$ mm。

（2）画尺寸链图。由图 6－10（a）可知，直接影响封闭环 A_0 的尺寸有孔径 $A_1 = 50^{+0.025}_{0}$ mm，镀铬前轴径 A_2 以及镀层厚度 $A_3 = 2t = 0.024 \pm 0.004$mm。此处为方便起见，已将轴上镀层全部画在上方，如图 6－10（b）所示。这是两种形式的尺寸链图。

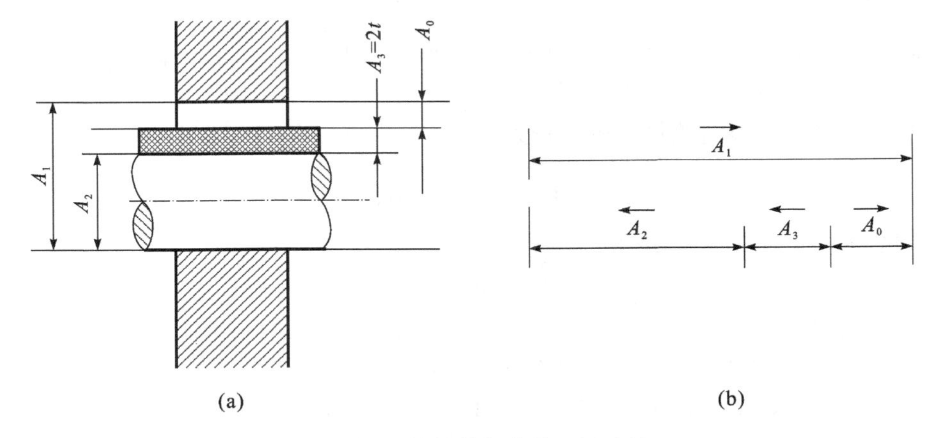

图 6－10 镀铬轴与孔装配尺寸链

（3）列尺寸链方程式。在图 6－10（b）中，可知 A_1 为增环，A_2 和 A_3 为减环。此尺寸链的方程式为

$$A_0 = A_1 - (A_2 + A_3)$$

代入数值得 $$A_0 = 50 - (A_2 + 0.024) = 0$$

解得 $$A_2 = 49.976\text{mm}$$

（4）求 A_2 的极限偏差。由式（6－10）可得

$$+0.066 = +0.025 - (EI_2 - 0.004)$$

$$+0.025 = 0 - (ES_2 + 0.004)$$

解得 $ES_2=-0.029\text{mm}$，$EI_2=-0.037\text{mm}$，$T_2=0.008\text{mm}$。

(5)验算。$T_1=0.025\text{mm}$，$T_3=2\times0.004=0.008\text{mm}$，$T_0=0.066-0.025=0.041\text{mm}$，由式(6－11)有：

$$T_1+T_2+T_3=0.025+0.008+0.008=0.041=T_0\text{，说明计算正确。}$$

最后的结果为 $A_2=49.976_{-0.037}^{-0.029}\text{mm}$，亦可写为 $A_2=50_{-0.061}^{-0.053}\text{mm}$。

实际上，若建立一个以镀铬前的轴径、镀铬后轴径和镀层厚度组成的轴的镀铬工艺尺寸链来解此题，要比上述计算来得更简捷。同学们可自己动手计算。

例 6－2 加工圆筒如图 6－11 所示，通过磨削加工，获得外圆尺寸 $A_1=\phi70_{-0.12}^{-0.04}\text{mm}$，内孔尺寸 $A_2=\phi60_{0}^{+0.06}\text{mm}$。已知内外圆轴线的同轴度 $t=\phi0.02\text{mm}$。求壁厚 A_0。

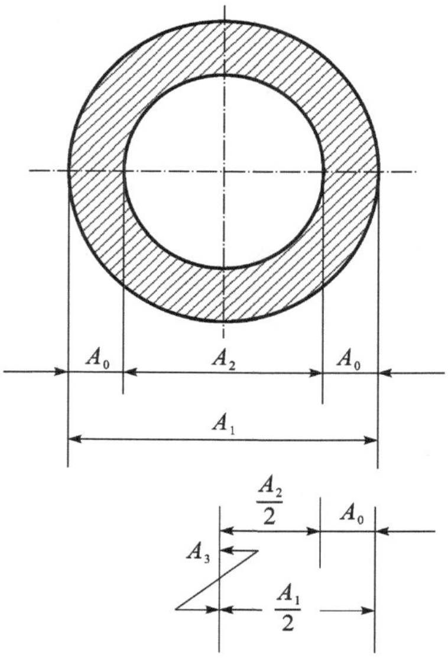

图 6－11 求圆筒壁厚的尺寸链

解 在直线尺寸链中，当组成环为定位公差(同轴度、对称度和位置度)时，它们对尺寸的影响可正可负。因此，按公差带对称于零线布置，即 $ES=+t/2$，$EI=-t/2$，t 为定位公差值。定位公差在尺寸链的计算中，作为增环或减环代入计算均可，结果相同。

经过磨外圆和内孔之后，就形成壁厚。因此，壁厚 A_0 为封闭环。取半径画成尺寸链图，此时 A_1、A_2 的极限尺寸均按半值计算。

同轴度公差为 $\phi0.02\text{mm}$，以 $A_3=0\pm0.01\text{mm}$ 代入尺寸链，此处以增环代入。

A_1 为增环，A_2 为减环，此尺寸链方程为

$$A_0=\frac{A_1}{2}-\frac{A_2}{2}+A_3$$

代入数值得：

$$A_0=35-30+0=5\text{mm}$$

A_0 的上、下偏差为

$$ES_0=ES_1/2-EI_2/2+ES_3=-0.04/2-0+0.01=-0.01\text{mm}$$

$$EI_0=EI_1/2-ES_2/2+EI_3=-0.12/2-0.06/2-0.01=-0.10\text{mm}$$

$$T_0=ES_0-EI_0=0.09\text{mm}$$

验算： $T_1=0.08\text{mm}$，$T_2=0.06\text{mm}$，$T_3=0.02\text{mm}$。

$T_0=T_1/2+T_2/2+T_2=0.09\text{mm}$，说明计算正确。

还可采用中间偏差来计算封闭环的极限偏差。由式(6－13)，得 $\Delta_1=-0.08\text{mm}$，$\Delta_2=+0.03\text{mm}$，$\Delta_3=0$ 。又 $r_1=1/2$，$r_2=1/2$，代入式(6－12)，此时 $\alpha_1=\alpha_2=\alpha_3=0$，得到 $\Delta_0=-0.055\text{mm}$。再由式(6－14)得：

$$ES_0=-0.055+0.09/2=-0.01\text{mm}$$

$$EI_0=-0.055-0.09/2=-0.10\text{mm}$$

所以，壁厚的尺寸为 $A_0=5_{-0.10}^{-0.01}\text{mm}$。

再考虑以概率法中的“平方公差”来解此题。这时，$K_0=K_i(i=1,2,3)=1$，$\alpha_0=\alpha_i(i=$

1,2,3) =0。所以中间偏差 Δ_0 不变,仍为 $\Delta_0 = -0.055\text{mm}$。基本尺寸仍为 5mm,$r_1 = 1/2$,$r_2 = -1/2$,$r_3 = 1$,由式(6 - 17)得:

$$T_0 = (\frac{0.08^2}{4} + \frac{0.06^2}{4} + 0.02^2)^{\frac{1}{2}} \approx 0.054\text{mm}$$

于是可得极限偏差为

$$ES_0 = \Delta_0 + T_0/2 = -0.055 + 0.054/2 = -0.028\text{mm}$$

$$EI_0 = \Delta_0 - T_0/2 = -0.055 - 0.054/2 = -0.082\text{mm}$$

所以,壁厚尺寸为 $A_0 = 5_{-0.082}^{-0.028}\text{mm}$ 。

可见,这时求出的壁厚公差小于极值法求出的公差。

最后,再求封闭环的统计公差 T_0。假定在磨削加工时,$K_1 = 1.3$,$K_2 = 1.2$,而同轴度的分布为瑞利分布,取 $K_2 = 1.14$ 。考虑这个尺寸链的环数很少 $n = 3$,不妨取 $K_0 = 1.2$,则由式(6 - 16)得:

$$T_0 = \frac{1}{K_0}\sqrt{\sum_{i=1}^{3} r_i^2 K_i^2 T_i^2} = \frac{1}{1.2}(1.3^2 \times \frac{0.08^2}{4} + 1.2^2 \times \frac{0.06^2}{4} + 1.14^2 \times 0.02^2)^{\frac{1}{2}}$$
$$= 0.056\text{mm}$$

可见,统计公差要大于平方公差。一般地,当给定组成环公差时,极值公差最大,统计公差次之,而平方公差最小。

6.2.4 精度分配

精度分配也称公差分配,即已知封闭环的极限尺寸和各组成环的基本尺寸,求各组成环的极限偏差或公差。

在一个尺寸链中,设已知公差的组成环数为 n_k,待确定的组成环的环数为 n_u($n_k + n_u = n$),可以把公差方程改写如下:

对极值法,有:

$$\sum_{i=1}^{n_u} |r_i| T_i = T_0 - \sum_{j=1}^{n_k} |r_j| T_j \qquad (6-18)$$

对概率法,有:

$$\sum_{i=1}^{n_u} K_i^2 r_i^2 T_i^2 = K_0^2 T_0^2 - \sum_{j=1}^{n_k} K_j^i r_j^2 T_j^2 \qquad (\text{统计公差}) \qquad (6-19)$$

$$\sum_{i=1}^{n_u} r_i^2 T_i^2 = T_0^2 - \sum_{j=1}^{n_k} r_j^2 T_j^2 \qquad (\text{平方公差}) \qquad (6-20)$$

公差分配要解决的问题有两个:一是根据不同方法,决定式(6 - 18)和式(6 - 19)或式(6 - 20)中左端的公差值;二是求出公差 T_i 后,如何确定各组成环 A_i($i = 1.,2,\cdots,n_u$)的极限偏差。也就是,不仅要确定公差带的大小,还要确定公差带的位置。

对第二个问题,组成环极限偏差的确定,通常采用“入体原则”,即当组成环为包容面(孔)的尺寸时,取 $EI = 0$,$ES = +T$;当组成环为包容面(轴)的尺寸时,取 $ES = 0$,$EI = -T$;当组成环为非孔、非轴的一般长度尺寸时,取 $ES = +T/2$,$EI = -T/2$。必要时,也可对此做适当的调整。

下面讨论第一个问题,即公差分配的几种方法。

(1)相等公差法。当各组成环 $A_i(i=1,2,\cdots,n_u)$ 的基本尺寸相差不大时,可将组成环平均公差作为各组成环的公差,记为 T_{av}。如果需要,可在此基础上做必要的调整。这种方法叫“等公差法”。

在式(6－18)~式(6－20)中,未知公差都以 T_{av} 代替,可以得到:

$$T_{av}=(T_0-\sum_{j=1}^{n_k}|r_j|T_j)/\sum_{i=1}^{n_u}|r_i| \tag{6-21}$$

$$T_{av}=[(K_0^2T_0^2-\sum_{i=1}^{n_k}K_j^2r_j^2T_j^2)/\sum_{i=1}^{n_u}K_i^2r_i^2]^{\frac{1}{2}} \tag{6-22}$$

$$T_{av}=[T_0^2-\sum_{j=1}^{n_k}r_j^2T_j^2/\sum_{i=1}^{n_u}r_j^2]^{\frac{1}{2}} \tag{6-23}$$

(2)相同等级法。实际上,各组成环的基本尺寸可能相差较大,按“相等公差法”分配各环公差,从工艺上讲不合理。为此,可采用“相同等级法”,即假定各组成环的公差等级相同,亦即公差等级系数相等。

$$\alpha_1=\alpha_2=\cdots=\alpha_n=\alpha$$

在 IT5~IT18 公差等级内,因 $T_m=\alpha i_m$,其中 i_m 为公差单位,$m=1,2,\cdots,n_u$,可将 T_m 分别代入式(6－18)~式(6－20),分别求出对应于极值法和概率法的公差等级系数。

$$a=(T_0-\sum_{j=1}^{n_k}|r_j|T_j)/\sum_{m=1}^{n_u}|r_m|i_m \tag{6-24}$$

$$a=[K_0^2T_0^2-\sum_{j=1}^{n_u}K_j^2r_j^2T_j^2/\sum_{m=1}^{n_u}K_m^2r_m^2i_m^2]^{\frac{1}{2}} \tag{6-25}$$

$$a=[T_0^2-\sum_{i=1}^{n_k}r_j^2T_j^2/\sum_{m=1}^{n_u}r_m^2i_m^2]^{\frac{1}{2}} \tag{6-26}$$

为了应用方便,将公差单位 i 的数值列于表 6－1。将公差等级 IT 值与对应的公差等级系数 a,列于表 6－2。

表 6－1　公差单位值

尺寸段 D(mm)	1~3	>3~6	>6~10	>10~18	>18~30	>30~50	>50~80
公差单位 i(μm)	0.54	0.73	0.90	1.08	1.31	1.56	1.86
尺寸段 D(mm)	>80~120	>120~180	>180~250	>250~315	>315~400	>400~500	
公差单位 i(μm)	2.17	2.52	2.90	3.23	3.54	3.89	

表 6－2　公差等级系数值

公差等级 IT	5	6	7	8	9	10	11	12	13	14	15	16	17	18
系数 α	7	10	16	25	40	64	100	160	250	400	640	1000	1600	2500

(3)最小成本法。对于一定的加工尺寸,若要求的加工精度越高,公差越小,则所需的成本也就越高。公差与成本的关系,写成最一般的形式是:

$$C=A+B/T^p \tag{6-27}$$

式中,C——零件的制造成本;

A——与公差 T 无关的常数;

B——与公差 T 有关的常数;

p——公差指数,对各组成环具有相同值。

显然,由式(6-27)确定的成本曲线应有非正的斜率,将 C 对 T 求导,可得 $B_p \geqslant 0$,只有 $p=0$ 时,等号成立。

用最小成本法进行精度分配,一般只考虑概率法的情形。尺寸链中 n_u 个未知公差的组成环的总制造成本 C_Σ 为

$$C_\Sigma = \sum_{i=1}^{n_u}(A_i + B_I/T_i^p) \tag{6-28}$$

最小成本法要解决的问题就是:在式(6-19)的约束条件下,求式(6-28)中的最小值。这是条件极值问题,可用拉格朗日乘数法求解。由式(6-19)和式(6-28),构造函数 θ 为

$$\theta = \sum_{i=1}^{n_u}(A_i + B_i/T_i^p) + \lambda\left(\sum_{i=1}^{n_u}K_i^2 r_i^2 T_i^2 + \sum_{j=1}^{n_k}K_j^2 r_j^2 T_j^2 - K_0^2 T_0^2\right) \tag{6-29}$$

式中,λ——待定的非零常数。

θ 在 T_i 的定义域$[T_a, T_b]$内不能恒为常数,否则,求解将失去意义。对式(6-29)进行分析可知,θ 不为常数的条件为 $p \neq -2$。

使 θ 最小的必要条件是$\frac{\partial\theta}{\partial T_i}=0$,由此条件,即可推导出公差 T_i 为

$$T_i = |B_i|^{1/(p+2)}\delta/(K_i r_i)^{2/(p+2)} \tag{6-30}$$

式中,$\delta = \left[(K_0^2 T_0^2 - \sum_{j=1}^{n_k}K_j^2 r_j^2 T_j^2)\right]/\sum_{i=1}^{n_u}B_i^{2/(p-2)}(K_i + i)^{2p/(p+2)}\,]^{\frac{1}{2}}$

下面对式(6-30)做几点讨论:

①令 $B_1 = B_2 = \cdots = B_{nu} = B, p=0$,式(6-30)成为

$$T_i = \left[(K_0^2 T_0^2 - \sum_{j=1}^{n_k}K_j^2 r_j^2 T_j^2)/n_u\right]^{1/2} \times 1/|K_i r_i| \tag{6-31}$$

上式可从式(6-19)中令 $K_i^2 r_i^2 T_J^2 = K_m^2 r_m^2 T_m^2 (i, m = 1, 2, \cdots, n_u)$ 且 $i \neq$ m 得到,即令各组成环的影响相同而得出的。所以式(6-31)也称“相同影响法”分配公差的公式。此时,$C_\Sigma = \sum_{i=1}^{n_u}(A_i + B)$ 为常数,所以,相同影响法完全没有考虑制造成本。

②令 $p \to +\infty$,式(6-30)成为式(6-22)的等公差法分配公差的公式。此时,$C_\Sigma = \sum_{i=1}^{n_u} A_i$,说明等公差法分配公差也完全未考虑制造成本。

③令 $p=-1$,则式(6-30)成为

$$T_i = \left[|B_i|/(K_i r_i)^2\right] \times \left[(K_0^2 T_0^2 - \sum_{j=1}^{n_k}K_j^2 r_3^2 T_j^2)/\sum_{i=1}^{n_u}B_i^2 (K_i r_i)^{-2}\right]^{\frac{1}{2}} \tag{6-32}$$

此时,$C_i = A_i + B_i T_i (B_i < 0)$,即公差与成本呈线性关系:成本随公差的减小而线性增加。

③令 $p=-2$,式(6-30)成为

$$T_i = \left[B_i^{\frac{1}{4}}|K_i r_i|^{\frac{1}{2}}\right] \times \left[(K_0^2 T_0^2 - \sum_{j=1}^{n_k}K_j^2 r_j^2 T_j^2)/\sum_{i=1}^{n_u}B_i^{\frac{1}{2}}|K_i r_i|^{\frac{1}{2}}\right] \tag{6-33}$$

此时,$C_i = A_i + B_i/T_i^2 (B_i > 0)$,称公差与成本呈二次函数关系。

式(6-32)和式(6-33)是用最小成本法分配公差常用的两个公式。

6.2.5 计算尺寸链的其他方法

1. 分组互换法

分组互换法是将由封闭环公差确定的组成环的平均公差扩大 N 倍，达到经济加工精度要求；然后，由零件完工后的实际偏差，按一定尺寸间隔分成 N 组，根据“大配大、小配小”的原则，按对应组进行互换装配来达到技术条件所规定的封闭环精度 e。

设由封闭环确定的各组成环 $A_i(i=l,2,\cdots,n)$ 的平均公差为 T_{av}，扩大 N 倍后为 $T'_{av}=NT_{av}$ 或 NT_0/n。

必须指出，采用分组互换法对组成环进行精度分配时，为保证分组装配后各组配合性质的一致性，增环的公差值应等于减环的公差值。

2. 修配法

修配法是将尺寸链组成环按经济加工精度的要求给定公差值，此时的封闭环公差比技术要求给定的值有所扩大，装配时在事先选定的某一组成环相应的零件上，切除少量材料（即进行修配），以抵消封闭环上产生的累积误差，保证达到规定的技术要求。

设按经济加工精度要求对各组成环给定的公差值为 T_i，此时封闭环公差值变为 T'_0，与技术要求给定的值 T_0 相比，其增量 T_k 为 T'_0-T_0 或为 $\sum_{i=1}^{n}T_i-T_0$，T_k 即预留的修配余量，称为补偿量。T_k 是放在事先选定的某一组成环相对应的零件上，以便装配时对封闭环进行补偿（修配）。这一组成环称为补偿环。补偿环应选择易于装拆和修配的零件，切记不能选择各尺寸链的公共环，以免因修配零件而影响到尺寸链封闭环的精度。

3. 调整法

调整法是将尺寸链组成环按经济加工精度要求给定公差值。此时由于组成环尺寸公差扩大而产生的补偿量 T_k 不是采用切除少量材料的方法来补偿，而是采取调整补偿环的尺寸或位置的方法来补偿。

如图 6-12(a)所示，齿轮端面和壳体内壁之间的间隙是采用垫圈来补偿的，通过选用不同厚度的垫圈来满足对间隙的要求。这种在尺寸链中附加的零件，称为固定补偿件。图 6-12(b)是采取移动轴套的位置进行补偿。松开紧定螺钉，调节套就可左右移动，从而可以调整间隙的大小。这种位置可调的补偿件，称为可动补偿件。可动补偿件在机构设计中应用很广，而且有各种各样的结构型式，例如机床中常用的镶条和调节螺旋副等。利用它们，不仅便于达到封闭环的精度要求，但当零件磨损后，也易于恢复原来的精度。

分组互换法、修配法和调整法通常采用极值法计算。

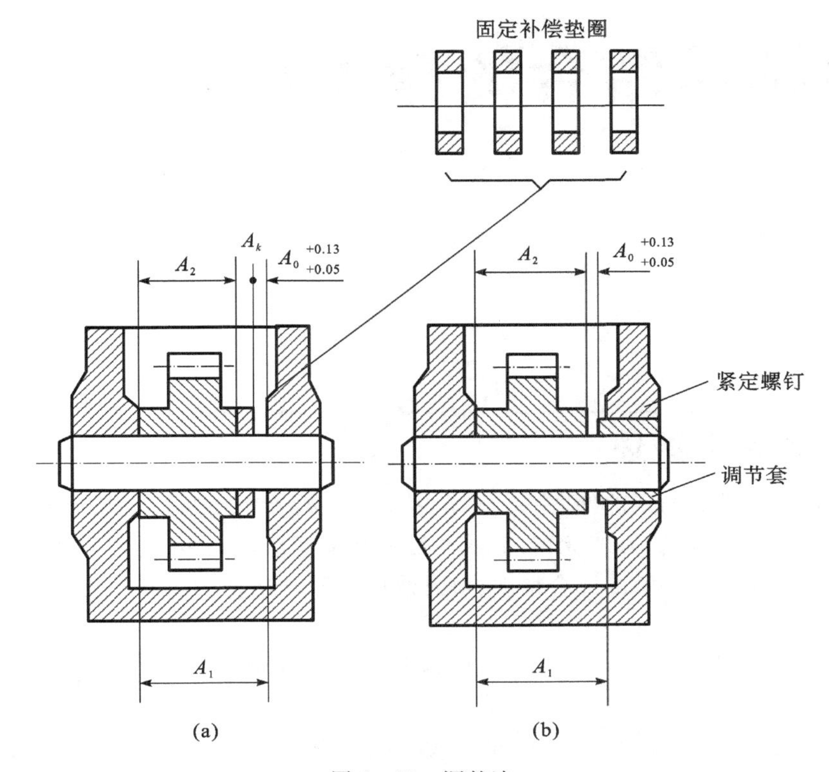

图6-12 调整法

习 题

6-1 什么是尺寸链,它有哪几种形式?

6-2 尺寸链的两个基本特征是什么?

6-3 如何确定一个尺寸链的封闭环?如何判别某一组成环是增环还是减环?

6-4 使用极值法和概率法解尺寸链时考虑问题的出发点有何区别?是否仅是单纯的计算方法不同的问题?

6-5 为什么使用极值法时可以不考虑各环的平均偏差,而在使用概率法时要考虑?

6-6 在尺寸链中遇到基本尺寸为零,上、下偏差符号相反,绝对值相等的环,例如同轴度、对称度等问题时应如何处理?

6-7 分组互换法、修配法和调整法有什么异同点?

6-8 设轴瓦与轴的配合要求为 ϕ60H7/g6。因磨损需要更换轴瓦和对轴进行修复,轴在修磨后,装配前需要镀铬。如铬层厚度为 0.012 ±0.002mm,试确定轴的磨外圆工序尺寸及其极限偏差。

6-9 加工一轴套,轴套外径的基本尺寸为 ϕ100mm,轴套内孔径的基本尺寸为 ϕ80mm,已知外圆轴线对内孔轴线的同轴度公差为 0.028mm,要求完工后轴套的壁厚在9.96~10.014mm范围内。求轴套内径和外径的尺寸公差及极限偏差。

滚动轴承结合的精度设计

7

7.1 滚动轴承概述

滚动轴承是常用的通用部件之一。其作用主要在机器中用来支承轴类旋转部件，使其可以相对座孔作旋转运动；另外，滚动轴承也是一种精密部件，一般还把它作为旋转件的回转基准。正确选用滚动轴承的配合精度，对有效保证回转部件的工作精度及使用要求都有重要作用。

为了正确地选用滚动轴承的配合精度，应先了解滚动轴承的结构。

滚动轴承基本结构如图 7－1 所示，一般由外圈 1、内圈 2、滚动体 3 和保持架 4 组成。滚动轴承按其承受负荷方向或公称接触角 α 的不同，可分为主要承受径向负荷的向心轴承（$0° \leqslant \alpha \leqslant 45°$）和主要承受轴向负荷的推力轴承（$45° < \alpha \leqslant 90°$）；按接触角差别，前者又可分为径向接触轴承（$\alpha = 0°$）和向心角接触轴承（$0° < \alpha \leqslant 45°$），后者又分为轴向接触轴承（$\alpha = 90°$）和推力角接触轴承（$45° < \alpha < 90°$）。按其滚动体的形状，滚动轴承又可分为球轴承、圆柱滚子轴承、圆锥滚子轴承和滚针轴承等。

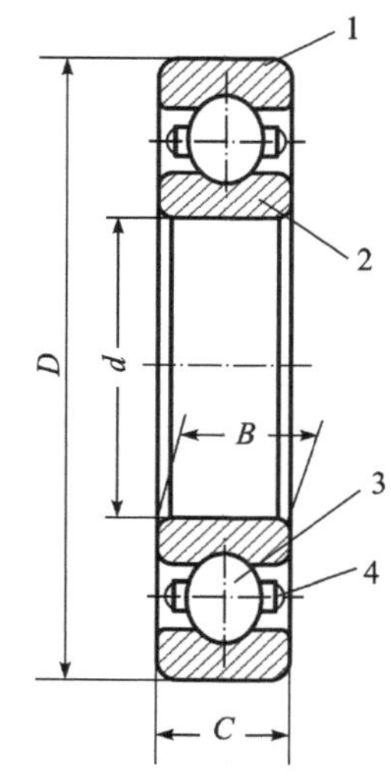

图 7－1　向心球轴承
1—外圈；2—内圈
3—滚动体；4—保持架

同滑动轴承相比，滚动轴承摩擦系数较小，制造较为经济，润滑简单，更换方便。滚动轴承是一种标准化的部件，其外部尺寸如内径、外径、轴承宽等已标准化、系列化，因而在现代机械制造业中应用极为广泛。

7.2 滚动轴承的公差等级及应用

滚动轴承的尺寸精度和旋转精度两个方面共同确定了轴承的公差等级。

滚动轴承的尺寸精度包括轴承内径（d）、轴承外径（D）、轴承宽度（B）或（C）的制造精度及圆锥滚子轴承装配高度（T）的精度，如图 7－2 所示。

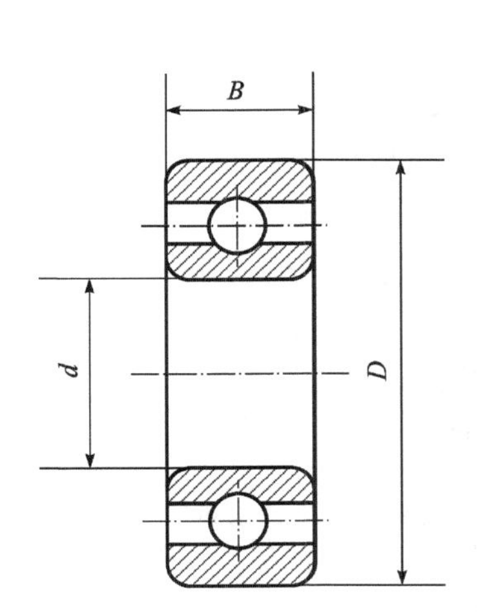

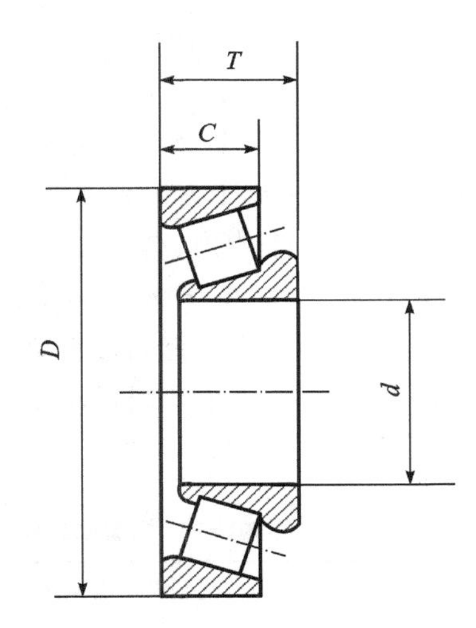

图7-2 滚动轴承基本尺寸图

轴承的旋转精度包括:①轴承内、外圈的径向跳动;②轴承内、外圈端面对滚道的跳动;③内圈基准端面对内孔的跳动;④外径表面素线对基准端面的倾斜度的变动量等。

根据标准《滚动轴承 通用技术规则》(GB 307.3—2005),向心轴承的精度分为五级,即0、6、5、4、2级;圆锥滚子轴承的精度分为五级,即0、6x、5、4、2级;推力轴承的精度分为四级,即0、6、5、4级。精度依次由低级到高级,其中0级精度最低。不同的精度等级在实际使用中适应不同的场合。

(1)0级轴承在机械制造业中应用广泛,在轴承代号标注时可不予注出。它主要用于旋转精度不高的机构中,例如普通机床变速箱和进给箱,汽车、拖拉机的变速箱,普通电机、水泵、压缩机和涡轮机。

(2)6级轴承用于转速较高、旋转精度要求较高的旋转机构中。例如,用于普通机床的主轴承,精密机床传动机构的轴承等。

(3)5、4级轴承用于高速、高旋转精度要求的旋转机构。例如,普通机车床主轴的前轴承采用5级轴承,高精度精密螺纹车床和磨齿机等的主轴承多采用4级轴承。

(4)2级轴承用于转速很高、旋转精度要求很高的旋转机构。例如,精密坐标镗床和高精度齿轮磨床、高精度的仪器仪表及其他高精度精密机械。

滚动轴承的内圈、外圈都是宽度较小的薄壁件,在生产和运输过程中很容易变形,但在装入外壳孔之内和轴上之后,又容易跟随较圆的外壳孔、轴的形状得到一些矫正。综合轴承的这些结构特点,轴承内径和外径的评定指标有:

(1)Δd_s,ΔD_S—— 单一内(外)径极限偏差

$$\Delta d_s = d_s - d,\ \Delta D_S = D_S - D$$

式中,$d_s(D_S)$—— 单一内(外)径。

(2)Δd_{mp},ΔD_{mp}—— 单一平面平均内(外)径极限偏差

$$d_{mp} = (d_{spmax} + d_{spmin})/2, \Delta d_{mp} = d_{mp} - d$$

$$D_{mp} = (D_{spmax} + D_{spmin})/2, \Delta D_{mp} = D_{mp} - D$$

式中,$d_{mp}(D_{mp})$—— 单一平面平均内(外)径。

(3) $V_{d_{sp}}, V_{D_{sp}}$—— 单一平面内(外)径变动量

$$V_{d_p} = d_{spmax} - d_{spmin}, V_{D_{sp}} = D_{spmax} - D_{spmin}$$

式中,d_{spmax}(D_{spmax})—— 单个套圈最大单一平面单一内(外)径;

d_{spmin}(D_{spmin})—— 单个套圈最小单一平面单一内(外)径。

(4) $V_{d_{mp}}, V_{D_{mp}}$—— 平均内(外)径变动量

$$V_{d_{mp}} = d_{mpmax} - d_{mpmin}, V_{D_{mp}} = D_{mpmax} - D_{mpmin}$$

式中,d_{mpmax}(D_{mpmax})—— 单个套圈最大单一平面平均内(外)径;

d_{mpmin}(D_{mpmin})—— 单个套圈最小单一平面平均内(外)径。

滚动轴承公差值见表 7-1。按公差等级和公称直径 $d(D)$,查得公差带的值。

表 7-1 向心轴承内、外圈偏差和公差值(摘自 GB/T 307.1—2005) (单位:μm)

项目 公差	公差等级	偏差	公称直径 d/mm			公差 项目	公差等级	偏差	公称直径 D/mm		
			>18 -30	>30 -50	>50 -80				>50 -80	>80 -120	>120 -150
Δd_{mp}单一平面平均内径偏差	0	上差 下差	0 -10	0 -12	0 -15	ΔD_{mp}单一平面平均外径偏差	0	上差 下差	0 -13	0 -15	0 -18
	6	上差 下差	0 -8	0 -10	0 -12		6	上差 下差	0 -11	0 -13	0 -15
	5	上差 下差	0 -6	0 -8	0 -9		5	上差 下差	0 -9	0 -10	0 -11
	4	上差 下差	0 -5	0 -6	0 -7		4	上差 下差	0 -7	0 -8	0 -9
	2	上差 下差	0 -2.5	0 -2.5	0 -4		2	上差 下差	0 -4	0 -5	0 -5
Δd_s单一内径偏差	4	上差 下差	0 -5	0 -6	0 -7	ΔD_s单一外径偏差	4	上差 下差	0 -7	0 -8	0 -9
	2	上差 下差	0 -2.5	0 -2.5	0 -4		2	上差 下差	0 -4	0 -5	0 -5

续表

项目公差	公差等级	偏差		公称直径 d/mm >18-30	>30-50	>50-80	公差项目	公差等级	偏差		公称直径 D/mm >50-80	>80-120	>120-150
Vd_{sp}单一平面内径变动量	0	直径系列	9	13	15	19	VD_{sp}单一平面外径变动量	0	直径系列	9	16	19	23
			0,1	10	12	19				0,1	13	19	23
			2,3,4	8	9	11				2,3,4	10	11	14
	6		9	10	13	15		6		9	14	16	19
			0,1	8	10	15				0,1	11	16	19
			2,3,4	6	8	9				2,3,4	8	10	11
	5		9	6	8	9		5		9	9	10	11
			0,1 2,3,4	5	6	7				0,1 2,3,4	7	8	8
	4		9	5	6	7		4		9	7	8	9
			0,1 2,3,4	4	5	5				0,1 2,3,4	5	6	7
	2			2.5	2.5	4		2			4	5	5
Vd_{mp}平均内径变动量	0			8	9	11	VD_{mp}平均外径变动量	0			10	11	14
	6			6	8	9		6			8	10	11
	5			3	4	5		5			5	5	6
	4			2.5	3	3.5		4			3.5	4	5
	2			1.5	1.5	2		2			2	2.5	2.5

例 7-1 今有一套 6308 轴承，其公称内径 $d=40\text{mm}$，经测量整个轴承内径表面中最大的单一径向平面内单一内径的最大值为读数 $d_{s1max}=40.003\text{mm}$，最小值 $d_{s1min}=39.997\text{mm}$；另一最小的单一径向平面内单一内径的最大值为读数 $d_{s2max}=39.994\text{mm}$，最小值 $d_{s2min}=39.986\text{mm}$。试计算内径尺寸偏差 Δd_{mp}、Vd_{sp}、Vd_{mp}各为多少，并判定该轴承内径尺寸是否合格。查 GB/T307.1，可知 6308 轴承内径尺寸公差为

$$\Delta d_{mp}=0\sim-12\mu\text{m},Vd_{sp}=9\mu\text{m},Vd_{mp}=9\mu\text{m}$$

解 第一截面(S1)：

$$\Delta d_{mp}=(d_{s1max}+d_{s1min})/2-d=(40.003+39.997)/2-40=0\text{mm}=0\mu\text{m}$$

$$Vd_{sp}=d_{s1max}-d_{s1min}=40.003-39.997=0.006\text{mm}=6\mu\text{m}$$

经查表可知，符合该截面单一内径极限偏差的标准。

第二截面(S2)：

$$\Delta d_{mp}=(d_{s2max}+d_{s2min})/2-d==(39.994+39.986)/2-40=-0.010\text{mm}=-10\mu\text{m}$$

$$Vd_{sp}=d_{s2max}-d_{s2min}==39.994-39.986=0.008\text{mm}=8\mu\text{m}$$

$$Vd_{mp}=\Delta d_{mpmax}-\Delta d_{mpmin}=-(-10)=10\mu\text{m}$$

经查表可知，第二截面符合单一内径极限偏差的标准。因为测量该内圈 $Vd_{mp}=10\mu m$，大于标准值规定的 $9\mu m$，所以此项不合格。

经计算，第一截面和第二截面 Δd_{mp}、Vd_{sp}均合格，但 Vd_{mp}不合格，判定该轴承内径尺寸不合格。

7.3 滚动轴承内、外径公差带的特点

在 GB/T 307.1—2005《滚动轴承 向心轴承 公差》中有如下规定：轴承外圈外圆公差带位于以公称外径 D 为零线的下方，与具有基本偏差 h 的公差带相类似，但公差值不同。同时规定了内圈基准孔的公差带位于以公称直径 d 为零线的下方，即滚动轴承内圈内径的公差带在零线的下方，其上偏差为零，下偏差为负值。

由于滚动轴承是一种标准化的部件，为便于组织专门化生产，轴承外圈与外壳孔应采用基轴制配合，内圈与轴应采用基孔制配合。然而，考虑到轴承内圈通常与轴一起旋转，为防止内圈和轴颈的配合面相对滑动而产生磨损，影响轴承的工作性能，要求配合面具有适当过盈量。同时，为了使轴颈的公差带仍可在国家标准中推荐的优先、常用和一般公差带中选取，所以应用 GB/T 307.1—2005《滚动轴承 向心轴承 公差》的标准，轴承内圈内圆柱面与轴颈得到的配合比相应光滑圆柱体按基孔制形成的配合有不同程度的变紧，以满足滚动轴承配合的特殊要求。轴承外圈安装在外壳孔中，通常不旋转，因此可把外圈与外壳孔配合得稍微松一点，如图 7－3 所示。

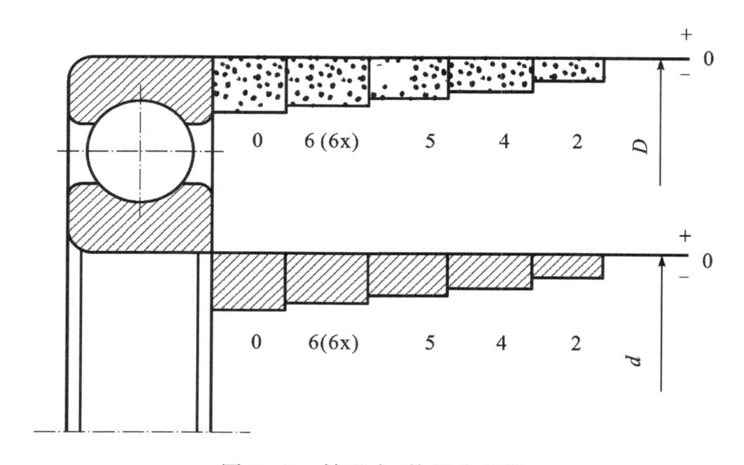

图 7－3 轴承内、外径公差带

7.4 滚动轴承与轴颈及外壳孔的配合

滚动轴承配合是指轴承内圈与轴颈、外圈与外壳孔的配合。通常由专门工厂大量生产，为方便互换，滚动轴承已经标准化。轴承内径与轴颈的配合采用类似于基孔制的配合，轴承外径与外壳孔的配合采用类似于基轴制的配合。在《滚动轴承 配合》(GB/T 275—2015)中，规定了轴颈、外壳孔与 0、6 (6x)级滚动轴承配合的公差带的位置，如图 7－4、图 7－5 所示。

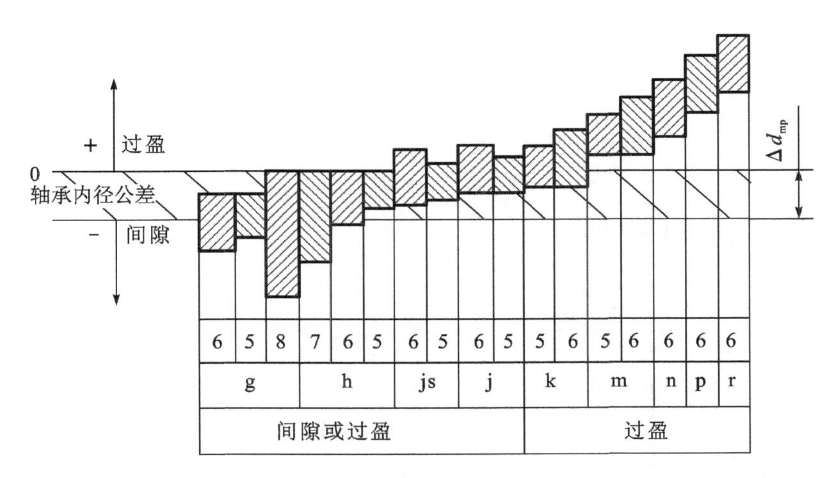

图 7－4　轴承与轴配合的常用公差带关系

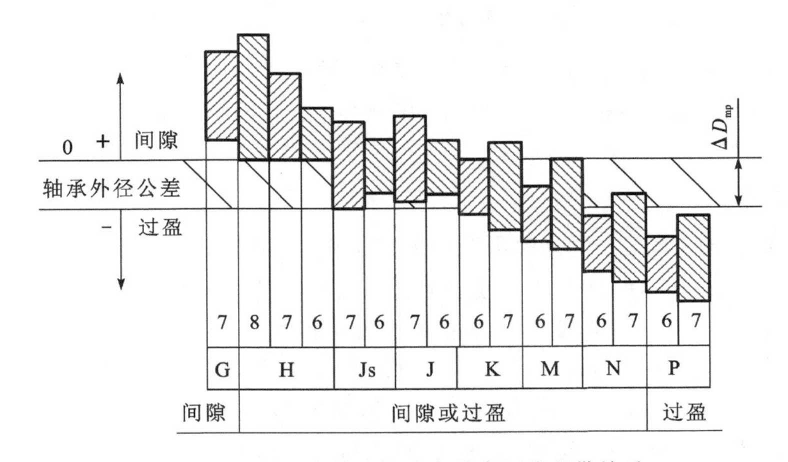

图 7－5　轴承与外壳孔配合的常用公差带关系

由此可见，轴承内径与轴颈的这种基孔制配合，虽然在概念上和一般圆柱体的基孔制配合类似，但是由于轴承内、外径的公差带采用上偏差为零的单向布置，其公差值也是特殊规定的。这时，同样一个轴，与轴承内径形成的配合要比与一般基孔制配合下的孔形成的配合紧得多，由间隙配合变为过渡配合或者由过渡配合变为过盈配合。轴承外径与座孔的配合，其概念虽然与一般圆柱体基准轴的公差带类似，即均采用上偏差为零的单向布置，但轴承外径的公差值也是特殊规定的。因此，同样的孔与轴承外径的配合和基轴制的轴配合也不完全相同。

图 7－6 为 ϕ50k6 轴，分别与 6 级轴承内圈和 ϕ50H7 基准孔配合，分析公差带图可以得出结论，其结合比与基准孔中 ϕ50H7 配合要紧，轴承内圈配合是过盈配合。

7.5　滚动轴承配合的精度设计

为了能够有效保证机器的精度，提高机器的运转平稳性，进而延长其使用寿命，提高产品质量，合理地选择滚动轴承与轴颈、外壳孔的配合十分重要。

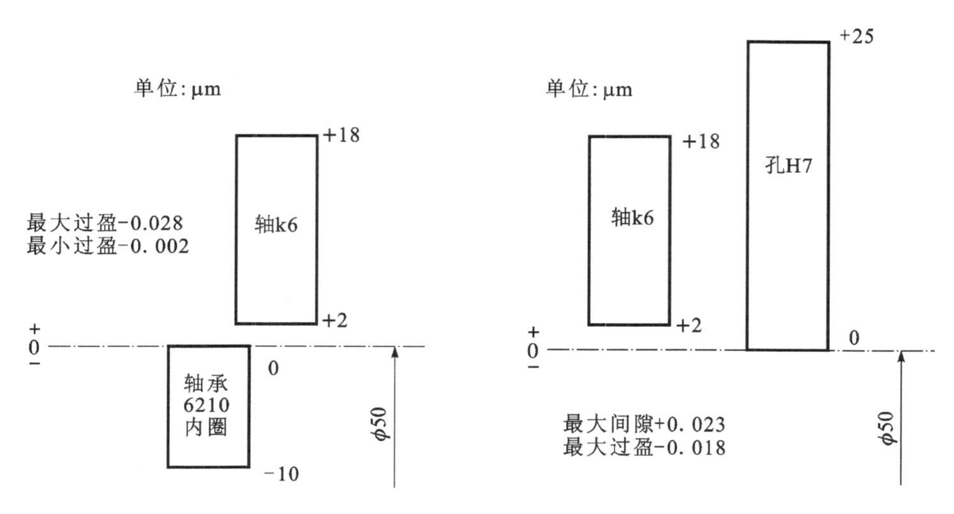

图 7－6 轴 φ50k6 分别与轴承、孔 φ50H7 的配合比较

滚动轴承结合精度设计的方法主要有计算法、类比法和试验法 3 种。

按《滚动轴承 配合》(GB/T 275—2015)的规定,滚动轴承与轴和外壳孔的配合选择的主要影响因素如下。

1. 负荷类型

轴承工作运转时,承受一个方向不变的径向负荷 P_r 和一个旋转负荷 P_c,两者合成径向负荷为 P。径向负荷 P 一般是由定向负荷(如传动带的拉力或齿轮的作用力等)和转动负荷(如机件的惯性离心力等)合成的。按照其作用在套圈上的形式,可分为以下 3 类:

(1)固定负荷。作用在轴承上的合成径向负荷与外圈(或内圈)相对静止,如图 7－7 中(b)、(f)的外圈及(a)、(e)的内圈,其负荷形式如图 7－7(g)所示。

(2)旋转负荷。作用在轴承上的合成径向负荷与外圈(或内圈)相对旋转,并周而复始地依次作用在外圈(或内圈)的整个圆周上。如图 7－7 中(a)、(d)、(e)的外圈及(b)、(f)的内圈,其负荷形式如图 7－7(h)所示。

(3)摆动负荷。作用在轴承上的合成径向负荷在外圈(或内圈)滚道的一定区域内相对摆动,此时,负荷连续变动地作用在外圈(或内圈)的局部圆周上,则外圈(或内圈)所承受的负荷为摆动负荷。如图 7－7 中(c)的外圈及(d)的内圈,其负荷形式如图 7－7(i)所示。

轴承套圈承受的负荷形式不同,选择轴承配合的松紧程度也应不同。

当套圈承受固定负荷时,配合应松些,使轴承在机器上装拆较为方便。但也不能过松,否则会引起该套圈在相配合零件上滑动而使配合面磨损。因此,一般应选用过渡配合或具有极小间隙的间隙配合。

当套圈承受旋转负荷时,应选择较紧的配合,以防止该套圈在相配合零件上滑动,使配合面产生磨损。但过盈量不能太大,否则会使轴承内部的游隙减小以至完全消失,产生过大的接触应力,导致轴承磨损加快,影响轴承的使用寿命。因此,一般应选用过盈量较小的过盈配合或过盈概率大的过渡配合。

当套圈承受摆动负荷时,选择配合的松紧程度,一般与套圈承受旋转负荷时选用的配合相同,或者稍松一些。

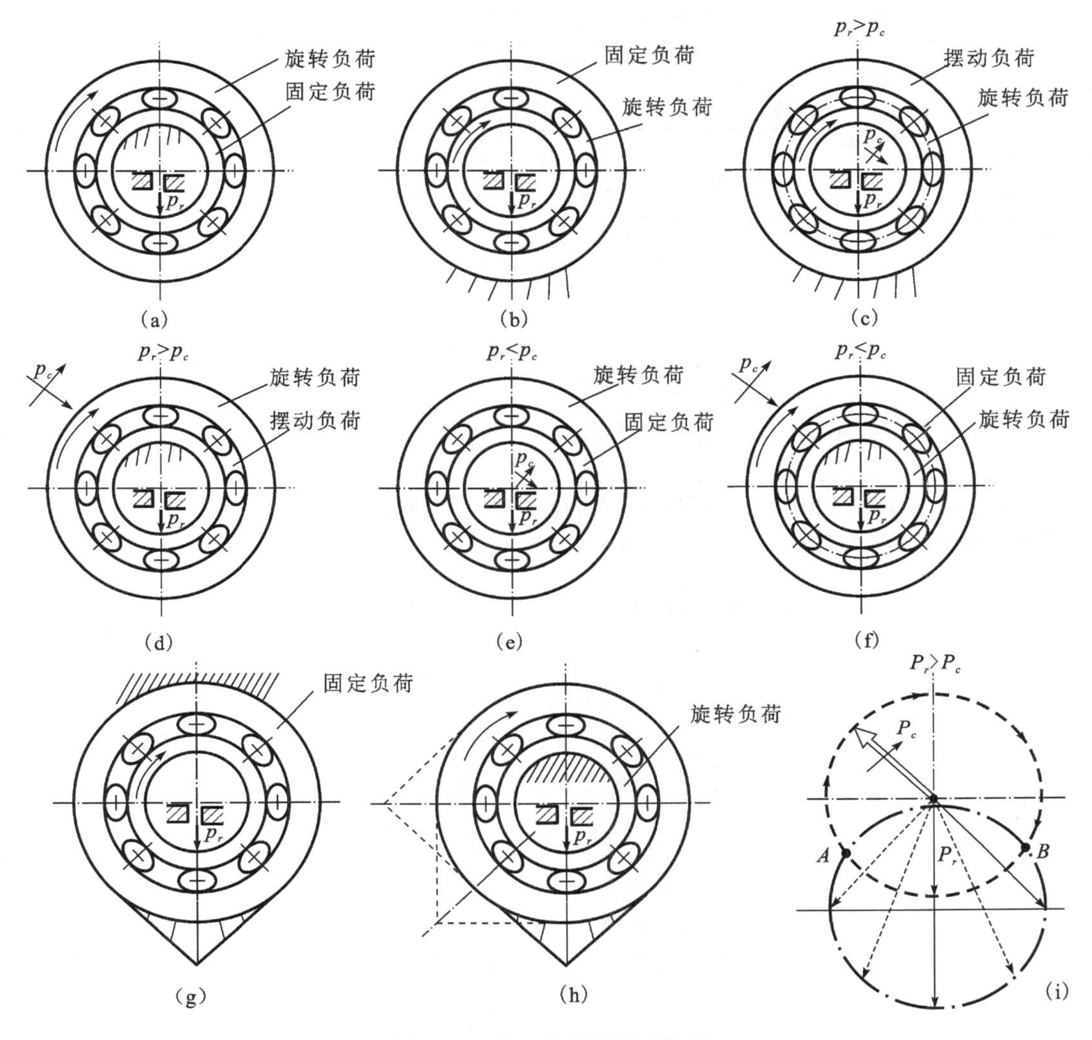

图 7－7　轴承负荷类型示意图

2. 负荷大小

负荷的大小决定轴承套圈(指内、外圈)与轴颈或外壳孔配合的最小过盈量。轴承承受的负荷越大,或承受冲击负荷时,最小过盈量应越大。

负荷依大小分三类:

(1)$P\leqslant 0.07C$ 时,称为轻负荷;

(2)$0.07C<P\leqslant 0.15C$ 时,称为正常负荷;

(3)$P>0.15C$ 时,称为重负荷。

其中,P 为径向负荷,C 为轴承的额定负荷。

向心轴承与外孔壳的配合公差带代号见表 7－2;向心轴承与轴的配合公差带代号见表 7－3。

表 7-2 向心轴承与外孔壳的配合公差带代号(摘自 GB/T 275—2015)

运转状态		负荷状态		公差带①	
说明	举例			球轴承	滚子轴承
固定的外圈负荷	一般机械。铁路机车车辆轴箱、电动机、泵、曲轴主轴承	轻、正常、重	轴向移动可采用剖面	H7、G7②	
摆动负荷		冲击	轴向能移动，可采用整体或剖分式外壳	J7、JS7	
旋转的外圈负荷		轻、正常			
		正常、重	轴向移动，可采用整体式外壳	K7	
		冲击		M7	
	张紧轮、轮毂轴承	轻		J7	K7
		正常		K7、M7	M7、N7
		重		—	N7、P7

注：①并列公差带随尺寸增大从左至右选择，对旋转精度有较高要求时，可相应提高一个公差等级。
②不适用于剖分式外壳。

表 7-3 向心轴承与轴的配合公差带代号(摘自 GB/T 275—2015)

圆柱孔轴承						
运转状态		负荷状态	深沟球轴承、调心轴承和角接触球轴承	圆柱滚子轴承和圆锥滚子轴承	调心滚子轴承	公差带
说明	举例		轴承公称内径/mm			
旋转的内圈负荷及摆动负荷	一般通用机械、电动机、机床、主轴、泵、内燃机、正齿轮转动装置、铁路机车车辆轴箱、破碎机等	轻负荷	≤18 >18~100 >100~200	≤40 >40~140 >140~200	≤40 >40~100 >100~200	h5 j6① k6① m6①
		正常负荷	≤18 >18~100 >100~140 >140~200 >200~280	≤40 >40~100 >100~140 >140~200 >200~400	≤40 >40~65 >65~100 >100~140 >140~280 >280~500	j5js5 k5② m5② m6 n6 p6 r6
		重负荷		>50 >140~140 >200~200	>50~100 >100~140 >140~200 >200	n6③ p6 r6 r7

续表

说明	举例		轴承公称内径/mm			
固定的内圈负荷	静止轴上的各种轮子、张紧轮绳轮、振动筛、惯性振动器	所有负荷	所有尺寸	所有尺寸	所有尺寸	f6① g6④ h6 j6
仅有轴向负荷		所有尺寸				J6、js6
圆锥孔轴承						
所有负荷	铁路机动车车辆轴箱	装在退卸套上的所有尺寸				b8(IT6)④⑤
	一般机械传动	装在退卸套上的所有尺寸				h9(IT7)④⑤

注:①凡对精度有较高要求的场合,应用 j5、k5…代替 j6、k6…。

②圆锥滚子轴承、角接触球轴承配合对游隙影响不大,可用 k6、m6 代替 k5、m5。

③重负荷下轴承游隙应选大于 0 组。

④凡有较高精度或转速要求的场合,应选用 h7(IT5)代替 h8(IT6)等。

⑤IT6、IT7 表示圆柱度公差数值。

实际工作环境下影响滚动轴承与轴、外壳孔配合的因素较多,目前还没有标准化的计算方法。当轴承内圈相对于负荷方向旋转时,可按计算法计算出与轴配合所需的最小过盈量以及允许的最大过盈量,以作为选用相应的轴公差带的参考。

所需的最小过盈可按下式计算:

$$y'_{min} = -13Rk/10^6 b\text{mm} \tag{7-1}$$

式中,R—— 轴承承受的最大径向负荷,kN;

k—— 与轴承系列有关的系数,轻系列 $k = 2.8$,中系列 $k = 2.3$,重系列 $k = 2$;

b—— 轴承内圈的配合宽度,m;$b = B - 2r$,B 是轴承内圈的宽度,r 是内圈的圆角半径。

允许最大过盈量的计算公式:

$$y'_{max} = -[11.4kd[\sigma_p]]/[(2k-2)\times 10^3]\text{mm} \tag{7-2}$$

式中,$[\sigma_p]$—— 许用拉应力(10^5Pa),轴承钢的 $[\sigma_p] \approx 400(10^5\text{Pa})$;

d—— 轴承的内圈直径。

例 7-2　某一旋转机构用中系列 6 级 308 型向心球轴承,其内径 d 为 40mm,宽度 B 为 23mm,圆角半径 r 为 2.5mm,承受正常的最大径向负荷为 4kN,试计算它与轴颈配合的最小过盈,并选择适当的轴公差带。

解　由式(7-1),得

$$y'_{min} = -(13\times 4\times 2.3)/[10^6\times(23-2\times 2.5)\times 10^{-3}] \approx -0.007\text{mm}$$

按计算的最小过盈,可选轴颈的公差带为 m5。如图 7-8 所示,由向心轴承内圈公差查得内径 d 为 40mm 的 6 级轴承,其 d_{mp} 的上偏差为零,下偏差为 -0.010mm;由轴的基本偏差数值表中可查得 ϕ40m5 的下偏差为 $+0.009$mm,上偏差为 $+0.020$mm。为此,该轴承内圈与轴颈配合的 $y_{min} = -0.009$mm,$y_{max} = -0.030$mm。

按式(7-2)可得

$$y'_{max} = -(11.4\times 2.3\times 40\times 10^{-3}\times 400)/[(2\times 2.3-2)\times 10^3] \approx -0.161\text{mm}$$

由计算可见，$|y_{min}|>|y'_{min}|$，$|y_{max}|<|y'_{max}|$，故与此轴承内圈相配合的轴颈公差带可用 m5 。

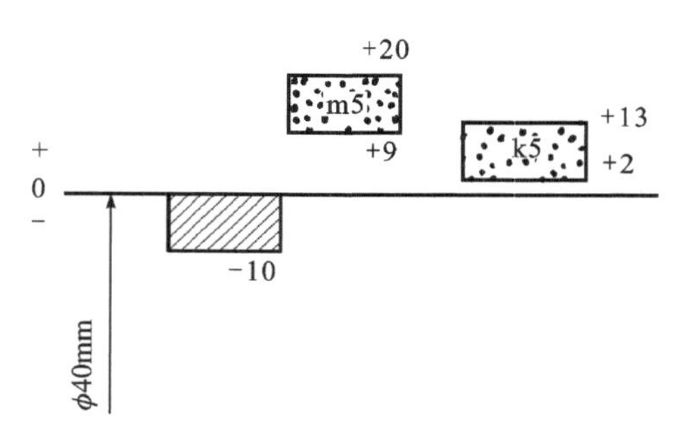

图 7－8 公差带图

上述计算公式的安全裕度较大，按这种计算选择的配合往往显得偏紧。在此例中，308 轴承的额定动负荷 C 约为 31kN，而该轴承承受的最大径向负荷仅为 4kN，约为 0.13C。如按表 7－3 所推荐的资料，与该轴承内圈相配合的轴颈公差带用 k5 就可以了。

3. 工作温度的影响

轴承工作时，由于摩擦发热等原因，轴承套圈的实际温度高于与其结合的零件温度。在轴承发热膨胀时，轴承内圈与轴颈的配合可能变松，外圈与外壳孔的配合可能变紧。因此在选择配合时，以满足实际的工作要求，温度的变化也是考虑的因素之一。

4. 轴颈和外壳孔的公差等级应符合轴承的精度要求

轴承的选择应根据机械的使用要求进行选择。若机械需要较高的旋转工作精度，应选择较高精度等级的轴承（如 5 级和 4 级），相应地与之配合的轴颈、外壳孔也要选择较高的精度等级，以满足轴承的配合精度要求。一般 0 级、6 级轴承配合的轴颈选 IT6，外壳孔选 IT7。

5. 其他影响配合精度选择的因素

其他影响因素还有轴承的径向游隙，回转体的旋转精度、旋转速度、与轴承配合的材料以及安装拆卸要求等。

在设计时，应根据轴承承受的负荷类型、负荷大小以及旋转精度要求综合起来初步确定轴承的公差等级，之后根据回转件的旋转速度、工作环境等修正精度等级选择。确定了轴承精度后，最后再选择与轴承配合的轴颈和外壳孔的公差等级。

7.6 轴颈、外壳孔的几何公差与表面粗糙度选择要求

在机械结构中，轴承既要承受负荷的作用，同时还作为旋转件的重要基准，精度一般比较高。对轴颈和外壳孔国家标准《滚动轴承 配合》（GB/T 275—2015）还规定了几何公差和表面粗糙度。根据轴承的工作环境以及检测要求，给出了与轴承配合的轴颈、外壳孔以及端面的几何公差项目及要求。另外，轴承的结构为薄壁零件，装配后，轴颈和外壳孔的几何形状误差会直接反映到套圈滚道上，导致套圈滚道变形，旋转时引起振动或噪声，降低机械质量。

与轴承配合的轴颈和外壳孔的几何公差项目应满足有配合面的圆柱度、端面对配合面的端跳动以及配合面尺寸包容原则三项要求，如图 7－9 所示。其几何公差选择可从表 7－4 中选出。

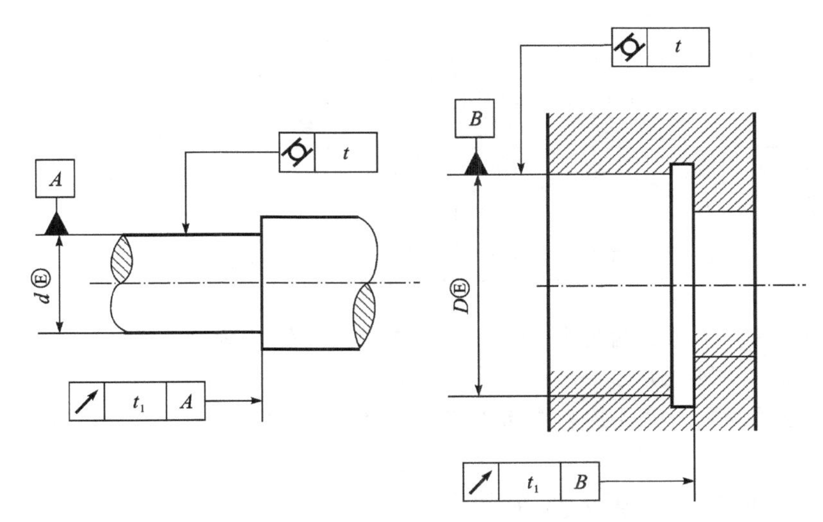

图 7－9　与轴承配合的轴颈和外壳孔的形位公差项目及要求

表 7－4　轴与外壳孔的几何公差（摘自 GB/T 275—2005）

基本尺寸/mm		圆柱度 t				端面圆跳动 t_1			
		轴径		外壳孔		轴肩		外壳孔肩	
		轴承公差等级							
		0	6(6x)	0	6(6x)	0	6(6x)	0	6(6x)
超过	到	公差值/μm							
0	6	2.5	1.5	4	2.5	5	3	8	5
6	10	2.5	1.5	4	2.5	6	4	10	6
10	18	3.0	2.0	5	3.0	8	5	12	8
18	30	4.0	2.5	6	4.0	10	6	15	10
30	50	4.0	2.5	7	4.0	12	8	20	12
50	80	5.0	3.0	8	5.0	15	10	25	15
80	120	6.0	4.0	10	6.0	15	10	25	15
120	180	8.0	5.0	12	8.0	20	12	30	20
180	250	10.0	7.0	14	10.0	20	12	30	20
250	315	12.0	8.0	16	12.0	25	15	40	25
315	400	13.0	9.0	18	13.0	25	15	40	25
400	500	15.0	10.0	20	15.0	25	15	40	25

与轴承配合的轴颈和外壳孔的表面粗糙度要求可从表 7－5 选出，可根据要求直接查表选用。

表 7-5 配合面的表面粗糙度(摘自 GB/T 275—2005)

轴或轴承座直径/mm		轴或外壳孔配合表面直径公差等级								
		IT7			IT6			IT5		
		表面粗糙度/μm								
超过	到	*Rz*	*Ra*		*Rz*	*Ra*		*Rz*	*Ra*	
			磨	车		磨	车		磨	车
	80	10	1.6	3.2	6.3	0.8	1.6	4	0.4	0.8
80	500	16	1.6	3.2	10	1.6	3.2	6.3	0.8	1.6
端面		25	3.2	6.3	25	3.2	6.3	10	1.6	3.2

例 7-3 有一个圆柱齿轮减速器,从动轴两端的轴承为 0 级 6211 深沟球轴承(d = 55mm,D = 100mm),轴承承受的当量径向动载荷为 p = 883N,轴承的额定动负载荷 C = 33540N,试确定轴颈和外壳孔的公差带及各项技术要求,并将它们分别标注在装配图和零件图。

解 (1)$p = 0.03C \leqslant 0.07C$,故为轻载荷。

(2)由表 7-2 和 7-3 查得轴的公差带为 j6,外壳孔公差带为 H7。

(3)由表 7-4 查得轴的圆柱度为 0.005,轴肩端面圆跳动的公差值为 0.015;外壳孔圆柱度公差值为 0.01,端面圆跳动公差值为 0.025。

(4)由表 7-5 查得,轴颈表面 Ra = 0.8μm,轴肩端面 Ra = 3.2μm,外壳孔表面 Ra = 3.2μm,孔肩端面 Ra = 6.3μm。

(5)将上述技术要求标注如下,如图 7-10 所示。

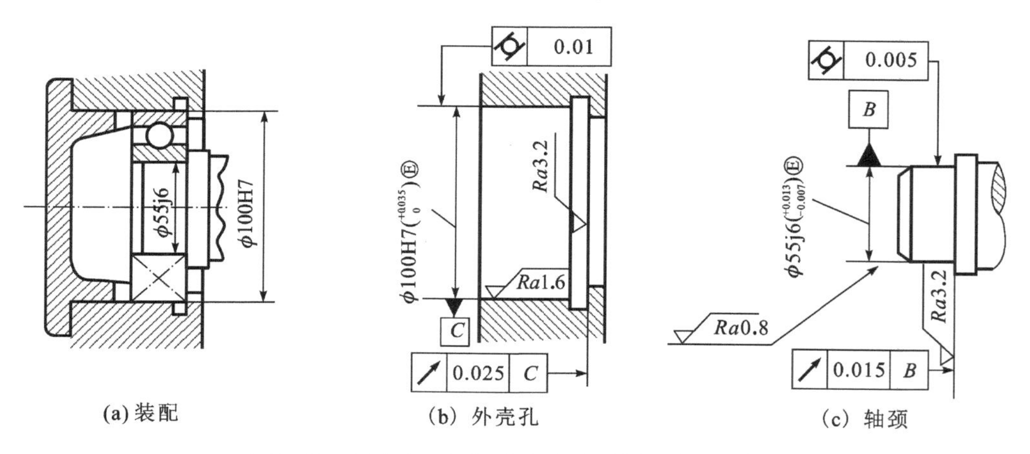

图 7-10 轴径与外壳孔公差在在图样上的标注实例

7.7 基于圆度仪的轴承测量

1. 测量设备介绍

圆度仪(roundness measuring instrument)是一种利用回转轴法测量工件圆度误差的测量

工具，也是目前较为成熟和广泛应用的一种几何公差测量仪器。圆度仪是测量圆度、圆柱度、同轴度、同心度、平行度、垂直度、跳动、圆柱体母线的直线度、圆柱体端面的跳动、平整度误差等的较为有效的手段。

测量时，被测件与精密轴系同心安装，精密轴系带着长度传感器或工作台做精确的圆周运动。由仪器的传感器、放大器、滤波器、输出装置组成，一般还配有计算机，一起组成测量系统。

按照结构的不同，圆度仪可分为传感器回转式和工作台回转式两种形式，如图 7－11 所示。

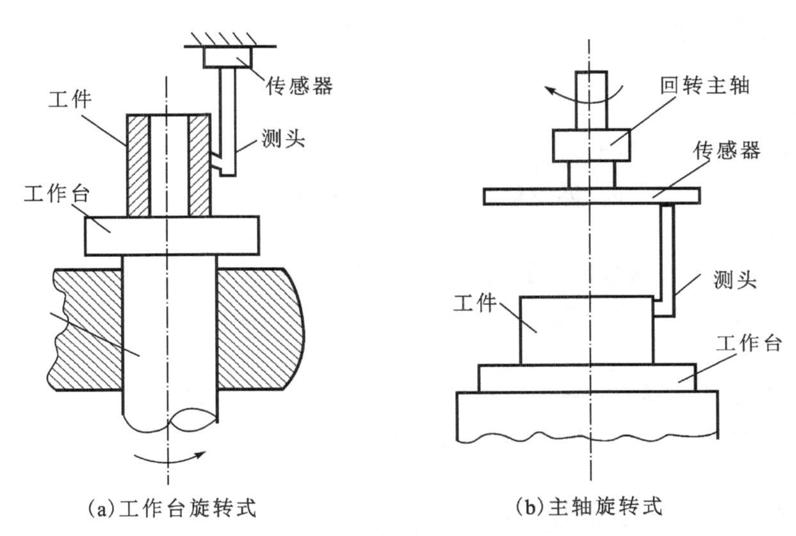

(a)工作台旋转式　(b)主轴旋转式

图 7－11　圆度仪工作原理示意图

(1)工作台回转式

圆度仪的传感器和测头固定不动，被测零件放置在回转工作台上随工作台一起回转。这种仪器常制成紧凑的台式测量装置，易于测量小型零件的圆度误差。同时，由于测量时被测零件固定不动，可用来测量较大零件的圆度误差。工件随工作台主轴一起转动记录被测零件回转一周过程中测量截面上各点的半径差。

(2)主轴回转式

被测零件放置在工作台上固定不动，装置的主轴带着传感器和测头一起回转。测头随主轴回转测量时，应调整工件位置使其和转轴同轴。

需要注意的是，圆度仪是一种精密计量仪器，对环境条件有较高的要求，通常被计量部门用来抽检或仲裁产品的圆度和圆柱度误差。但是，垂直导轨精度不够高的不能测量圆柱度误差，只有具有高精度垂直导轨的圆度仪才可直接测得零件的圆柱度误差。

2. 测量原理介绍

圆度仪的测量原理与三坐标测量仪类似，均是采集工件表面的点的三维空间坐标，由采集到的点构成线，再由线构成实体。测量方法主要分为回转轴法、三点法、两点法、投影法和坐标法等。

(1)回转轴法

利用精密轴系中的轴回转一周所形成的圆轨迹(理想圆)与被测圆比较，圆度仪两圆半径上的差值由电学式长度传感器转换为电信号,经电路处理和电子计算机计算后由显示仪表指示出圆度误差,或由记录器记录出被测圆轮廓图形。回转轴法有传感器回转和工作台回转两种形式。前者适用于高精度圆度测量,后者常用于测量小型工件。按回转轴法设计的圆度测量工具称为圆度仪。

(2)三点法

常将被测工件置于 V 形块中进行测量。测量时,使被测工件在 V 形块中回转一周,从测微仪读出最大示值和最小示值,两示值差之半即为被测工件外圆的圆度误差。此法适用于测量具有奇数棱边形状误差的外圆或内圆,常用两夹角为 90°、120°或 72°、108°的两块 V 形块分别测量。

(3)两点法

常用千分尺、比较仪等测量,以被测圆某一截面上各直径间最大差值之半作为此截面的圆度误差。此法适于测量具有偶数棱边形状误差的外圆或内圆。

(4)投影法

在投影仪上测量时,将被测圆的轮廓影像与绘制在投影屏上的两极限同心圆比较,从而得到被测件的圆度误差。此法适用于测量具有刃口形边缘的小型工件。

(5)坐标法

一般在带有电子计算机的三坐标测量机上测量。按预先选择的直角坐标系统测量出被测圆上若干点的坐标值,通过电子计算机按所选择的圆度误差评定方法计算出被测圆的圆度误差。

3. 基于圆度仪的轴承外径向跳动的测量过程

径向全跳动是被测表面绕基准轴线连续回转时,在整个圆柱面上所允许的最大跳动量。它表示被测表面绕基准轴线连续回转时,同时相对于圆柱面作轴向移动,在整个圆柱面上的径向跳动量不得大于给定公差值。以深沟球轴承为例,将其内圈装夹在测量平台上,调整好工装。测量时,工作台带动轴承旋转,圆度仪测头沿着轴承的旋转轴线运动,记录预先选择的直角坐标系的轴承被测表面的若干点的坐标值。最后,通过计算机程序的算法分析,得出轴承的外径向跳动的值。

4. 误差评价

根据以上方法采集到的数据,用《滚动轴承 测量和检验的原则及方法》(GB/T 307.2—2005)标准进行评价。

习　题

7-1　滚动轴承的精度是依据什么来划分的？共有几级？代号是什么？

7-2　国标规定滚动轴承内圈内径及外圈外径公差带与一般基孔制的基准孔及一般基轴制的基准轴公差带有何不同？为什么要这样规定？

7-3　选择滚动轴承精度等级应考虑哪些主要因素？各级精度的轴承各用在什么场合？

7-4　选择滚动轴承的配合时，应考虑哪些因素？

7-5　某机床转轴上安装 P6 级精度的深沟球轴承，其内径为 40mm，外径为 90mm，该轴承承受一个 4000N 的定向径向负荷，轴承的额定动负荷为 31400N，内圈随轴一起转动，外圈固定。试确定：

(1)与轴承配合的轴颈、外壳孔的公差带代号。

(2)画出公差带图，计算出内圈与轴、外圈与孔配合的极限间隙、极限过盈。

(3)把所选的公差带代号和形位公差、表面粗糙度标注在图 7-12 上。

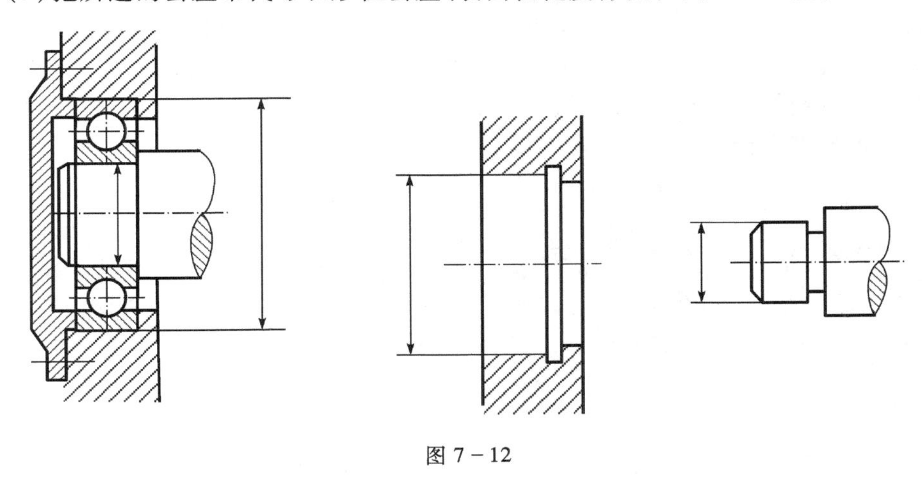

图 7-12

键、花键结合的精度设计

8

8.1 键、花键概述

键和花键联结在机器中主要用来联结轴和轴上的传动件（齿轮、皮带轮等）以传递扭矩，当轴与传动件之间有轴向相对运动要求时，键还能起导向作用，它们在机械中应用较广。

键、花键联结种类较多。键分为平键、半圆键和楔键等几种，它们统称为单键，其中以平键应用最广，其次为半圆键，如图 8－1 所示。花键按键廓的形状不同分为矩形花键、渐开线花键和三角形花键等，其中以矩形花键应用最多，如图 8－2 所示。本节主要讨论平键和矩形花键结合的精度设计。

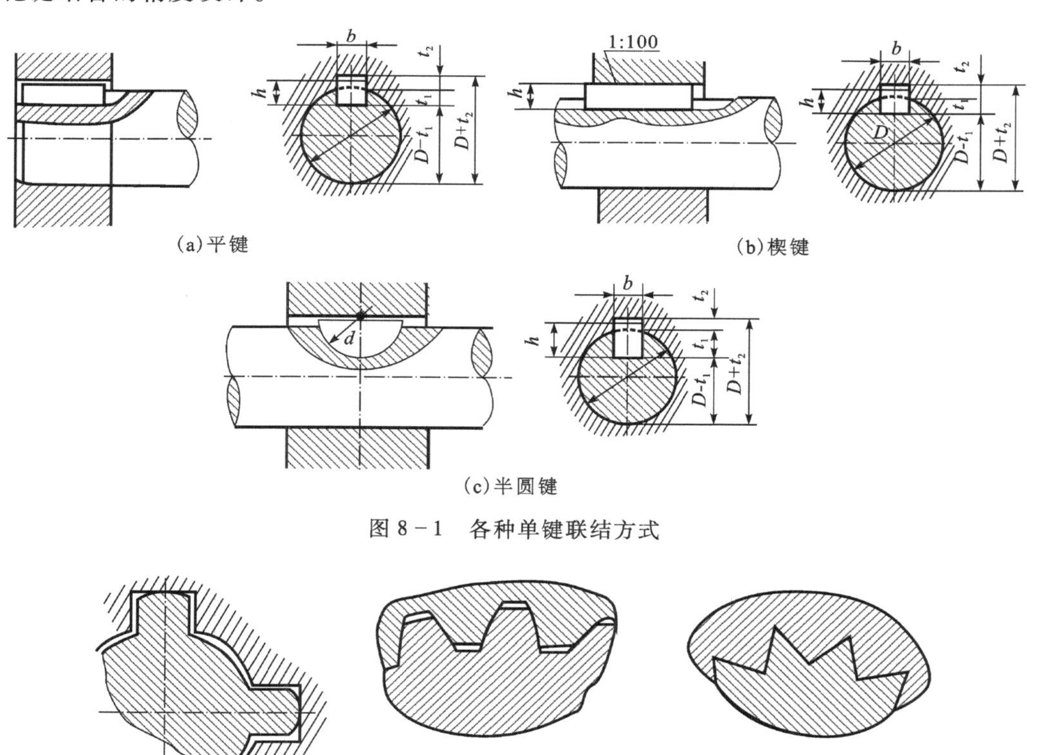

(a)平键　(b)楔键

(c)半圆键

图 8－1　各种单键联结方式

(a)矩形花键　(b)渐开线花键　(c) 三角形花键

图 8－2　各种花键联结方式

8.2　键联结的公差与配合

8.2.1　键联结的使用要求

键在传递扭矩及运动时，主要是键侧承受扭矩及运动，键侧受到挤压应力及剪切应力的作用。根据这些特点，键有如下使用要求：

(1)键与键槽的接触面应有充分大的接触面积，以保证可靠地承受传递扭矩载荷。

(2)键与键槽结合要牢靠，不可松脱。

(3)对导向键，键与键槽应留有滑动间隙，同时要满足导向精度要求。

8.2.2　公差配合特点

键的公差与配合已经标准化，它的公差与配合符合光滑圆柱体的有关标准规定。

(1)配合参数。由于扭矩的传递是通过键侧来实现的，因此配合的主要参数是键与键槽的宽度 b。

(2)键联结采用基轴制。因为键的侧面是主要配合面，与轴和轮毂两个零件的键槽侧面接触配合，且往往两者有不同的配合，所以键联结采用基轴制配合。

(3)键联结配合种类少，主要要求比较确定的间隙与过盈配合。

在平键与半圆键联结的公差与配合标准中，考虑到键联结的特点，分别规定了键宽与轴槽宽及轮毂宽的公差与配合，见表 8 - 1。

表 8 - 1　键宽与轴槽宽及轮毂槽宽的公差与配合

<table>
<tr><th rowspan="2">键的类型</th><th rowspan="2">配合种类</th><th colspan="3">尺寸 b 的极限偏差</th><th rowspan="2">适用范围</th></tr>
<tr><th>键</th><th>键槽</th><th>毂槽</th></tr>
<tr><td rowspan="3">平键</td><td>松联结</td><td rowspan="5">h8</td><td>H9</td><td>D10</td><td>导向键联结，轮毂可在轴上移动</td></tr>
<tr><td>正常联结</td><td>N9</td><td>JS9</td><td>键固定在轴槽和轮毂槽中，用于载荷不大的场合</td></tr>
<tr><td>紧密联结</td><td colspan="2">P9</td><td>键牢固地固定在轴槽和轮毂槽中，用于载荷大、有冲击的场合</td></tr>
<tr><td rowspan="2">半圆键</td><td>正常联结</td><td>N9</td><td>JS9</td><td rowspan="2">定位及传递扭矩</td></tr>
<tr><td>紧密联结</td><td colspan="2">P9</td></tr>
</table>

国标对键宽规定了一种公差带 h8，键高 h 的极限偏差为 h11，键长 L 为 h14，键和键槽的形位公差还规定对称度可选 7 ~ 9 级公差，键宽两侧面平行度按键宽 b 选等级为 5 ~ 7 级的平行度。

8.3 平键精度设计

8.3.1 平键结合的特点与要求

设计机械产品机构时，除了考虑使用性能要求外，易于装拆、方便维修也应当十分注意。例如承受中等负荷的齿轮和轴的结合、皮带轮和轴的结合等，大多采用过渡配合，加键等固定件，一方面可传递扭矩，另一方面又便于装拆。

键联结的种类很多，但应用最广的是普通平键，其联结方式见图 8－3。由于键联结的特点是通过键的侧面与轮毂槽和轴槽的侧面相接触来传力的，因此键和槽侧面的配合性质决定键联结的可靠性。在平键联结中，键宽、轴槽宽和轮毂槽宽为配合尺寸，其他为非配合尺寸。考虑到在键联结中，键是标准件，键的侧面同时与轮毂槽及轴槽联结，且往往要求不同的配合性质。为便于对它进行专门化生产，所以键结合采用基轴制配合，即规定键宽的公差带不变，通过改变轴槽宽、轮毂槽宽的公差带达到不同的配合要求。键宽规定了一种公差带 h8，以利于采用精拉钢大量制造。

轴槽和轮毂槽的位置误差对配合有较大影响，设计时通常用对称度公差予以控制。

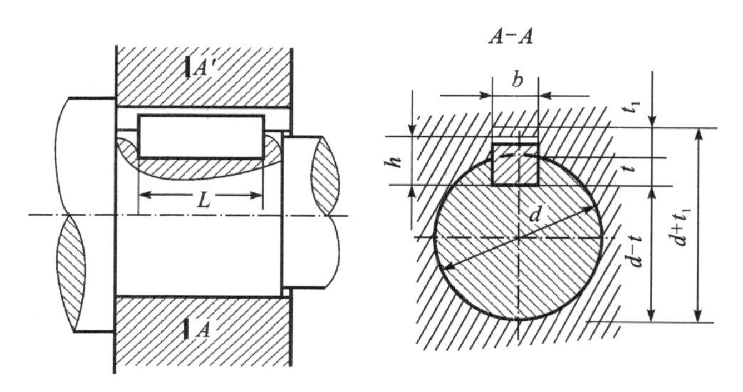

图 8－3 平键联结方式及主要尺寸

8.3.2 平键结合精度的确定

1. 平键尺寸系列与公差

平键联结的精度已标准化。GB/T 1095—2003《平键和键槽的剖面尺寸》中对平键与轴槽和轮毂槽的宽度 b 规定了 3 类配合，即较松键联结、一般键联结和较紧键联结。它们的公差带均选自《公差与配合》国家标准。表 8－2 列出了键宽 b、键高 h 及键长 L 的基本尺寸及公差。键长 L 的公差带规定为 h14；键槽宽 b，非配合尺寸（$t,t_1,d-t,d+t_1$）及它们的极限偏差也作了规定，见表 8－3；轴槽长的公差带规定为 H14。

表 8－2　普通平键的尺寸与公差(摘自 GB/T 1096—2003)

本标准规定了宽度 $b=2\sim100$mm 的普通 A 型、B 型、C 型的平键尺寸

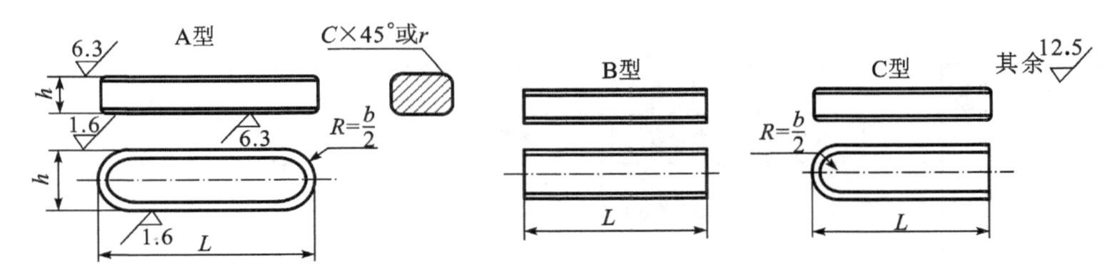

标记示例

宽度 $b=16$mm，$h=10$mm，$L=100$mm、普通 A 型平键，标记为：GB/T 1096　键 16×10×100

宽度 $b=16$mm，$h=10$mm，$L=100$mm、普通 B 型平键，标记为：GB/T 1096　键 B16×10×100

宽度 $b=16$mm，$h=10$mm，$L=100$mm、普通 C 型平键，标记为：GB/T 1096　键 C16×10×100

宽度 b	基本尺寸		2	3	4	5	6	8	10	12	14	16	18	20	22
	极限偏差(h8)		0 −0.014		0 −0.018			0 −0.022		0 −0.027				0 −0.033	
高度 h	基本尺寸		2	3	4	5	6	7	8	8	9	10	11	12	14
	极限偏差	矩形(h11)	—		—			0 −0.090					0 −0.110		
		方形(h8)	0 −0.014		0 −0.018			—					—		
C 或 r			0.16～0.25			0.25～0.40			0.40～0.60					0.60～0.80	
宽度 b	基本尺寸		25	28	32	36	40	45	50	56	63	70	80	90	100
	极限偏差(h8)		0 −0.110		0 −0.039					0 −0.046				0 −0.054	
宽度 h	基本尺寸		14	16	18	20	22	25	28	32	32	36	40	45	50
	极限偏差	矩形(h11)	0 −0.110			0 −0.130				0 −0.160					
		方形(h8)	—			—				—					
C 或 r			0.60～0.80			1.00～1.20				1.60～2.00			2.50～3.00		
长度 L (极限偏差 h14)			10,12,14,16,18,20,22,25,28,32,36,40,45,50,56,63,70,80,90,100,110,125,140,160,180,200,250,320,360,400												

表 8-3 平键键槽公差(摘自 GB 1095—2003) (单位:mm)

轴的公称直径 d	键尺寸 $b\times h$	键槽											
		宽度 b						深度				半径 r	
		基本尺寸	极限偏差					轴 t_1		毂 t_2			
			正常联结		紧密联结	松联结							
			轴 N9	毂 JS9	轴和毂 P9	轴 H9	毂 D10	基本尺寸	极限偏差	基本尺寸	极限偏差	min	max
6~8	2×2	2	-0.004 -0.029	±0.0125	-0.006 -0.031	+0.025 0	+0.060 +0.020	1.2	+0.1 0	1.0	+0.1 0	0.08	0.16
>8~10	3×3	3						1.8		1.4			
>10~12	4×4	4	0 -0.030	±0.015	-0.012 -0.042	+0.030 0	+0.078 +0.030	2.5		1.8			
>12~17	5×5	5						3.0		2.3		0.16	0.25
>17~22	6×6	6						3.5		2.8			
>22~30	8×7	8	0 -0.036	±0.018	-0.015 -0.051	+0.036 0	+0.098 +0.040	4.0	+0.2 0	3.3	+0.2 0		
>30~38	10×8	10						5.0		3.3		0.25	0.40
>38~44	12×8	12	0 -0.043	±0.0215	-0.018 -0.061	+0.043 0	+0.120 +0.050	5.0		3.3			
>44~50	14×9	14						5.5		3.8			
>50~58	16×10	16						6.0		4.3			
>58~65	18×11	18						7.0		4.4			
>65~75	20×12	20	0 -0.062	±0.026	-0.022 -0.074	+0.052 0	+0.149 +0.065	7.5		4.9		0.40	0.60
>75~85	22×14	22						9.0		5.4			
>85~95	25×14	25						9.0		5.4			
>95~110	28×16	28						10.0		6.4			
>110~130	32×18	32	0 -0.062	±0.031	-0.026 -0.088	+0.062 0	+0.180 +0.080	11.0		7.4			
>130~150	36×20	36						12.0	+0.30 0	8.4	+0.30 0	0.70	1.00
>150~170	40×22	40						13.0		9.4			
>170~200	45×25	45						15.0		10.4			
>200~230	50×28	50						17.0		11.4			
>230~260	56×32	56	0 -0.074	±0.037	-0.032 -0.106	+0.074 0	+0.220 +0.100	20.0		12.4		1.20	1.60
>260~290	63×32	63						20.0		12.4			
>290~330	70×36	70						22.0		14.4			
>330~380	80×40	80						25.0		15.4		2.00	2.50
>380~440	90×45	90	0 -0.087	±0.0435	-0.037 -0.124	+0.087 0	+0.260 +0.120	28.0		17.4			
>440~500	100×50	100						31.0		19.5			

图8-4是平键结合3种公差带配合的图解。表8-1中包含了平键与半圆键配合的具体应用范围。

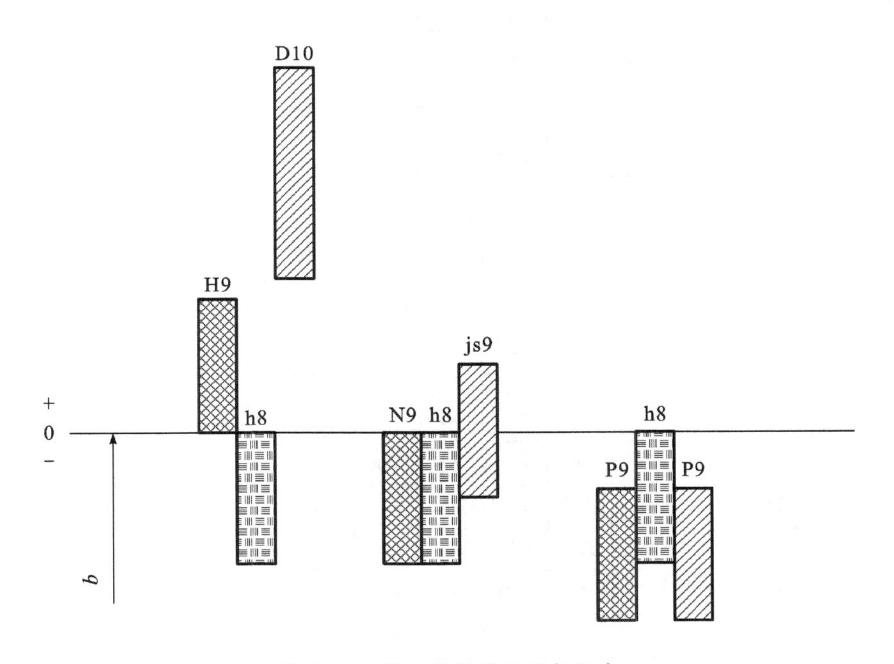

图8-4 键与键槽的公差与配合

为保证键与轴键槽、轮毂键槽之间沿轴向有较长的接触长度,以及避免装配困难,《平键结合》国家标准还对轴键槽、轮毂键槽两侧面的中心平面相对轴线的对称度公差作了规定,即按《形状和位置公差》国家标准(GB 1184—2008)规定的7~9级对称度公差制造。键宽两侧面的平行度公差按(GB 1184—2008)平行度公差5~7级选取。

轴槽和轮毂槽两侧面为配合面,其表面粗糙度参数 Ra 的允许值取1.6~6.3μm,槽底面为非配合面,其 Ra 的允许值取12.5μm。

2. 平键结合的形位公差

平键联结件键槽的同轴度、对称度、圆跳动及全跳动公差,如表8-4所示。

表 8－4 平键联结同轴度、对称度、圆跳动及全跳动公差

公差等级	主参数 $d(D)$、B、L/mm															
	≤1	>1~3	>3~6	>6~10	>10~18	>30~50	>50~120	>120~250	>250~500	>500~800	>800~1250	>1250~2000	>2000~3150	>3150~5000	>5000~8000	>8000~10000
	公差值/μm															
1	0.4	0.4	0.5	0.6	0.8	1.2	1.5	2	2.5	3	4	5	6	8	10	12
2	0.6	0.6	0.8	1	1.2	2	2.5	3	4	5	6	8	10	12	15	20
3	1	1	1.2	1.5	2	3	4	5	6	8	10	12	15	20	25	30
4	1.5	1.5	2	2.5	3	5	6	8	10	12	15	20	25	30	40	50
5	2.5	2.5	3	4	5	8	10	12	15	20	25	30	40	50	60	80
6	4	4	5	6	8	12	15	20	25	30	40	50	60	80	100	120
7	6	6	8	10	12	20	25	30	40	50	60	80	100	120	150	200
8	10	10	12	15	20	30	40	50	60	80	100	120	150	200	250	300
9	15	20	25	30	40	60	80	100	120	150	200	250	300	400	500	600
10	25	40	50	60	80	120	150	200	250	300	400	500	600	800	1000	1200
11	40	60	80	100	120	200	250	300	400	500	600	800	1000	1200	1500	2000
12	60	120	150	200	250	400	500	600	800	1000	1200	1500	2000	2500	3000	4000

3. 键联结标注示例

键联结的精度设计完成后，需对轴键槽和轮毂槽的公差进行标注，标注的标准示例如图 8－5 所示。

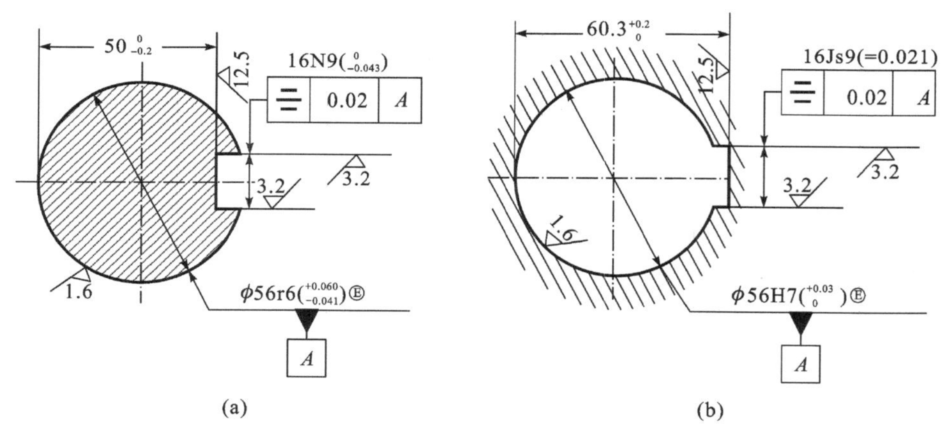

图 8－5 平键结合件标注公差示例

(a)轴键槽剖面；(b)轮毂键槽剖面

8.3.3 键的选择与联结强度计算

键联结是通过键来实现轴和轴上零件间的周向固定以传递运动和扭矩。其中，有些键用来实现轴向固定和传递轴向力，有些类型键可以实现轴向动联结，键和键联结的特点、类

型及应用如表 8－5 所示。

表 8－5 键和键联结的特点、类型及应用

类型和标准		简图	特点和应用
平键	普通型 平键 GB/T 1096—2003 薄型 平键 GB/T 1567—2003	A型 B型 C型	键的侧面为工作面，靠侧面传力，对中性好，装拆方便。无法实现轴上零件的轴向固定。定位精度较高用于高速或承受冲击、变载荷的轴。薄型平键用于薄壁结构和传递转矩较小的地方。A 型键用端铣刀加工轴上键槽，健在槽中固定好，但应力集中较大；B 型键用盘铣刀加工轴上键槽，应力集中较小；C 型键用于轴端
	导向型 平键 GB/T 1097—2003	A型 B型	键的侧面为工作面，靠侧面传力，对中性好，拆装方便。无轴向固定作用。用螺钉把键固定在轴上，中间的螺纹孔用于起键。用于轴上零件沿轴移动量不大的场合，如变速箱中的滑移齿轮
	滑键		键的侧面为工作面，靠侧面传力，对中性好，拆装方便。键固定在轮毂上，轴上零件能带着键轴向移动，用于轴上零件移动量较大的地方
半圆键	半圆键 GB/T 1099—2003		键的侧面为工作面，靠侧面传力，键可在轴槽中沿槽底圆弧滑动，装拆方便，但要加长键时，必定使键槽加深使轴强度减弱。一般用于轻载，常用于轴的锥形轴端处

根据表 8－5 选定键的类型后，需对键的联结强度进行计算确定，可据表 8－6、表 8－7 进行确定。

表 8－6　键联结强度计算

类型	受力简图	计算内容		计算公式	说明
平键	$y\approx\frac{D}{2}$	键或键槽工作面的挤压或磨损	静连接	$\sigma_p=\frac{2T}{Dkl}\leqslant\sigma_{pp}$	T—转矩，N · mm D—轴的直径，mm l—键的工作长度，mm k—键与轮毂的接触高度，mm，平键 $k=0.4h$（毂 t_2），半圆键 k 见表毂 t_2 b—键的宽度，mm l—切向键工作面宽度，mm μ—摩擦因数，对钢和铸铁
			动连接	$\sigma_p=\frac{2T}{Dkl}\leqslant p_{pp}$	
半圆键	$y\approx\frac{D}{2}$	键或键槽工作面的挤压		$\sigma_p=\frac{2T}{Dkl}\leqslant\sigma_{pp}$	
楔键	$y\approx\frac{D}{2}$，$x\approx\frac{b}{6}$	键或键槽工作面的挤压		$\sigma_p=\frac{12T}{bl(6\mu D+b)}\leqslant p_{pp}$	

表 8－7　键联结的许用挤压应力、许用压强及许用切应力

许用应力及许用压强	连接工作方式	被连接零件材料	不同载荷性质的许用值		
			静载	轻微冲击	冲击
σ_{pp}	静连接	钢	125～150	100～120	60～90
		铸铁	70～80	50～60	30～45
p_{pp}	动连接	钢	50	40	30
τ_p			120	90	60

8.3.4　设计举例

例 8－1　有一减速器的一齿轮基准孔与轴的配合为 $\phi38\text{H8/m7}$，轮毂宽为 90mm，采用无轴向相对移动的平键联结传递扭矩，承受中等载荷。试确定轴键槽和轮毂键槽的剖面尺寸及极限偏差，轴键槽和轮毂键槽的对称度公差及表面粗糙度轮廓幅度参数 Ra 的上限值。

解　(1)确定键的尺寸。

因为为静联接，选用普通平键（A 型），考虑到 $d>30\sim38$，可由表 8－3 选用键的截面尺寸为：

宽 $b=10\text{mm}$，$h=8\text{mm}$；

参考轮毂宽，取键长为 $l = 80$mm。

键的标记：GB/T 1096—2003，键 10×8×80。

(2)确定轴键槽和轮毂槽的剖面尺寸及极限偏差。

因为键联结无轴向移动，承受中等载荷，参考表 8-4，确定联结方式为一般联结，键宽的公差带为 h9，轴键槽的公差为 N9，毂键宽的公差为 JS9。

①参考表 8-3，轴键宽槽深 $t_1 = 5.0$mm，轴键宽的尺寸公差为：

轴键宽的槽深 $d - t$ 及公差为：$\phi 35(^{\ 0}_{-0.02})$；

轴键宽 b 及公差为：$10N9(^{\ 0}_{-0.036})$。

由表 8-5 得轴键宽的对称度公差为 0.03mm，配合面表面粗糙度轮廓幅度参数 Ra 的上限值为 3.2μm。

②参考表 8-3，毂键宽槽深 $t_2 = 3.3$mm，毂键宽的尺寸公差为：

毂键宽的槽深 $d + t$ 及公差为：$\phi 43.3(^{+0.02}_{\ 0})$；

毂键宽 b 及公差为：10JS9(±0.018)。

由表 8-5 得毂键宽的对称度公差为 0.03mm，配合面表面粗糙度轮廓幅度参数 Ra 的上限值为 3.2μm。

8.3.5　键槽的检测

键和键槽的尺寸测量比较简单，在小批量生产中采用通用测量器具，如游标卡尺、千分尺等测量器具。键槽需要检测的项目较多，在成批生产中可采用量规检验。键宽 b 检测一般用板式塞规；槽深、对称度误差检测如表 8-8 所示。

表 8-8　键槽检测用量规

检测参数	检测量规	量规名称及说明
轮毂槽深 $d + t_1$	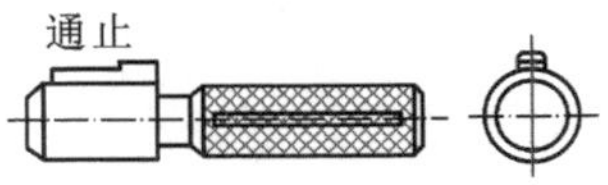 通止	轮毂槽深量规
轴槽深度 $d - t$	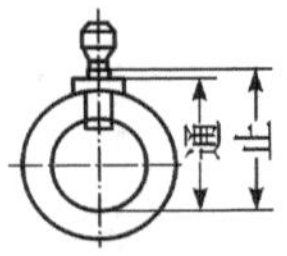 通 止	轮毂槽深量规，圆环内径作为测量基准，上支杆相当于深度尺
轮毂槽的对称度误差	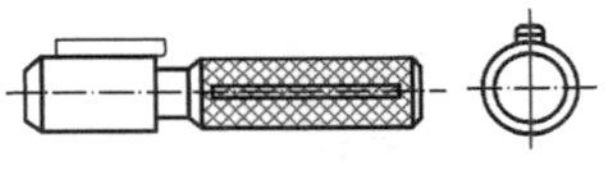	轮毂槽对称度量规
轴槽的对称度误差	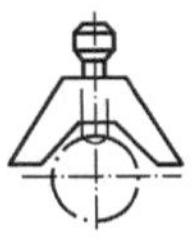	轴槽的对称度量规，带有中心柱的 V 型块。只有通端，量规能通过轴槽即为合格

8.4 矩形花键精度设计

8.4.1 矩形花键结合的特点与使用要求

1. 花键结合的使用要求

花键联结也是靠键侧传递扭矩及运动的一种结构形式，与平键相比，矩形花键的承载能力更强。它在使用时有以下要求：

(1)保证联结强度和传递扭矩的可靠性；

(2)能达到定心精度；

(3)保证滑动联结的导向精度；

2. 花键结合的特点

随着机器功率的不断增大，对机器的质量要求也越来越高。例如有些机床制造业、汽车制造业对键联结提出了较高的同轴度和导向精度的要求，此时平键联结已不能满足要求，因而提出了采用花键联结。花键联结的种类也很多，但应用最广的是矩形花键，其键数通常为偶数，按传递扭矩的大小，可分为轻系列、中系列和重系列。

轻系列：键数最少，键齿高度最小，主要用于机床制造工业。

中系列：在拖拉机、汽车工业中主要采用。

重系列：键数最多，键齿高度最大，主要用于重型机械。

矩形花键联结由多表面构成，其联结方式见图 8－6。主要结构尺寸有大径(D)、小径(d)和键宽(B)，这些参数中同样有配合尺寸和非配合尺寸。从标准化角度，无论是哪一类尺寸，其公差同样都可采用公差与配合国家标准。

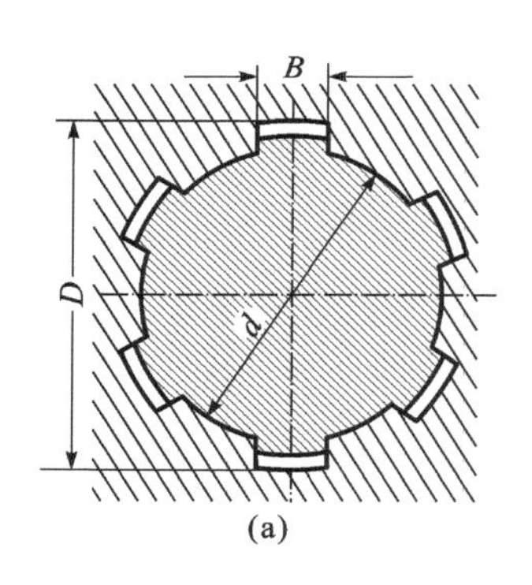

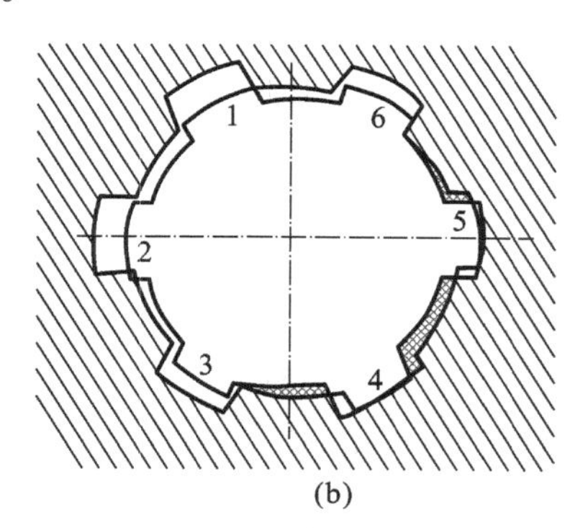

图 8－6　花键结合

(a)矩形花键配合的主要尺寸；(b)花键位置误差对配合的影响

在矩形花键结合中，要使内、外花键的大径 D、小径 d、键宽 B 相应的结合面都同时耦合得很好是相当困难的。因为这 3 个尺寸都会有制造误差，即使这 3 个尺寸都做得很准，其相应的表面之间还会有位置误差。

矩形花键的形位误差对花键结合有很大影响。定心表面的形状误差会影响配合性质，键及键槽的位置误差会影响内、外花键的装配。如图 8－6(b)所示的花键结合，按小径定心，内花键为理想花键结合，各部分的尺寸、形状和位置均正确；而外花键尺寸也合格，但存在位置误差，包括花键的等分误差，键对定心表面轴线的对称度误差及键侧对定心表面轴线的平行度误差等（图中外花键 1 位置正确，2，3，4，5，6 具有位置误差），从而使花键结合时不能获得预定的配合要求，甚至无法装配。因此对花键结合，必须规定位置公差，以保证装配精度的要求。

8.4.2　矩形花键精度的确定

为了确保定心结合面的配合性质和配合精度，GB 1144—2001 对矩形花键的定心方式、尺寸系列、尺寸精度、形位精度和表面粗糙度均作了规定。

1. 定心方式

为了保证矩形花键的使用性能，改善加工工艺，只选择一个结合面作为主要配合面，对其规定较高的精度，以保证配合性质和定心精度，该表面称为定心表面。由于花键结合面的硬度通常要求较高，因此在加工过程中往往需要热处理。为保证定心表面的尺寸精度和形状精度，热处理后需进行磨削加工。综上分析，从加工工艺性来看，小径便于磨削。因此，矩形花键标准规定采用小径定心方式。

花键的定心方式有三种，如图 8－7 所示。国标规定只采用小径定心方式，主要是考虑到能利用磨削的方法消除热处理变形，使定心直径的尺寸和形位公差控制在较小的范围内，从而获得较高的精度。大多数情况下，齿轮与轴使用花键联结，轴为外花键，齿轮孔为内花键，内花键作为齿轮传动及基准孔。在齿轮标准中规定 7～8 级齿轮的内花键孔的公差为 IT7，外花键轴为 IT6，6 级齿轮的内花键孔公差为 IT6，外花键公差为 IT5。要到达如此精度，只能采用小径定心方式，通过磨削内、外花键的小径，才能提高花键的定心精度。同时，小径较易保证较高的加工精度和表面硬度，能提高花键的耐磨性和使用寿命。花键孔的大径和键槽侧面难于进行磨削加工，故对这几个非定心尺寸都可规定较低的公差等级，但由于靠键侧传递扭矩，因此对键侧尺寸要求的公差等级较高。

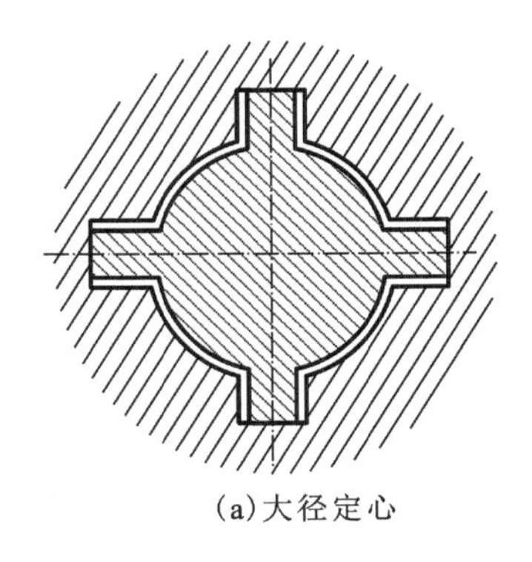
(a) 大径定心

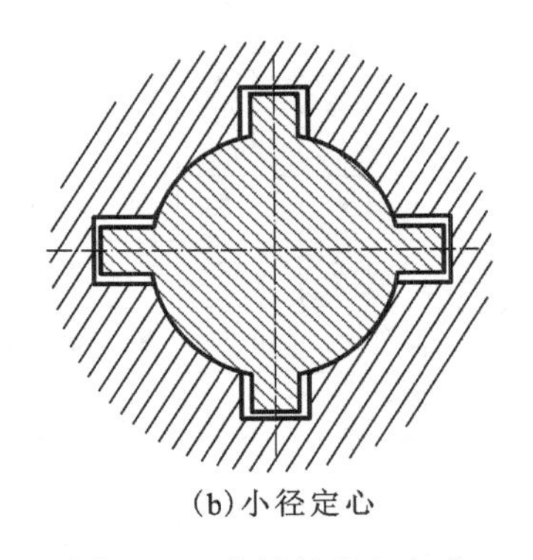
(b) 小径定心

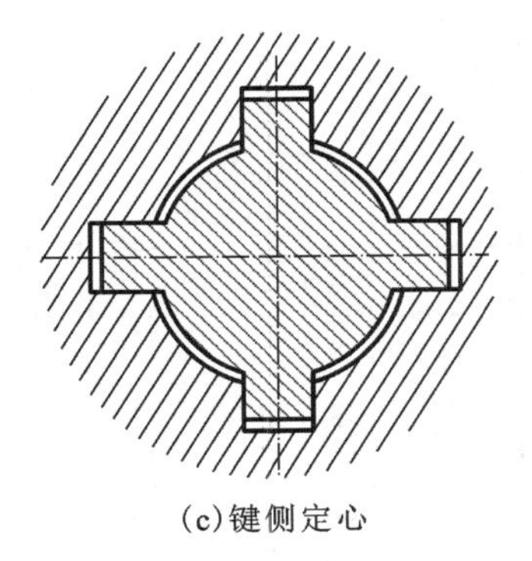
(c) 键侧定心

图 8－7　花键的定心方式

2. 尺寸系列

标准中规定的矩形花键尺寸包括小径 d、大径 D 和键宽（键槽宽）B。键数 N 取偶数，分 6，8，10 共 3 种。按承载能力分为轻系列、中系列和重系列 3 种，它们的区别仅在于大径不同。花键规格按 $N \times d \times D \times B$ 的方法表示，如 $8 \times 52 \times 58 \times 10$ 依次表示为键数为 8，小径为

52mm,大径为 58mm,键宽(键槽宽)为 10mm。

矩形花键基本尺寸系列如表 8 - 9 所示。

表 8 - 9 矩形花键基本尺寸系列(摘自 GB 1144—2001)

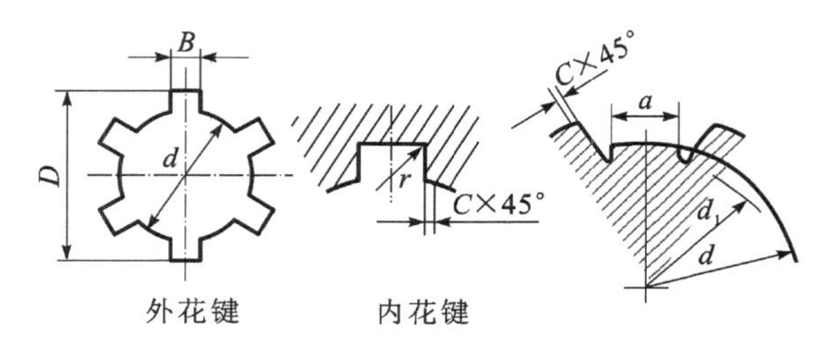

(单位:mm)

小径 d	基本尺寸系列和键槽截面尺寸									
	轻系列					中系列				
	规格 $N \times d \times D \times B$	C	r	参考 $D1_{min}$	参考 a_{min}	规格 $N \times d \times D \times B$	C	r	参考 $D1_{min}$	参考 a_{min}
11						6 × 11 × 14 × 3	0.3	0.2	15.4	0.9
13						6 × 13 × 16 × 3.5			16.7	0.9
16						6 × 16 × 18 × 4			17.5	0.9
18						6 × 18 × 22 × 5			16.6	1.0
21						6 × 22 × 25 × 5			19.5	1.0
23	6 × 23 × 26 × 6	0.2	0.1	22	3.5	6 × 23 × 28 × 6			21.2	1.2
26	6 × 26 × 30 × 6	0.3	0.2	24.5	3.8	6 × 26 × 32 × 6	0.4	0.3	23.6	1.2
28	6 × 28 × 32 × 7			26.6	4.0	6 × 28 × 34 × 7			25.8	1.4
32	8 × 32 × 36 × 6			30.3	2.7	6 × 32 × 38 × 6			29.4	1.0
36	8 × 36 × 40 × 7			34.4	3.5	8 × 36 × 42 × 7			33.4	1.0
42	8 × 42 × 46 × 8			40.5	5.0	8 × 42 × 48 × 8			39.4	2.5
46	8 × 46 × 50 × 9			44.6	5.7	8 × 46 × 54 × 9	0.5	0.4	42.6	1.4
52	8 × 52 × 58 × 10	0.4	0.3	49.6	4.8	8 × 52 × 60 × 10			48.6	2.5
56	8 × 56 × 62 × 10			53.5	6.5	8 × 56 × 65 × 10			52.0	2.5
62	8 × 62 × 68 × 12	0.4	0.3	59.7	7.3	8 × 62 × 72 × 12	0.6	0.5	57.7	2.4
72	10 × 72 × 78 × 12			69.6	5.4	10 × 72 × 82 × 12			67.7	1
82	10 × 82 × 88 × 12			79.3	8.5	10 × 82 × 92 × 12			77	2.9
92	10 × 92 × 98 × 14			89.6	9.9	10 × 92 × 102 × 14			87.3	4.5
102	10 × 102 × 108 × 16			99.6	11.3	10 × 102 × 112 × 16			97.7	6.2
112	10 × 112 × 118 × 18			10.88	10.5	10 × 112 × 125 × 18			106.2	4.1

矩形花键的长度系列如表 8－10 所示。

表 8－10　矩形花键的长度系列

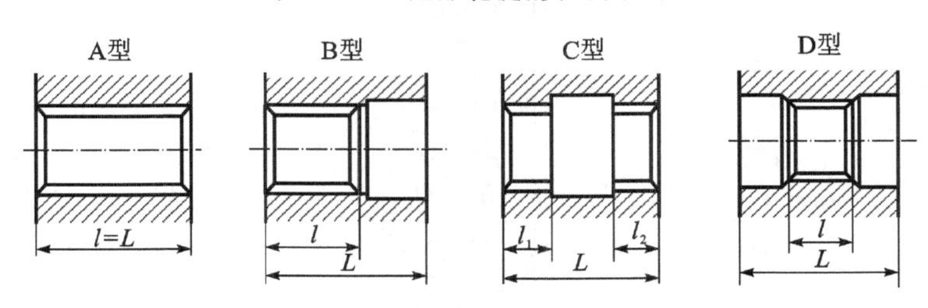

<table>
<tr><td>花键小径 d</td><td>11</td><td>13</td><td>16</td><td>18</td><td>21</td><td>23</td><td>26</td><td>28</td><td>32</td><td>36</td><td>42</td><td>46</td><td>52</td><td>56</td><td>62</td><td>72</td><td>82</td><td>92</td><td>102</td><td>112</td></tr>
<tr><td>花键长度 l 或 l_1+l_2</td><td colspan="2">10～50</td><td colspan="7">10～80</td><td colspan="6">22～120</td><td>32～120</td><td colspan="4">32～200</td></tr>
<tr><td>孔的最大长度 L</td><td>50</td><td colspan="4">80</td><td colspan="4">120</td><td colspan="4">200</td><td colspan="5">250</td><td colspan="2">300</td></tr>
<tr><td>L 或 l_1+l_2 系列</td><td colspan="20">10,12,15,18,22,25,28,30,32,36,38,42,45,48,50,56,60,63,71,75,80,85,90,100,110,120,130,140,160,180,200</td></tr>
</table>

3. 配合精度

为保证较高的定心精度和导向精度，标准将矩形花键配合形式分为滑动、紧滑动和固定 3 种；按精度高低分为一般用途和精密传动两种。花键的大径、小径和键宽的配合见表 8－11，其公差带均选自公差与配合国家标准所规定的公差带。配合选择主要视内、外花键相对运动要求的情况而定：相对运动要求频繁的，应用滑动配合；无相对运动要求的，应用固定配合；定心精度要求高的，亦应用固定配合；要求低的，可用滑动配合。对滑动配合，轴向滑动距离长，滑动频率高，则间隙应大，以保证配合表面间有足够的润滑油层，例如，汽车拖拉机等变速箱中的滑动齿轮与花键轴的联结。有反向转动要求，或传递较大扭矩时，为使键侧表面应力分布均匀，间隙均应适当减小。由表 8－11 中可见，内外花键小径、大径，键与键槽宽度相应结合面的配合均采用基孔制。即内花键 d，D 和 B 的基本偏差不变，依靠改变外花键 d，D 和 B 的基本偏差，以获得不同松紧的配合。这样可减少定值刀具、量具的规格，以利于刀具、量具的专业化生产。大径为非定心直径，内、外花键 D 的相应结合面应有较大的间隙，因此标准规定采用 H10/a11 配合，无论是一般用途还是精密传动用的花键，都只用这一种配合。

表 8－11 矩形花键配合类别

类别	配合	基本尺寸			说明
		d	*D*	*B*	
一般用途	滑动	$\frac{H7}{f7}$	$\frac{H10}{a11}$	$\frac{H9}{d10}\left(\frac{H11}{d10}\right)$	拉削后不再热处理时，内花键 *B* 的公差带用 H9；拉削后热处理的用 H11 内花键 *d* 的公差带 H7 允许与提高一级的外花键 f6，g6，h6 相配合
	紧滑动	$\frac{H7}{g7}$		$\frac{H9}{f9}\left(\frac{H11}{f9}\right)$	
	固定	$\frac{H7}{h7}$		$\frac{H9}{h10}\left(\frac{H11}{f10}\right)$	
精密传动用	滑动	$\frac{H5}{f7}\left(\frac{H6}{f6}\right)$	$\frac{H10}{a11}$	$\frac{H7}{d8}\left(\frac{H9}{d8}\right)$	当需要控制键侧间隙时，内花键 *B* 的公差带可选用 H7；一般情况可用 H9 *d* 为 H6 的内花键，允许与提高一级的外花键 f5，g5，h5 相配合
	紧滑动	$\frac{H5}{g5}\left(\frac{H6}{g6}\right)$		$\frac{H7}{f7}\left(\frac{H9}{f7}\right)$	
	固定	$\frac{H5}{h5}\left(\frac{H6}{h6}\right)$		$\frac{H8}{f8}\left(\frac{H9}{f8}\right)$	

矩形花键的尺寸公差带如表 8－12 所示，表面粗糙度值如表 8－13 所示。

表 8－12 矩形花键的尺寸公差带

内花键				外花键			装配型式
d	*D*	*B*		*d*	*D*	*B*	
		拉削后不热处理	拉削后热处理				
一般用							
H7	H10	H9	H11	f7	a11	d10	滑动
				g7		f9	紧滑动
				h7		h10	固定
精密传动用							
H5	H10	H7，H9		f5	a11	d8	滑动
				g5		f7	紧滑动
				h5		h8	固定
H6				f6		d8	滑动
				g6		f7	紧滑动
				h6		h8	固定

注：①精密传动用的内花键，当需要控制健侧配合间隙时，槽宽可选 H7，一般情况下可选 H9。

②*d* 为 H6 和 H7 的内花键，允许与提高一级的外花键配合。

表 8－13　表面粗糙度推荐值

加工表面	内花键	外花键
	Ra 不大于	
大径	6.3	3.2
小径	1.6	0.8
键侧	3.2	1.6

4. 形位精度

为保证定心表面的配合性质，内、外花键小径相应结合面的形位公差与尺寸公差之间的相互关系按包容要求处理。即：对于内花键，小径 d 相应结合面的作用尺寸应不小于它的最小极限尺寸，其实际尺寸应不大于它的最大极限尺寸；对于外花键，小径 d 相应结合面的作用尺寸应不大于它的最大极限尺寸，其实际尺寸应不小于它的最小极限尺寸。

根据花键的公差与配合的特点及检测此项目要求，对花键规定了两种情况下的几何公差项目：

(1)采用综合法检测花键，规定了位置度公差项目，如表 8－14；公差项目标注如图 8－8 所示。

花键的位置度公差（图 8－8）是限定各个键、键槽形状、方向和相互位置误差的综合指标，其数值按表 8－14 选取。对于较长的花键，还可根据产品的性能要求自行规定键侧对轴线的平行度公差，标准未做规定。

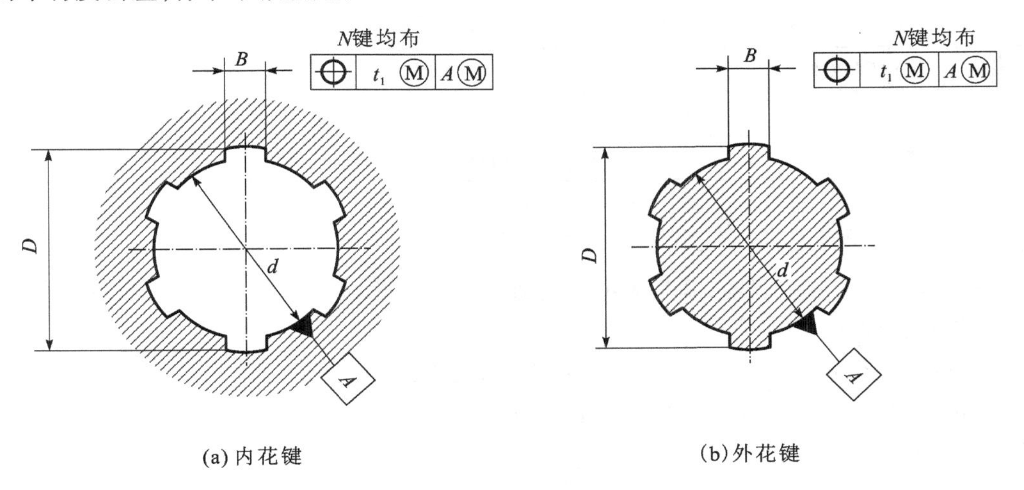

图 8－8　矩形花键的位置度标注

(a)花键孔的位置度；(b)花键轴的位置度

表 8－14　矩形花键的位置度公差（摘自 GB 1144—2001）　（单位：mm）

键槽宽度或键宽 *B*			3	3.5～6	7～10	12～18
t_1	键宽		0.010	0.015	0.020	0.025
	槽宽	滑动、固定	0.010	0.015	0.020	0.025
		紧滑动	0.005	0.010	0.013	0.016

在花键的位置度公差中，被测要素和基准要素都应采用最大实体要求。因而花键的位置度误差也是用花键综合量规进行检验的。

(2)采用单项法检测花键，规定了对称度项目和等分度要求，如图 8－9 所示；花键的对称度和等分度公差应采用独立原则，表 8－15 为标准中规定的对称度公差值。

当单件或小批生产矩形花键而不用花键综合量规检查时，要在图样上规定内，外花键的对称度和等分度公差。花键等分度的公差亦按表 8－15 选取。

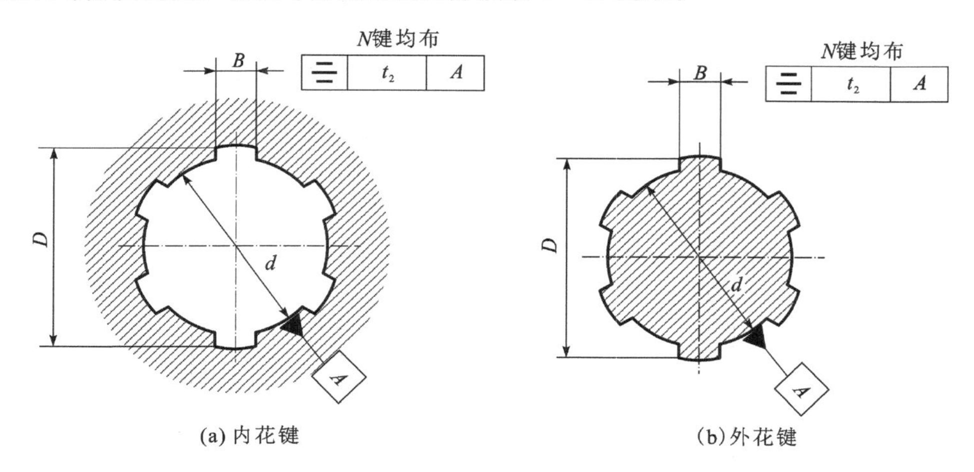

图 8－9 矩形花键的对称度、等分度要求

表 8－15 矩形花键的对称度公差(摘自 GB 1144—2001) (单位:mm)

键槽宽度或键宽 B		3	3.5～6	7～10	12～18
t_1	一般用	0.010	0.012	0.015	0.018
	精密传动用	0.006	0.008	0.009	0.011

5. 表面粗糙度

对于有配合的联结表面，尤其应考虑表面粗糙度的影响。矩形花键表面粗糙度参数 Ra 的上限值推荐如下：

内花键：小径表面 1.6μm，大径表面 6.3μm，键槽侧面 3.2μm；

外花键：小径表面 0.8μm，大径表面 3.2μm，键槽侧面 1.6μm。

6. 图样标注

矩形花键的图样标注标准示例如图 8－10 所示。

矩形花键的配合在图样上的标注，用数字与符号依次表示：键数 N、小径 d、大径 D 和键宽 B，中间均用乘号相连，即 $N\times d\times D\times B$。小径、大径和键宽的配合代号和公差代号在各自的基本尺寸之后，图 8－10 为在图样上的标注示例。图 8－10(a)为一花键副，其标注代号表示为：键数为 6，小径配合为 28H7/f7，大径配合为 34H10/a11，键宽配合为 7H11/d10。在零件图上，花键公差可仍按花键规格顺序注出，如图 8－10(b)和(c)所示。

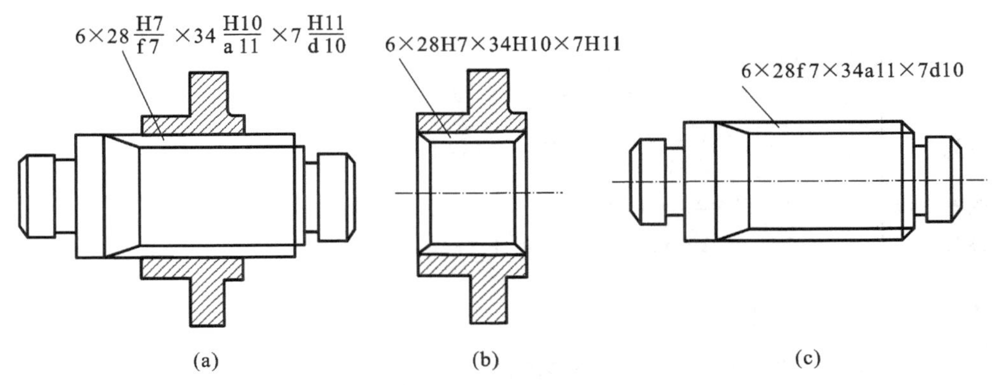

图 8－10 花键配合及公差带的图样标注

(a)装配图；(b)内花键；(c)外花键

除矩形花键结合外，还有圆柱直齿渐开线花键结合，见图 8－11。这种花键结合与矩形花键结合相比，具有定心精度高、承载能力强、抗弯和抗挤压强度高、寿命长，以及加工精度高，容易满足不同配合要求等一系列优点，目前在汽车、拖拉机、工程机械、起重机械、矿山机械以及军工机械等行业中得到了比较广泛的应用。对于压力角为 30°和 45°，模数从 0.25～10mm 齿侧配合的圆柱直齿渐开线花键结合，我国已制订出相应的国家标准。

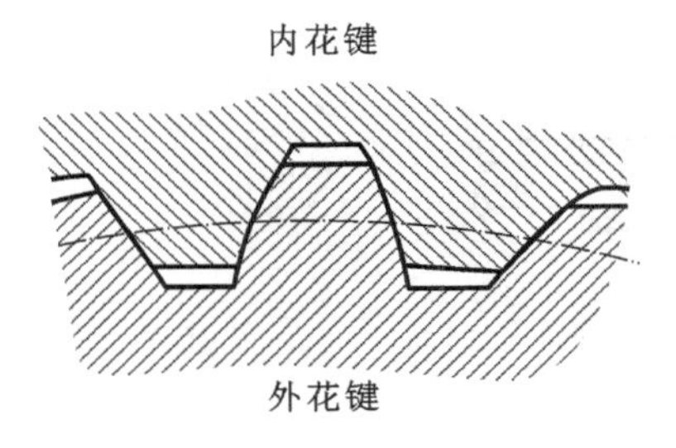

图 8－11 渐开线花键结合

8.4.3 设计实例

例 8－2 某变速箱的一齿轮轴联结方式为矩形花键联结，矩形花键的小径为 36mm，它是一般用途的紧滑动联结，试确定该花键副的配合代号和内、外花键的各尺寸公差带、位置公差带、对称度公差及表面粗糙度轮廓幅度参数 Ra 的上限值。

解 (1)由表 8－9 得该矩形花键的规格及尺寸为 $N\times d\times D\times B=8\times 36\times 40\times 7$。

(2)由于矩形花键是作为一般用途且为紧滑动联结，参考表 8－12，内花键键宽尺寸公差带选为 H9，相应地可以确定内矩形花键小径、大径公差带分别为 H7、H10；相配合的外矩形花键的小径、大径、宽度的公差带为 g7、a11、f9。

(3)因为矩形花键是紧滑动联结，由表 8－14 得外矩形花键的位置度公差为 0.013mm，内矩形花键的位置度公差为 0.02mm；又该矩形花键为一般用途，由表 8－15 得内、外花键的对称度公差为 0.015mm。

(4)内矩形花键表面粗糙度轮廓幅度参数 Ra 的上限值：小径表面 1.6μm，大径表面 3.2μm，键槽侧面 3.2μm；

外矩形花键表面粗糙度轮廓幅度参数 Ra 的上限值：小径表面 1.6μm，大径表面 3.2μm，键槽侧面 1.6μm。

(5) 花键规格为 $N \times d \times D \times B = 8 \times 36 \times 40 \times 7$。

花键副：$8 \times 36\frac{H7}{g7} \times 40\frac{H10}{a11} \times 7\frac{H9}{f9}$　GB/T 1144—2001；

内矩形花键：8×36H7×40H10×7H9　GB/T 1144—2001；

外矩形花键：8×36g7×40a11×7f9　GB/T 1144—2001。

8.4.4　键结合的检测

矩形花键的检测有单项检测与综合检测两类。

单件小批量生产者，用通用量具分别对各尺寸(d、D、B)进行单项测量，并检测键宽的对称度、键齿(槽)的等分度和大、小径的同轴度等形位误差项目。

大批量生产中，一般都采用量规进行检验，用综合通规(对内花键为塞规、对外花键为环规，如图 8-12、图 8-13 所示)，来综合检验小径 d、大径 D 和键宽(键槽宽)B 的作用尺寸，包括上述位置度(等分度、对称度)和同轴度等形位误差。然后用单项止端量规(或其他量具)分别检验 d、D、B 的最小实体尺寸。合格的标志是综合通规能通过，而止规不应通过。

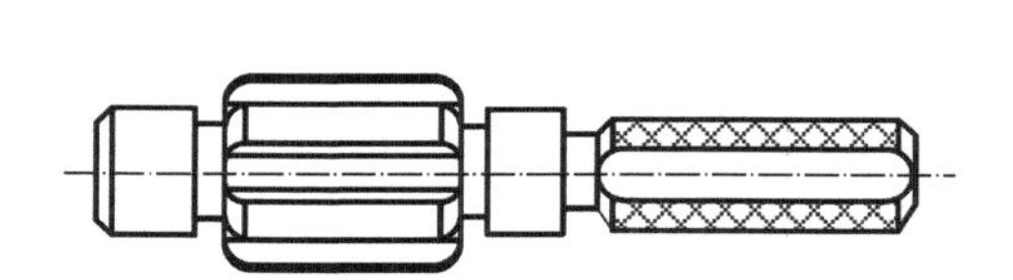

图 8-12　检验内花键的综合塞规

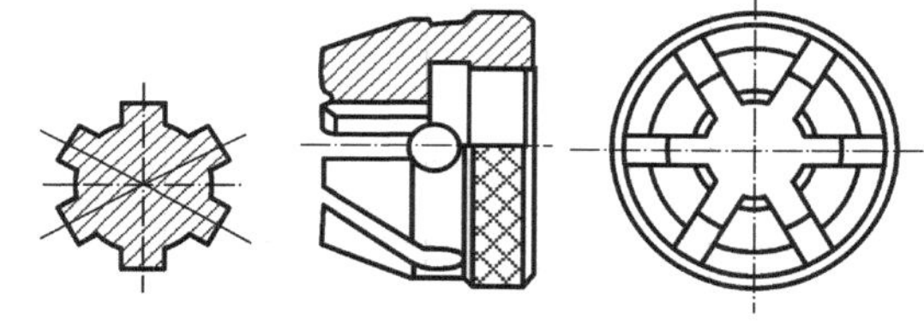

图 8-13　检验外花键的综合环规

习　题

8-1　平键联结为什么只对键(键槽)宽规定较严的公差？

8-2　平键联结的配合采用何种基准制？花键联结采用何种基准制？

8-3　矩形花键的参数有哪些？定心方式有哪几种？哪种定心方式是常用的，为什么？

8-4　花键的检测方法有哪些？请思考是否可用其他方法对花键的对称度、位置度进行检测？

8-5　有一孔、轴结合，其配合代号为 ϕ45H7/m6，采用一般平键联结已传递扭矩，试确定轴槽和轴毂槽的剖面尺寸及其极限偏差，键槽对称度公差和键槽表面粗糙度的参数值，并将它们标注在图样上。

8-6　有一矩形花键结合 $N \times d \times D \times B = 6 \times 28 \times 32 \times 7$，装配形式为一般紧滑动，试标出该花键孔、轴的小径、大径及键宽的公差带代号，绘出它们的公差带图，查出内、外花键的位置度公差和对称度公差，并把它们标注在图样上。

螺纹结合的精度设计

9

9.1 螺纹结合的特点与要求

螺纹在机械制造中有广泛的应用。根据统计，一台机器上零件数量最多的是螺纹零件。比如常见的自行车、收音机、钢笔等，都离不开螺纹。螺纹的主要功能在于连接和紧固。

9.1.1 螺纹的种类及使用要求

按螺纹的用途可分为下列 3 类：

(1)紧固螺纹。主要用于连接或紧固零件，此类螺纹又称普通螺纹。这是使用最广泛的一种螺纹结合，这类螺纹使用时要求具有良好的旋合性和一定的连接强度。

(2)传动螺纹。主要用来传递运动、动力或精确的位移。例如车床丝杠和千分尺上的螺纹。对传动螺纹的主要要求是传动准确、可靠，螺牙接触良好及耐磨，且这种螺纹结合要求保证一定的间隙，以便传动及储存润滑油等。

(3)紧密螺纹。紧密螺纹用于密封连接，主要要求是配合紧密，无泄漏，旋合后不再拆卸，如管道间的螺纹。这类螺纹使用时内、外螺纹公称直径相等，牙型没有间隙，使得内、外螺纹的结合具有一定的过盈，以保证不漏气，不漏液体。

9.1.2 普通螺纹的主要几何参数

螺纹的几何参数取决于螺纹轴向剖面内的基本牙型。所谓基本牙型，是将原始三角形形成螺纹牙型的三角形，其底边平行于中径(圆柱的母线)，削去顶部和底部所形成内、外螺纹共有的理论牙型(图 9－1)。它是螺纹设计牙型的基础。所谓设计牙型(图 9－2)，是指相对于基本牙型规定出功能所需的各种间隙和圆弧半径，它是内、外螺纹基本偏差的起点。

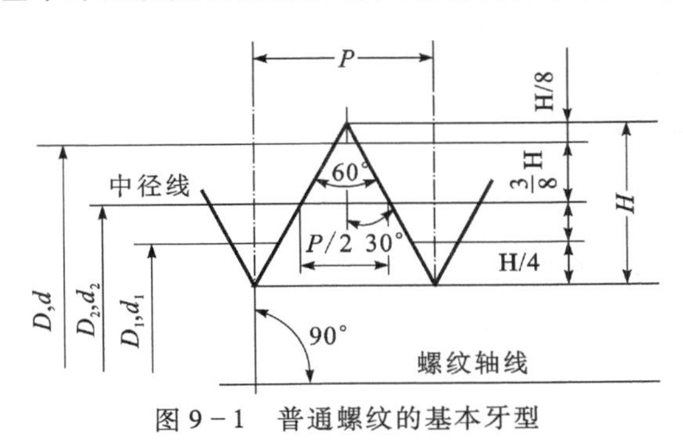

图 9－1 普通螺纹的基本牙型

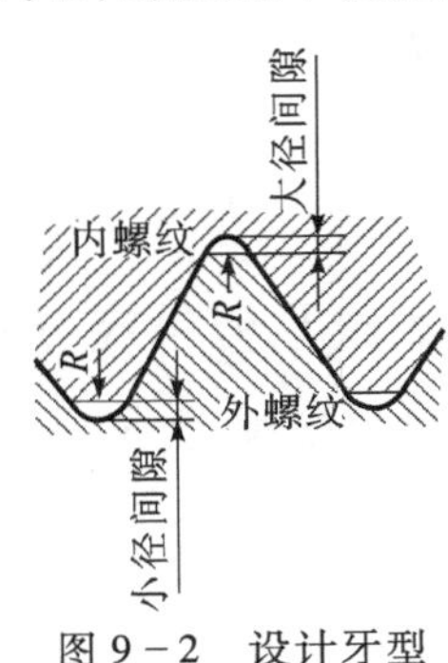

图 9－2 设计牙型

螺纹的主要几何参数如下：

(1)大径(D,d)。大径是指与外螺纹的牙顶或内螺纹的牙底相切的假想圆柱体的直径。大径是普通内、外螺纹的公称直径。

(2)小径(D_1,d_1)。小径是指与外螺纹的牙底或内螺纹的牙顶相切的假想圆柱体的直径。

外螺纹的大径和内螺纹的小径统称顶径，内螺纹大径和外螺纹小径统称底径。

(3)中径(D_2,d_2)。螺纹结合一般只有螺牙侧面接触，而在顶径和底径处应有间隙。因此决定螺纹配合性质的主要参数是中径。

中径是一个假想圆柱的直径，该圆柱的母线通过牙型上沟槽和凸起宽度相等的地方。

(4)螺距(P)和导程(P_h)。螺距 P 是指相邻两牙在中径线上对应两点间的轴向距离。相同公称直径的螺纹，可以有几种不同规格的螺距，其中较大的一个称为粗牙，其余均称为细牙。导程 P_h 是同一螺旋线上的相邻两牙在中径线上对应两点间的轴向距离。若螺纹是由 n 条螺旋线组成的多线螺纹，则 $P_h = nP$。

(5)牙型半角($\alpha/2$)。牙型半角是指在螺纹牙型上，牙侧与螺纹轴线的垂线间的夹角。公制普通螺纹的牙型半角 $\alpha/2 = 30°$。

(6)单一中径(D_{2s},d_{2s})。单一中径是指一个假想圆柱的直径，该圆柱的母线通过牙型上的沟槽宽度等于1/2 基本螺距的地方(图 9－3)。

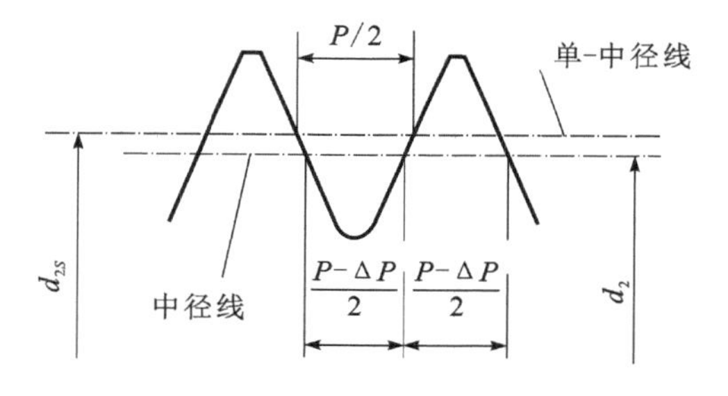

图 9－3　中径与单一中径

(7)螺纹旋合长度。螺纹旋合长度是指两个相互结合的螺纹沿螺纹轴线方向彼此旋合部分的长度。

9.2　普通螺纹结合的精度设计

普通螺纹结合的精度已经标准化。因此，普通螺纹结合精度的设计主要是其公差带与配合的选用问题，一般不对其配合间隙或过盈进行设计计算。以下仅对其几何精度进行初步分析，并对其标准化的公差与配合做些介绍。

9.2.1　螺纹几何精度分析

对于普通螺纹，由于大径和小径处均留有间隙，一般不会影响其配合性质。而内、外螺纹连接是依靠它们旋合后牙侧接触的均匀性来实现的，因此影响螺纹结合精度的主要参数是中径、螺距和牙型半角。

(1)中径偏差。决定螺纹配合性质的主要参数是中径,因此中径偏差对螺纹的旋合性影响较大。内、外螺纹相互作用集中在牙型侧面,所以内、外螺纹中径的差异直接影响着牙型侧面的接触状态。若外螺纹的中径小于内螺纹的中径,就能保证内、外螺纹的旋合性;若外螺纹的中径大于内螺纹的中径,就会产生干涉,而难以旋合。但是,如果外螺纹的中径过小,内螺纹的中径过大,则会削弱其连接强度。为此,加工螺纹牙型时,应当控制实际中径对其基本尺寸的偏差。

(2)螺距偏差。假定内螺纹具有理想牙型,内、外螺纹的中径及牙型半角都相同,仅外螺纹有螺距偏差,且螺距 $P_{外}$ 略大于理想螺纹的螺距 P,结果使内、外螺纹的牙型产生干涉,不能旋合,见图 9-4 中"剖面线"部分所示。

为了使具有螺距偏差的外螺纹能够旋入到理想的内螺纹,就必须使外螺纹的牙型向下移,即使外螺纹的中径减小一个 f_p。同理,当内螺纹有螺距偏差时,为了能很好的旋合,就必须将内螺纹的中径增大一个 F_p,这个增大或减小的量称为螺距偏差(ΔP)对中径的补偿值。从图 9-4 中可见,在 ΔABC 中,$AB = \Delta P_{\Sigma}$(螺距偏差的累积值)

$$f_p = 1.732|\Delta P_{\Sigma}|$$

ΔP_{Σ} 是螺距偏差的累积值,一般来说,螺纹旋合长度越长,ΔP_{Σ} 越大。但也有可能累积误差不一定大,还有可能 ΔP 一会儿为正,一会儿为负,$\Delta P_{\Sigma} \to 0$。

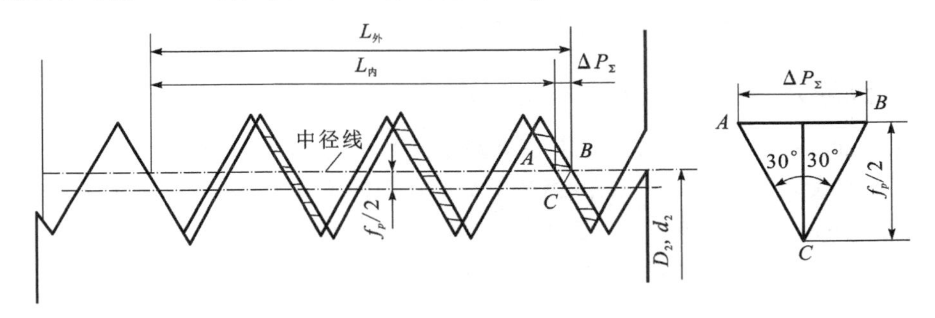

图 9-4 螺距累积偏差对旋入性影响

螺距偏差包含两部分,单个螺距偏差和螺距累积偏差两种,前者是指单个螺距的实际尺寸与其基本尺寸之代数差,后者是指旋合长度内任意个螺距的实际尺寸与基本尺寸之代数差,后者对螺纹旋合性影响更为明显。

(3)牙型半角偏差。普通螺纹的牙型全角是60°;但这里为什么对牙型半角提出要求呢?如图 9-5 所示,牙型全角是准确的 60°,但角平分线线斜了,造成一边是 31°一边是 29°,与理想的内螺纹旋合时,会造成一边有缝隙,一边有干涉,因而应对牙型半角提出要求。

假设内螺纹具有理想牙型 Ⅰ(图 9-6),与此相配合的外螺纹仅存在牙型半角偏差,左侧牙型半角偏差 $\Delta\alpha_1/2$ 为负值,右侧牙型半角偏差 $\Delta\alpha_2/2$ 为正值,就会在内、外螺纹中径上方的左侧和中径下方的右侧产生干涉而不能旋入。为了消除干涉,保证旋合性,就必须使外螺纹的牙型 2 沿垂直于螺纹轴线的方向下移至图中双点划线 3 外,从而使外螺纹的中径减小一个 $f_{\alpha/2}$ 值。同理,当内螺纹存在着牙型半角偏差时,为了保证旋入性,就必须相应地将内螺纹增大一个 $F_{\alpha/2}$ 值。这个增大或减小的量就是牙型半角误差对中径的补偿值。

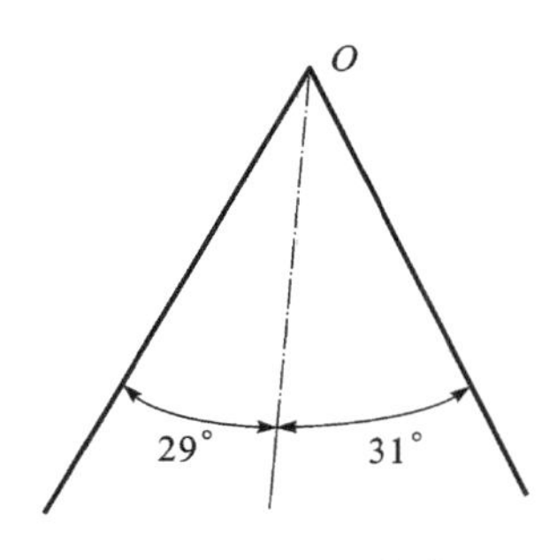

图 9－5 牙型半角偏差

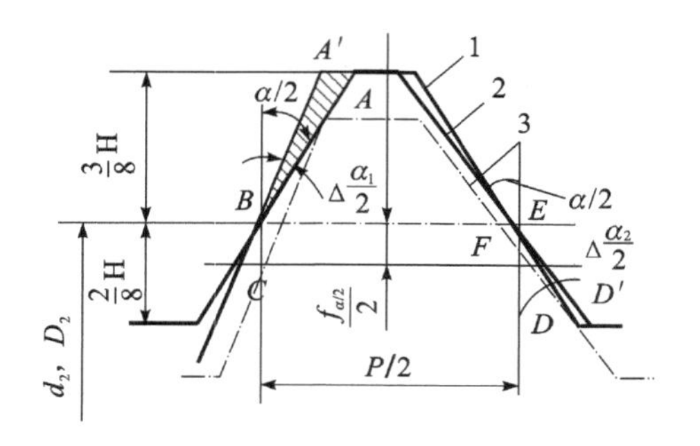

图 9－6 牙型半角偏差对旋入性的影响

根据任意三角形的正弦定理，考虑到左、右牙型半角偏差可能出现的各种情况及必要的单位换算，可得公式如下：

$$f_{\alpha/2}(F_{\alpha/2}) = 0.073P[K_1|\Delta\alpha_2/2| + K_2|\Delta\alpha_2/2|]\ \mu\text{m}$$

式中， P——螺距，mm；

$\Delta\alpha_1/2,\Delta\alpha_2/2$——左、右牙型半角误差分；

K_1,K_2——左右牙型半角误差系数。对外螺纹，当牙型半角误差为正值时，K_1 和 K_2 取值为 2，为负值时，K_1 和 K_2 取值为 3；内螺纹左、右牙型半角误差系数的取值正好与此相反。

9.2.2 螺纹的公差带及中径合格的条件

（1）螺纹的公差带。螺纹的公差带是沿基本牙型的牙侧、牙顶和牙底分布的牙型公差带，在垂直于轴线的方向计量，它是由相对于基本牙型的位置和大小两部分组成。

螺纹公差带的大小由公差值决定，而公差值则取决于螺纹公称直径和螺距基本尺寸的大小及中径、顶径公差等级的高低。表 9－1 分别规定了螺纹中径和顶径的几个公差等级。

表 9－1 普通螺纹的公差等级

螺纹直径	公差等级
外螺纹中径 d_2	3,4,5,6,7,8,9
外螺纹大径 d	4,6,8
内螺纹中径 D_2	4,5,6,7,8,9
内螺纹小径 D_1	4,5,6,7,8,9

公差等级中 3 级最高，其余等级依次降低，9 级最低，其中 6 级是基本级。

普通螺纹中径公差值 TD_2 和 Td_2，以及顶径公差值 TD_1 和 Td 分别从附表 9－1、附表9－2、附表 9－3、附表 9－4 中查取。

螺纹底径没有规定公差，仅对内螺纹规定底径的最小极限尺寸 $D_{\min}$ 使之大于外螺纹大径的最大极限尺寸；对外螺纹规定底径的最大极限尺寸 $d_{\max}$ 使之小于内螺纹小径的最小极限尺寸。牙底轮廓的圆滑曲线是靠在加工时由成形刀具保证的。这样就保证了内、外螺纹大径间和小径间不会产生干涉，满足旋合性的要求。

螺纹公差带的位置由基本偏差来决定，内螺纹中径和小径的下偏差 EI 及外螺纹中径和

大径的上偏差 *es* 均为基本偏差。根据螺纹使用的不同要求，对内螺纹规定了 G 和 H 两种基本偏差，对外螺纹规定了 e，f，g，h 共 4 种基本偏差，如图 9－7 所示。由图 9－7 可见，H 和 h 的基本偏差为零，G 的基本偏差为正值，e，f，g 的基本偏差为负值。

（2）螺纹中径的合格条件。由于螺距偏差和牙型半角偏差可以折合到相当于中径有偏差的情况，因而可以不单独规定螺距公差和牙型半角公差，而仅规定中径总公差，用它来控制中径本身的尺寸偏差、螺距偏差和牙型半角偏差的综合影响。可见，中径公差是一项综合公差。之所以这样规定，是为了加工和检验的方便，按中径总公差进行检验，可保证螺纹的互换性。

当实际外螺纹存在螺距偏差和牙型半角偏差时，该实际外螺纹只可能与一个中径较大而具有设计牙型的理想内螺纹旋合。在规定的旋合长度内，恰好包容实际外螺纹的一个假想内螺纹的中径称为外螺纹的作用中径 d_{2m}。该假想内螺纹具有理想的螺距、半角以及牙型高度，并在牙顶处和牙底处留有间隙，它等于外螺纹的实际中径 d_{2s} 与螺距偏差对中径补偿值 f_p 和牙型半角偏差对中径补偿值之和，即

$$d_{2m}=d_{2s}+(f_p+f_{\alpha/2})$$

当实际外螺纹各个部位的单一中径不相同时，d_{2s} 应取其中的最大值。同理，内螺纹的作用中径 D_{2m} 等于内螺纹的单一中径 D_{2s} 与螺距偏差对中径的补偿值 F_p 和牙型半角偏差对中径的补偿值 $F_{\alpha/2}$ 之差，即

$$D_{2m}=D_{2s}-(F_p+F_{\alpha/2})$$

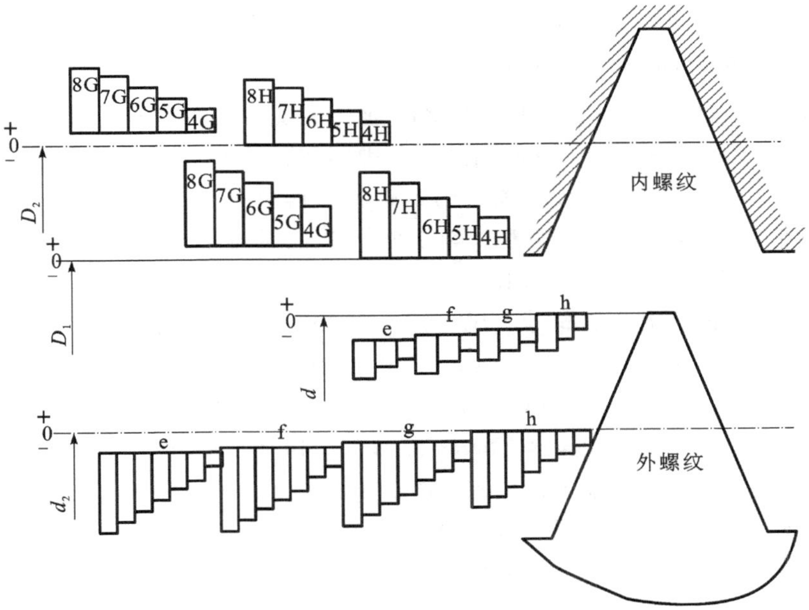

图 9－7　普通螺纹公差与配合图解

当实际内螺纹各个部位的单一中径不相同时，D_{2s} 应取其中的最小值。如果外螺纹的作用中径过大，内螺纹的作用中径过小，将使螺纹难以旋合。若外螺纹的单一中径过小，内螺纹的单一中径过大，将会影响螺纹的连接强度。泰勒原则是控制螺纹作用中径和单一中径在中径公差范围内的一种原则。实际螺纹的作用中径不允许超越其最大实体牙型的中径，

任何部位的单一中径不允许超越其最小实体牙型的中径。如图 9-8 所示，所谓最大和最小实体牙型是由设计牙型和各直径的基本偏差及公差所决定的最大实体状态和最小实体状态的螺纹牙型。

因此，螺纹中径合格的条件是：

外螺纹： $d_{2m} \leqslant d_{2\min}, d_{2s} \geqslant d_{2\max}$。

内螺纹： $D_{2m} \geqslant D_{2\min}, D_{2s} \leqslant D_{2\max}$。

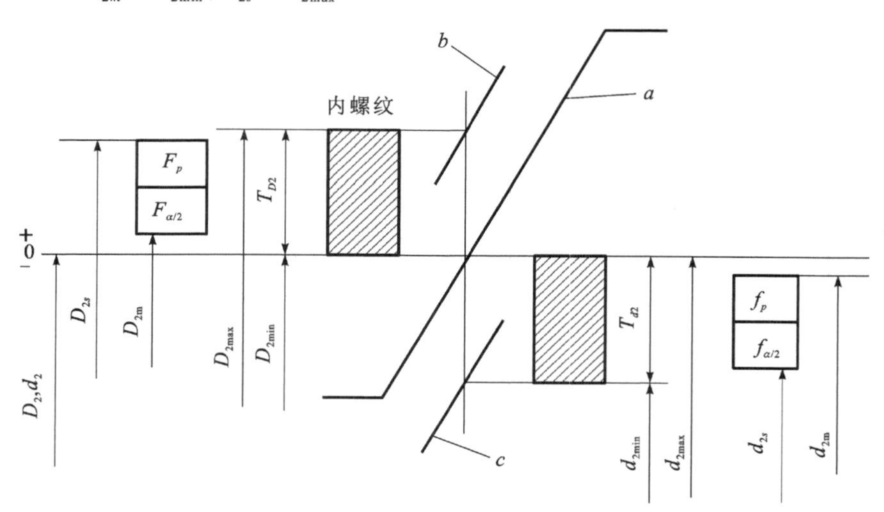

图 9-8 螺纹中径合格性判断

a—内、外螺纹最大实体牙型；b—内螺纹最小实体牙型；c—外螺纹最小实体牙型

例 9-1 某螺纹副设计为 M16-6H/6g，加工完成后实测为：内、外螺纹的单一中径 $D_{2单一} = 14.839\text{mm}$，$d_{2单一} = 14.592\text{mm}$；内螺纹的螺距累积误差 $\Delta P_{\Sigma} = +50\mu\text{m}$，牙型半角误差 $\Delta\alpha_1/2 = +50'$，$\Delta\alpha_2/2 = -1°$；外螺纹的螺距累积误差 $\Delta P_{\Sigma} = -20\mu\text{m}$，牙型半角误差 $\Delta\alpha_1/2 = +30'$，$\Delta\alpha_2/2 = +40'$。问此螺纹副是否合格，能否旋合？

解 由普通螺纹基本尺寸及 GB/T 197—2003 普通螺纹公差与配合表中查得 M16-6H/6g 的螺距 $P = 2\text{mm}$，中径基本尺寸 D_2、d_2 为 14.701mm。内螺纹中径下偏差 $EI = 0$，中径公差 $TD_2 = 212\mu\text{m}$；外螺纹中径上偏差 $es = -38\mu\text{m}$，中径公差值 $Td_2 = 160\mu\text{m}$。故可知

$$D_{2\max} = 14.913\text{mm}, \quad D_{2\min} = 14.701\text{mm}$$

$$d_{2\max} = 14.663\text{mm}, \quad d_{2\min} = 14.503\text{mm}$$

内螺纹螺距，牙型角半角误差的中径补偿量分别是

$$f_p = 1.732 \times 50 = 87\mu\text{m} = 0.087\text{mm}$$

$$f_{\alpha/2} = 0.073 \times 2 \times (3 \times 50 + 2 \times |-60|) = 39\mu\text{m} = 0.039\text{mm}$$

故得

$$D_{2m} = D_{2单一} - (f_p + f_{\alpha/2}) = 14.839 - (0.087 + 0.039) = 14.713 > D_{2\min} = 14.701\text{mm}$$

$$D_{2单一} = 14.839\text{mm} < D_{2\max} = 14.913\text{mm}$$

所以内螺纹中径合理。

外螺纹螺距、牙型角半角误差的中径补偿量分别是

$$f_P = 1.732 \times |-20| = 35\mu\text{m} = 0.035\text{mm}$$

$$f_{\alpha/2}=0.073\times2\times(3\times30+2\times40)=20\mu m=0.20mm$$

故得

$$d_{2m}=d_{2单一}+(f_P+f_{\alpha/2})=14.592+(0.035+0.020)=14.647>d_{2max}=14.663mm$$

$$d_{2单一}=14.592mm>d_{2min}=14.503mm$$

所以外螺纹合格。

又因

$$D_{2m}=14.713mm>d_{2m}=14.647mm$$

故此螺纹副可以旋合。其公差与配合图解如图 9 - 9 所示。

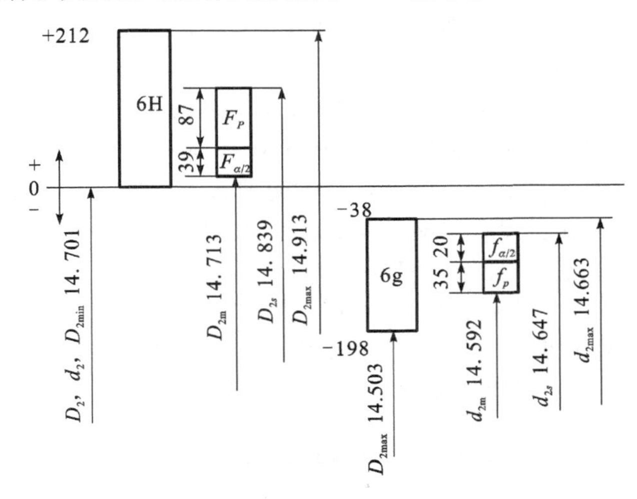

图 9 - 9　螺纹公差图解

9.2.3　螺纹的旋合长度与精度等级

如上所述,螺纹中径公差包含实际中径公差、补偿螺距偏差影响的公差以及补偿牙型半角偏差影响的公差三部分,即

$$TD_2=FD_2+F_p+F_{\alpha/2}\quad 或\quad Td_2=fd_2+f_p+f_{\alpha/2}$$

其中, F_p 或 f_p 与螺纹的旋合长度有关,在同等制造条件下,旋合长度愈长, F_p 或 f_p 应愈大;旋合长度愈短, F_p 或 f_p 应愈小。为了满足普通螺纹不同使用性能的要求,按螺纹公称直径和螺距基本尺寸规定了三组旋合长度,即短(S)、中(N)、长(L),见附表 9 - 4 所示。在精密和中等精度里,对中径规定有不同的公差带。

在精度设计时,一般采用中等旋合长度。对于调整用的螺纹,要满足调整量大小的需要;对于铝、锌合金上的螺纹,要保证其机械强度;对于一些不通孔紧固螺纹等,均可选用长旋合长度。受力不大或受空间位置限制的螺纹,如锁紧用的特薄螺母,则可用短旋合长度。

螺纹精度不仅取决于螺纹直径的公差等级,而且与旋合长度有关。当公差等级一定时,旋合长度越长,则加工时产生的螺距累积偏差和牙型半角偏差就可能越大,加工就越困难。因此,公差等级相同而旋合长度不同时,螺纹精度就有所不同。为此,按螺纹公差等级和旋合长度规定了三种精度级,分别称为精密级、中等级和粗糙级,其中精密级的精度最高,粗糙级的精度最低。

精密级用于精密螺纹以及要求配合性质稳定和保证定位精度的螺纹,如飞机上的螺纹常用 4H,5H 和 4h。中等级广泛用于一般用途的螺纹,如机床和汽车上的螺纹,常用 6H,6h 和 6g 等。粗糙级用于要求不高或制造上比较困难的螺纹,如热轧棒料加工的螺纹或较深的不通孔螺纹常用 7H 和 8g 等。

9.2.4 螺纹配合的选择

用螺纹公差等级和基本偏差可以组成各种不同的公差带,比如 7H 和 6g 等。内、外螺纹的各种公差带可以组成各种不同的配合,比如 6H/6g 等。在生产中,为了减少螺纹刀具和螺纹量具的规格和数量,同时又能满足各种使用要求,提高经济效益,规定了内、外螺纹的选用公差带,如表 9-2 所示。

按照配合组成的规律,螺纹配合可由表 9-2 中所列的内、外螺纹公差带任意组成。为了保证连接强度、接触高度和装拆方便,宜用 H/g,H 和 h 或 G/h 组成配合。对于大批量生产的螺纹,为了螺纹装拆方便,可用 H/g 或 G/h 组成配合。对单件小批生产的螺纹,可用 H/h 组成配合,以适应手工拧紧和装配速度不高等使用特性。在高温状态下工作的螺纹,为防止因高温形成金属氧化皮或介质沉积使螺纹卡死,可采用能保证间隙的配合。当温度在 450℃ 以下时,可用 H/g 组成配合;温度在 450℃ 以上时,可选用 H/e 配合,如火花塞螺纹就是选用的这种配合。对于需要镀涂的外螺纹,当镀层厚度为 10μm,20μm,30μm 时,可分别选用 e,f,g 与 H 组成配合。当内外螺纹均需电镀时,则可由 G/e 或 G/f 组成配合。

表 9-2 普通螺纹的选用公差带

精度等级	内螺纹公差带			外螺纹公差带		
	S	N	L	S	N	L
精密级	4H	4H5H	5H6H	(3h4h)	4h*	(5h4h)
中等级	5H* (5G)	[6H*] (6G)	7H* (7G)	(5h6h) (5g6g)	6e* 6f*	(7h6h) (7g6g)
粗糙级	—	7H(7G)	—	—	—	—

注:①大量生产的精致紧固螺纹,推荐采用带方框的公差带。

②带 * 的公差带应优先选用,不带 * 的公差带其次选用,加括号的公差带尽量不用。

9.2.5 螺纹精度的标注

螺纹完整的标注由螺纹代号、螺纹公差带代号和螺纹的旋合长度所组成,三者之间用短横符号“-”分开。为了与尺寸的公差与配合相区别,螺纹的公差等级写在前,偏差代号写在后。

螺纹代号用“M”及公称直径×螺距(单位是 mm)表示。粗牙螺纹不标注螺距。当螺纹为左旋时在螺纹代号后加“左”字,不注时为右旋螺纹。螺纹公差带代号包括螺纹中径公差带代号和顶径公差带代号,标注在螺纹代号之后。螺纹旋合长度代号标注在螺纹公差带代号之后,中等旋合长度不标注。例如:

M24×2-5g6g-30

30 为旋合长度 mm；

5g6g 为中径和顶径(大径)公差带代号；

M24 ×2 为细牙螺纹代号,公称直径 24mm,螺距 2mm。

一般旋合长度为中等时,可不加标注。例如：

M10 -5g6g

内、外螺纹装配在一起时,可将它们的公差带代号用斜线分开,左边为内螺纹公差带代号,而右边为外螺纹公差带代号。例如：

M24 ×2 -6H/5g6g

螺纹表面粗糙度的选择。螺纹牙侧的表面粗糙度主要根据螺纹的中径公差等级来确定。

表 9-3 列出了螺纹牙侧表面粗糙度参数 *Ra* 的推荐值。

表 9-3 螺纹牙侧表面粗糙度参数 *Ra* 的推荐值

工件	螺纹中径公差等级		
	4,5	6,7	7~9
	Ra 不大于		
螺纹、螺钉、螺母	1.6	3.2	3.2~6.3
轴及套上的螺纹	0.8~1.6	1.6	3.2

例 9-2 有一 M20 ×2 -6H 螺母,加工后测得数据如下:$D_{2s}=18.78\text{mm}$, $\Delta P_\Sigma=-45\mu\text{m}$, $\Delta\alpha_2/2=+50'$, $\Delta\alpha_2/2=-35'$。计算螺母的作用中径,该螺母能否与具有理想轮廓的螺栓旋合？若不能旋合,能否修复？怎样修？

解 ①确定中径的极限尺寸。查附表得

$$D_2=18.701\text{mm}, TD_2=212\mu\text{m}, EI=0$$

故得

$$D_{2\max}=18.701+0.212=18.913\text{mm}$$

$$D_{2\min}=18.701\text{mm}$$

②计算螺距误差和牙型半角误差对中径的补偿值

$$F_p=1.732|\Delta P_\Sigma|=1.732\times|-45|=77.94\mu\text{m}$$

$$F_{\alpha/2}=0.073P\ [K_1|\Delta\alpha_2/2|+K_2|\Delta\alpha_2/2|]$$

$$=0.073\times2\times[3\times|50|+2\times|-35|]=32.12\mu\text{m}$$

$$D_{2m}=D_{2s}-(F_p+F_{\alpha/2})=18.87-(77.94+32.12)\times10^{-3}=18.67\text{mm}$$

③判断能否与具有理想轮廓的螺栓旋合。

内螺纹合格的条件：

$$D_{2m}\geqslant D_{2\min}, D_{2s}\leqslant D_{2\max}$$

虽然 18.78 <18.913,但 $D_{2m}\ngeqslant D_{2\min}$,所以不能与具有理想轮廓的螺栓旋合。

因为不管是外螺纹,还是内螺纹,一般修复的办法都是使外螺纹的实际中径减小,使内螺纹的实际中径增大,所以该螺母可以修复,使内螺纹的实际中径增大。

令 $D_{2m}=D_{2\min}$,则

$$D_{2s}-(F_p+F_{\alpha/2})=D_{2\min}$$

$$D_{2s}=D_{2\min}+(F_p+F_{\alpha/2})=18.701+(77.94+32.12)\times10^{-3}=18.811\text{mm}$$

因而使内螺纹的实际中径增大 18.811 − 18.78 = 0.031mm。此时

$$D_{2m}\geqslant D_{2\min},D_{2s}\leqslant D_{2\max}$$

令 $D_{2s}=D_{2\max}$，内螺纹实际中径增大 18.913 − 18.78 = 0.133。因此，当内螺纹的实际中径增大 0.031 ~ 0.133mm 时，该螺母可修复到与理想的螺栓旋合。

9.3　传动螺纹结合的精度设计

在机床制造业中，梯形螺纹丝杠和螺母的应用较为广泛，其精度设计也已由行业进行了标准化。它不仅用来传递一般的运动和动力，而且还要精确地传递位移，所以一般的梯形螺纹公差标准就不能满足精度要求。这种机床用的梯形螺纹丝杠和螺母，和一般梯形螺纹的大、中小径的基本尺寸相同外，有关精度要求在行业标准 JB 2886—1992《机床梯形螺纹丝杠和螺母技术条件》中都给出了详细规定。

9.3.1　梯形螺纹基本牙型

梯形螺纹的特点是内、外螺纹仅中径公称尺寸相同，而小径和大径的公称尺寸不同，这与普通螺纹是不一样的。梯形螺纹的牙型与基本尺寸按 GB/T 5796.3—1986 的规定，如图 9 − 10 所示。基本尺寸的名称、代号及关系式见表 9 − 4。

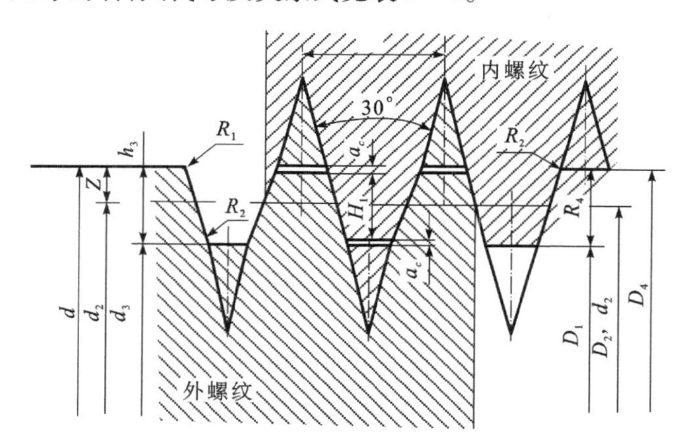

图 9 − 10　梯形螺纹

表 9 − 4　梯形螺纹基本尺寸的名称、代号及关系

名称	代号	关系式
外螺纹大径	d	—
螺距	P	—
牙顶间隙	α_c	—
基本牙型高度	H_1	$H_1=0.5P$
外螺纹牙高	h_3	$h_3=H_1+\alpha_c=0.5P+\alpha_c$

续表

名称	代号	关系式
内螺纹牙高	H_4	$H_4 = H_1 + \alpha_c = 0.5P + \alpha_c$
牙顶高	Z	$Z = 0.25P = H_1/2$
外螺纹中径	d_2	$d_2 = d - 2Z = d - 0.5P$
内螺纹中径	D_2	$D_2 = d - 2Z = d - 0.5P$
外螺纹小径	d_3	$d_3 = d - 2h_3$
内螺纹小径	D_1	$D_1 = d - 2H_1 = d - P$
内螺纹大径	D_4	$D_4 = D + 2$
外螺纹牙顶圆角	R_1	$R_{1\max} = 0.5\alpha_c$
牙底圆角	R_2	$R_{2\max} = \alpha_c$

9.3.2　精度等级

机床丝杠和螺母的精度等级各分为7级:3,4,5,…,9级,其中3级精度最高,其余精度依次降低,9级精度最低。

各级精度主要应用的情况如下:

3级、4级主要用于超高精度的坐标镗床和坐标磨床的传动定位丝杠和螺母。

5级、6级用于高精度坐标镗床、高精度丝杠车床、螺纹磨床、齿轮磨床的传动丝杠,不带校正装置的分度机构和计量仪器上的测微丝杠。

7级用于精密螺纹车床、齿轮机床、镗床、外圆磨床和平面磨床的精确传动丝杠和螺母。

8级用于一般的传动,如普通车床、普通铣床、螺纹铣床用的丝杠。

9级用于低精度的地方,如普通机床进给机构用的丝杠。

丝杠精度的确定:

为了保证丝杠的精度,对丝杠规定了下列公差和极限偏差。

大径、中径和小径的极限偏差。丝杠螺纹的大、中、小径的极限偏差不分精度等级,各只有一种(附表9-6)。因丝杠和螺母间存放润滑油的需要,故在大径、中径和小径处都应具有间隙。为此,丝杠大径、小径的上偏差均为零,下偏差均为负值,中径的上、下偏差均为负值。

对于高精度的丝杠、螺母副,生产中常按丝杠配制螺母。在这种情况下,6级以上配制螺母的丝杠中径公差带应相对于基本尺寸的零线对称分布(中径公差值仍按附表9-6中的数值确定)。

(1)中径尺寸的一致性公差。丝杠螺纹各处的中径实际尺寸,如果在公差范围内相差较大,就会影响丝杠与螺母配合间隙的均匀性和丝杠螺纹两侧螺旋面的一致性。因此,对丝杠螺纹应规定其有效长度范围内的中径尺寸的一致性公差(附表9-7)。中径尺寸的一致性在丝杠螺纹同一轴向截面内测量。

(2)大径相应表面对螺纹轴线的径向圆跳动公差。丝杠全长与螺纹公称直径之比(长径比)较大时,丝杠容易变形,引起丝杠轴线弯曲,从而影响丝杠螺纹螺旋线的精度及丝杠与螺母配合间隙的均匀性,降低丝杠位移的准确性。因此,规定了大径相应表面对螺纹轴线的径向圆跳动公差(附表 9－8)。

(3)螺旋线轴向公差和螺距公差。螺旋线轴向公差是用来控制螺旋轴向误差的,它是指在中径线上实际螺旋线相对于理论螺旋线偏离的最大代数差,如图 9－11 所示。规定在丝杠一转,在长度 25mm,100mm,300mm 和全长上测量。其误差分别用 $\Delta_2\pi$,Δl,ΔL 表示。

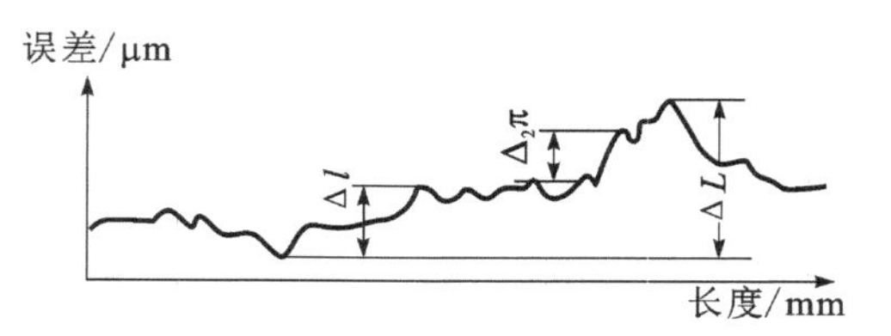

图 9－11　螺旋线误差曲线

螺旋线轴向误差能够全面地反映丝杠的位移精度。但是,因测量螺旋线误差的动态测量尚未普及,故仅对 3,4,5,6 级丝杠规定了螺旋线轴向公差(附表 9－9)。

对于 7～9 级的丝杠,只以螺距偏差来反映丝杠的位移精度,螺距偏差虽不如螺旋线轴向误差全面,但测量较为方便(附表 9－10)。

螺距公差是用来控制螺距偏差的,它是指实际螺距对公称螺距的代数差,亦在中径线上测量,如图 9－12 所示。它又分为:单个螺距偏差(ΔP);在规定长度(25mm,100mm,300mm)上的螺距累积偏差(ΔP_l);在全长上的螺距累积偏差(ΔP_L);以及在丝杠的若干等分转角内,螺旋面实际位移与公称位移的分螺距偏差($\Delta P/n$)。

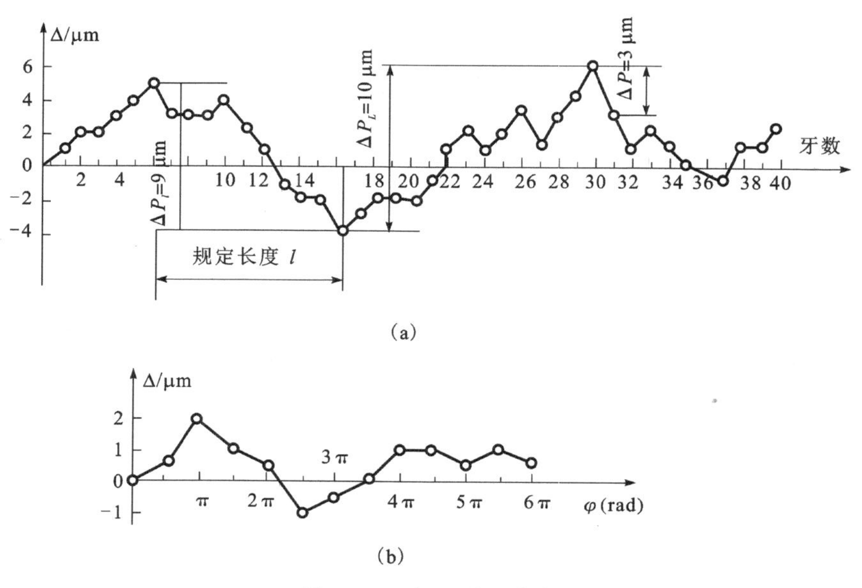

图 9－12　螺距误差曲线

(a)螺距误差曲线;(b)分螺距误差曲线

(4)牙型半角的极限偏差。牙型半角偏差是指丝杠螺纹牙型半角实际值对公称值的代数差,其数值由牙型半角的极限偏差控制。丝杠存在牙型半角偏差,丝杠与螺母牙侧面的接触便会不良,影响丝杠的耐磨性及传动精度。3～8 级丝杠牙型半角极限偏差数值如附表 9－11所示,9 级丝杠牙型半角偏差由中径公差综合控制。

9.3.3　螺母精度的确定

螺母的螺距偏差和牙型半角偏差很难测量。为保证螺母的精度，对螺母规定了大、中、小、径的极限偏差，并用中径公差综合控制螺距偏差和牙型半角偏差。

螺母螺纹大径和小径的极限偏差不分精度等级，各有一种(附表9－12)。

6～9级螺母螺纹中径的极限偏差如附表9－13所示。高精度的螺母通常按先加工好的丝杠来配作。配作螺母螺纹中径的极限尺寸以丝杠螺纹中径的实际尺寸为基数，按JB2886规定的螺母与丝杠配作的中径径向间隙(附表9－14)来确定。

9.3.4　丝杠和螺母螺纹的表面粗糙度

丝杠和螺母螺纹牙型侧面和顶径、底径表面粗糙度参数 Ra 值参考附表9－15选取。

9.3.5　丝杠和螺母螺纹的标记

丝杠和螺母螺纹的标记依次由螺纹代号Tr、尺寸规格(公称直径×螺距，单位为mm)旋向和精度等级代号组成。旋向与精度等级代号之间用短横符号"－"分开，左旋螺纹用代号LH表示，右旋螺纹不标注旋向。例如：

内螺纹(螺母)：Tr40×7－7H－L

- L —— 旋合长度组别代号(不注时为中等旋合长度)
- 7H —— 内螺纹中径公差代号
- Tr40×7 —— 梯形螺纹代号(公称直径40mm，螺距7mm)

9.4　螺纹检测

螺纹的检测方法主要有综合检验法和单项测量法两类。

9.4.1　综合检验法

螺纹的综合检验法是指用螺纹量规对影响螺纹互换性的几何参数偏差的综合结果进行检验。螺纹塞规用于检验内螺纹，螺纹环用于检验外螺纹，如图9－13、图9－14所示。

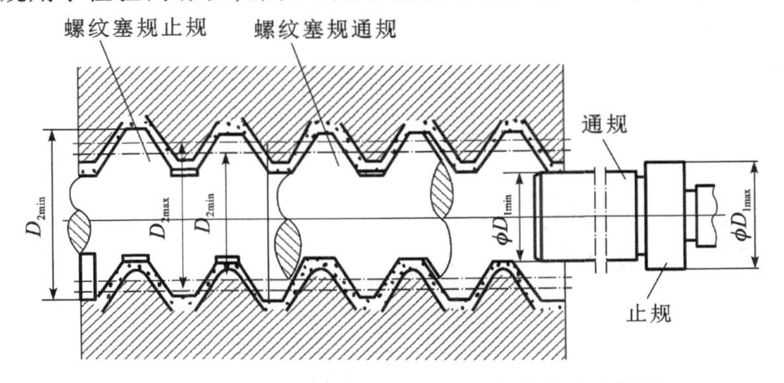

图9－13　用螺纹塞规和光滑极限塞规检验内螺纹

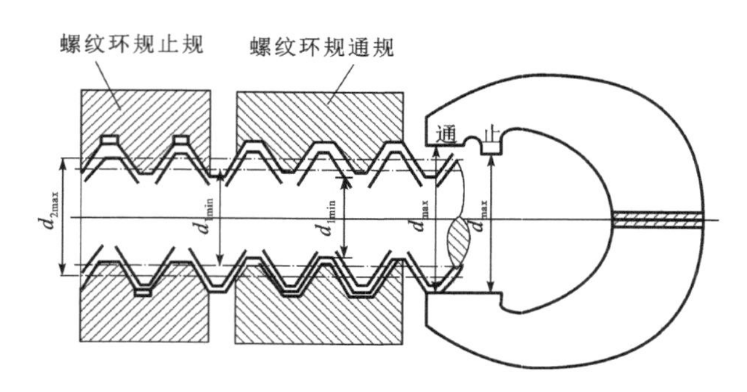

图 9-14 用螺纹环规和光滑极限卡规检验外螺纹

螺纹量规是按泰勒原则设计的,分为通规和止规。螺纹通规具有完整的牙型,螺纹长度等于被测螺纹的旋合长度;螺纹止规具有截短牙型,螺纹长度为 2~3 个螺距。螺纹通规用来模拟被测螺纹的最大实体牙型,检验被测螺纹的作用中径的实际尺寸;螺纹止规用来检验被测螺纹的单一中径。

被测螺纹如果能够与螺纹通规自由旋合通过,与螺纹止规不能旋入或者不超过 2 个螺距,则表明被测螺纹的作用中径没有超出其最大实体牙型的中径,单一中径没有超出最小实体牙型的中径,被测螺纹合格。

9.4.2 单项测量法

螺纹的单项测量是指对被测螺纹的各个几何参数进行测量。单项误差主要用于螺纹工件的工艺分析和螺纹量规、螺纹刀具的测量。

1. 三针测量法

三针测量法是用来测量普通螺纹和梯形螺纹中径的方法,具有精度高、方法简单的特点,可以测量螺纹的中径和牙型半角。选用 0 级量块和四等量块在光学比较仪上测量,其测量误差可控制在 ±1.5μm 以内。

测量中径:如图 9-15 所示,将三根直径 d_0 的量针分别放在被测螺纹对径两边的沟槽中,与两牙侧面接触,测出针距 M,则被测螺纹的单一中径 d_{2s} 可用下式计算:

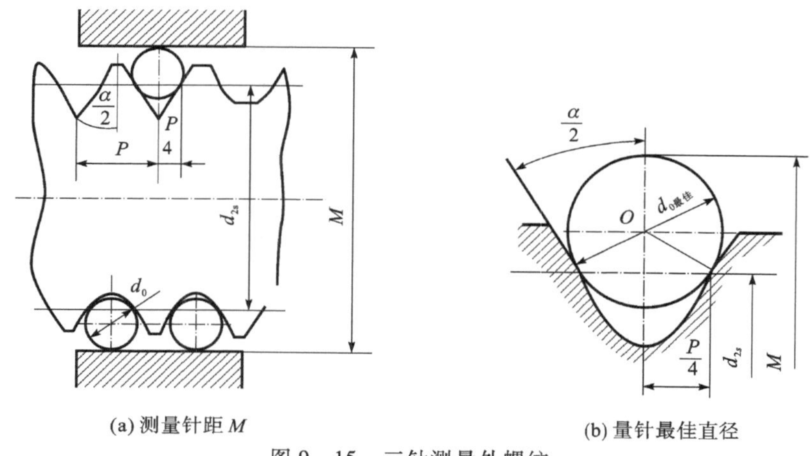

图 9-15 三针测量外螺纹

$$d_{2s}=M-d_0\left[1+\frac{1}{\sin\frac{\alpha}{2}}\right]+\frac{P}{2}\cot\frac{\alpha}{2}$$

式中，P——被测螺纹的螺距；

　α——牙型角。

测量时，必须选择最佳直径的量针，使量针与螺纹沟槽接触的两个切点恰好在中径线上，以避免牙型半角误差对测量结果的影响。量针最佳直径可用下式计算：

$$d_0=\frac{P}{2\cos\frac{\alpha}{2}}$$

测量牙型半角：用两种不同直径 D_0 和 d_0 的三个量针，各自放入螺纹沟槽中分别测出 M 值和 m 值。如图 9－16 所示，由△$OO'A$ 中，实测牙型半角：

$$\frac{\alpha}{2}=\arcsin\frac{D_0-d_0}{M-m-(D_0-d_0)}$$

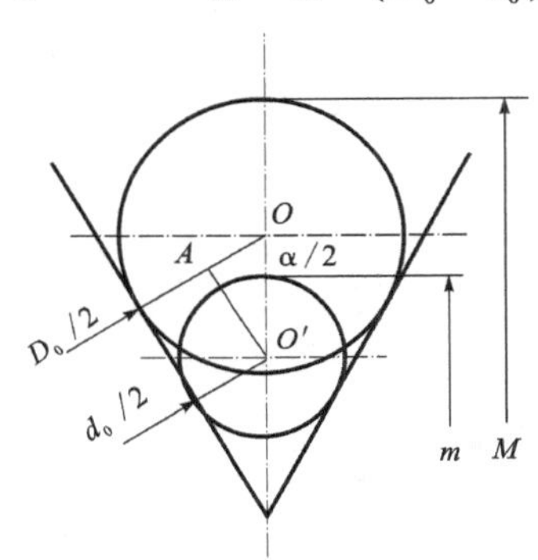

图 9－16　测量牙型半角

三针测量法常用于测量丝杠、螺纹塞规等精密螺纹中径。

2. 工具显微镜测量法

在工具显微镜上可用影像法（或加上测量刃后用轴切法）测量螺纹的螺距、中径和牙半角等参数。

螺距测量：把工具显微镜中目镜中的“米”字线中心虚线与螺纹牙型影像一侧重合，如图 9－17 所示，记下纵坐标读数；纵向移动工作台，至“米”字线中心虚线与相邻或相隔几个牙的同侧牙型影像重合，记下第二次纵坐标的读数；两次纵坐标读数差即为螺距或几个螺距的实测值，如图 9－18 所示。

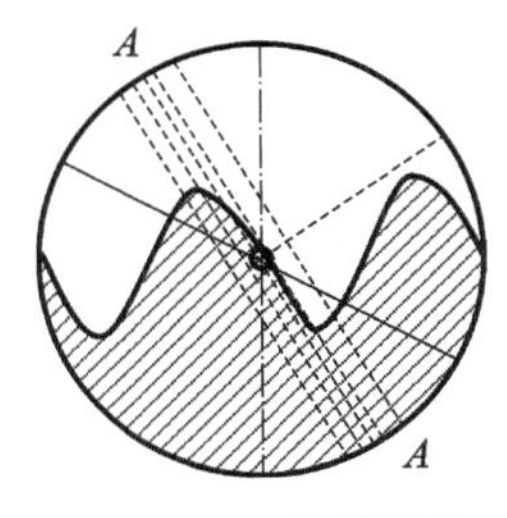

图 9－17　螺距测量

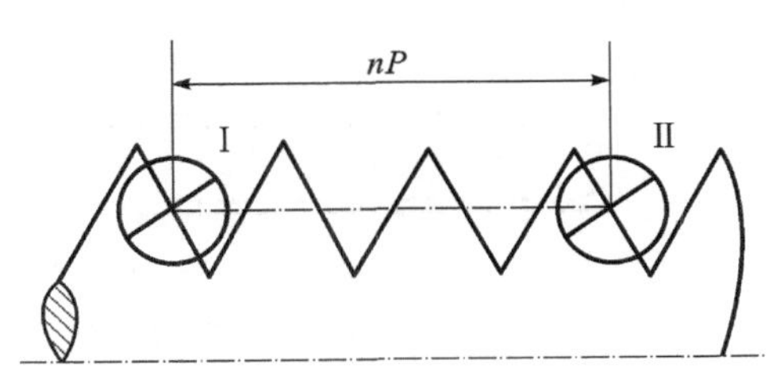

图 9－18　螺距测量

单一中径测量:按上述方法将目镜中的“米”字线中心线分别对准螺纹轴两侧牙型影像中点,并记下两次对准位置的横向坐标读数,其读数差即是单一中径实测值,如图 9-19 所示。

牙型半角测量:用同样方法对准后读出角度目镜数值,然后转动目镜使目镜中的“米”字线中心虚线与工作台纵向轴线成垂直位置,再次读出角度目镜数值,两次读数差即为牙型半角实测值。用工具显微镜测量,若螺纹轴线与工作台轴线不重合,则在测螺距和中径时会产生系统测量误差,可采用左右牙侧面各测量一次取平均值办法消除误差。而对牙型半角测量误差的消除可按图 9-20 所示,在右半角取Ⅰ、Ⅱ两次实测的平均值,左半角取Ⅲ、Ⅳ两次实测的平均值。

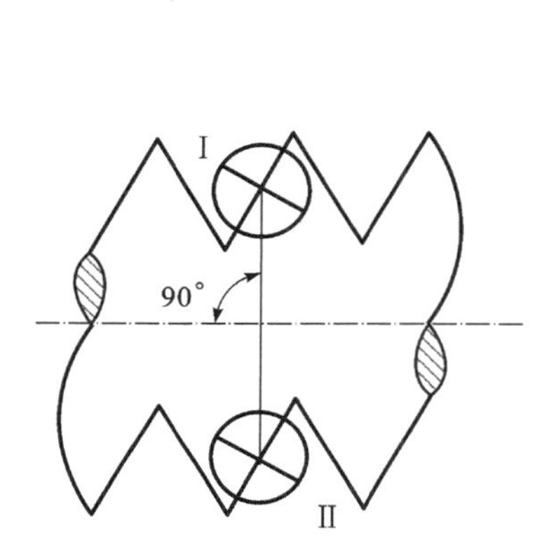

图 9-19 单一中径测量

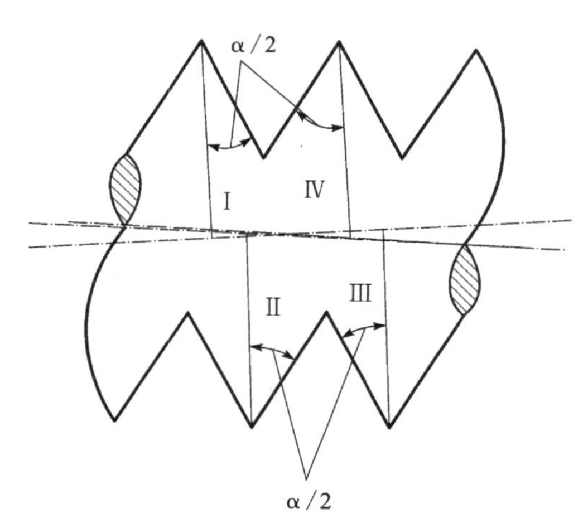

图 9-20 牙型半角测量

影像法测量是指在工具显微镜上将被测螺纹的牙型轮廓放大成像来测量其中径、螺距和牙型半角,也可测量其大径和小径。

3. 螺纹千分尺

螺纹千分尺是测量低精度中径的量具,如图 9-21 所示。螺纹千分尺带有一套可更换的不同规格的测头,来满足被测螺纹不同螺距的需要。将锥形测头和 V 形槽测头安装在内径千分尺上,就可以测量内螺纹。

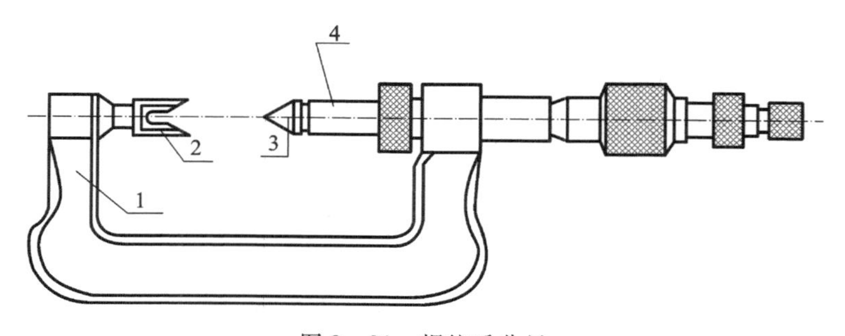

图 9-21 螺纹千分尺

1—千分尺身;2—V 形槽测头;3—锥形测头;4—测微螺杆

习　题

9-1　有一螺栓 M24-6h,加工后测得 $d'_2=21.90\text{mm}$,螺距的累积偏差 $\Delta P_\Sigma=+0.05\text{mm}$,牙型半角偏差 $\Delta\alpha_1/2=-52'$,$\Delta\alpha_2/2=+34'$。问此螺栓中径是否合格,并阐述理由。

9-2　查出 M20-6H/5g6g 内外螺纹的中径、小径(对内螺纹)、大径(对外螺纹)的极限偏差,并绘出它们的公差带图。

9-3　简述常用螺纹连接的特点和应用。

9-4　解释下列螺纹代号的含义。

M16-7H8G　　M10×1LH-5g6g-S　　M20×1.5-5g6g

G1/2　　Tr40×14(P7)LH-8e

附　表

附表9-1　外螺纹中径公差值(摘自 GB/T 197—2003)　(单位:μm)

公称直径 D/mm		螺距 P/mm	公差等级						
>	≤		3	4	5	6	7	8	9
1.4	2.8	0.35	32	40	50	63	80	—	—
		0.4	34	42	53	67	85	—	—
		0.45	36	45	56	71	90	—	—
2.8	5.6	0.35	34	42	53	67	85	—	—
		0.5	38	48	60	75	95	—	—
		0.6	42	53	67	85	106	—	—
		0.7	45	56	71	90	112	—	—
		0.75	45	56	71	90	112	—	—
		0.8	48	60	75	95	113	150	190
5.6	11.2	0.75	50	63	80	100	125	—	—
		1	56	71	90	112	140	180	224
		1.25	60	75	95	118	150	190	236
		1.5	67	85	106	132	170	212	295
11.2	22.4	1	60	70	95	118	150	190	236
		1.25	67	85	106	132	170	212	265
		1.5	71	90	112	140	180	224	280
		1.75	75	95	118	150	190	236	300
		2	80	100	125	160	200	250	315
		2.5	85	106	132	170	212	265	335
22.4	45	1	63	80	100	125	160	200	250
		1.5	75	95	118	150	190	236	300
		2	85	106	132	170	212	265	335
		3	100	125	160	200	250	315	400
		3.5	106	132	170	212	265	335	425
		4	112	140	180	224	280	335	450
		4.5	118	150	190	236	300	375	475

附表 9-2 内螺纹中径公差值(摘自 GB/T 197—2003) (单位:μm)

公称直径 D/mm		螺距 P/mm	公差等级				
>	≤		4	5	6	7	8
1.4	2.8	0.35	53	67	85	—	—
		0.4	56	71	90	—	—
		0.45	60	75	95	—	—
2.8	5.6	0.35	56	71	90	—	—
		0.5	63	80	100	125	—
		0.6	71	90	112	140	—
		0.7	75	95	118	150	—
		0.75	75	95	118	150	—
		0.8	80	100	125	160	200
5.6	11.2	0.75	85	106	132	170	—
		1	95	118	150	190	236
		1.25	100	125	160	200	250
		1.5	112	140	180	224	280
11.2	22.4	1	100	125	160	200	250
		1.25	112	140	180	224	180
		1.5	118	150	190	236	300
		1.75	125	160	200	250	315
		2	132	170	212	265	335
		2.5	140	180	224	280	335
22.4	45	1	106	132	170	212	—
		1.5	125	160	200	250	315
		2	140	180	224	280	335
		3	170	212	265	335	425
		3.5	180	224	280	335	450
		4	190	236	300	375	475
		4.5	200	250	315	400	500

附表 9-3 外螺纹大径公差值(摘自 GB/T 197—2003) (单位:μm)

螺距 P/mm	公差等级			螺距 P/mm	公差等级		
	4	5	8		4	6	8
0.35	53	85	—	1.25	132	212	335
0.4	60	95	—	1.5	150	236	375
0.45	63	100	—	1.75	170	265	425
0.5	67	106	—	2	180	280	450
0.6	80	125	—	2.5	212	335	530
0.7	90	140	—	3	236	375	600
0.75	90	140	—	3.5	265	425	670
0.8	95	150	236	4	300	475	750
1	112	180	280	4.5	315	500	800

附表 9－4 内螺纹小径公差值（摘自 GB/T 197—2003） （单位：μm）

螺距 P/mm	公差等级					螺距 P/mm	公差等级				
	4	5	6	7	8		4	5	6	7	8
0.35	63	80	100	—	—	1.25	170	212	265	335	425
0.4	71	90	112	—	—	1.5	190	236	300	375	475
0.45	80	100	125			1.75	212	265	335	425	530
0.5	90	112	140	180	—	2	236	300	375	475	600
0.6	100	125	160	200	—	2.5	280	355	450	560	710
0.7	112	140	180	224	—	3	315	400	500	630	800
0.75	118	150	190	236	—	3.5	355	450	560	710	900
0.8	125	160	200	250	315	4	375	475	600	750	950
1	150	190	236	300	375	4.5	425	530	670	850	1060

附表 9－5 螺纹旋合长度（摘自 GB/T 197—2003） （单位：μm）

公称直径 D/mm D(d)		螺距 P/mm	旋合长度			
			S	N		L
>	≤		≤	>	≤	>
0.99	1.4	0.2	0.5	0.5	1.4	1.4
		0.25	0.6	0.6	7	7
		0.3	0.7	0.7	2	2
1.4	2.8	0.2	0.5	0.5	1.5	1.5
		0.25	0.6	0.6	1.9	1.9
		0.35	0.8	0.8	2.6	2.6
		0.4	1	1	3	3
		0.45	1.3	1.3	3.8	3.8
2.8	5.6	0.35	1	1	3	3
		0.50	1.5	1.5	4.5	4.5
		0.6	1.7	1.7	5	5
		0.7	2	2	6	6
		0.75	2.2	2.2	6.7	6.7
		0.8	2.5	2.5	7.5	7.5
5.6	11.2	0.75	2.4	2.4	7.1	7.1
		1	3	3	9	9
		1.25	4	4	12	12
		1.5	5	5	15	15

续表

公称直径 D/mm D(d)		螺距 P/mm	旋合长度			
			S	N		L
>	≤		≤	>	≤	>
11.2	22.4	1 1.25 1.5 1.75 2 2.5	3.8 4.5 5.6 6 8 10	3.8 4.5 5.6 6 8 10	11 13 16 18 24 30	11 13 16 18 24 30
22.4	45	1 1.5 2 3 3.5 4 4.5	4 6.3 8.5 12 15 18 21	4 6.3 8.5 12 15 18 21	12 19 25 36 45 53 63	12 19 25 36 45 53 63

附表 9-6 丝杠大径、中径和小径的极限偏差(摘自 JB 2886—1992) (单位:μm)

螺距 P /mm	公称直径 d /mm	螺纹大径		螺纹中径		螺纹小径	
		下偏差	上偏差	下偏差	上偏差	下偏差	上偏差
2	10~16 18~28 30~42	-100	0	-294 -314 -350	-34	-362 -388 -399	0
3	10~14 22~28 30~44 45~60	-150	0	-336 -360 -392 -392	-37	-410 -447 -465 -478	0
4	16~20 44~60 65~80	-200	0	-300 -438 -462	-45	-485 -534 -565	0
5	22~28 30~42 85~110	-250	0	-462 -482 -530	-52	-565 -578 -650	0
6	30~42 44~60 65~80 120~150	-300	0	-522 -530 -572 -583	-56	-635 -645 -665 -720	0

续表

螺距 P /mm	公称直径 d /mm	螺纹大径		螺纹中径		螺纹小径	
		下偏差	上偏差	下偏差	上偏差	下偏差	上偏差
8	22 ~ 28 44 ~ 60 65 ~ 80 160 ~ 190	-400	0	-590 -620 -636 -682	-67	-720 -758 -765 -830	0
10	30 ~ 40 44 ~ 60 65 ~ 80 200 ~ 220	-550	0	-680 -696 -710 -738	-75	-820 -854 -865 -900	0

附表 9-7　丝杠螺纹有效长度上中径尺寸的一致性公差(摘自 JB 2886—1992)（单位:μm）

精度等级	螺纹有效长度/mm					
	≤1000	>1000 ~ 2000	>2000 ~ 3000	>3000 ~ 4000	>4000 ~ 5000	>5000,每增加1000 应增加
3	5	—	—	—	—	—
4	6	11	17	—	—	—
5	8	15	22	30	38	—
6	10	20	30	40	50	5
7	12	26	40	53	65	10
8	16	36	53	70	90	20
9	21	48	70	90	116	30

附表 9-8　丝杠螺纹的大径对螺纹轴线的径向跳动公差(摘自 JB 2886—1992)（单位:μm）

长径比	精度等级						
	3	4	5	6	7	8	9
≤10	2	3	5	8	16	32	63
>10 ~ 15	2.5	4	6	10	20	40	80
>15 ~ 20	3	5	8	12	25	50	100
>20 ~ 25	4	6	10	16	32	63	125
>25 ~ 30	5	8	12	20	40	80	160
>30 ~ 35	6	10	16	25	50	100	200

附表 9－9 丝杠螺纹的螺旋线轴向公差（摘自 JB 2886—1992） （单位：μm）

精度等级	δl_{2*}	在下列长度内（mm）的螺旋线轴向公差			在下列螺纹有效长度内（mm）的螺旋线轴向公差				
		25	100	300	≤1000	＞1000～2000	＞2000～3000	＞3000～4000	＞4000～5000
3	0.9	1.2	1.3	2.5	4	—	—	—	—
4	1.5	2	3	4	6	8	12	—	—
5	2.5	3.5	4.5	6.5	10	14	19	—	—
6	4	7	8	11	16	21	27	33	39

附表 9－10 丝杠螺纹的螺距误差和螺距累积公差（摘自 JB 2886—1992） （单位：μm）

精度等级	螺距公差	在下列长度（mm）内的螺距累计公差		在下列螺纹有效长度内（mm）的螺距累计公差					
		60	300	≤1000	＞1000～2000	＞2000～3000	＞3000～4000	＞4000～5000	＞5000，每增加1000应增加
7	6	10	18	28	36	44	52	60	8
8	12	20	35	55	65	75	85	95	10
9	25	40	70	110	130	150	170	190	20

附表 9－11 丝杠螺纹牙型半角的极限偏差（摘自 JB 2886—1992） （单位：μm）

螺距 P/mm	精度等级					
	3	4	5	6	7	8
	半角极限偏差（′）					
2～3	±8	±10	±12	±15	±20	±30
6～10	±6	±8	±10	±12	±18	±25
12～20	±5	±6	±8	±10	±15	±20

附表 9－12 螺母螺纹的大径和小径的极限偏差（摘自 JB 2886—1992） （单位：μm）

螺距 P/mm	公称直径 d /mm	螺纹大径		螺纹小径	
		上偏差	下偏差	上偏差	下偏差
2	10～16 18～28 30～42	+328 +355 +370	0	+100	0
3	10～14 22～28 30～44 45～60	+372 +408 +428 +440	0	+150	0

续表

螺距 P/mm	公称直径 d /mm	螺纹大径		螺纹小径	
		上偏差	下偏差	上偏差	下偏差
4	16～20 44～60 65～80	+440 +490 +520	0	+200	0
5	22～28 30～42 85～110	+515 +528 +595	0	+250	0

附表9-13　6～9级螺母螺纹中径的极限偏差(摘自JB 2886—1992)　(单位:μm)

螺距 P/mm	精度等级			
	6	7	8	9
	极限偏差			
2～5	+55 0	+65 0	+85 0	+100 0
6～10	+65 0	+75 0	+100 0	+120 0
12～20	+75 0	+85 0	+120 0	+150 0

附表9-14　螺母与丝杠配作的径向间隙(摘自JB 2886—1992)　(单位:μm)

精度等级	3	4	5	6	7	8	9
径向间隙	15～30	20～40	30～60	60～100	100～150	120～180	160～240

附表9-15　丝杆和螺母的螺纹表面粗糙度 *Ra*(摘自JB 2886-1992)　(单位:μm)

精度等级	螺纹大径		牙型侧面		螺纹小径	
	丝杠	螺母	丝杠	螺母	丝杠	螺母
3	0.2	3.2	0.2	0.4	0.8	0.8
4	0.4	3.2	0.4	0.8	0.8	0.8
5	0.4	3.2	0.4	0.8	0.8	0.8
6	0.4	3.2	0.4	0.8	1.6	0.8
7	0.4	6.3	0.8	1.6	3.2	1.6
8	0.8	6.3	1.6	1.6	6.3	1.6
9	1.6	6.3	1.6	1.6	6.3	1.6

渐开线圆柱齿轮传动的精度设计 10

10.1 渐开线圆柱齿轮传动的特点与要求

在机械产品中齿轮传动应用极为普遍，大至起重机，小至微型机械，随处可见齿轮传动的应用。齿轮传动的使用要求多种多样，有的主要用于传递准确的运动，有的主要传递力矩，有的这两方面都有要求。齿轮传动精度除与齿轮本身直接有关外，轴、箱体和轴承等零、部件的精度对其都有影响。按照齿轮使用要求的不同，可将齿轮传动分为：

（1）传递运动。如机床减速箱里所用的齿轮都是传递运动的，要求其传动比不变。

（2）传递动力。如起重设备，其中最常见的是卷扬机，其中的齿轮主要用来传递动力。

（3）传递位移。这样的齿轮传动在仪器仪表中最为常见，如指示表中的齿轮。

根据使用要求的不同，对齿轮传动提出了如下一些具体要求：

（1）运动精度。指传递运动的准确性。要求齿轮传动，不管是增速还是减速，主动轮转过一个角度，从动轮也要转过相应的角度，保证齿轮传递运动的理论速比要恒定。为了保证齿轮传动的运动精度，主要应限制齿轮一转中实际速比（$i_R = f(\varphi)$）对理论速比的最大变动量 $\Delta_{i\Sigma}$。如图 10－1 所示。

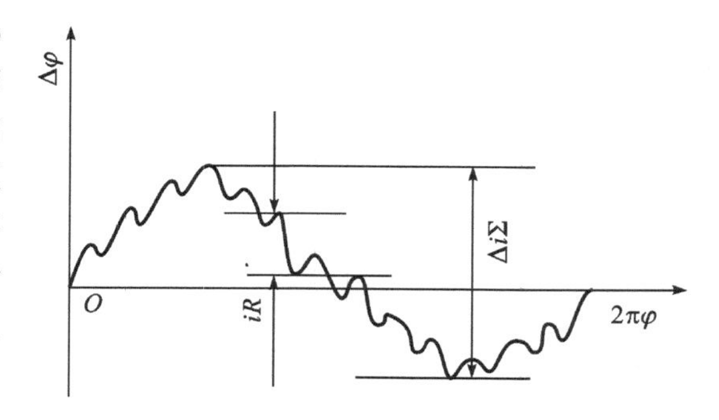

图 10－1　转角误差曲线

（2）工作平稳性。要求齿轮运转平稳，没有冲击、振动和噪声。齿轮在传动过程中，每一个齿从齿根→齿顶或从齿顶→齿根，传动比要恒定，因而工作平稳性主要应限制局部速比的变动量。

（3）接触精度。要求齿轮在接触过程中，载荷分布要均匀，接触良好，以免引起应力集中，造成局部磨损，影响齿轮的使用寿命。

对重载传动的齿轮，例如起重机、运输机中的齿轮，载荷分布要求均匀，因而，接触精度要求就比较高。

（4）齿侧间隙。在齿轮传动过程中，非接触面一定要有足够的间隙。一方面为了贮存润滑油，一方面为了补偿齿轮的制造和变形误差，如果间隙过小，甚至会造成齿轮安装上的困难。

在上述 4 项要求中，前 3 项是针对齿轮本身的精度要求，而且，不同用途的齿轮，其侧重点也有所不同。如用于分度机构，仪器仪表中读数机构的齿轮，传递运动准确性是主要的；对轧钢机、起重机、运输机、透平机等低速重载机械中的齿轮接触精度要求较高，如汽轮机减速器中的齿轮，上述 3 项精度都应有较高的要求。

侧隙与前 3 项要求不同，是独立于精度之外的另一类问题，不论齿轮精度高低，都应根据齿轮的有关工作条件而定。如对高速重载齿轮，由于受力、受热变形较大，侧隙应大些；而经常正、反转的齿轮，为减小回程误差，应适当减小侧隙。

10.2 渐开线圆柱齿轮传动误差的主要来源

影响上述使用要求的误差因素，主要包括齿轮副的安装误差和齿轮的加工误差。齿轮副的安装误差来源于箱体、轴、轴承等零、部件的制造和装配误差。齿轮的加工误差来源于机床、刀具、夹具误差和齿坯的制造、定位等误差。齿轮的加工误差按产生误差的方向可分为径向误差、切向误差和轴向误差。齿轮为圆周分度零件，其误差具有周期性，以齿轮一转为周期的误差为长周期误差，它主要影响传递运动的准确性，以齿轮一齿为周期的误差为短周期误差，它主要影响工作平稳性。

下面以常用的滚齿加工为例讨论齿轮加工误差的主要来源。

(1)影响传递运动准确性的主要加工误差

影响运动精度的因素是同侧齿面间的各类长周期误差，主要来源于几何偏心和运动偏心。

①几何偏心。几何偏心是齿坯在机床上安装时，齿坯基准轴线 $O'O$ 与工作台回转轴线 OO 不重合形成的偏心 e_g，如图 10－2 滚齿加工示意图所示。加工时，滚刀轴线 O_1O_1 与 OO 的距离 A 保持不变，但与 $O'O$ 的距离 A'不断变化(最大变化量为 $2e_g$)。滚切完毕的齿轮，其轮齿就形成图 10－3 所示的高瘦矮肥情况，使齿距在以 OO 为中心的圆周上均匀分布，而在

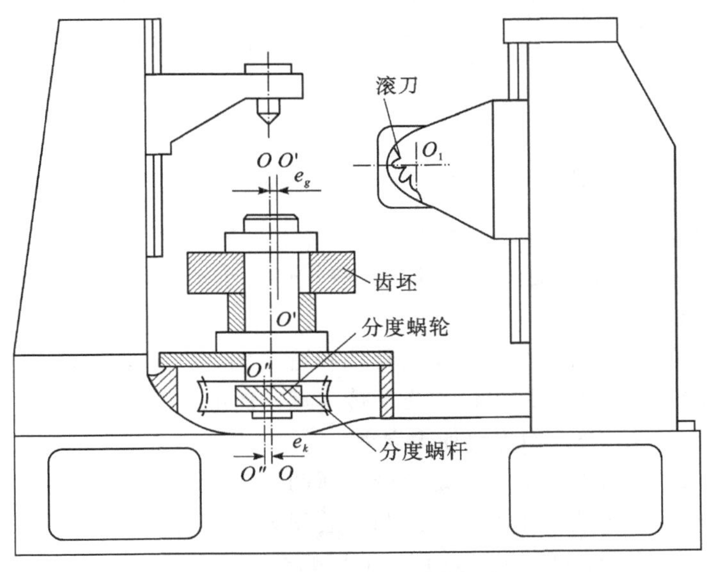

图 10－2 滚齿加工示意图

以齿轮基准中心 $O'O'$ 为中心的圆周上，齿距呈不均匀分布（由小到大再由大到小变化）。这时基圆中心为 O，而齿轮基准中心为 O'，从而形成基圆偏心，工作时产生以一转为周期的转角误差，使传动比不断改变。几何偏心使齿面位置相对于齿轮基准中心在径向发生了变化，故称为径向误差。

②运动偏心。滚齿时，机床分度蜗轮的安装偏心会反映给被加工齿轮，使齿轮产生运动偏心。如图 10－2 所示，$O''O''$ 为机床分度蜗轮的轴线，它与机床心轴的轴线 OO 不重合，形成安装偏心 e_k。这时尽管蜗杆匀速旋转，蜗杆与蜗轮啮合节点的线速度相同，但由于蜗轮上啮合节点的半径不断改变，从而使蜗轮和齿坯产生不均匀回转，角速度在 $(\omega-\Delta\omega)$ 和 $(\omega+\Delta\omega)$ 之间，以一转为周期变化。齿坯的不均匀回转使齿廓沿切向位移和变形（图 10－4，图中双点划线为理论齿廓，实线为实际齿廓），使齿距分布不均匀，任意齿距 $(P_{ei})\neq P_{ik}$；同时齿坯的不均匀回转引起齿坯与滚刀啮合节点半径不断变化，使基圆半径和渐开线形状随之变化。当齿坯转速高时，节点半径减小，因而基圆半径减小，渐开线曲率增大（图 10－4），相当于基圆有了偏心。这种由于齿坯角速度变化引起的基圆偏心称运动偏心，其数值为基圆半径最大值与最小值之差的一半。由以上分析可知，齿距不均匀和基圆偏心的存在，将引起齿轮工作时传动比以一转为周期变化。

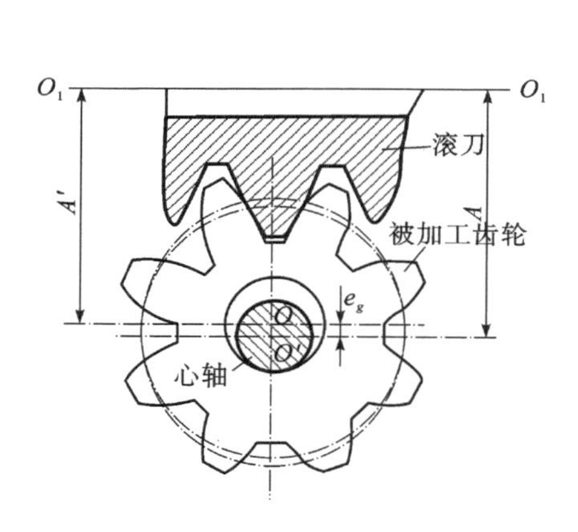

图 10－3 齿轮的几何偏心

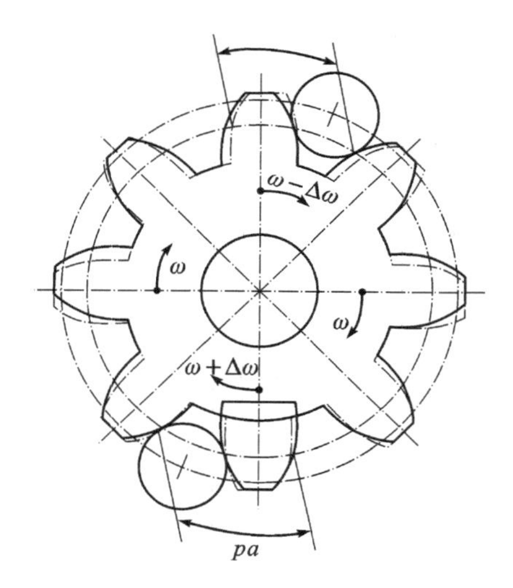

图 10－4 具有运动偏心时的齿轮

当仅有运动偏心时，滚刀与齿坯的径向位置并未改变，如用球形或锥形测头在齿槽内测量齿圈径向跳动，测头径向位置并不改变（图 10－4）。因此，运动偏心并不产生径向误差，而使齿轮产生切向误差。

实际上，以上两种偏心常常同时存在，且二者造成的转角误差都是以齿轮一转为周期，可能抵消，也可能叠加，其综合结果影响齿轮传递运动的准确性。

（2）影响传递运动平稳性的主要加工误差

影响齿轮传动平稳性的主要原因是同侧齿面间的各类短周期误差，主要包括齿距偏差和齿廓偏差。这类误差主要由于滚刀制造和安装误差、机床传动链误差等引起。当存在机床传动链误差（如分度蜗杆的安装误差）时，分度蜗杆转速的变化使得分度蜗轮产生短周期的角速度变化，使被加工齿轮齿面产生波纹，造成实际齿廓形状与标准的渐开线齿廓形状不一致，即产生齿廓总偏差。滚齿加工时，滚刀安装误差会使滚刀与被加工齿轮的实际啮合点脱离正常啮合线，使齿轮产生由基圆误差引起的基节偏差和齿廓总偏差。滚刀旋转一转，齿轮转过一个齿，因而滚刀安装误差使齿轮产生以一齿为周期的短周期误差。滚刀的制造误差，如滚刀的齿距和齿形误差、刃磨误差等也会使齿轮基圆半径变化，从而产生基圆齿距偏差和齿廓总偏差。

①齿廓总偏差。根据齿轮啮合原理，理想的渐开线齿轮传动的瞬时啮合点保持不变。当齿轮存在齿廓总偏差时，会使瞬时啮合节点发生变化，导致齿轮在一齿啮合范围内的瞬时传动比不断改变，从而引起振动、噪声，影响齿轮传动平稳性。具体如图10－5所示。

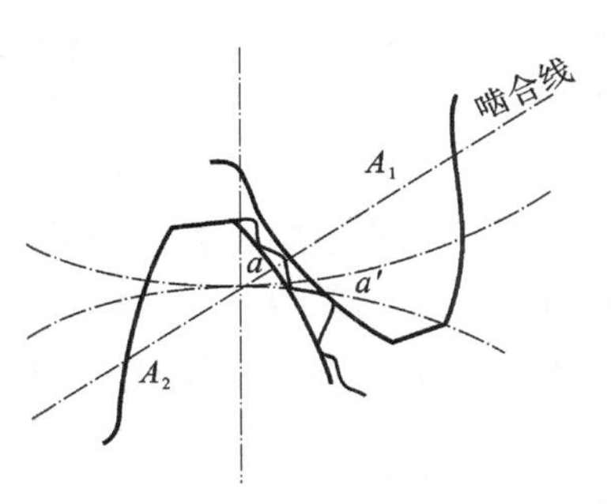

图10－5 齿廓总偏差

②基圆齿距偏差。齿轮传动准确啮合条件是两个齿轮的基圆齿距，即基节相等，且等于公称值，否则将使齿轮在啮合过程中，特别是在每个轮齿进入和退出啮合时产生瞬时传动比变化。如图10－6所示，一对齿轮正常啮合时，重合度应大于1，即当第一个轮齿尚未脱离啮合时，第二个轮齿应进入啮合。当两齿轮基节相等时，这种啮合过程将平稳地连续进行，若齿轮具有基节偏差，则这种啮合过程将被破坏，使瞬时速比发生变化，产生冲击、振动。

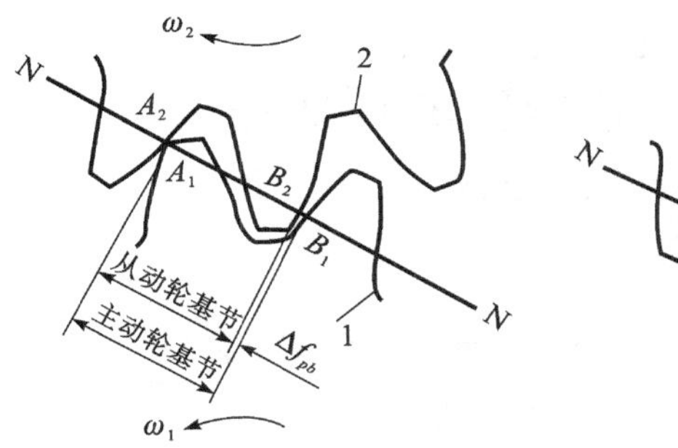

(a) 主动轮基节大于从动轮基节

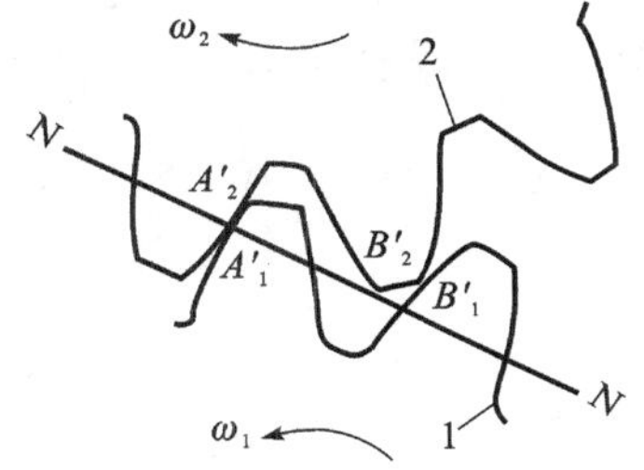

(b) 主动轮基节小于从动轮基节

图10－6 基节偏差对传动平稳性的影响

1－主动轮 2－从动轮

图10－6(a)中，主动轮1的基节大于从动轮2的基节，即$P_{b1}>P_{b2}$，这时，当前一对轮齿(A_1，A_2)的齿面将要脱离啮合时，而另一对轮齿(B_1，B_2)虽然进入啮合区，但不能啮合，此时轮齿A_1的齿顶便在轮齿A_2的齿面上刮行，使从动轮2的瞬时速度减小，直至间隙为零时，B_1齿撞击B_2齿使从动轮2又突然加速。可见啮合换齿的过程中，瞬间传动比会发生变化，从而产生冲击、振动和噪声。

图10－6(b)中，主动轮1的基节小于从动轮2的基节，即$P_{b1}<P_{b2}$，这时当前一对轮齿($A_1'A_2'$)尚未脱离啮合时，后一对轮齿($B_1'B_2'$)便在啮合线以外进入啮合，使从动轮突然加速，迫使前一对轮齿脱离啮合。此后，轮齿B_1'的齿面与轮齿B_2'的齿顶啮合，从动轮降速，直至接触点进入正常啮合线后从动轮2才恢复正常速度。这个过程同样会使瞬时速比发生突然的变化，从而影响齿轮工作平稳性。

(3)影响载荷分布均匀性的主要加工和安装误差

按照啮合原理,如果不考虑弹性变形的影响,对直齿轮,沿齿宽方向接触直线应在基圆柱切平面内,且与齿轮轴线平行;对斜齿轮,接触直线应在基圆柱切平面内,且与齿轮轴线成基圆螺旋角 β_b。沿齿高方向,该接触直线应按渐开面(直齿轮)或螺旋渐开面(斜齿轮)轨迹扫过整个齿廓的工作部分。由于齿轮存在制造和安装误差,轮齿啮合并不是沿全齿宽和齿高接触,齿轮轮齿载荷分布是否均匀,与一对啮合齿面沿齿高和齿宽方向的实际接触状态有关。

(4)影响齿轮副侧隙的主要因素

影响齿轮副侧隙的主要因素是单个齿轮的齿厚偏差及齿轮副中心距偏差。侧隙随着齿厚或中心距偏差的增大而增大。中心距偏差主要是由箱体孔中心距偏差引起,而齿厚偏差主要取决于切齿时刀具的进刀位置。

综上所述,齿轮加工两种偏心通常同时存在,形成以齿轮一转为周期的长周期误差,主要包括切向综合总偏差、齿距累积偏差、径向综合总偏差和径向跳动等。同侧齿面间的短周期误差主要是由齿轮加工过程中的刀具误差、机床传动链误差等引起的,其结果影响齿轮传动平稳性。此类偏差包括一齿切向综合偏差、一齿径向综合偏差、单个齿距偏差、单个基节偏差、齿廓形状偏差等。同侧齿面的轴向偏差主要是由齿坯轴线的歪斜和机床刀架导轨的不精确造成的,如螺旋线偏差。

10.3 渐开线圆柱齿轮传动精度的评定指标

现行齿轮精度标准(GB/T 10095.1 ~2—2008)所规定的渐开线圆柱齿轮精度的评定参数见表 10-1。

表 10-1 渐开线圆柱齿轮精度评定参数一览表

单个齿轮轮齿同侧齿面偏差	齿距偏差	单个齿距偏差 f_{pt},齿距累积偏差 F_{pk},齿距累积总偏差 F_p
	齿廓偏差	齿廓总偏差 F_α,齿廓形状偏差 $f_{f\alpha}$,齿廓倾斜偏差 $f_{H\alpha}$
	螺旋线偏差	螺旋线总偏差 F_β,螺旋线形状偏差 $f_{f\beta}$,螺旋线倾斜偏差 $f_{H\beta}$
	切向综合偏差	切向综合总偏差 F'_i,一齿切向综合偏差 f'_i
径向综合偏差和径向跳动	径向综合总偏差 F''_i,一齿径向综合偏差 f''_i,径向跳动 F_r	

现行标准将齿轮误差和偏差统称为偏差,而且偏差和偏差允许值(公差)用同一个符号表示,例如 F_α 既表示齿廓总偏差,又表示齿廓总偏差允许值(即齿廓总公差)。现行标准将影响渐开线圆柱齿轮精度的因素分为轮齿同侧齿面偏差、径向综合偏差和径向跳动。具体应用时,可以选用影响渐开线齿面形状、位置和方向等的齿距偏差、齿廓偏差及螺旋线偏差单项精度指标,同时考虑到各单项误差的综合作用,也可采用各种综合精度指标,如切向综合偏差、径向综合偏差和径向跳动。

1. 轮齿同侧齿面偏差

(1)齿距偏差

渐开线圆柱齿轮轮齿同侧齿面的齿距偏差反映位置变化,它直接反映了一个齿距和一转内任意个齿距的最大变化,即转角误差,是几何偏心和运动偏心的综合结果,可以此较全面地反映齿轮的传递运动准确性和传动平稳性,是综合性的评定项目。齿距偏差包括单个齿距偏差、齿距累积偏差及齿距累积总偏差。

①单个齿距偏差 f_{pt}。单个齿距偏差是指在齿轮的端面平面上,在接近齿高中部的一个与齿轮轴线同心的圆上,实际齿距与理论齿距的代数差(图 10-7)。

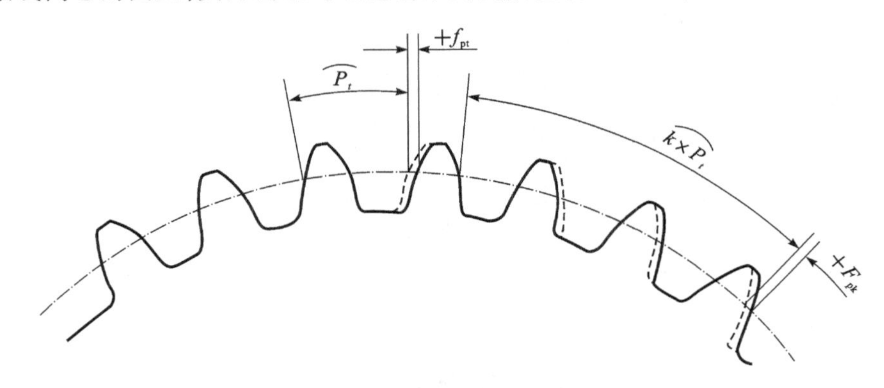

图 10-7　单个齿距偏差与齿距累积偏差

单个齿距偏差是齿轮几何精度最基本的偏差项目之一,反映了轮齿在圆周上分布的均匀性,用来控制齿轮一个齿距角内的分度精度,它影响齿轮啮合换齿过程的传动平稳性。

②齿距累积偏差 F_{pk}。齿距累积偏差是指在齿轮的端面平面上,在接近齿高中部的一个与齿轮轴线同心的圆上,任意 k 个齿距的实际弧长与理论弧长的代数差(图 10-7)。F_{pk}反映在齿轮局部圆周上的齿距累积偏差,即多齿数齿轮的齿距累计总误差在整个齿圈上分布的均匀性。如果在较少齿数上齿距累积偏差过大,齿轮在实际工作中将产生很大的动载荷以及振动、冲击和噪声,影响齿轮传动的平稳性,这对高速齿轮尤为重要。理论上,F_{pk}等于所含 k 个齿的单个齿距偏差之代数和。k 一般取 2 到小于 $z/2$ 的整数,通常取 $z/8$(z 为齿数),对于有特殊性能要求的齿轮,如高速齿轮,k 应该适当取较小的值。

③齿距累积总偏差 F_p。齿距累积总偏差是指在齿轮端面平面上,在接近齿高中部的一个与齿轮轴线同心的圆上,齿轮同侧齿面任意弧段($k=1$ 至 $k=z$)内的最大齿距累积偏差,即为任意两个同侧齿面间实际弧长与理论弧长之差中的最大绝对值,它表现为齿距累积偏差曲线的总幅值(图 10-7)。

F_p 与 F_{pk}能较全面地反映齿轮一转内传动比的变化,是评价齿轮运动精度的综合指标,但由于只在单一半径上测量,F_p 与 F_{pk}不如切向综合误差反映的全面。

(2)齿廓偏差

实际齿廓偏离设计齿廓的量称为齿廓偏差,该量在端平面内垂直于渐开线齿廓的方向计值。设计齿廓是指符合设计规定的齿廓,当无其他限定时,是指端平面齿廓。可以根据工作条件将理论渐开线修正为凸齿形或修缘齿形,一般未经修形的渐开线齿廓迹线在齿廓曲线图中为直线,在图 10-8 中,设计齿廓迹线用点划线表示。可用长度(L_{AF})等于两条端面基圆切线长度之差。其中一条是从基圆延伸到可用齿廓的外界限点，另一条是从基圆到可用齿廓的内界限点。依据设计，可用长度被齿顶、齿顶倒棱或齿顶倒圆的起始点（A）限定，对于齿根，可用长度被齿根圆角或挖根的起始点（F）限定。有效长度（L_{AE}）对应于有效齿廓的那部分，对于齿顶，有效长度的界限点与可用长度的界限点（A）相同，对于齿根，有效长度延伸到与之配对齿轮有效啮合的终点（E），如不清楚配对齿轮参数，则 E 点为基本齿条相啮合的有效齿廓的起始点。齿廓计值范围（L_α）是可用长度中的一部分，在 L_α 内应遵照规定精度等级的公差。除有特殊规定外，其长度等于从 E 点开始的有效长度 L_{AE} 的 92%。具体见图 10－8。

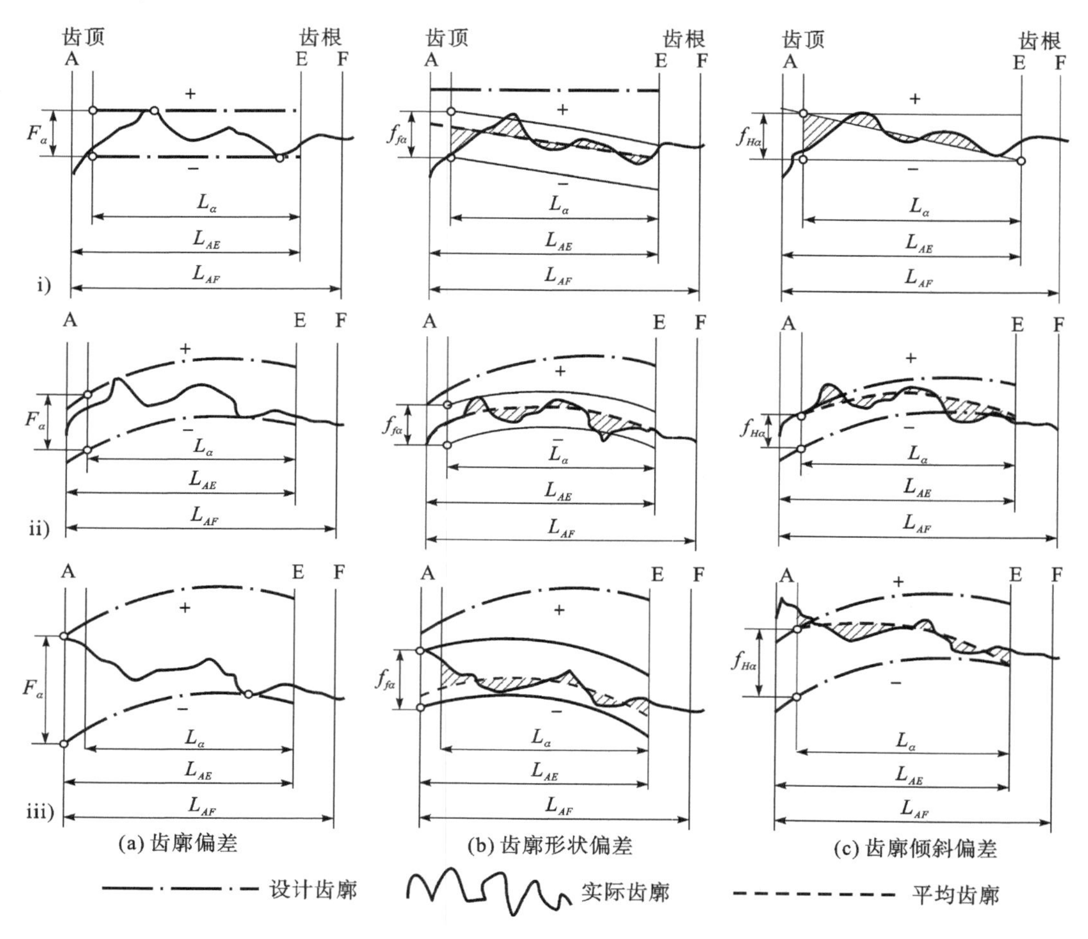

图 10－8　齿廓偏差

i）设计齿廓：未修形的渐开线 实际齿廓：在减薄区偏向体内；

ii）设计齿廓：修形的渐开线（举例）实际齿廓：在减薄区偏向体内；

iii）设计齿廓：修形的渐开线（举例）实际齿廓：在减薄区偏向体外。

为了便于进行齿廓偏差的评定，标准中引入一条辅助齿廓迹线——平均齿廓，要求在计值范围内，实际齿廓迹线偏离平均齿廓迹线之偏差的平方和最小。据此，可以用最小二乘方法确定平均齿廓迹线。

①齿廓总偏差 F_α。F_α 为在计值范围 L_α 内,包容实际齿廓迹线且距离为最小的两条设计齿廓迹线间的距离(图10-8(a))。实际齿廓迹线可由齿轮齿廓检验设备测得。齿廓总偏差主要影响齿轮传动平稳性,这是因为具有齿廓总偏差的齿轮,其齿廓不是标准的渐开线,会造成齿廓面在啮合过程中使接触点偏离啮合线,即接触点处的法线和两齿轮中心连线的交点经常变化,引起传动比的波动,从而产生振动和噪声。

②齿廓形状偏差 $f_{f\alpha}$。齿廓形状偏差是指在计值范围 L_α 内,包容实际齿廓迹线的,与平均齿廓迹线完全相同的两迹线的最小距离。

③齿廓倾斜偏差 $f_{H\alpha}$。齿廓倾斜偏差是指在计值范围 L_α 内,两端与平均齿廓迹线相交的两条设计齿廓迹线之间的距离。齿廓倾斜偏差主要由压力角偏差引起,$\pm f_{H\alpha}$用于反映和控制齿廓倾斜实际加工误差的变化。

齿廓偏差的测量一般使用渐开线检查仪、专用的齿轮测量仪器或是坐标测量机分析实现。在对齿轮作质量分析,进行精度等级判定时,一般只需检验 F_α。有时为了某些应用,需要加检 $f_{f\alpha}$和 $f_{H\alpha}$。

(3)螺旋线偏差

在端面基圆切线方向上测得的实际螺旋线偏离设计螺旋线的量称为螺旋线偏差。设计螺旋线为符合设计规定的螺旋线。

螺旋线曲线图包括实际螺旋线迹线、设计螺旋线迹线和平均螺旋线迹线。平均螺旋线迹线是标准文件为了便于进行螺旋线偏差的评定而引入的一条辅助螺旋线迹线,它要求在计值范围内,实际螺旋线迹线到平均螺旋线迹线偏差的平方和最小。据此,可以用最小二乘方法确定平均螺旋线迹线。

与齿宽成正比但不包括齿端倒角与修缘在内的长度为螺旋线迹线长度,迹线长度两端各减去5%的齿宽或一个模数的长度(二者取较小者)后的迹线长度为螺旋线计值范围 L_β。

螺旋线偏差包括螺旋线总偏差、螺旋线形状偏差和螺旋线倾斜偏差,它影响齿轮啮合过程中的接触状况,影响齿面载荷分布的均匀性。螺旋线偏差用于评定轴向重合度大于1.25的宽斜齿轮及人字齿轮,它适用于大功率、高速高精度宽斜齿轮传动精度控制。

①螺旋线总偏差 F_β。螺旋线总偏差是指在计值范围 L_β 内,包容实际螺旋线迹线的两条设计螺旋线迹线间的距离,见图10-9(a)。

②螺旋线形状偏差 $f_{f\beta}$。螺旋线形状偏差是指在计值范围 L_β 内,包容实际螺旋线迹线的两条与平均螺旋线迹线完全相同的两条迹线之间的距离,且两条迹线与平均螺旋线迹线之间的距离为常数,见图10-9(b)。

③螺旋线倾斜偏差 $f_{H\beta}$。螺旋线倾斜偏差是指在计值范围 L_β 内,两端与平均螺旋线迹线相交的两条设计螺旋线迹线间的距离,见图10-9(c)。

螺旋线偏差一般可在螺旋线检查仪、专用齿轮检测仪以及坐标测量机上测量。在对齿轮作质量分析,进行精度等级判定时,只需检验 F_β 即可,有时为了某些应用,需要加检 $f_{f\beta}$和 $f_{H\beta}$。

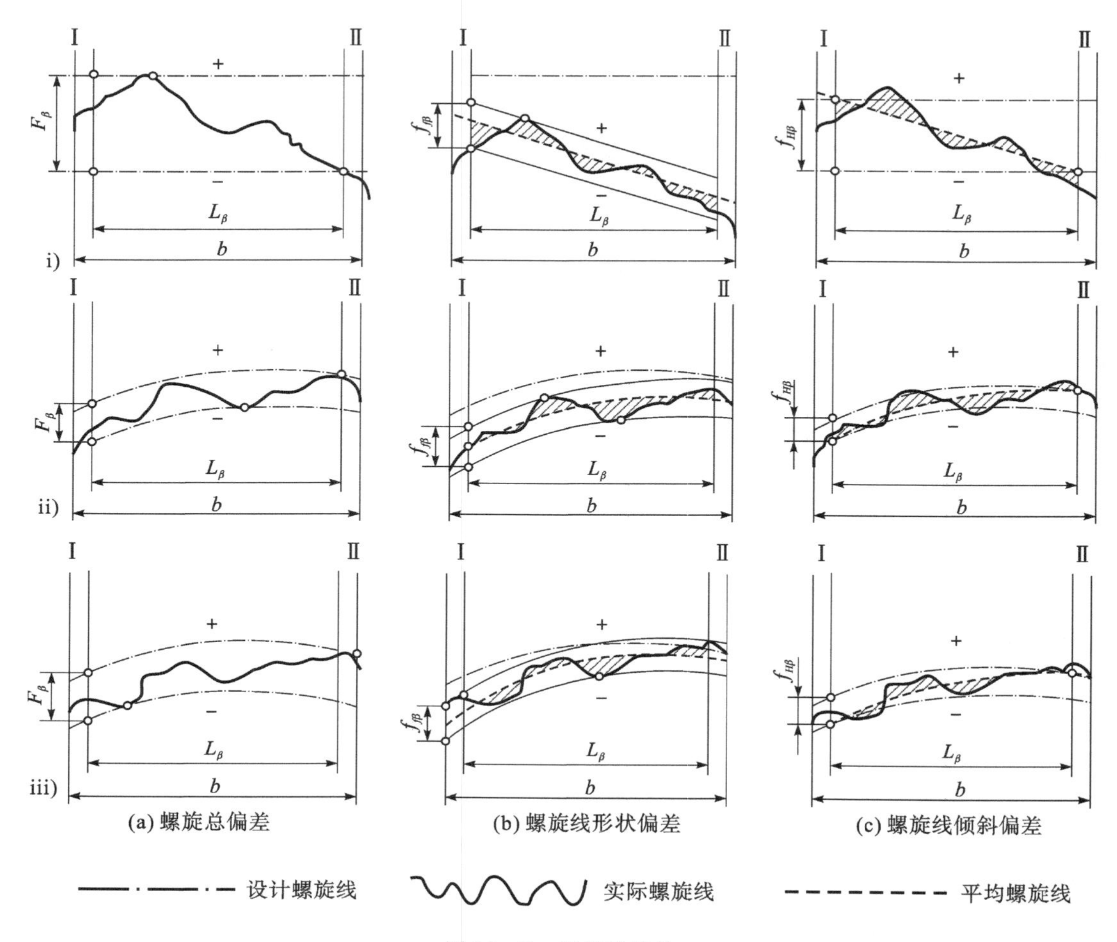

图 10－9 螺旋线偏差

ⅰ)设计的螺旋线:未修形的螺旋线 实际螺旋线:在减薄区偏向体内;

ⅱ)设计的螺旋线:修形的螺旋线(举例) 实际螺旋线:在减薄区偏向体内;

ⅲ)设计的螺旋线:修形的螺旋线(举例) 实际螺旋线:在减薄区偏向体外。

(4)切向综合偏差

①切向综合总偏差 F'_i。切向综合总偏差是指被测齿轮与测量齿轮单面啮合检验时,被测齿轮转动一整转内,齿轮分度圆上实际圆周位移与理论圆周位移的最大差值,即在齿轮的同侧齿面处于单面啮合状态下测得的齿轮一转内转角误差的总幅度值,它以分度圆弧长计值。如图 10－10 所示。

测量齿轮为理想精确的测量齿轮,是精度远高于被测齿轮的工具齿轮。正在被测量或评定的齿轮也称为产品齿轮。

切向综合总偏差是几何偏心、运动偏心等各种加工误差的综合反映,因而是评定齿轮传递运动准确性的最佳综合评定指标。

②一齿切向综合总偏差 f'_i。一齿切向综合总偏差为在一个齿距内的切向综合偏差值。被测齿轮与测量齿轮单面啮合时,在被测齿轮一个齿距角内,实际转角与公称转角之差的最大幅度值,以分度圆弧长计值,它是齿轮切向综合偏差记录曲线上小波纹中幅值最大的那一

段所代表的误差。如图 10－10 所示。

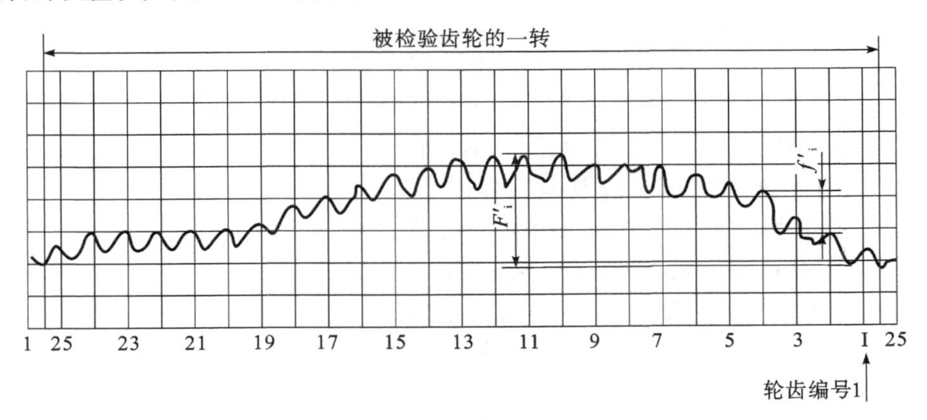

图 10－10　切向综合偏差

一齿切向综合偏差反映齿轮工作时引起振动、冲击和噪声等的高频运动误差的大小，是齿轮的齿形、齿距等各项短周期误差结果的综合反映，它直接反映齿轮传动的平稳性，也属于综合性指标。

2. 渐开线圆柱齿轮径向综合偏差和径向跳动

(1)径向综合偏差

①径向综合总偏差 F''_i。径向综合总偏差是指在径向(双面)综合检验时，产品齿轮的左右齿面同时与测量齿轮接触，并转过一整圈时出现的中心距最大值和最小值之差，即双啮中心距的最大变动量。如图 10－11 所示。

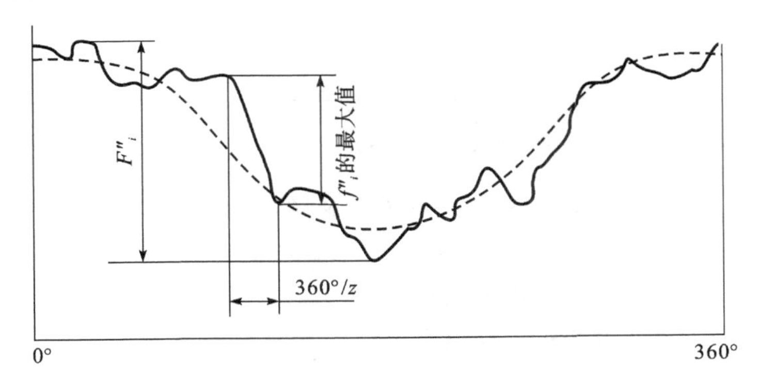

图 10－11　径向综合偏差

若被测齿轮的齿廓存在径向误差及一些短周期误差(如齿廓形状偏差、基圆齿距偏差等)，与测量齿轮保持双面啮合转动时，其中心距就会在转动过程中不断改变，因此，径向综合偏差主要反映由几何偏心引起的径向误差及一些短周期误差。但由于径向综合总偏差只能反映齿轮的径向误差，不能反映切向误差，故不能像 F'_i 那样确切和充分地反映齿轮运动精度。

②一齿径向综合总偏差 f''_i。一齿径向综合偏差是指被测齿轮与测量齿轮双面啮合时，在被测齿轮一个齿距角(360°/z)内双啮中心距的最大变动量(图 10－11)。f''_i 反映了基节偏差和齿廓形状偏差，属于综合性项目。

由于 f''_i 测量时受左右齿面的共同影响，因而它不如一齿切向综合偏差反映得那么全面，不适用于验收高精度的齿轮。

②径向跳动 F_r。轮齿的径向跳动为测头（球形、圆柱形、砧形）相继置于每个齿槽内时，从它到齿轮轴线的最大和最小径向距离之差。检查中，测头在近似齿高中部与左右齿面接触，如图 10－12 所示。

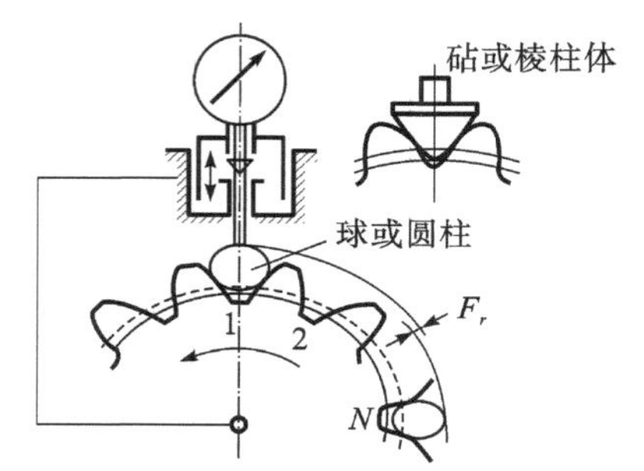

图 10－12　齿轮径向跳动测量原理

偏心量是径向跳动的一部分，是由于齿轮的轴线和基准孔的中心线存在几何偏心引起的，当几何偏心为 e 时，引起的 $F_r = 2e$。由几何偏心引起的误差是沿齿轮径向产生的，属于径向误差。几何偏心与径向跳动的关系如图 10－13 所示。

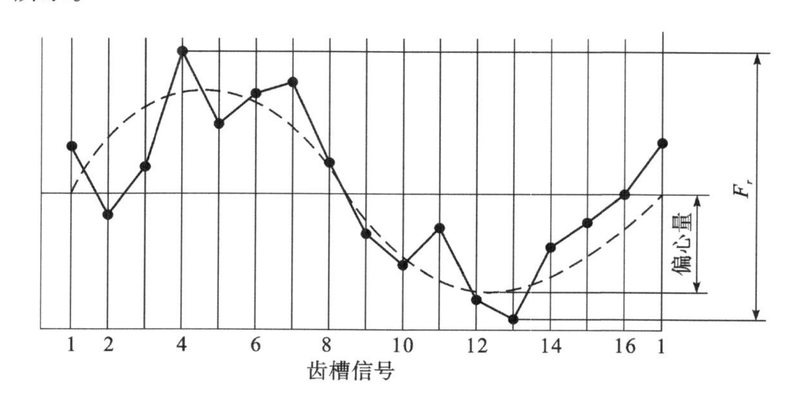

图 10－13　齿轮径向跳动

10.4　渐开线圆柱齿轮精度标准

1. 渐开线圆柱齿轮精度标准体系的组成及特点

现行的渐开线圆柱齿轮精度标准体系由 3 项齿轮精度国家标准（GB/T 10095.1～2—2008、GB/T 13924—2008）和 4 项国家标准化指导性技术文件（GB/Z 18620.1～4—2008）共同构成，它们均等同采用了相应的 ISO 标准或技术报告，详见表 10－2。

表 10－2　采用的 ISO 标准和技术报告

GB/T 10095.1—2008	渐开线圆柱齿轮 精度制 第一部分：轮齿同侧齿面偏差的定义和允许值
GB/T 10095.2—2008	渐开线圆柱齿轮 精度制 第二部分：径向综合偏差与径向跳动的定义和允许值
GB/T 13924—2008	渐开线圆柱齿轮精度 检验细则
GB/Z 18620.1—2008	圆柱齿轮 检验实施规范 第 1 部分：轮齿同侧齿面的检验
GB/Z 18620.2—2008	圆柱齿轮 检验实施规范 第 2 部分：径向综合偏差，径向跳动、齿厚和侧隙的检验
GB/Z 18620.3—2008	圆柱齿轮 检验实施规范 第 1 部分：齿轮坯、轴中心距和轴线平行度的检验
GB/Z 18620.4—2008	圆柱齿轮 检验实施规范 第 1 部分：表面结构和轮齿接触斑点的检验

从几何精度要求考虑，渐开线圆柱齿轮（含直齿、斜齿）设计时，只要齿轮各轮齿的分度准确、齿形正确、螺旋线正确，那么齿轮就是没有误差的理想几何体，也没有任何传动误差。因此，现行标准以单项偏差为基础，在 GB/T 10095.1 中规定了单个渐开线圆柱齿轮轮齿同侧齿面的精度，包括齿距（位置）、齿廓（形状）、齿向（方向）和切向综合偏差的精度，规定了 9 项单项指标，此外还规定了 5 项综合指标。

齿轮的质量最终还是由制造和检测获得，为了保证齿轮质量，必须对检测进行规范化。齿轮精度标准体系中的 4 项指导性技术文件就是为此而设置的，它规定了各项偏差的检测实施规范。

2. 齿轮精度等级

（1）轮齿同侧齿面偏差的精度等级

GB/T 10095.1—2008 对分度圆直径 5mm ~ 10000mm、法向模数 0.5mm ~ 70mm、齿宽 4mm ~ 1000mm 的渐开线圆柱齿轮的同侧齿面偏差规定了 0、1、…、12 共 13 个精度等级。0 级精度最高，12 级精度最低。

（2）径向综合偏差的精度等级

GB/T 10095.2—2008 对分度圆直径 5mm ~ 1000mm、法向模数 0.2mm ~ 10mm 的渐开线圆柱齿轮的径向综合总偏差和一齿径向综合偏差规定了 9 个精度等级，4 级精度最高，12 级精度最低。

（3）径向跳动的精度等级

对于分度圆直径 5mm ~ 10000mm、法向模数 0.5mm ~ 70mm 的渐开线圆柱齿轮的径向跳动，GB/T 10095.2 – 2008 附录 B 中推荐了 0、1、…、12 共 13 个精度等级，其中 0 级精度最高，12 级精度最低。

齿轮精度等级中，0 ~ 2 级的齿轮精度要求非常高，制造难度很大，目前国内能够制造和检测的单位很少；3 ~ 5 级为高精度等级，其中 5 级为基本等级，是计算其他等级偏差允许值的基础；6 ~ 8 级为中等精度等级，应用最为广泛；9 级为较低精度等级；10 ~ 12 级为低精度等级。

3. 齿轮精度指标公差（偏差允许值）及计算公式

齿轮精度等级评定通过实测偏差值与标准规定的允许值进行比较实现。GB/T 10095.1 ~ 2—2008 规定，公差表格中其他精度等级的数值是用对 5 级精度规定的公式乘以级间公比计算出来的。5 级精度齿轮轮齿同侧齿面偏差、径向综合偏差和径向跳动公差（允许值）的计算公式见表 10 – 3。

表 10 – 3　5 级精度齿轮偏差允许值的计算公式

单个齿距偏差 f_{pt}	$f_{pt}=0.3(m_n+0.4\sqrt{d})+4$
齿距累积偏差 F_{pk}	$F_{pk}=f_{pt}+1.6\sqrt{(k-1)m_n}$
齿距累积总偏差 F_p	$F_p=0.3m_n+1.25\sqrt{d}+7$
齿廓总偏差 F_α	$F_\alpha=3.2\sqrt{m_n}+0.22\sqrt{d}+0.7$
螺旋线总偏差 F_β	$F_\beta=0.1\sqrt{d}+0.63\sqrt{b}+4.2$

续表

一齿切向综合偏差 f'_i	$f'_i = K(4.3 + f_{pt} + F_\alpha) = K(9 + 0.3m_n + 3.2\sqrt{m_n} + 0.34\sqrt{d})$ 当总重合度 $\varepsilon_r < 4$,$K = 0.2(\frac{\varepsilon_r + 4}{\varepsilon_r})$,当 $\varepsilon_r \geq 4$,$K = 0.4$
切向综合总偏差 F'_i	$F'_i = F_P + f'_i$
齿廓形状偏差 $f_{f\alpha}$	$f_{f\alpha} = 2.5\sqrt{m_n} + 0.17\sqrt{d} + 0.5$
齿廓倾斜偏差 $f_{H\alpha}$	$f_{H\alpha} = 2\sqrt{m_n} + 0.14\sqrt{d} + 0.5$
螺旋线形状偏差 $f_{f\beta}$	$f_{f\beta} = 0.07\sqrt{d} + 0.45\sqrt{b} + 0.3$
螺旋线倾斜偏差 $f_{H\beta}$	$f_{H\beta} = 0.07\sqrt{d} + 0.45\sqrt{b} + 0.3$
径向综合总偏差 F''_i	$F''_i = 3.2m_n + 1.01\sqrt{d} + 6.4$
一齿径向综合总偏差 f''_i	$f''_i = 2.96m_n + 0.01\sqrt{d} + 0.8$
径向跳动公差 F_r	$F_r = 0.8F_P = 0.24m_n + 1.0\sqrt{d} + 5.6$

表 10－3 中,m_n、d、b 和 k 分别表示法向模数、分度圆直径、齿宽和测量 F_{pk}时的跨齿数。两相邻精度等级公差值的级间公比为$\sqrt{2}$,即本级公差数值乘以或除以$\sqrt{2}$,即可得到相邻较低或较高等级的公差数值。5 级精度未圆整的计算值乘以$\sqrt{2}^{(Q-5)}$,即可得任一精度等级 Q 的计算值,然后按照圆整规则进行圆整。

各级精度齿轮各个项目的现行标准规定的偏差允许值参阅相关附表。

10.5 渐开线圆柱齿轮基本精度设计与选用

齿轮的精度等级应根据齿轮的用途、使用要求、传递功率、圆周速度及其他技术要求而定,同时考虑切齿工艺及经济性。在齿轮精度设计时,齿轮同侧齿面各精度项目可选用同一精度等级。机械制造业中常用的齿轮在多数应用情况下,除侧隙之外,其余三项使用时的精度要求都相当,相关精度项目可采用相同的精度等级。

齿轮的工作齿面和非工作齿面一般按照相同精度等级设计,特殊情况下,可分别规定不同的精度等级,也可只给出工作齿面的精度等级。对不同偏差项目也可规定不同的精度等级,径向综合偏差和径向跳动不一定要选用与同侧齿面的精度项目相同的精度等级。

齿轮精度等级的确定可按计算法和类比法,目前大都采用类比法。

1. 计算法

如果已知传动链末端元件(输出端)的传动精度要求,则可按传动链误差传递规律分配各级齿轮副的精度要求,用计算法确定传递运动准确性的要求,而后确定相关项目的精度等级。由于影响齿轮传动链误差的因素较多,不仅有齿轮本身的切向综合误差 $\Delta F'_i$,而且齿轮副的侧隙,齿轮与轴配合的间隙和配合处轴颈的径向圆跳动以及轴承的径向圆跳动等对其都有影响,因此按传动链的精度要求准确地给出相关项目的精度等级是较困难的。实际中都是预先给出相关项目的精度等级后,再考虑各项误差因素,计算传动链的传动误差,看是否满足设计要求。这种方法主要用于仪器仪表中的小模数齿轮传动。

对于动力齿轮,可根据传动的动力学计算其振动、噪声指标,可在确定装置动态特性过程中给出影响传动平稳性的相关项目的精度等级。对高速动力齿轮,还要考虑影响传动准确性项目的影响。此种方法目前尚处研究阶段。

对低速重载齿轮，可按其所承受的转矩及使用寿命，经齿面接触强度计算，确定其接触面积比例来选定影响承载均匀性的项目的精度等级。这种情况由于计算繁杂，与实际情况出入较大，因此很少应用。

2. 类比法

大多数情况下，齿轮的精度都是用类比法来确定的。这种方法根据已有的经验资料，参照同类产品的精度进行设计。在 13 个精度等级中，目前 0,1,2 级精度因加工工艺水平及测量手段难度很大，应用很少，因而称为发展级；3 ~ 5 级为高精度级；6 ~ 8 级为常用级；9 ~ 12 级为低精度级。表 10 - 4 和 10 - 5 提供的数据资料供设计时参考。

机械装置中的绝大多数齿轮既传递运动又传递功率，一般齿轮传动多按齿轮圆周线速度确定项目精度等级。

表 10 - 4　部分机器中的齿轮所应用的精度等级

应用场合	等级精度	应用场合	等级精度
单啮仪、双啮仪	2 ~ 5	拖拉机	6 ~ 9
汽轮机	3 ~ 6	航空发动机	4 ~ 7
金属切削机床	3 ~ 8	通用减速器	6 ~ 9
内燃机车、电气机车	5 ~ 8	轧钢机	6 ~ 10
轻型汽车	5 ~ 8	矿用绞车	6 ~ 10
载重汽车	6 ~ 9	起重机械	7 ~ 10

表 10 - 5　各精度等级齿轮的适用范围

精度等级	工作条件与适用范围	圆周速度/(m/s)		齿面的最后加工
		直齿	斜齿	
3	用于最平稳且无噪声的极高速下工作的齿轮；特别精密的分度机构齿轮；特别精密机构中的齿轮；控制机械齿轮；检测 5,6 级的测量齿轮	> 50	> 75	特精密的磨齿和珩磨用精密滚刀滚齿或单边剃齿后的大多数不经淬火的齿轮
4	用于精密分度机构的齿轮；高速汽轮机齿轮；控制机构齿轮；检测 7 级的测量齿轮	≤50	≤75	精密磨齿，大多数用精密滚刀滚齿和珩齿或单边剃齿
5	用于高平稳且低噪声的高速传动中的齿轮；精密机构中的齿轮；汽轮机的传动齿轮；检测 8,9 级的测量齿轮；重要的航空、船用齿轮箱齿轮	≤35	≤70	精密磨齿，大多数用精密滚刀加工，进而研齿或剃齿
6	用于高速下平稳工作、需要高效率及低噪声的齿轮；航空、汽车用齿轮；读数装置中的精密齿轮；机床传动链齿轮；机床传动齿轮	≤15	≤30	精密磨齿剃齿

续表

精度等级	工作条件与适用范围	圆周速度/(m/s)		齿面的最后加工
		直齿	斜齿	
7	在高速和适度功率或大功率和适当速度下工作的齿轮;机床变速箱进给齿轮;高速减速器的齿轮;起重机齿轮;汽车以及读数装置中的齿轮	≤10	≤15	无需热处理的齿轮,用精确道具加工对于淬硬齿轮必须精整加工(磨齿、研齿、珩齿)
8	一般机器中无特殊精度要求齿轮;机床变速齿轮;汽车制造业中不重要齿轮;冶金、起重、机械齿轮;通用减速器齿轮;农业机械中的重要齿轮	≤6	≤10	滚、插齿均可,不用磨齿;必要时剃齿或研齿
9	用于不提精度要求的粗糙工作的齿轮;因结构上考虑,受载低于计算载荷的传动用齿轮;重载、低速不重要工作机械的传力齿轮;农机齿轮	≤2	≤4	不要特殊的精加工工序

10.6 齿轮副精度设计

1. 侧隙与齿厚上、下偏差的确定

齿轮副侧隙是指在节圆上齿槽宽度超过相啮合的轮齿齿厚的量,它是在端平面上或啮合平面(基圆切平面)上计算和规定的。侧隙通常分为法向侧隙和圆周侧隙(图 10-14)。

法向侧隙 j_{bn} 是指当两个齿轮的工作齿面啮合时,其非工作齿面之间的最短距离,可

在法平面或沿啮合线方向上测量。用塞尺直接测量法向侧隙如图 10-14(b)所示。圆周侧隙 j_{wt} 是指固定两相啮合齿轮中的一个,另一个齿轮所能转过的节圆弧长的最大值,可沿圆周方向测得。

理论上法向侧隙和圆周侧隙的关系为 $j_{bn}=j_{wt}\cos\alpha_{wt}\cos\beta_b$,式中,$\alpha_{wt}$ 为端面工作压力角,β_b 为基圆螺旋角。

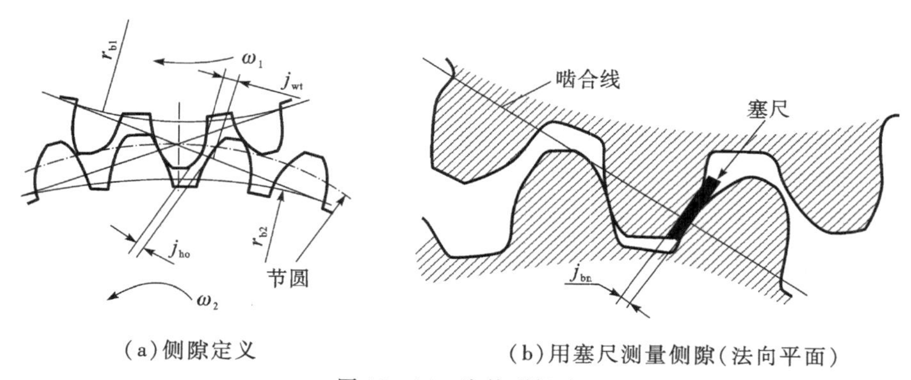

(a)侧隙定义　　(b)用塞尺测量侧隙(法向平面)

图 10-14　齿轮副侧隙

1）齿轮副的最小法向侧隙 j_{bnmin} 的确定

齿轮传动设计中，必须保证有足够的最小法向侧隙，以确保齿轮机构正常工作。确定齿轮副最小法向侧隙一般按照类比、计算以及查表等方法确定。类比法是通过参考国内外同类型的齿轮传动确定 j_{bnmin}。这里只对计算法、查表法进行说明。

（1）计算法确定 j_{bnmin}

计算法根据齿轮副的具体工况，依据齿轮工作时的温度、润滑、承载等工作条件确定 j_{bnmin}。

其中，补偿箱体和齿轮温度变化所需的法向侧隙 j_{bnmin1} 按下式计算：

$$j_{bnmin1} = a(\alpha_{L1}\Delta t_1 - \alpha_{L2}\Delta t_2) \times 2\sin\alpha_n$$

式中，　a——齿轮副的中心距（mm）；

α_{L1}, α_{L2}——齿轮和箱体材料的线胀系数（1/℃）；

$\Delta t_1, \Delta t_2$——齿轮和箱体工作时相对于标准温度（20℃）的温差；

j_{bnmin1}——单位为 mm。

同时，保证正常润滑所需的法向侧隙 j_{bnmin2} 取决于润滑方式和齿轮圆周速度，可按表 10－6选取。

表 10－6　j_{bnmin2} 的推荐值　（单位：mm）

润滑方法	圆周速度 V/(m/s)			
	≤10	>10～25	>25～60	>60
喷嘴润滑	$0.01m_n$	$0.02m_n$	$0.03m_n$	$(0.03～0.05)\ m_n$
油池润滑	$(0.005～0.01)\ m_n$			

注：m_n 为法向模数，单位 mm。

因此，齿轮副的最小侧隙为

$$j_{bnmin} = j_{bnmin1} + j_{bnmin2} \tag{10-1}$$

（2）查表法确定 j_{bnmin}

GB/Z 18620.2—2008 给出了用黑色金属制造齿轮和箱体的工业传动装置推荐的最小侧隙（表 10－7），工作时节圆线速度小于 15m/s，其箱体、轴和轴承都采用常用的制造公差。表中的数值按下式计算：

$$j_{bnmin} = (2/3)(0.06 + 0.0005|a_i| + 0.03m_n) \tag{10-2}$$

表 10－7　大、中模数齿轮最小侧隙 j_{bnmin} 的推荐值（摘自 GB/Z 18620.2—2008）

m_n	最小中心距 a_i					
	50	100	200	400	800	1600
1.5	0.09	0.11	—	—	—	—
2	0.10	0.12	0.15	—	—	—
3	0.12	0.14	0.17	0.24	—	—
5	—	0.18	0.21	0.28	—	—
8	—	0.24	0.27	0.34	0.47	—
12	—	—	0.35	0.42	0.55	—
18	—	—	—	0.54	0.67	0.94

2)齿厚上、下偏差的确定

设计时,齿厚极限偏差可按类比法或计算法选择确定。

(1)用类比法确定齿厚上、下偏差。用类比法确定齿厚上、下偏差时,应根据齿轮工作条件和使用要求,并考虑同类产品的齿厚极限偏差,对仪表、控制系统中的齿轮及经常正、反转且速度不高的齿轮,应尽量减小齿侧间隙,以减小回程误差;对通用机械中一般传动用的齿轮,应选中等大小侧隙;对高速、高温条件下工作的齿轮,由于温升较大,因此应选较大的侧隙。根据具体需要,也可自行规定齿轮齿厚上、下偏差的数值。

齿厚上、下偏差之差为齿厚公差,它与齿圈径向跳动及切齿的进刀公差有关。因此在选择齿厚上、下偏差时,还应考虑齿轮精度等级及切齿方法,使所得到的齿厚公差合适。

(2)用计算法确定齿厚上、下偏差。用计算法确定齿厚上、下偏差的步骤为:首先根据齿轮的工作条件及制造、安装误差等因素,估算出齿厚的最小减薄量,即上偏差 E_{sns};然后根据齿轮的精度要求,合理规定齿厚公差 T_{sn},即可算出齿厚下偏差 E_{sni}。

①齿厚上偏差 E_{sns} 计算:齿厚上偏差必须保证齿轮副工作时的最小极限侧隙 j_{bnmin}。由于齿轮的制造、安装误差和中心距为负偏差时会使侧隙减小,因此 j_{bnmin} 与两齿轮齿厚上偏差(E_{sns1},E_{sns2})、制造和安装误差(J_n)以及中心距极限偏差($\pm f_\alpha$)的关系(这些误差的方向关系见图 10-15)为

$$j_{bnmin} = |E_{sns1} + E_{sns2}|\cos\alpha_n - J_n - 2f_\alpha \sin\alpha_n \qquad (10-3)$$

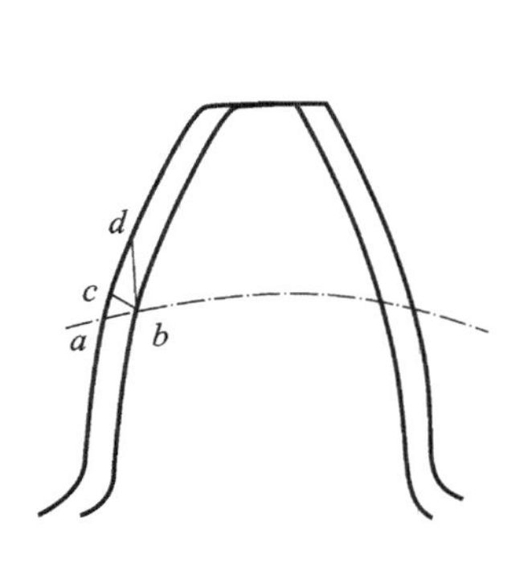

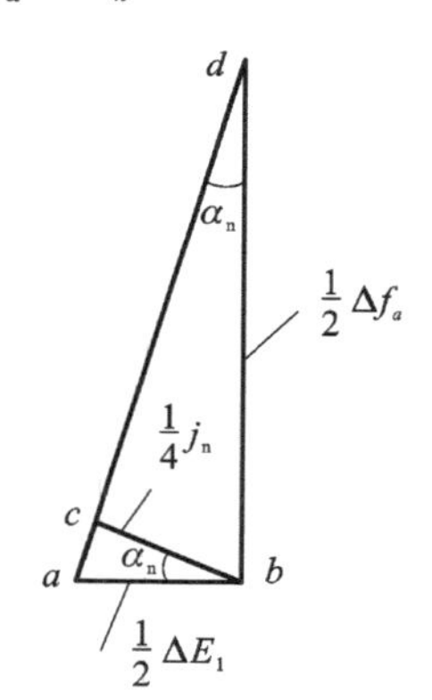

图 10-15 侧隙、齿厚偏差和中心距偏差的关系

通常取两齿轮 $E_{sns1} = E_{sns2} = E_{sns}$,并考虑到齿厚偏差应为负值,于是由式(10-3)得:

$$E_{sns} = -[((j_{nmin} + J_n)/2\cos\alpha_n) + f_\alpha \tan\alpha_n] \qquad (10-4)$$

式中,J_n 应考虑两齿轮的基节偏差、齿向误差及轴线的平行度误差,按下式确定:

$$J_n = [f_{pb1}^2 + f_{pb2}^2 + 2(F_\beta \cos\alpha_n)^2 + (f_x \sin\alpha_n)^2 + (f_y \cos\alpha_n)^2]^{1/2} \qquad (10-5)$$

按照轴线的平行度推荐最大误差,取 $f_x = F_\beta$,$f_y = 0.5\ F_\beta$ 代入上式得:

$$J_n = (f_{pb1}^2 + f_{pb2}^2 + 2.104F_\beta^2)^{1/2} \qquad (10-6)$$

②齿厚下偏差 E_{sni} 的计算。齿厚下偏差可由齿厚上偏差 E_{sns} 及齿厚公差 T_{sn} 求得。法向齿厚公差与切齿工艺难度有关,且应考虑齿圈径向跳动对齿厚的影响,其计算公式为

$$T_{sn} = (F_r^2 + b_r^2)^{1/2}\ 2\tan\alpha_n \qquad (10-7)$$

式中，F_r——齿圈径向跳动公差；

b_r——切齿径向进刀公差，按表 10－8 确定，表中的 IT 值按齿轮分度圆直径查标准公差数值表。

表 10－8　切齿径向进给公差

齿轮精度等级	4	5	6	7	8	9
b_r	1.26IT7	IT8	1.26IT8	IT9	1.26IT9	IT10

由此即可求出齿厚下偏差：

$$E_{sni}=E_{sns}-T_{sn}$$

GB/T 10095.2—2008 未规定齿厚偏差，GB/Z 18620.2—2008 也未推荐齿厚极限偏差。齿厚极限偏差由设计者按齿轮副侧隙计算确定。

3）公法线平均长度极限偏差的确定

齿轮齿厚的变化会引起公法线长度的变化，通过测量公法线长度同样也可以达到控制侧隙的目的。

公法线长度是指与齿轮两个异侧齿面（跨 k 齿）相切的两平行平面间的距离，即所跨齿异侧齿廓间所包含的一段基圆圆弧的长度。

对于标准齿轮，公法线长度的公称值 W_k 及跨齿数 k 计算公式为

$$W_k=m\times\cos(\alpha_n)[\pi\times(k-0.5)+z\times inv(\alpha_n)]+2\times x\times m\times\sin(\alpha_n) \quad (10-8)$$

$$k=\frac{z}{9}+0.5$$

其中，$inv(a)$ 为渐开线函数。当 $\alpha=20°$ 时，

$$W_k=m\times[2.9521\times(k-0.5)+0.0140058\times z]+0.68404\times x\times m$$

公法线平均长度上偏差 E_{bns} 和下偏差 E_{bni} 与齿厚偏差之间的对应关系为

$$E_{bns}=E_{sns}\cos\alpha_n-0.72F_r\sin\alpha_n \quad (10-9)$$

$$E_{bni}=E_{sni}\cos\alpha_n+0.72F_r\sin\alpha_n \quad (10-10)$$

与测量齿厚偏差不同，公法线平均长度偏差测量简便，不受齿顶圆误差的影响，因而公法线平均长度偏差常用于代替齿厚偏差。

2. 齿轮副的精度确定

齿轮副的传递运动准确性，传动平稳性和载荷分布均匀性分别用 F'_{ic}，f'_{ic} 及接触斑点进行控制。齿轮副的侧隙可规定 j_{nmin} 和 j_{nmax} 予以控制。j_{nmin} 按式（10－1）确定，j_{nmax} 按下式计算：

$$j_{nmax}=j_{nmin}+[(T_{S1}^2+T_{S2}^2)\cos^2\alpha_n+(4f\cos\alpha_n)^2]^{1/2} \quad (10-11)$$

式中，T_{S1}，T_{S2}——齿轮副中两齿轮的齿厚公差，按式（10－7）确定。

轮齿副的中心距极限偏差 f_α 见附表 10－11，轴线平行度 $f_X=F_\beta$，$f_Y=0.5F_\beta$。

由于影响齿轮副中心距和轴线平行度误差的因素较多，包括箱体、轴和轴承等，但实际情况表明，箱体的影响最为突出，因此生产中往往通过测量箱体孔轴线的中心距和平行度误差来控制齿轮副的中心距和平行度误差。通常箱体孔中心距极限偏差 f'_α 取为齿轮副中心

距极限偏差 f_α 的 0.8 倍，即 $f'_\alpha = 0.8f_\alpha$。由于齿轮副的平行度公差是在齿宽 b 范围内给定的，而箱体孔轴线平行度公差是在支承跨距 L 范围内给定的(图 10－16)，因此箱体孔轴线的平行度公差 f'_X 可以放大为 $f'_X = 0.8f_X L/b$，但 f'_X 应不大于 $2f_\alpha$。箱体平行度公差可取为 $f'_Y = 0.5f'_X$。

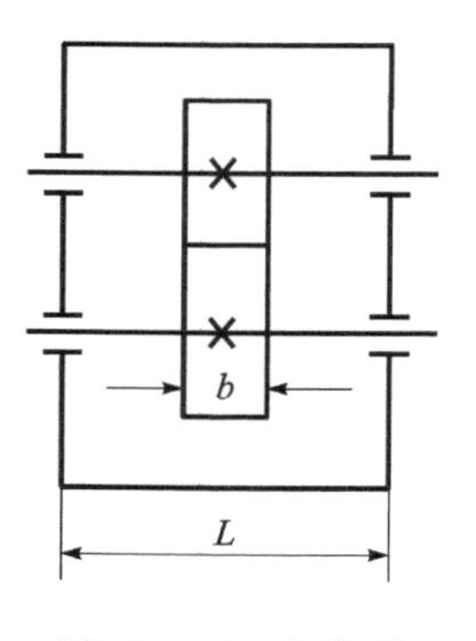

图 10－16　齿轮副

3. 齿轮坯精度确定

齿轮坯精度是指齿轮在设计、制造、检测和装配时的基准面的尺寸精度和形位精度，它们对齿轮的加工、检测和装配精度都有很大影响。因此用控制齿轮坯的质量来保证齿轮的精度是一项基本措施。在对齿轮进行精度设计时，应同时设计齿轮坯精度。

由于齿轮的齿廓、齿距和齿向等要素的精度都是相对于公共轴线定义的。因此，对齿轮坯的精度要求主要是指明基准轴线，并给出相关要素的几何公差要求。当制造时的定位基准与工作基准不一致时，还需考虑基准转换引起的误差，适当提高有关表面的精度。

对齿轮坯的公差要求如下。

(1)齿轮坯尺寸公差。齿轮内孔的尺寸精度根据与轴的配合性质要求确定。应适当选择顶圆直径的公差，以保证最小限度设计重合度的同时又有足够的顶隙。表 10－9 给出了齿轮坯的尺寸公差供参考。

表 10－9　齿轮坯的尺寸公差

齿轮精度等级		5	6	7	8	9	10	11	12
孔	尺寸公差	IT5	IT6	IT7		IT8		IT9	
轴	尺寸公差	IT5		IT6		IT7		IT8	
顶圆直径偏差		$\pm 0.05\ m_n$							

注：孔、轴的几何公差按包容要求即 Ⓔ。

(2)齿轮坯基准面、工作安装面及制造安装面的形状公差。基准面的形状公差取决于规定的齿轮精度。标准推荐的基准面与安装面的形状公差数值见附表 10－13。

(3)工作安装面的跳动公差。当基准轴线与工作轴线不重合时，则工作安装面相对于基准轴线的跳动公差必须在图样上予以控制。标准推荐的齿轮坯安装面的跳动公差见附表10－12。

齿轮表面结构的两个主要特征为表面粗糙度和表明波纹度，它们影响齿轮的传动精度(产生噪声和振动)、表面承载能力和弯曲强度。表面结构对轮齿耐久性的影响表现在齿面劣化(如磨损、胶合或擦伤和点蚀)和轮齿折断(齿根过渡区应力)。

齿轮 Ra 推荐数值见附表 10－14，齿轮各基准面 Ra 参考数值见附表 10－15。根据齿面粗糙度影响齿轮传动精度、承载能力和弯曲强度的实际情况，参照附表 10－14 选取表面粗糙度数值。

其他尺寸公差、几何公差和表面粗糙度的选取参照本书有关章节的内容。

10.7　图样标注

齿轮精度标准规定,在技术文件中需叙述齿轮精度要求时,应注明标准编号。关于齿轮精度等级和齿厚偏差的标注建议如下。

(1)齿轮精度等级的标注

当齿轮的检验项目同为某一精度等级时,可标注精度等级和标准编号。如齿轮检验项目同为 7 级,则标注为 7 GB/T 10095.1—2008 或 7 GB/T 10095.2—2008。

若齿轮检验项目的精度等级不同时,如齿廓总偏差 F_α 为 6 级,而齿距累积总偏差 F_p 和螺旋线总偏差 F_β 均为 7 级时,则标注为 6(F_α)、7(F_p、F_β)GB/T 10095.1—2008。

(2)齿厚偏差的标注

按照 GB/T 6443—1986《渐开线圆柱齿轮图样上应注明的尺寸数据》的规定,应将齿厚(公法线长度、跨球(圆柱)尺寸)的极限偏差数值注在图样右上角参数表中。

10.8　设计举例

例 10-1　某通用减速器齿轮中有一对直齿齿轮副,模数 $m = 3\text{mm}$,齿形角 $\alpha = 20°$,齿数 $z_1 = 32$,$z_2 = 96$,齿宽 $b = 20\text{mm}$,轴承跨度为 85mm,传递最大功率为 5kW,转速 $n_1 = 1280\text{r/min}$,齿轮箱用喷油润滑,生产条件为小批量生产。试设计小齿轮精度,并画出小齿轮零件图。

解　(1)确定齿轮精度等级

从给定条件知,该齿轮为通用减速器齿轮,由表 10-4 可以大致得出齿轮精度等级在 6~9 级之间,而且该齿轮为既传递运动又传递动力,可按线速度来确定精度等级。

$$v = \frac{\pi d n_1}{1000 \times 60} = \frac{3.14 \times 3 \times 32 \times 1280}{1000 \times 60} = 6.43\text{m/s}$$

由表 10-5 选出该齿轮精度等级为 7 级,表示为:7　GB/T　10095.1—2008

(2)最小侧隙和齿厚偏差的确定

中心距 $a = m(z_1 + z_2)/2 = 3 \times (32 + 96)/2 = 192\text{mm}$

按式(10-2)计算:

$$\begin{aligned} j_{bn\min} &= \frac{2}{3}(0.06 + 0.005a + 0.03m) \\ &= \frac{2}{3}(0.06 + 0.0005 \times 192 + 0.03 \times 3) \\ &= 0.164\text{mm} \end{aligned}$$

由式(10-4)得 $E_{sns} = -j_{bn\min}/2\cos\alpha = -0.164/(2\cos20°) = -0.087\text{mm}$。

分度圆直径 $d = mz = 3 \times 32 = 96\text{mm}$,由附表 10-2 查得 $F_r = 30\mu\text{m} = 0.03\text{mm}$,由表 10-8 查得 $b_r = \text{IT9} = 0.087\text{mm}$,因此 $T_{sn} = \sqrt[2]{F_r^2 + b_r^2} \times 2\tan20° = \sqrt[2]{0.03^2 + 0.087^2} \times 2 \times \tan20° = 0.067\text{mm}$,则

$$E_{sni} = E_{sns} - T_{sn} = -0.087 - 0.067 = -0.154\text{mm}$$

而公称齿厚 $\bar{S} = zm\sin\dfrac{90^\circ}{z} = 4.71\text{mm}$，因此公称齿厚及偏差为 $4.71_{-0.154}^{-0.087}\text{mm}$。

也可以用公法线长度极限偏差来代替齿厚偏差：

上偏差

$$\begin{aligned} E_{\text{bns}} &= E_{\text{sns}}\cos\alpha_n - 0.72F_r\sin\alpha_n \\ &= (-0.087)\times\cos20^\circ - 0.72\times0.03\sin20^\circ \\ &= -0.089\text{mm} \end{aligned}$$

下偏差

$$\begin{aligned} E_{\text{bni}} &= E_{\text{sni}}\cos\alpha_n + 0.72F_r\sin\alpha_n \\ &= (-0.154)\times\cos20^\circ + 0.72\times0.03\sin20^\circ \\ &= -0.137\text{mm} \end{aligned}$$

跨测齿数　　$k = z/9 + 0.5 = 32/9 + 0.5 \approx 4$

公法线公称长度

$$\begin{aligned} W_n &= m[2.9521\times(k-0.5)+0.014z] \\ &= 3\times[2.9521\times(k-0.5)+0.014z] \\ &= 32.341\text{mm} \end{aligned}$$

因此 $W_n = 32.341_{-0.137}^{-0.089}$。

(3)确定检验项目

该齿轮属于小批生产，中等精度，无特殊要求，测量项目可选 F_p、F_α、F_β、F_r。由附表 10-1、附表 10-16、附表 10-9、附表 10-2 查得 $F_p = 0.038\text{mm}$，$F_\alpha = 0.016\text{mm}$，$F_\beta = 0.015\text{mm}$，$F_r = 0.030\text{mm}$。

(4)确定齿轮箱体精度(齿轮副精度)

中心距极限偏差

$$\pm f_a = \pm\frac{\text{IT9}}{2} = \pm115/2 \approx \pm57\mu\text{m} = \pm0.057\text{mm}$$

因此 $a = 192 \pm 0.057\text{mm}$。

(5)齿轮坯精度

①内孔尺寸偏差：由表 10-9 查出公差为 IT7，其尺寸偏差为 $\phi40\text{H}7\,(^{+0.025}_{0})$ Ⓔ。

②齿顶圆直径偏差：

齿顶圆直径 $d_a = m(z+2) = 3\times(32+2) = 102\text{mm}$。

齿顶圆直径偏差 $\pm0.05m = \pm0.05\times3 = 0.15\text{mm}$，即 $d_a = 102\pm0.15\text{mm}$。

③基准面的几何公差：

内孔圆柱度公差 t_1 为

$$0.04(L/b)F_\beta = 0.04\times(85/20)\times0.015 \approx 0.0026\text{mm}$$

$$0.1F_p = 0.1\times0.038 = 0.0038\text{mm}$$

取最小值 0.0026mm，即 $t_1 = 0.0026\text{mm} \approx 0.003\text{mm}$。查附表 10-13，得轴向圆跳动公差 $t_2 = 0.018\text{mm}$。顶圆径向圆跳动公差：$t_3 = t_2 = 0.018\text{mm}$。

④齿面表面粗糙度：查表 10-9 得 Ra 的上限值为 1.25 μm。图 10-17 为设计齿轮的零件图。

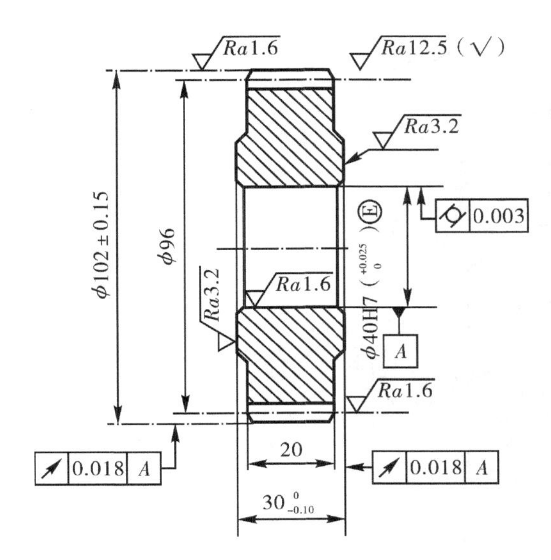

模数	m	3
齿数	z	32
齿形角	α	20°
变位系数	x	0
精度	7 GB/T 10095—2008	
齿距累计总公差	F_p	0.038
齿廓总公差	F_α	0.016
齿向公差	F_β	0.015
径向跳动公差	F_r	0.030
公法线长度及其极限偏差（$k=3$）	$W_n=32.341_{-0.137}^{-0.089}$	

图 10－17　齿轮工作图

10.9　基于齿轮测量中心的齿轮检测

1. 测量设备介绍

齿轮测量中心由三悬臂梁轴系和主轴回转轴系构成一个由三直线轴坐标系和一个圆柱坐标系组成的四轴测量系统，并采用 CNC 控制技术对机械系统进行控制，实现 ρ（极径 Y）、θ（极角）、切向（X）、Z 向轴的运动与数据采集。按设定的齿轮参数进行多轴 CNC 联动，实现数字化全自动测量路径规划，同时对测头（传感器）实施采样，进行数据合成，实现数控全自动测量。

本测量系统的机械结构由基座、工件立柱、回转主轴系、三轴悬臂梁轴系、电控系统、测头部件、计算机、测量软件系统等部件组成。其基座采用花岗岩材质，具有稳定性好、变形量小、温度变化小等优点。主轴回转轴系采用精密交叉滚子轴承结构配以高精度圆光栅尺。工件立柱和测量立柱采用铸铁材料，材料质量有保证，并经过充分时效处理。工件立柱配以高精度滑动导轨；X 轴、Y 轴采用超高精度密珠导轨，Z 轴采用高精度精磨导轨及滚针结构，三直线轴分别装配精密直光栅尺，传动方式采用滚珠丝杠结构。这种设计方式不但精度高，而且寿命长。其外形结构如图 10－18 所示，设备实物如图 10－19 所示：

该设备的测控系统由计算机为核心和在其上安装的具有数据采集功能和运动控制功能的板卡，以及其他相关硬件设备组成。按组成结构，可分为运动控制系统、状态监控系统、数据采集系统和测量软件四部分，各部分间相互配合，共同完成整机的测量与控制任务。其组成结构框图如图 10－20 所示。

整个测量与控制系统的软硬件开发均采用模块化的设计思想，使各模块内部功能相对独立，尽量减少模块间的耦合。当一部分模块改进时，对整体的影响减到最小。当计算机升级换代时，数控系统结构可以保持相对稳定。

某型号齿轮测量中心可完成如下工件参数的检测：

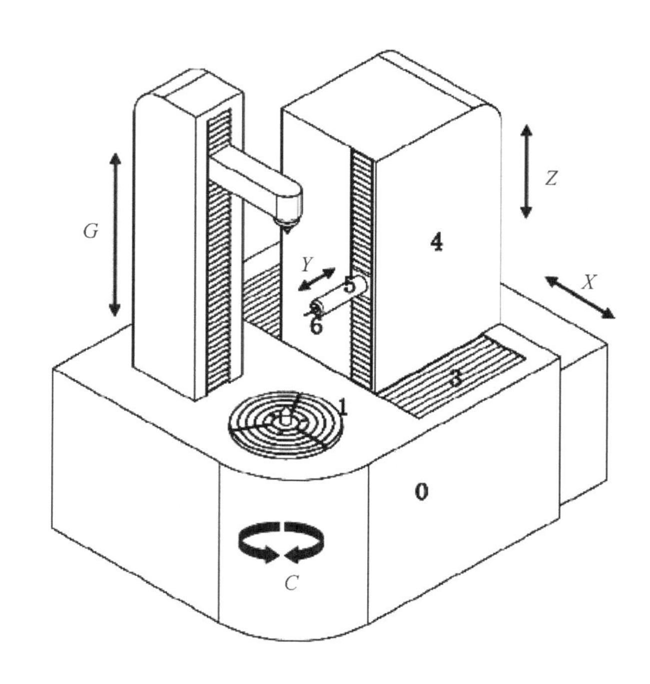

图 8－18　齿轮测量中心结构示意图

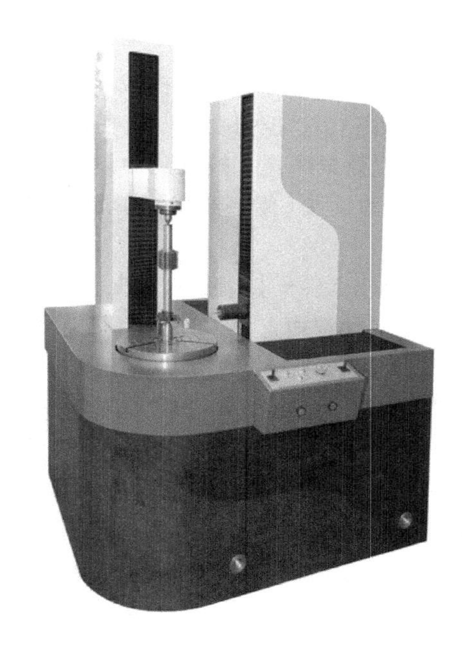

图 8－19　齿轮测量中心实物

①齿轮参数齿形、齿向和周节相关项目的测量；

②凸轮轴基圆半径和跳动、凸轮轮廓、升程速度、升程加速度、凸轮相位角、凸轮锥度以及曲轴圆度、波纹度、频谱分析等；

③多种轴类零件的圆柱度、轴向与径向跳动、同轴度、垂直度、直线度、凸轮型面、角度；

④剃齿刀、插齿刀、滚刀相关参数的测量。

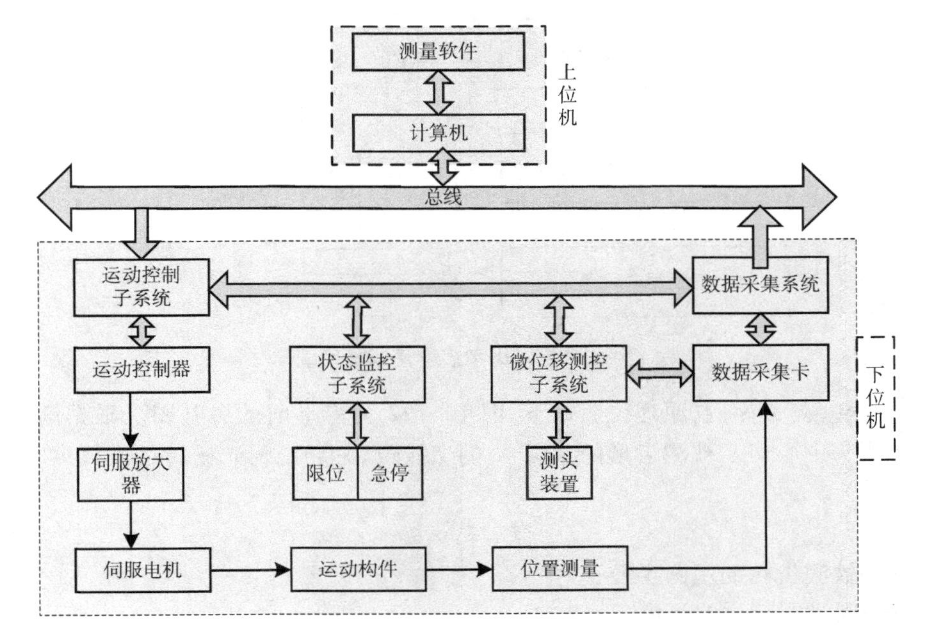

图 10－20　齿轮测量中心测控系统结构图

该设备采用立式结构,其具体技术参数如下:

①可测齿轮最大重量:2000kg;

②工件最大外径:1000mm;

③可测齿轮模数范围:1 ~20mm;

④可测凸轮轴最大升程:300mm;

⑤可测曲轴最大偏心量:300mm;

⑥上下顶尖距离:20 ~1000mm;

⑦可测齿轮螺旋角范围:0° ~90°。

2. 测量原理介绍

电子展成法是由一套电子展成系统来形成理论渐开线轨迹的方法,最基本的电子展成系统由数控装置、伺服驱动装置及传动装置所组成,如图 10－21 所示。由数控装置按照给出的回转运动和直线运动的关系,分别向两套伺服驱动装置发出控制信号。由伺服驱动装置驱动传动装置,如果没有传动误差,当测头的测端调整在被测齿轮的基圆上并能在基圆切线方向移动,则测端相对于被测齿形的基圆形成一条理论渐开线或理论螺旋线。被测齿形与理论渐开线或理论螺旋线进行比较,误差由测微仪的测头所感受。与机构展成式齿轮检查仪相比,电子展成式齿轮测量机具有主机结构简单、准确度保持性好、软件改变参数等一系列优点。

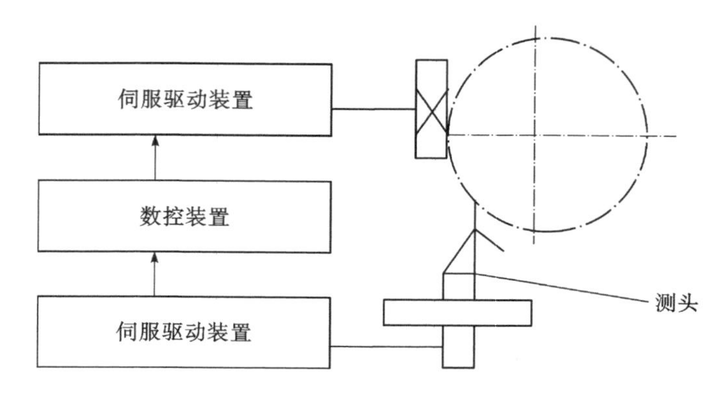

图 10－21　电子展成法测量系统

以齿形误差测量为例，原理说明如下，图 10－22 为齿形面的展开图。根据渐开线的形成原理，当测头中心切于被测齿形的基圆 R_b 的切线位置上时，圆光栅转过 θ 弧度时，切向轴的位移 L 为

$$L = R_b \times \theta \tag{10-12}$$

式中，R_b——被测齿轮的基圆半径；

θ——圆光栅转过的弧度。

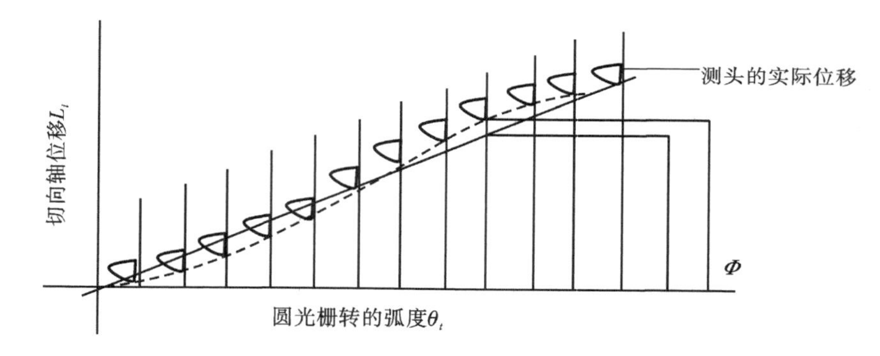

图 10－22　渐开线测量原理

利用 CNC 控制的电子齿轮使回转轴和切向轴以一定的电子齿轮比 Rate 来运动。数控装置送出两列脉冲D_L、D_θ与 L、θ 的关系如下：

$$D_L = L \times a \tag{10-13}$$

$$D_\theta = \frac{\theta \times b}{2 \times \pi} \tag{10-14}$$

由式(10－12)～式(10－14)得

$$\text{Rate} = \frac{D_L}{D_\theta} = \frac{2R_b a}{b} \times \pi \tag{10-15}$$

式中，a——控制 L 坐标直线运动的控制脉冲当量；

b——控制 θ 坐标回转运动的控制脉冲当量。

从式(10－15)可看出电子齿轮比 Rate 是只与基圆半径有关的常数，当电子展成系统的各项参数(a、b)确定后，只要改变 Rate 值就可以测量相应基圆半径的齿形。

电子展成系统中由于各环节的误差,特别是传动误差,使电子展成系统并不能形成高准确度的展成基准。为此在测量系统中利用坐标测量原理,读取各测量点处电子展成系统的实际位置,用软件对各点的实测值进行修正,从而求得各点的齿形误差。

误差修正法是在实际测的值上加相应的修正值以消除或减少系统误差的方法。则被测量的误差值 δ 应为

$$\delta = \delta' + A \tag{10-16}$$

式中,δ'——实际测得值;

A——修正值。

为了说明计算修正值和计算齿形误差的数学模型可见图 10-23。图中 a 表示理论渐开线,b 表示测量滑架的实际位置曲线,c 表示测量头的测端相对于测量滑架的实际位置曲线。由图看出,曲线 b 就是电子展成系统中传动误差曲线,如果传动系统没有误差,b 线应与 a 线重合。

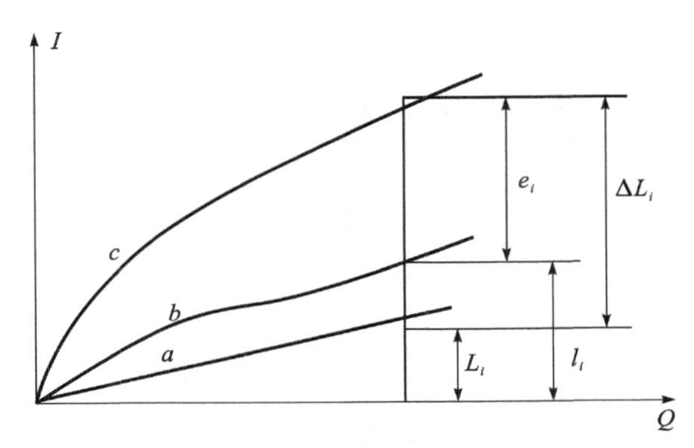

图 10-23 齿形误差数学模型

在图中很容易得到电子展成系统修正值的计算公式:

$$A_i = -(L_i - l_i) \tag{10-17}$$

各点的齿形误差 Δf_{f_i} 本应是以 a 线为基准直接由测头的测端测出,但因有传动误差,测头的测端测出以 b 线为基准的误差值 e_i,因此 Δf_{f_i} 应是实际测得值加上修正值,即

$$\Delta f_{f_i} = \Delta L_i = e_i + A_i \tag{10-18}$$

式中,e_i——测头的测端输出误差量;

A_i——第 i 点的修正值;

L_i——第 i 点测量滑架的理论位置;

l_i——第 i 点测量滑架的实际位置。

设齿形上测量点坐标为 (l_1, θ_1)、(l_2, θ_2)……(l_i, θ_i)。根据渐开线形成的法向极向坐标 $L_i = R_b \theta_i$ 可计算出第 i 点的理论位置,实际位置为 l_1、$l_2 \cdots l_i$。

3. 测量过程

使用齿轮测量中心进行测量时,具体过程如图 10-24(a)所示。

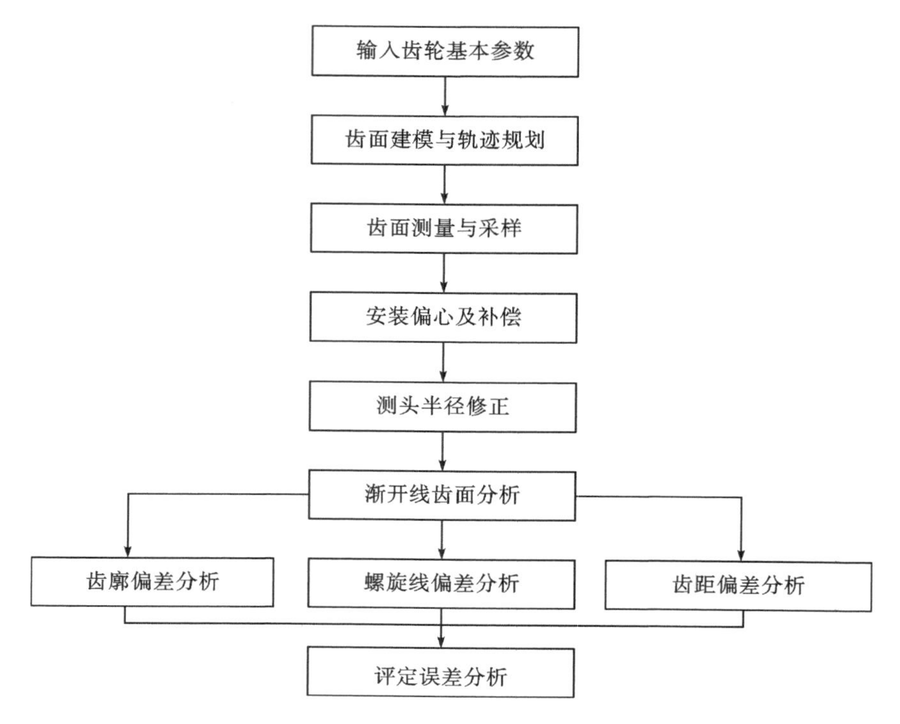

图 10-24(a) 测量过程框图

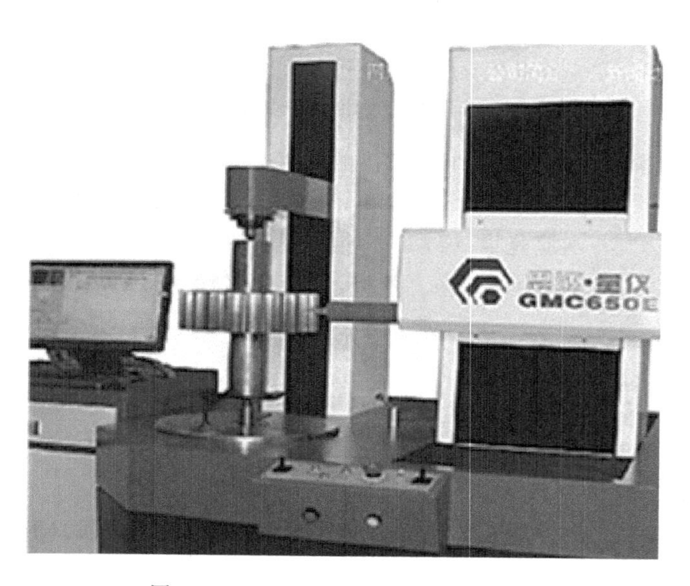

图 10-24(b) 圆柱齿轮测量装夹图

在进行测量时，首先需要在测量软件中输入所测齿轮的基本参数，如：齿数、模数、法向压力角、螺旋角、齿宽等。输入以上各参数之后，系统软件自动完成齿面的建模，并完成对测量路径的规划。微位移传感器根据规划的测量路径运动，传感器示值的变化会反应出理论规划路径和实际齿面的差异，即实际齿面的误差情况。根据渐开线齿轮基本定义进行数学分析，即可分析出齿廓总偏差，进一步可分离出齿廓倾斜偏差、齿廓形状偏差。按照同样的方法，可测量分析出螺旋线总偏差、螺旋线倾斜偏差以及螺旋线形状偏差。另外通过单齿分度测量，可以分析出齿距累积总偏差、K 个齿距累积偏差以及单个齿距偏差，并可进一步分析出径向跳动偏差。

通过查询齿轮标准精度等级表中不同项目精度等级所对应公差值的大小，即可判定出当前所测工件各项测量项目所对应精度等级，测量分析结果以相应的报表给出，具体如图 10－25、图 10－26、图 10－27 所示。其中图 10－25 为齿形齿向评价曲线和评价数据；图10－26 为齿向评价曲线和评价数据；图 10－27 为齿距评价曲线和评价数据。

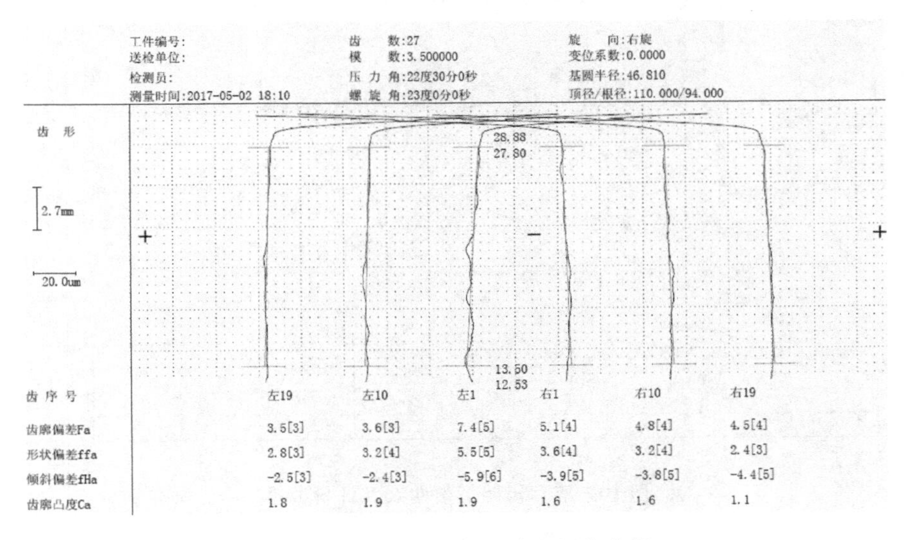

图 10－25　齿形评价曲线和评价数据

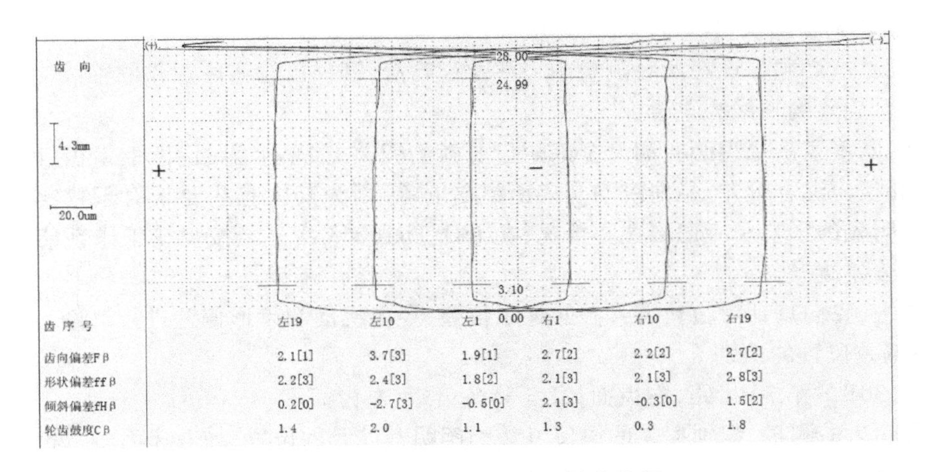

图 10－26　齿向评价曲线和评价数据

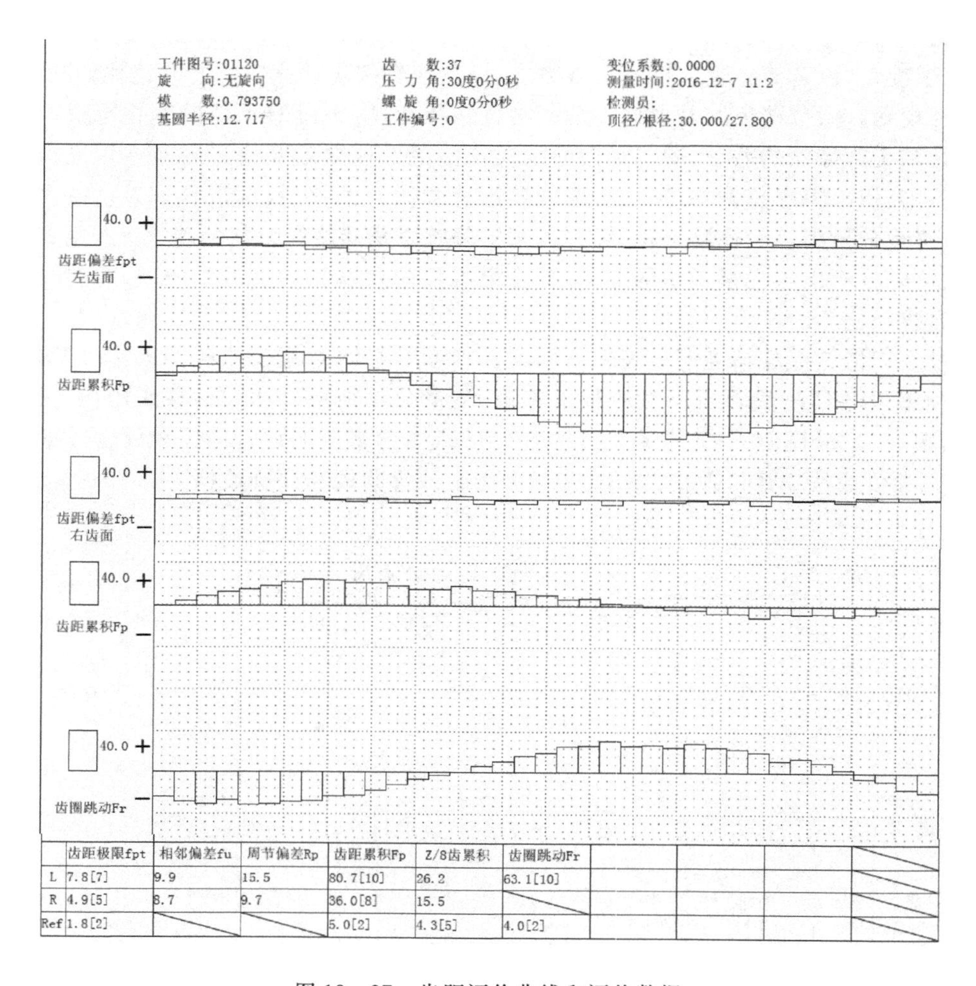

	齿距极限fpt	相邻偏差fu	周节偏差Rp	齿距累积Fp	Z/8齿累积	齿圈跳动Fr				
L	7.8[7]	9.9	15.5	80.7[10]	26.2	63.1[10]				
R	4.9[5]	8.7	9.7	36.0[8]	15.5					
Ref	1.8[2]			5.0[2]	4.3[5]	4.0[2]				

图 10 − 27　齿距评价曲线和评价数据

4. 误差评价

(1)齿轮的检测项目

在检验中,必须保证在所有测量中当涉及齿轮旋转时,齿轮实际工作的轴线应该与测量过程中转台旋转的轴线相重合。

此外,既不经济也没必要测量全部轮齿要素的偏差,如单个齿距、齿距累积、齿廓、螺旋线、切向和径向综合偏差、径向跳动及表面粗糙度等,因为其中有些要素对于特定齿轮的功能并没有明显的影响。考虑到这类情况,在 ISO/TR10063 中已经按齿轮工作性能推荐出了检验组合公差族。

本文中,我们只针对检验组共有的齿距偏差、径向跳动和齿形偏差进行讨论。

(2)偏差位置的识别

其中,30R = 第 30 齿距,右齿面;2L = 第 2 齿距,左齿面。

结合轮齿的测量,识别偏差的简便方法是阐明其涉及的位置,如右齿面、左齿面、齿距或它们的成组。

①右或左齿面数。选定齿轮的一面作基准面,并标上字母“I”,另一个非基准面为“II”。对着基准面进行观察,看到齿和齿顶,则右齿面在右边,左齿面在左边(如图 10－28 所示),右和左齿面分别用字母“R”和“L”表示。

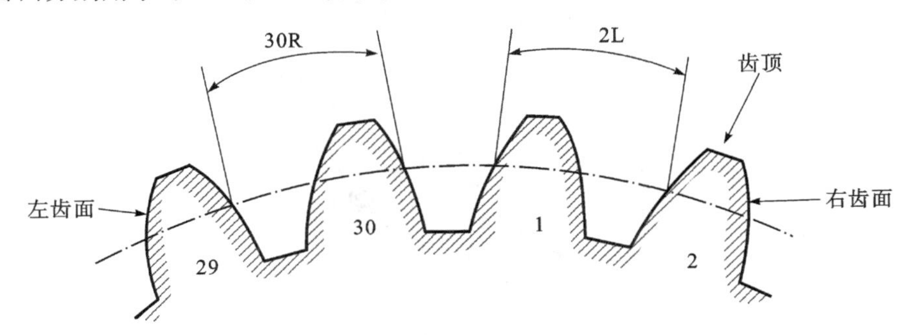

图 10－28　齿轮的标记和编号

②斜齿轮的右旋或左旋。斜齿轮的螺旋方向,由右旋或左旋表示,螺旋方向分别由字母“r”和“l”表示。当齿轮轴竖立于观察者前方,所见轮齿向右(左)上方倾斜者为右(左)旋齿轮。

③齿与齿面的编号。对着齿轮的基准面看,以顺时针方向顺序地数齿数,齿数后写上字母 R 或 L,表示它是右或左齿面,比如“齿面 29L”。

④齿距的编号。单个齿距的编号和下个齿的编号有关,第 N 齿距介于第“N—l”齿和第“N”齿的同侧齿面之间,用字母 R 或 L 表示齿距是介于右齿面还是左齿面之间,例如“齿面 2L”(如图 10－28 所示)。

⑤齿距数“k”。偏差符号的下标“k”表示所要测量偏差的相邻齿距的个数。实践中,往往用数字取代 k,比如 C,表示 3 个齿距的齿距累积偏差。

⑥检验的规定。通常,测量应在邻近齿高的中部和(或)齿宽的中部进行。如果齿宽大于 250mm,则应增加两个齿廓测量部位,即在距齿宽每侧约 15% 的齿宽处测量,齿廓和螺旋线偏差应至少在 3 个以上均布的位置同侧的齿面上测量。

(3)齿距偏差的评定

根据 GB/T 10095. 1—2008 中的规定,关于齿距偏差的定义有:

①单个齿距偏差(f_{pt})。在端平面上,在接近齿高中部(本文取分度圆)的一个与齿轮轴线同心的圆上,实际齿距与理论齿距的代数差。

②齿距累积偏差(F_{pk})。任意 k 个齿距的实际弧长与理论弧长的代数差。理论上它等于这 k 个齿距的各单个齿距偏差的代数和。

③齿距累积总偏差(F_p)。齿轮同侧齿面任意弧段($k=1$ 至 $k=Z_0$)内的最大齿距累积偏差。它表现为齿距累积偏差曲线的总幅值。

由于受安装偏心的影响及采样过程中采样位置的随机偏差,齿面上的采样点实际上不可能正好处在网格的节点上,即预定的网格节点。如图 10－29 所示,点 1、2、3、4 是测量时测头与实际齿面的交点,点 5 是预测量的分度圆上的点,实际测量时没能获得它的坐标值,故点 5 上的坐标值需要根据实测点处的误差值进行插值计算。

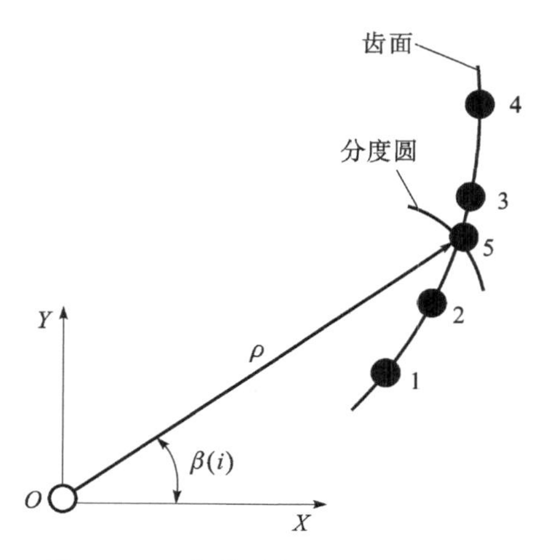

图 10－29　插值计算分度圆上测量点

将已知数据点 1、2、3、4 看成是样本点，所谓数据插值就是在样本点的基础上求出不在样本点上的其他点处（如点 5）的函数值。样条函数是函数逼近的一种方法，其中三次样条函数和 B 样条函数是两类常用的样条函数，都是在一个平面内的插值。对于本课题的三维情况，在某一端面截面上进行插值分析时，可通过 MATLAB 提供的 griddata( ) 函数计算，调用格式为

$$z=\text{griddata}(x_0,y_0,z_0,\text{x},\text{y},\text{'v 4'})$$

其中，x_0,y_0,z_0是已知的样本点坐标，不要求是网格型的，可以是任意分布的，均由向量给出。x、y 是期望的插值位置，可以是单个点，也可以是向量或网格型矩阵，得出的 z 应该和 x、y 一致，表示插值的结果。选项'v4'是 MATLAB 提供的一种很好用的插值算法，公认效果较好，但没有一个正式的名称。除了'v4'，还可以使用'linear'、'cubic'、'nearest'等算法，在实际应用中建议采用'v4'算法。

在计算齿距误差时，利用柱坐标形式进行插值计算极角 $\beta(i)$，再用极角去求齿距误差更方便快速。将点 1(x_1,y_1,z_1)、点 2(x_2,y_2,z_2)、点 3(x_3,y_3,z_3)和点 4(x_4,y_4,z_4)的直角坐标值转换到柱坐标系中的值(ρ_1,β_1,z_1)、(ρ_2,β_2,z_2)、(ρ_3,β_3,z_3)和(ρ_4,β_4,z_4)，(x,y,z)与(ρ,β,z)之间的数学关系（如图 10－30 所示）。

$$\begin{cases}\rho=\sqrt{x^2+y^2}\\ \beta=\arctan\dfrac{y}{x}\\ z=z\end{cases}\tag{10-19}$$

或

$$\begin{cases}x=\rho\cos\beta\\ y=\rho\sin\beta\\ z=z\end{cases}\tag{10-20}$$

故可通过如下插值计算出点 5 的极角 β_5：

$$\beta_5=\text{griddata}(x_0,y_0,z_0,\text{x},\text{y},\text{'v 4'})$$

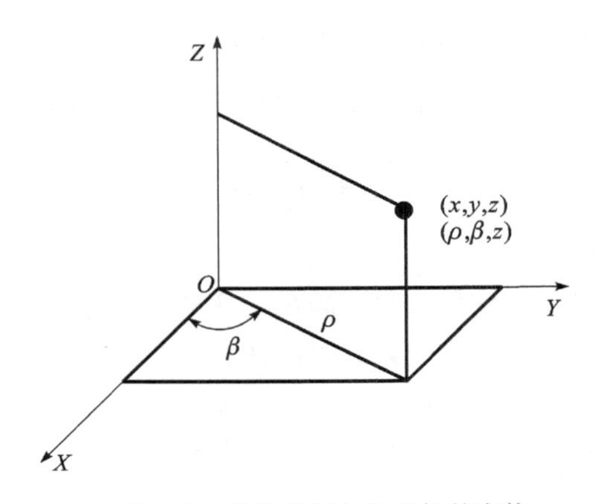

图 10－30　直角坐标与极坐标的变换

其中

$$x_0=[\rho1,\rho2,\rho3,\rho4]$$
$$y_0=[z1,z2,z3,z4]$$
$$z_0=[\beta1,\beta2,\beta3,\beta4]$$
$$x=\rho5=Z_0m_n/(2\cos\beta_b)$$
$$y = z5\text{，是一个给定的值}$$

测量中，我们共得到 $2Z_0$ 个分度圆上点的坐标值，从中提取 Z_0 个同侧齿廓点。为了计算方便，设其二维坐标值为(x_i,y_i)。如图 10－31 所示，第 i 点与 X 轴夹角为 $fl(i)$（通过二维插值得到），在分度圆上，任意相邻齿廓同侧齿面上点的夹角与理论夹角的差值由下式计算：

$$\Delta\beta(i)=\beta(i)-\beta(i-1)-\frac{2\pi}{Z_0}(i=1,2,3,\cdots,Z_0)$$

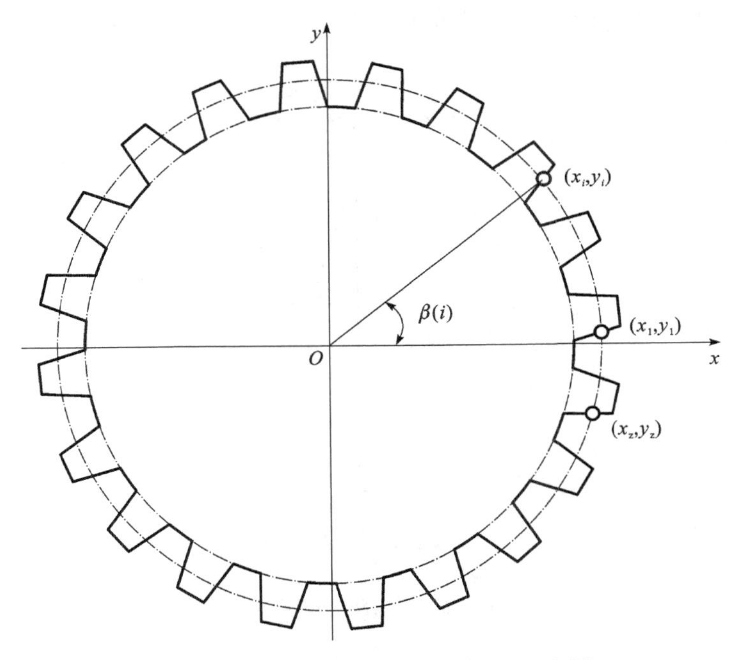

图 10－31　分度圆上同侧齿廓各点示意图

因此不难得出单个齿距偏差(f_{pt})和齿距累积总偏差(F_p)的值：

$$f_{pt}=\left(m_i\cdot\frac{Z_0}{2}\right)\Delta\beta(i),(i=1,2,3,\cdots,Z_0) \tag{10-21}$$

$$F_p=m_i\cdot\frac{Z_0}{2}\cdot\{\max_{k=1}^{Z_0-1}[\sum_{i=1}^{k}\Delta\beta(i)]-\min_{k=1}^{Z_0-1}[\sum_{i=1}^{k}\Delta\beta(i)]\} \tag{10-22}$$

(4)齿形偏差的评定

齿形偏差($f_{f\alpha}$)：在计值范围内，包容实际齿廓迹线的两条与平均齿廓迹线完全相同的曲线间的距离，且两条曲线与平均齿廓迹线的距离为常数。为了方便说明问题，首先设定几个参数，设共测了 m 个齿形，每个齿形上采样 n 个点。对于每个测量点，已知的参数是它的理论坐标值 P、理论法矢量值 N 和实际坐标值 Q。根据定义，应在法向(即 N 方向)上评价齿形偏差。对于一点的法向偏差 $err(i)$ 而言：

$$err(i)=(Q_i-P_i)\times N_i$$

最后得到齿形误差的计算公式：

$$f_{f\alpha}=\max_{j=1}^{m}\{\max_{i=1}^{n}[err(i)]-\min_{i=1}^{n}[err(i)]\} \tag{10-23}$$

(5)径向跳动的评定

齿轮径向跳动为测头(球形、圆柱形)相继置于每个齿槽内时，从它到齿轮轴线的最大和最小径向距离之差。检查中，测头在近似齿高中部与左右齿面接触。

在评价径向跳动误差时，引入数学软测头的概念。所谓数学软测头，就是根据已给定的齿轮参数，计算出一个标准测头的直径 d。这个标准测头有一个性质，即它在齿槽内与齿形线相切于端面分度圆上的点。同一齿槽内分度圆上两点的实际坐标值已知，将标准测球在该两点接触，用解析几何的方法确定出标准测球球心 q 与齿轮旋转轴心之间的距离 t，如图 10－32 所示，图中虚线部分表示理论齿廓，实线部分表示实际齿廓，径跳误差的计算公式为

$$\Delta F_r=\max_{i=1}^{z_0}(l_i)-\min_{i=1}^{z_0}(l_i) \tag{10-24}$$

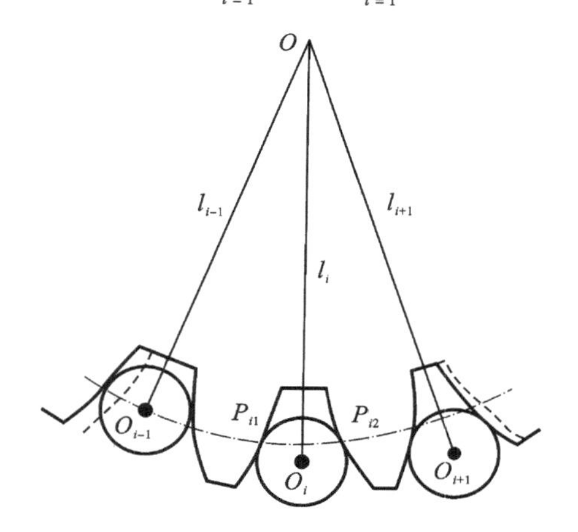

图 10－32　径向跳动误差的评定

习 题

10－1 简述对齿轮传动的四项使用要求？其中哪几项要求是精度要求？

10－2 国家标准对齿轮精度规定了哪些等级？选择精度等级的原则是什么？

10－3 确定齿轮副最小极限侧隙的依据是什么？

10－4 为什么对齿坯要提出形位公差要求？它们对齿形加工有什么影响？

10－5 国家标准对齿轮副精度规定了哪些项目？

10－6 已知某直齿轮 $m=3\text{mm}$，$z=40$，$B=25\text{mm}$，精度等级为 7－6－6，查出它所有指标的公差或极限偏差数值。

10－7 已知某直齿轮 $m=5\text{mm}$，$z=60$，$B=80\text{mm}$，精度等级为 7－6－6，查出它所有指标的公差或极限偏差数值。

10－8 在上两题中，如侧隙指标需用公法线平均长度极限偏差表示，试求出应有的公法线平均长度、上下偏差值。

10－9 某精密齿轮传动链中有一对减速齿轮，$m=3\text{mm}$，$z_1=25$，$z_2=50$，$B=20\text{mm}$，要求传动时大齿轮回转角误差不超过 150″。试确定大小齿轮第Ⅰ公差带的精度等级。

10－10 有一减速器用直齿圆柱齿轮，$m=3\text{mm}$，$z_2=50$，$\alpha=20°$，齿宽 $=25\text{mm}$，齿轮基准孔的直径为 45mm，中心矩为 112.5mm，传递功率为 4.5kW，转速 n 为 750r/min，传动中齿轮温度 t_1 为 75℃，箱体温度 t_2 为 40℃，钢齿轮的线胀系数 a 为 11.5×10^{-5} ℃$^{-1}$，铸铁箱体的线胀系数 a_2 为 10.5×10^{-5}℃$^{-1}$。若该齿轮的生产类型为小批量生产。确定其精度等级和齿厚极限偏差代号、检验项目，查出这些项目的公差、极限偏差以及齿坯公差，并计算出分度圆上公称弦齿厚和弦齿高，然后画出该齿轮的工作图（与之相配齿轮齿数 $z_1=25$）。

10－11 某机床变速箱中一对直齿圆柱齿轮，模数 $m=3\text{mm}$，齿数 $Z_1=30$，齿数 $Z_2=90$，齿形角 $\alpha=20°$，齿宽 $b_1=20$，转速 $n_1=1400\text{r/min}$，齿轮材料为 45 号钢，单件小批量生产。试①确定小齿轮精度等级；②确定检查项目；③计算齿轮副侧隙和齿厚偏差；④将齿厚极限偏差换算成公法线平均长度极限偏差；⑤确定齿轮坯公差（确定小齿轮内孔和齿顶圆的尺寸公差、齿顶圆的径向圆跳动公差和端面跳动公差）；⑥确定齿轮零件表面粗糙度；⑦绘制齿轮零件图。

附 表

附表 10-1 齿距累积误差(摘自 GB/T 10095.1—2008)

分度圆直径 d/mm	模数 m/mm	精度等级												
		0	1	2	3	4	5	6	7	8	9	10	11	12
5≤d≤20	0.5≤m≤2	2.0	2.8	4.0	5.5	8.0	11.0	16.0	23.0	32.0	45.0	64.0	990.0	127.0
	2<m≤3.5	2.1	2.9	4.2	6.0	8.5	12.0	17.0	23.0	33.0	47.0	66.0	94.0	133.0
20<d≤50	0.5≤m≤2	2.5	3.6	5.0	7.0	10.0	14.0	20.0	29.0	41.0	57.0	81.0	115.0	162.0
	2<m≤3.5	2.6	3.7	5.0	7.5	10.0	15.0	21.0	30.0	42.0	59.0	84.0	119.0	168.0
	3.5<m≤6	2.7	3.9	5.5	7.5	11.0	15.0	22.0	31.0	44.0	62.0	87.0	123.0	174.0
	6<m≤10	2.9	4.1	6.0	8.0	12.0	16.0	23.0	33.0	46.0	65.0	93.0	131.0	185.0
50<d≤125	0.5≤m≤2	3.3	4.6	6.5	9.0	13.0	18.0	26.0	37.0	52.0	74.0	104.0	147.0	208.0
	2<m≤3.5	3.3	4.7	6.5	9.5	13.0	19.0	27.0	38.0	53.0	76.0	107.0	151.0	214.0
	3.5<m≤6	3.4	4.9	7.0	9.5	14.0	19.0	28.0	39.0	55.0	78.0	110.0	156.0	220.0
	6<m≤10	3.6	5.0	7.0	10.0	14.0	20.0	29.0	41.0	58.0	82.0	116.0	164.0	231.0
	10<m≤16	3.9	5.5	7.5	11.0	15.0	22.0	31.0	44.0	62.0	88.0	124.0	175.0	248.0
	16<m≤25	4.3	6.0	8.5	12.0	17.0	24.0	34.0	48.0	68.0	96.0	136.0	193.0	273.0
125<m≤280	0.5≤m≤2	4.3	6.0	8.5	12.0	17.0	24.0	35.0	49.0	69.0	98.0	138.0	195.0	276.0
	2<m≤3.5	4.4	6.0	9.0	12.0	18.0	25.0	35.0	50.0	70.0	100.0	141.0	199.0	282.0
	3.5<m≤6	4.5	6.5	9.0	13.0	18.0	25.0	36.0	51.0	72.0	102.0	144.0	204.0	288.0
	6<m≤10	4.7	6.5	9.5	13.0	19.0	26.0	37.0	53.0	75.0	106.0	149.0	211.0	299.0
	10<m≤16	4.9	7.0	10.0	14.0	20.0	28.0	39.0	56.0	79.0	112.0	158.0	223.0	316.0
	16<m≤25	5.5	7.5	11.0	15.0	21.0	30.0	43.0	60.0	85.0	120.0	170.0	241.0	341.0
	25<m≤40	6.0	8.5	12.0	17.0	24.0	34.0	47.0	67.0	95.0	134.0	190.0	269.0	380.0
280<d≤560	0.5≤m≤2	5.5	8.0	11.0	16.0	23.0	32.0	46.0	64.0	91.0	129.0	182.0	257.0	364.0
	2<m≤3.5	6.0	8.0	12.0	16.0	23.0	33.0	46.0	65.0	92.0	131.0	185.0	261.0	370.0
	3.5<m≤6	6.0	8.5	12.0	17.0	24.0	33.0	47.0	66.0	94.0	133.0	188.0	266.0	376.0
	6<m≤10	6.0	8.5	12.0	17.0	24.0	34.0	48.0	68.0	97.0	137.0	193.0	274.0	387.0
	10<m≤16	6.5	9.0	13.0	18.0	25.0	36.0	50.0	71.0	101.0	143.0	202.0	285.0	404.0
	16<m≤25	6.5	9.5	13.0	19.0	27.0	38.0	54.0	76.0	107.0	151.0	214.0	303.0	428.0
	25<m≤40	7.5	10.0	15.0	21.0	29.0	41.0	58.0	83.0	117.0	165.0	234.0	331.0	468.0
	40<m≤70	8.5	12.0	17.0	24.0	34.0	48.0	68.0	95.0	135.0	191.0	270.0	382.0	540.0

续表

分度圆直径 d/mm	模数 m/mm	精度等级												
		0	1	2	3	4	5	6	7	8	9	10	11	12
560 < d ≤ 1000	0.5 ≤ m ≤ 2	7.5	10.0	15.0	21.0	29.0	41.0	59.0	83.0	117.0	166.0	235.0	332.0	469.0
	2 < m ≤ 3.5	7.5	10.0	15.0	21.0	20.0	42.0	59.0	84.0	119.0	168.0	238.0	336.0	475.0
	3.5 < m ≤ 6	7.5	11.0	15.0	21.0	20.0	43.0	60.0	85.0	120.0	170.0	241.0	341.0	482.0
	6 < m ≤ 10	7.5	11.0	15.0	22.0	31.0	44.0	62.0	87.0	123.0	174.0	246.0	348.0	492.0
	10 < m ≤ 16	8.0	11.0	16.0	22.0	32.0	45.0	64.0	90.0	127.0	180.0	254.0	360.0	509.0
	16 < m ≤ 25	8.5	12.0	17.0	24.0	33.0	47.0	67.0	94.0	133.0	189.0	267.0	378.0	534.0
	25 < m ≤ 40	9.0	13.0	18.0	25.0	36.0	51.0	72.0	101.0	143.0	203.0	287.0	405.0	573.0
	40 < m ≤ 70	10.0	14.0	20.0	29.0	40.0	57.0	81	114.0	161.0	228.0	323.0	457.0	646.0
1000 < d ≤ 1600	2 < m ≤ 3.5	9.0	13.0	18.0	26.0	37.0	52.0	74.0	105.0	148.0	209.0	296.0	418.0	591.0
	3.5 < m ≤ 6	9.5	13.0	19.0	26.0	37.0	53.0	75.0	106.0	149.0	211.0	299.0	423.0	198.0
	6 < m ≤ 10	9.5	13.0	19.0	27.0	38.0	54.0	76.0	108.0	152.0	215.0	304.0	430.0	608.0
	10 < m ≤ 16	10.0	14.0	20.0	28.0	39.0	55.0	78.0	111.0	156.0	221.0	313.0	442.0	625.0
	16 < m ≤ 25	10.0	14.0	20.0	29.0	41.0	57.0	81.0	115.0	163.0	230.0	325.0	460.0	650.0

附表 10-2　齿圈径向跳动误差 F_r(摘自 GB/T 10095.2—2008)　（单位：μm）

分度圆直径 d/mm	法向模数 m_n/mm	精度等级												
		0	1	2	3	4	5	6	7	8	9	10	11	12
5 ≤ d ≤ 20	0.5 ≤ m_n ≤ 2	1.5	2.5	3.0	4.5	6.5	9.0	13	18	25	36	51	72	102
	2 < m_n ≤ 3.5	1.5	2.5	3.5	4.5	6.5	9.5	15	19	27	38	53	75	106
20 < d ≤ 50	0.5 < m_n ≤ 2.0	2.0	3.0	4.0	5.5	8.0	11	16	23	32	46	65	92	130
	2.0 < m_n ≤ 3.5	2.0	3.0	4.0	6.0	8.5	12	17	24	34	47	67	95	134
	3.5 < m_n ≤ 6.0	2.0	3.0	4.5	6.0	8.5	12	17	25	35	49	70	99	139
	6.0 < m_n ≤ 10	2.5	3.5	4.5	6.5	9.5	13	19	26	37	52	74	105	148
50 < d ≤ 125	0.5 < m_n ≤ 2.0	2.5	3.5	5.0	7.5	10	15	21	29	42	59	83	118	167
	2.0 < m_n ≤ 3.5	2.5	4.0	5.5	7.5	11	15	21	30	43	61	86	121	171
	3.5 < m_n ≤ 6.0	3.0	4.0	5.5	8.0	11	16	22	31	44	62	88	125	176
	6.0 < m_n ≤ 10	3.0	4.0	6.0	8.0	12	16	23	33	46	65	92	131	185
	10 < m_n ≤ 16	3.0	4.5	6.0	9.0	12	18	25	35	50	70	99	140	198
	16 < m_n ≤ 25	3.5	5.0	7.0	9.5	14	19	27	39	55	77	109	154	218
125 < d ≤ 280	0.5 < m_n ≤ 2.0	3.5	5.0	7.0	10	14	20	28	39	55	78	110	156	221
	2.0 < m_n ≤ 3.5	3.5	5.0	7.0	10	14	20	28	40	56	80	113	159	225
	3.5 < m_n ≤ 6.0	3.5	5.0	7.0	10	14	20	29	41	58	82	115	163	231
	6.0 < m_n ≤ 10	3.5	5.5	7.5	11	15	21	30	42	60	85	120	169	239
	10 < m_n ≤ 16	4.0	5.5	8.0	11	16	22	32	45	63	89	126	179	252
	16 < m_n ≤ 25	4.5	6.0	8.5	12	17	24	34	48	68	96	136	193	272
	25 < m_n ≤ 40	4.5	6.5	9.5	13	19	27	36	54	76	107	152	215	304

续表

分度圆直径 d/mm	法向模数 m_n/mm	精度等级												
		0	1	2	3	4	5	6	7	8	9	10	11	12
$280<d\leqslant560$	$0.5<m_n\leqslant2.0$	4.5	6.5	9.0	13	18	26	36	51	73	103	146	206	291
	$2.0<m_n\leqslant3.5$	4.5	6.5	9.0	13	18	26	37	52	74	105	148	209	296
	$3.5<m_n\leqslant6.0$	4.5	6.5	9.5	13	19	27	38	5.	75	106	150	213	301
	$6.0<m_n\leqslant10$	5.0	7.0	9.5	14	19	27	39	55	77	109	155	219	310
	$10<m_n\leqslant16$	5.0	7.0	10	14	20	29	40	57	81	114	161	228	323
	$16<m_n\leqslant25$	5.5	7.5	11	15	21	30	43	61	86	121	171	242	343
	$25<m_n\leqslant40$	6.0	8.5	12	17	23	33	47	66	94	132	187	265	374
	$40<m_n\leqslant70$	7.0	9.5	14	19	27	38	54	76	108	153	216	306	432
$560<d\leqslant1000$	$0.5<m_n\leqslant2.0$	6.0	8.5	12	17	23	33	47	66	94	133	188	266	376
	$2.0<m_n\leqslant3.5$	6.0	8.5	12	17	24	34	48	67	95	134	190	269	380
	$3.5<m_n\leqslant6.0$	6.0	8.5	12	17	24	34	48	68	96	136	193	272	385
	$6.0<m_n\leqslant10$	6.0	8.5	12	17	25	35	49	70	98	139	197	279	396
	$10<m_n\leqslant16$	6.5	9.0	13	18	25	36	51	72	102	144	204	288	407
	$16<m_n\leqslant25$	6.5	.9.5	13	19	27	38	53	76	107	151	214	302	427
	$25<m_n\leqslant40$	7.0	10	14	20	29	41	57	81	115	162	229	324	459
	$40<m_n\leqslant70$	8.0	11	16	23	32	46	65	91	129	183	258	365	517
$1000<d\leqslant1600$	$2.0<m_n\leqslant3.5$	7.5	10	15	21	30	42	59	84	118	167	236	334	473
	$3.5<m_n\leqslant6.0$	7.5	11	15	21	30	42	60	85	120	169	239	338	478
	$6.0<m_n\leqslant10$	7.5	11	15	22	30	43	61	86	122	172	243	344	487
	$10<m_n\leqslant16$	8.0	11	16	22	31	44	63	88	125	177	250	354	500
	$16<m_n\leqslant25$	8.0	11	16	23	33	46	65	92	130	184	260	368	520
	$25<m_n\leqslant40$	8.5	12	17	24	34	49	69	98	138	195	273	390	552
	$40<m_n\leqslant70$	9.5	13	19	27	38	54	76	108	152	215	305	431	609
$1600<d\leqslant2500$	$3.5<m_n\leqslant6.0$	9.0	13	18	26	36	51	73	103	145	206	291	411	582
	$6.0<m_n\leqslant10$	9.0	13	18	26	37	52	74	104	148	209	295	417	590
	$10<m_n\leqslant16$	9.5	13	19	27	38	53	75	107	151	213	302	427	604
	$16<m_n\leqslant25$	9.5	14	19	28	39	55	78	110	156	220	312	441	624
	$25<m_n\leqslant40$	10	14	20	29	41	58	82	116	164	232	328	463	655
	$40<m_n\leqslant70$	11	16	22	32	45	63	89	126	178	252	357	504	713
$2500<d\leqslant4000$	$6.0<m_n\leqslant10$	11	16	23	32	45	64	90	127	180	255	360	510	721
	$10<m_n\leqslant16$	11	16	23	32	46	65	92	130	183	259	367	519	734
	$16<m_n\leqslant25$	12	17	24	33	47	67	94	133	188	267	377	533	754
	$25<m_n\leqslant40$	12	17	25	35	49	69	98	139	196	278	393	555	785
	$40<m_n\leqslant70$	13	19	26	37	53	75	105	149	211	298	422	596	843

续表

分度圆直径 d/mm	法向模数 m_n/mm	精度等级												
		0	1	2	3	4	5	6	7	8	9	10	11	12
$4000 < d \leq 6000$	$6.0 < m_n \leq 10$	14	19	27	39	55	77	110	155	219	310	438	620	876
	$10 < m_n \leq 16$	14	20	28	39	56	79	111	157	222	315	445	629	890
	$16 < m_n \leq 25$	14	20	28	40	57	80	114	161	227	322	466	643	910
	$25 < m_n \leq 40$	15	21	29	42	59	83	118	166	235	333	471	665	941
	$40 < m_n \leq 70$	16	22	31	44	62	88	125	177	250	353	499	706	999
$6000 < d \leq 8000$	$6.0 < m_n \leq 10$	16	23	32	45	64	91	128	181	257	363	513	726	1026
	$10 < m_n \leq 16$	16	23	32	46	65	92	130	184	260	367	520	735	1039
	$16 < m_n \leq 25$	17	23	33	47	66	94	132	187	265	375	530	749	1059
	$25 < m_n \leq 40$	17	24	34	48	68	96	136	193	273	386	545	771	1091
	$40 < m_n \leq 70$	18	25	36	51	72	102	144	203	287	406	574	812	1149
$8000 < d \leq 10000$	$6.0 < m_n \leq 10$	18	26	36	51	72	102	144	204	289	408	577	816	1154
	$10 < m_n \leq 16$	18	26	36	52	73	103	146	206	292	413	584	826	1168
	$16 < m_n \leq 25$	19	26	37	52	74	105	148	210	297	420	594	840	1188
	$25 < m_n \leq 40$	19	27	38	54	76	108	152	216	305	431	610	862	1219
	$40 < m_n \leq 70$	20	28	40	56	80	113	160	226	319	451	639	903	1277

附表 10－3　齿轮公法线长度变动公差 F_w 值（摘自 GB 10095—88）　　单位:(μm)

分度圆直径 /mm	精度等级											
	1	2	3	4	5	6	7	8	9	10	11	12
≤125	2.0	3.0	5.0	8.0	12	20	28	40	56	80	112	160
>125～400	2.5	4.9	6.5	10	16	25	36	50	71	100	140	200

附表 10－4　径向综合误差

分度圆直径 d/mm	法向模数 m_n/mm	精度等级								
		4	5	6	7	8	9	10	11	12
$5 \leq d \leq 20$	$0.2 \leq m_n \leq 0.5$	7.5	11	15	21	30	42	60	85	120
	$0.5 < m_n \leq 0.8$	8.0	12	16	23	33	46	66	93	131
	$0.8 < m_n \leq 1.0$	9.0	12	18	25	35	50	70	100	141
	$1.0 < m_n \leq 1.5$	10	14	19	27	38	54	76	108	153
	$1.5 < m_n \leq 2.5$	11	16	22	32	45	63	89	126	179
	$2.5 < m_n \leq 4.0$	14	20	28	39	56	79	112	158	223

续表

分度圆直径 d/mm	法向模数 m_n/mm	精度等级								
		4	5	6	7	8	9	10	11	12
$20<d\leqslant 50$	$0.2\leqslant m_n\leqslant 0.5$	9.0	13	19	26	37	52	74	105	148
	$0.5<m_n\leqslant 0.8$	10	14	20	28	40	56	80	113	160
	$0.8<m_n\leqslant 1.0$	11	15	21	30	42	60	85	120	169
	$1.0<m_n\leqslant 1.5$	11	16	23	32	45	64	91	128	181
	$1.5<m_n\leqslant 2.5$	13	18	26	37	52	73	103	146	207
	$2.5<m_n\leqslant 4.0$	16	22	31	44	63	89	126	178	251
	$4.0<m_n\leqslant 6.0$	30	28	39	56	79	111	157	222	314
	$6.0<m_n\leqslant 10$	26	37	52	74	104	147	209	295	417
$50<d\leqslant 125$	$0.2\leqslant m_n\leqslant 0.5$	12	16	23	33	46	66	93	131	185
	$0.5<m_n\leqslant 0.8$	12	17	25	35	49	70	98	139	197
	$0.8<m_n\leqslant 1.0$	13	18	26	36	52	73	103	146	206
	$1.0<m_n\leqslant 1.5$	14	19	27	39	55	77	109	154	218
	$1.5<m_n\leqslant 2.5$	15	22	31	43	61	86	122	173	244
	$2.5<m_n\leqslant 4.0$	18	25	36	51	72	102	144	204	288
	$4.0<m_n\leqslant 6.0$	22	31	44	62	88	124	176	248	351
	$6.0<m_n\leqslant 10$	28	40	57	80	114	161	227	321	454
$125<d\leqslant 280$	$0.2\leqslant m_n\leqslant 0.5$	15	21	30	42	60	85	120	170	240
	$0.5<m_n\leqslant 0.8$	16	22	31	44	63	89	126	178	252
	$0.8<m_n\leqslant 1.0$	16	23	33	46	65	92	131	185	261
	$1.0<m_n\leqslant 1.5$	17	24	34	48	68	97	137	193	273
	$1.5<m_n\leqslant 2.5$	19	26	37	53	75	106	149	211	299
	$2.5<m_n\leqslant 4.0$	21	30	43	61	86	121	172	243	343
	$4.0<m_n\leqslant 6.0$	25	36	51	72	102	144	203	287	406
	$6.0<m_n\leqslant 10$	32	45	64	90	127	180	255	360	509
$280<d\leqslant 560$	$0.2\leqslant m_n\leqslant 0.5$	19	28	39	55	78	110	156	220	311
	$0.5<m_n\leqslant 0.8$	20	29	40	57	81	114	161	228	323
	$0.8<m_n\leqslant 1.0$	21	29	42	59	83	117	166	235	332
	$1.0<m_n\leqslant 1.5$	22	30	43	61	86	122	172	243	344
	$1.5<m_n\leqslant 2.5$	23	33	46	65	92	131	185	262	370
	$2.5<m_n\leqslant 4.0$	26	37	52	73	104	146	207	293	414
	$4.0<m_n\leqslant 6.0$	30	42	60	84	119	169	239	337	477
	$6.0<m_n\leqslant 10$	36	51	73	103	145	205	290	410	580
$560<d\leqslant 1000$	$0.2\leqslant m_n\leqslant 0.5$	25	35	50	70	99	140	198	280	396
	$0.5<m_n\leqslant 0.8$	25	36	51	72	102	144	204	288	408
	$0.8<m_n\leqslant 1.0$	26	37	52	74	104	148	209	295	417
	$1.0<m_n\leqslant 1.5$	27	38	54	76	107	152	215	304	429
	$1.5<m_n\leqslant 2.5$	28	40	57	80	114	161	228	322	455
	$2.5<m_n\leqslant 4.0$	31	44	62	88	125	177	250	353	499
	$4.0<m_n\leqslant 6.0$	35	50	70	99	141	199	281	398	562
	$6.0<m_n\leqslant 10$	42	59	83	118	166	235	333	471	665

附表 10－5　一齿径向综合误差

分度圆直径 d/mm	法向模数 m_n/mm	精度等级								
		4	5	6	7	8	9	10	11	12
$5 \leqslant d \leqslant 20$	$0.2 \leqslant m_n \leqslant 0.5$	1.0	2.0	2.5	3.5	5.0	7.0	10	14	20
	$0.5 < m_n \leqslant 0.8$	2.0	2.5	4.0	5.5	7.5	11	15	22	31
	$0.8 < m_n \leqslant 1.0$	2.5	3.5	5.0	7.0	10	14	20	28	39
	$1.0 < m_n \leqslant 1.5$	3.0	4.5	6.5	9.0	13	18	25	36	50
	$1.5 < m_n \leqslant 2.5$	4.5	6.5	9.5	13	19	26	37	53	74
	$2.5 < m_n \leqslant 4.0$	7.0	10	14	20	29	41	58	82	115
$20 < d \leqslant 50$	$0.2 \leqslant m_n \leqslant 0.5$	1.5	2.0	2.5	3.5	5.0	7.0	10	14	20
	$0.5 < m_n \leqslant 0.8$	2.0	2.5	4.0	5.5	7.5	11	15	22	31
	$0.8 < m_n \leqslant 1.0$	2.5	3.5	5.0	7.0	10	14	20	28	40
	$1.0 < m_n \leqslant 1.5$	3.0	4.5	6.5	9.0	13	18	25	36	51
	$1.5 < m_n \leqslant 2.5$	4.5	6.5	9.5	13	19	26	37	53	75
	$2.5 < m_n \leqslant 4.0$	7.0	10	14	20	29	41	58	82	116
	$4.0 < m_n \leqslant 6.0$	11	15	22	31	43	61	87	123	174
	$6.0 < m_n \leqslant 10$	17	24	34	48	67	95	135	190	269
$50 < d \leqslant 125$	$0.2 \leqslant m_n \leqslant 0.5$	1.5	2.0	2.5	3.5	5.0	7.5	10	15	21
	$0.5 < m_n \leqslant 0.8$	2.0	3.0	4.0	5.5	8.0	11	16	22	31
	$0.8 < m_n \leqslant 1.0$	2.5	3.5	5.0	7.0	10	14	20	28	40
	$1.0 < m_n \leqslant 1.5$	3.0	4.5	6.5	9.0	13	18	26	36	51
	$1.5 < m_n \leqslant 2.5$	4,5	6.5	9.5	13	19	26	37	53	75
	$2.5 < m_n \leqslant 4.0$	7.0	10	14	20	29	41	58	82	116
	$4.0 < m_n \leqslant 6.0$	11	15	22	31	44	62	87	123	174
	$6.0 < m_n \leqslant 10$	17	24	34	48	67	95	135	191	269
$125 < d \leqslant 280$	$0.2 \leqslant m_n \leqslant 0.5$	1.5	2.0	2.5	3.5	5.5	7.5	11	15	21
	$0.5 < m_n \leqslant 0.8$	2.0	3.0	4.0	5.5	8.0	11	16	22	32
	$0.8 < m_n \leqslant 1.0$	2.5	3.5	5.0	7.0	10	14	20	29	41
	$1.0 < m_n \leqslant 1.5$	3.0	4.5	6.5	9.0	13	18	26	36	52
	$1.5 < m_n \leqslant 2.5$	4.5	6.5	9.5	13	19	27	38	53	75
	$2.5 < m_n \leqslant 4.0$	7.5	10	15	21	29	41	58	82	116
	$4.0 < m_n \leqslant 6.0$	11	15	22	31	44	62	87	124	175
	$6.0 < m_n \leqslant 10$	17	24	34	48	67	95	135	191	270

续表

分度圆直径 d/mm	法向模数 m_n/mm	精度等级								
		4	5	6	7	8	9	10	11	12
$280 < d \leq 560$	$0.2 \leq m_n \leq 0.5$	1.5	2.0	2.5	4.0	5.5	7.5	11	15	22
	$0.5 < m_n \leq 0.8$	2.0	3.0	4.0	5.5	8.0	11	16	23	32
	$0.8 < m_n \leq 1.0$	2.5	3.5	5.0	7.5	10	15	21	29	41
	$1.0 < m_n \leq 1.5$	3.5	4.5	6.5	9.0	13	18	26	37	52
	$1.5 < m_n \leq 2.5$	5.0	6.5	9.5	13	19	27	38	54	76
	$2.5 < m_n \leq 4.0$	7.5	10	15	21	29	41	59	83	117
	$4.0 < m_n \leq 6.0$	11	15	22	31	44	62	88	124	175
	$6.0 < m_n \leq 10$	17	24	34	48	68	96	135	191	271
$560 < d \leq 1000$	$0.2 \leq m_n \leq 0.5$	1.5	2.0	3.0	4.0	5.5	8.0	11	16	23
	$0.5 < m_n \leq 0.8$	2.0	3.0	4.0	6.0	8.5	12	17	24	33
	$0.8 < m_n \leq 1.0$	2.5	3.5	5.5	7.5	11	15	21	30	42
	$1.0 < m_n \leq 1.5$	3.5	4.5	6.5	9.5	13	19	27	38	53
	$1.5 < m_n \leq 2.5$	5.0	7.0	9.5	14	19	27	38	54	77
	$2.5 < m_n \leq 4.0$	7.5	10	15	21	30	42	59	83	118
	$4.0 < m_n \leq 6.0$	11	16	22	31	44	62	88	125	176
	$6.0 < m_n \leq 10$	17	24	34	48	68	96	136	192	272

附表 10－6 齿廓形状偏差 $f_{f\alpha}$（摘自 GB/T 10095.1—2008）

分度圆值直径 d/mm	法向模数 m_n/mm	精度等级				
		5	6	7	8	9
		$f_{f\alpha}$/μm				
$20 < d \leq 50$	$2 < d \leq 3.5$	5.5	8.0	11.0	16.0	22.0
	$3.5 < d \leq 6$	7.0	9.5	14.0	19.0	27.0
$50 < d \leq 125$	$2 < d \leq 3.5$	6.0	8.5	12.0	17.0	24.0
	$3.5 < d \leq 6$	7.5	10.0	15.0	21.0	29.0
	$6 < d \leq 10$	9.0	13.0	18.0	25.0	36.0
$125 < d \leq 280$	$2 < d \leq 3.5$	7.0	9.5	14.0	19.0	28.0
	$3.5 < d \leq 6$	8.0	12.0	16.0	23.0	33.0
	$6 < d \leq 10$	10.0	14.0	20.0	28.0	39.0
$280 < d \leq 560$	$2 < d \leq 3.5$	8.0	11.0	16.0	22.0	32.0
	$3.5 < d \leq 6$	9.0	13.0	18.0	26.0	37.0
	$6 < d \leq 10$	11.0	15.0	22.0	31.0	43.0

附表 10－7　单个齿距偏差 $\pm f_{pt}$ 允许值（摘自 GB/T 10095.1—2008）

分度圆直径 d/mm	法向模数 m_n/mm	精度等级				
		5	6	7	8	9
		$f_{f\alpha}$/μm				
$20 < d \leqslant 50$	$2 < d \leqslant 3.5$	5.5	7.5	11.0	15.0	22.0
	$3.5 < d \leqslant 6$	6.0	8.5	12.0	17.0	24.0
$50 < d \leqslant 125$	$2 < d \leqslant 3.5$	6.0	8.5	12.0	17.0	23.0
	$3.5 < d \leqslant 6$	6.5	9.0	13.0	18.0	26.0
	$6 < d \leqslant 10$	7.5	10.0	15.0	21.0	30.0
$125 < d \leqslant 280$	$2 < d \leqslant 3.5$	6.5	9.0	13.0	18.0	26.0
	$3.5 < d \leqslant 6$	7.0	10.0	14.0	20.0	28.0
	$6 < d \leqslant 10$	8.0	11.0	16.0	23.0	32.0
$280 < d \leqslant 560$	$2 < d \leqslant 3.5$	7.0	10.0	14.0	20.0	29.0
	$3.5 < d \leqslant 6$	8.0	11.0	16.0	22.0	31.0
	$6 < d \leqslant 10$	8.5	12.0	17.0	25.0	35.0

附表 10－8　基节极限偏差

分度圆直径/mm		法向模数/mm	精度等级					
大于	到		5	6	7	8	9	10
—	125	1～3.5	5	8	13	18	25	36
		>3.5～6.3	7	11	16	22	32	45
		>6.3～10	8	13	18	25	36	50
125	400	1～3.5	6	10	14	20	30	40
		>3.5～6.3	8	13	18	25	36	50
		>6.3～10	9	14	20	30	40	60
		>10～16	10	16	22	32	45	63
400	800	1～3.5	7	11	16	22	32	45
		>3.5～6.3	8	13	18	25	36	50
		>6.3～10	10	16	22	32	45	64
		>10～16	11	18	25	36	50	71
800	1600	1～3.5	8	13	18	25	36	50
		>3.5～6.3	9	14	20	30	40	60
		>6.3～10	10	16	22	32	45	67
		>10～16	11	18	25	36	50	71

附表 10－9 螺旋线总偏差 F_β 允许值(摘自 GB/T 10095.1—2008)

分度圆直径 d/mm	齿宽 b/mm	精度等级				
		5	6	7	8	9
		$f_{f\alpha}$/μm				
$20<d\leqslant 50$	$10<b\leqslant 20$	7.0	10.0	14.0	20.0	29.0
	$20<b\leqslant 40$	8.0	11.0	16.0	23.0	32.0
$50<d\leqslant 125$	$10<b\leqslant 20$	7.5	11.0	15.0	21.0	30.0
	$20<b\leqslant 40$	8.5	12.0	17.0	24.0	34.0
	$40<b\leqslant 80$	10.0	14.0	20.0	28.0	39.0
$125<d\leqslant 280$	$10<b\leqslant 20$	8.0	11.0	16.0	22.0	32.0
	$20<b\leqslant 40$	9.0	13.0	18.0	25.0	36.0
	$40<b\leqslant 80$	10.0	15.0	21.0	29.0	41.0
$280<d\leqslant 560$	$20<b\leqslant 40$	9.5	13.0	19.0	27.0	38.0
	$40<b\leqslant 80$	11.0	15.0	22.0	31.0	44.0
	$80<b\leqslant 160$	13.0	18.0	26.0	36.0	52.0

附表 10－10 直齿轮装配后的接触斑点(摘自 GB/Z 18620.4—2008)

精度等级按 GB/T 10095—2001	b_{c1} 占齿宽的百分比	h_{c1} 占有效齿面高度的百分比	b_{c2} 占齿宽的百分比	h_{c2} 占有效齿面高度的百分比
4 级及更高	50%	70%	40%	50%
5 和 6	45%	50%	35%	30%
7 和 8	35%	50%	35%	30%
9～12	25%	50%	25%	30%

附表 10－11 中心距极限偏差 f_a

第Ⅱ公差组精度等级		5～6	7～8	9～10
齿轮副的中心距/mm		f_a		
大于	到	IT7	IT8	IT9
6	10	7.5	11	18
10	18	9	13.5	21.5
18	30	10.5	16.5	26
30	50	12.5	19.5	31
50	80	15	23	37
80	120	17.5	27	43.5
120	180	20	31.5	50

续表

180	250	23	36	57.5
250	315	26	40.5	65
315	400	28.5	44.5	70
400	500	31.5	48.5	77.5
500	630	35	55	87
630	800	40	62	100
800	1000	45	70	115
1000	1250	52	82	130
1250	1600	62	97	150

附表 10－12　安装面的跳动公差(摘自 GB/Z 18620.3—2008)

确定轴线的基准面	跳动量	
	径向	轴向
仅指圆柱或圆锥形基准面	$0.15(L/b)F_\beta$ 或 $0.3F_p$ 取两者中大值	
一个圆柱基准面和一个端面基准面	$0.3F_p$	$0.2(D_d/b)F_\beta$

附表 10－13　基准面与安装面的形状公差(摘自 GB/Z 18620.3—2008)　(单位:μm)

确定轴线的基准面	公差项目		
	圆度	圆柱度	平面度
用两个“短的”圆柱或圆锥形基准面上设定的两个圆的圆心来确定轴线上的两个点	$0.04(L/b)F_\beta$ 或 $0.1F_P$ 取两者中小值		
用一个“长的”圆柱或圆锥形的面来同时确定轴线的位置和方向。孔的轴线可以用与之相匹配正确地装配的工作心轴的轴线来代表		$0.04(L/b)F_\beta$ 或 $0.1F_P$ 取两者中小值	
轴线位置用一个“短的”圆柱形基准面上一个圆的圆心来确定,其方向则用垂直于此轴线的一个基准端面来确定	$0.06F_p$		$0.06(D_d/b)F_\beta$

附表 10-14 齿轮各主要表面 *Ra* 推荐数值(摘自 GB/Z 18620.3—2008) (单位:μm)

等级	*Ra*			等级	*Ra*		
	模数 *m*/mm				模数 *m*/mm		
	$m<6$	$6<m<25$	$m>25$		$m<6$	$6<m<25$	$m>25$
1		0.04		7	1.25	1.6	2.0
2		0.08		8	2.0	2.5	3.2
3		0.16		9	3.2	4.0	5.0
4		0.32		10	5.0	6.3	8.0
5	0.5	0.63	0.8	11	10.0	12.5	16
6	0.8	1.00	1.25	12	20	25	32

附表 10-15 齿轮各基准面的表面粗糙度 *Ra* 推荐数值(供参考) (单位:μm)

齿轮的精度等级 / 各面的粗糙度 *Ra*	5	6	7		8	9	
齿面加工方法	磨齿	磨或珩齿	剃或珩齿	精插精铣	插齿或滚齿	滚齿	铣齿
齿轮基准孔	0.32~0.63	1.25	1.25~2.5			5	
齿轮轴基准轴径	0.32	0.63	1.25		2.5		
齿轮基准端面	2.5~1.25	2.5~5			3.2~5		
齿轮顶圆	1.25~2.5	3.2~5					

附表 10-16 齿廓总偏差 F_α 允许值(摘自 GB/T 10095.1—2008)

分度圆直径 *d*/mm	法向模数 m_n/mm	精度等级				
		5	6	7	8	9
		$f_{f\alpha}$/μm				
$20<d\leqslant50$	$2<m_n\leqslant3.5$	7.0	10.0	14.0	20.0	29.0
	$3.5<m_n\leqslant6$	9.0	12.0	18.0	25.0	35.0
$50<d\leqslant125$	$2<m_n\leqslant3.5$	8.0	11.0	16.0	22.0	31.0
	$3.5<m_n\leqslant6$	9.5	13.0	19.0	27.0	38.0
	$6<m_n\leqslant10$	12.0	16.0	23.0	33.0	46.0
$125<d\leqslant280$	$2<m_n\leqslant3.5$	9.0	13.0	18.0	25.0	36.0
	$3.5<m_n\leqslant6$	11.0	15.0	21.0	30.0	42.0
	$6<m_n\leqslant10$	13.0	18.0	25.0	36.0	50.0
$280<d\leqslant560$	$2<m_n\leqslant3.5$	10.0	15.0	21.0	29.0	41.0
	$3.5<m_n\leqslant6$	12.0	17.0	24.0	34.0	48.0
	$6<m_n\leqslant10$	14.0	20.0	28.0	40.0	56.0

极限量规设计基础

11

在实际生产中，任何一个零件加工完最后一道工序都要进行最终检测，以判定该零件是否合格。不同的检测目的要求不同的检测方法，如果检测的目的需对工艺参数进行调整，就应采用单项测量；如果检测的目的仅需知道该工件是否合格，则可采取综合测量。综合测量检测效率高，尤其在大批生产中得到了广泛的应用，但在综合测量中用的检验量具大多是量规。

本章主要介绍量规设计的基础知识，内容包括光滑极限量规、位置量规、花键量规和螺纹量规，重点是阐述这些量规公差带的布置。

11.1　基本概念

量规是一种不可读数的定值专用检验器具。在用量规检验零件时，只能判断零件是否在规定的检验极限范围内，而不能得出零件尺寸、形状和位置误差的具体数值。它结构简单，使用方便、可靠，检验效率高，因此在工厂里对批量生产的零件检验中得到广泛的应用。

如第3章所述，遵守相关原则的要素，用理想边界（最大实体边界和实效边界）和“两点法”（用两对应点测量实际尺寸的方法）综合控制尺寸和形位误差。在这种情况下，理想边界和“两点法”一般都通过量规体现。

11.1.1　量规的作用

直接检验工件的工作量规有通规和止规两种，它们成对使用。通规应通过被测工件；而止规则不应通过被测工件。

通规体现理想边界，起控制作用尺寸的作用。对包容原则，通规应控制作用尺寸不超越最大实体尺寸；对最大实体原则，通规应控制作用尺寸不超越实效尺寸。

止规体现“两点法”，只起控制局部实际尺寸的作用。对轴，两测点间的距离体现外尺寸；对孔，两测点间的距离体现内尺寸。

11.1.2　量规的种类

量规可按以下几种方法进行分类。

(1)按被检验对象的特点，量规可分为光滑极限量规、光滑圆锥量规、位置量规、花键量规以及螺纹量规等。其中：

①光滑极限量规。检验实际光滑孔、轴尺寸和形位误差是否合格所用的量规。

②光滑圆锥量规。检验实际内、外圆锥体基面距偏差和接触要求是否合格所用的量规。

③位置量规。检验零件关联被测要素相应的实际轮廓是否超越规定边界(最大实体边界或实效边界)的量规。

④花键量规。检验花键实际轮廓各有关尺寸和形位误差是否合格所用的量规。

⑤螺纹量规。检验螺纹轮廓的大、中、小径是否合格所用的量规。

(2)按量规的用途可分为

①工作量规。在制造过程中,操作者对零件进行检验时所使用的量规。

②验收量规。检验部门和用户代表验收产品时所使用的量规。

③校对量规。在制造轴用工作量规时所用的量规,以及校对使用中的轴用工作量规是否已达到磨损极限所使用的量规。

(3)根据同时检验零件的参数数目,量规可分为

①单一参数量规。检验单个参数用的量规。

②多参数量规。同时检验两个以上相互有关参数的综合量规。

11.2 量规公差带的布置方案

量规公差带(包括量规制造公差与允许磨损量)相对于工件公差带的布置方案,基本上分为两种,一种是超越极限方案,另一种是内缩极限方案。在介绍这两种方案之前,首先要简介测量误差与误收、误废之间的关系,由此引出量规公差带的两种布置方案。

11.2.1 测量误差与误收、误废之间的关系

从第2章中我们知道,任何测量总不免存在误差。测量误差的主要影响可能产生两种误判:误收或误废。误收是把超出极限尺寸范围的不合格工件误认为合格;误废是把在极限尺寸范围内的合格工件误认为不合格。误收会影响产品质量,误废则造成经济损失。因此,要采取合理的措施来减小误收率和控制误废率。

制造量规和制造一般零件一样,不可能做得绝对准确。以检验轴的卡规为例,止规是用来体现轴的最小极限尺寸的,但制造出来的卡规实际尺寸可能比它大,也可能比它小。若止规的实际尺寸较小,则检验轴时往往会将部分不合格品(其实际尺寸已小于最小极限尺寸,但比止规尺寸大)误认为合格,出现误收。反之,若止规的实际尺寸较大,则检验轴时往往会将部分合格品(其实际尺寸并不小于最小极限尺寸,但比止规尺寸小)误认为不合格,出现误废。同理,用来体现轴的最大实体边界的通规,若其尺寸较大,则会产生误收;若其尺寸较小,就会产生误废。即使能按零件规定的极限尺寸制成绝对准确的量规,在检验过程中,由于磨损、测量力和温度等因素的影响,上述检验结果所产生的误收和误废现象仍然不可能完全避免。

误收与误废率不仅与测量误差的大小有关,还与验收极限的位置、工件实际尺寸分布规律以及测量误差的分布规律等有关。

11.2.2 量规公差带的布置方案

如前所述,由于加工误差的影响,量规的实际尺寸并不刚好等于规定的极限尺寸,从而产生误收或误废。因此为减少误判,就要从量规公差带的布置上采取一定的措施。

量规公差带相对工件公差带的布置,基本上有两种方案:超越极限方案与内缩极限方案。

超越极限方案允许量规尺寸可以超出工件极限尺寸范围；内缩极限方案不允许量规尺寸超出工件极限尺寸范围。两种方案的比较如图 11－1 所示。

由于通规要经常通过工件，容易磨损，为延长其使用寿命，除规定新量规的制造公差外，还规定了允许磨损量。对使用中的通规，只要尺寸未超过磨损极限，仍可继续使用。止规不经常通过工件，磨损较少，故只规定制造公差，而不规定磨损极限。

量规公差带的大小标志着对量规精度的合理要求。量规公差带相对于工件公差带的布置将决定工件实际尺寸允许的变动范围，使其缩小或扩大。通常，把由量规公差带（包括制造公差和允许磨损量）决定的工件可能的最小制造公差称为生产公差，而将工件可能的最大制造公差称为保证公差，如图 11－2 所示。

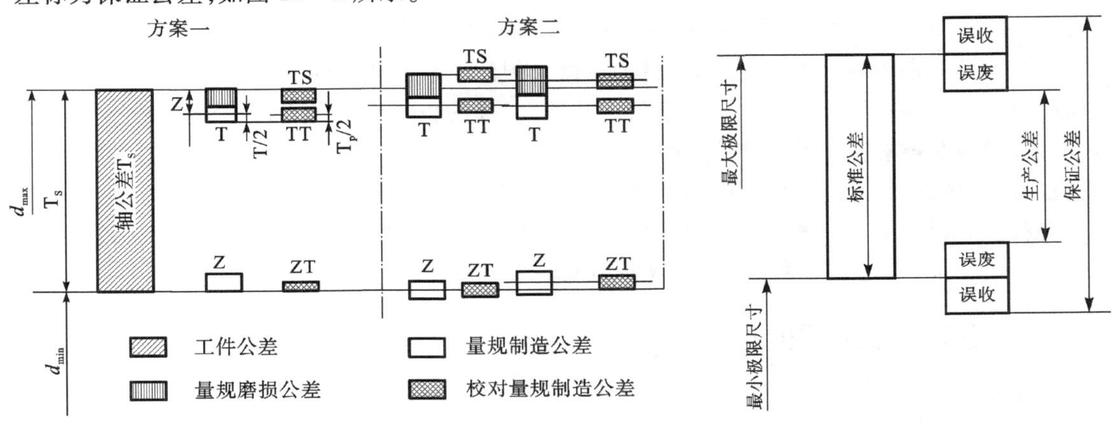

图 11－1　量规公差带布置的两种方案

图 11－2　测量误差的影响

超越极限方案的特点是将止规的制造公差对称布置于工件最小实体尺寸（LMS），而通规的磨损极限可以超越工件的最大实体尺寸（MMS），其允许超越量如图 11－1 所示。显然，按这个方案，保证公差将大于工件规定公差，这对保证产品质量与互换性是不利的，但可扩大生产公差，制造上较经济。

内缩极限方案的特点是量规公差带全部位于工件公差带内，其保证公差等于工件规定公差，故能有效地保证产品质量与互换性，但给制造增加了难度。

两种方案比较，内缩方案能有效控制作用尺寸，能有效保证配合，但对生产公差要求过严；超越极限方案的最大优点是对生产公差压缩较小，但有可能使作用尺寸超越最大实体尺寸或实效尺寸。

11.3　光滑极限量规公差带布置

11.3.1　概述

光滑极限量规公差带的布置，国际标准规定有超越极限和内缩极限两种方案，我国采用的是内缩极限方案。

如前所述，光滑极限量规根据不同用途，分为工作量规、验收量规和校对量规三类。工作量规的“通规”用代号“T”表示，“止规”用代号“Z”表示。校对量规分为三种：检验轴用量规通规的校对量规,称为“校通-通”量规,用代号“TT”表示。检验轴用量规止规的校对量规,称为“校止-通”量规,用代号“ZT”表示。检验轴用量规通规磨损极限的校对量规,称为“校通-损”量规,用代号“TS”表示。光滑极限量规的公差带布置如图 11-3 所示。

检验孔用的光滑极限量规叫做塞规,见图 11-4。一个塞规按被测孔的最大实体尺寸(即孔的最小极限尺寸)制造;另一个塞规按被测孔的最小实体尺寸(即孔的最大极限尺寸)制造。前者叫做塞规的通规,后者叫做塞规的止规。使用时,塞规的通规通过被检验孔,表示被测孔的作用尺寸大于最小极限尺寸;塞规的止规塞不进被检验孔,表示被测孔径小于最大极限尺寸,即说明被检验孔是合格的。

同理,检验轴用的光滑极限量规,叫做环规或卡规,见图 11-5。一个卡规按被测轴的最大实体尺寸(即轴的最大极限尺寸)制造;另一个卡规按被测轴的最小实体尺寸(即轴的最小极限尺寸)制造。前者叫做卡规的通规,后者叫做卡规的止规。使用时,卡规的通规能顺利地滑过轴,表示被测轴的作用尺寸比最大极限尺寸小;卡规的止规滑不过去,表示轴径比最小极限尺寸大,即说明被检验轴是合格的。因此,不论塞规还是卡规,如果通规通不过被测工件,或者止规通过了被测工件,即可确定被测工件是不合格的。

塞规和卡规一样,把通规和止规联合起来使用,就能判断被测孔和轴是否在规定的极限尺寸范围内。因此把这些光滑塞规和卡规叫做光滑极限量规。

11.3.2 各种量规公差带的布置

由图 11-3 可见:

工作量规通规的制造公差带对称于 Z 值,其磨损极限与工件的最大实体尺寸重合。

工作量规止规的制造公差带从工件的最小实体尺寸起始,并向公差带内布置。

轴用通规的“校通-通”(TT)量规,其公差带从通规的下偏差起始,并向轴用通规公差带内布置。

轴用止规的“校止-通”(ZT)量规,其公差带从止规的下偏差起始,并向轴用止规公差带内布置。

轴用通规磨损极限的“校通-损”(TS)量规,其公差带从通规的磨损极限起始,并向轴用通规公差带内布置。

我国标准规定检验各级工件用的工作量规的制造公差 T 和通规位置要素 Z 的数值列于附表 11-1。

工作量规的形位误差应在工作量规制造公差范围内,其公差数值为量规尺寸公差的 50%。校对量规的制造公差为被校对轴用量规制造公差的 50%。

工作量规测量面的表面粗糙度要求可从附表 11-5 查得。

11.3.3 量规工作尺寸的计算

光滑极限量规工作尺寸计算的步骤如下:

(1)由国标《公差与配合》查出孔与轴的上、下偏差;

(2)由附表 11-1 查出工作量规制造公差 T 和通规公差带中心到工件最大实体尺寸之间的距离 Z;

(3)按工作量规制造公差 T,确定工作量规的形状公差和校对量规的制造公差;

(4)画量规公差带图,计算各种量规的极限偏差或工作尺寸。

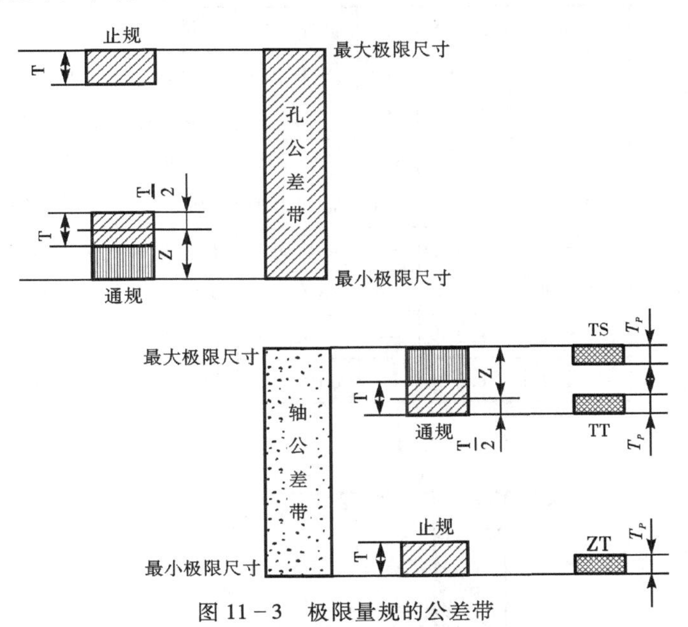

图 11－3　极限量规的公差带

T—工作量规制造公差;Z—工作量规制造公差带中心到工件最大实体尺寸之间的距离;T_p—校对量规制造公差

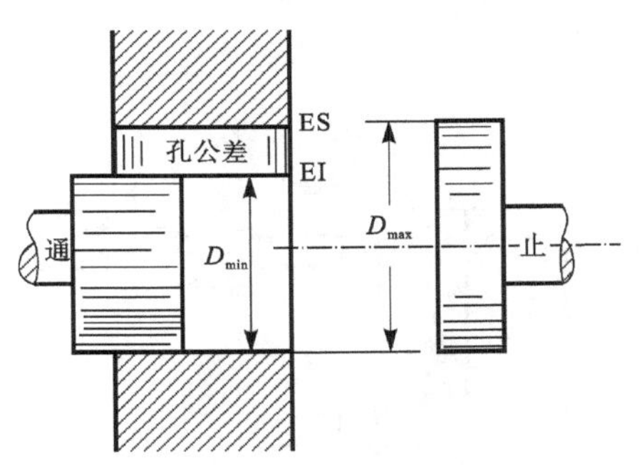

图 11－4　塞规

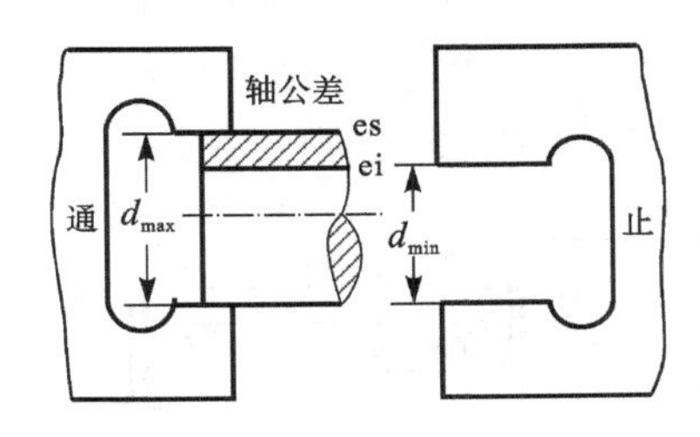

图 11－5　卡规

例 11－1　计算 ϕ20H8/f7 孔与轴用量规的工作尺寸。

解　按上述步骤进行计算,计算结果见表 11－1。其量规公差带如图 11－6 所示。孔用和轴用工作量规的图样标注分别如图 11－7 和图 11－8 所示。

表 11－1 量规极限尺寸计算

工件	量规	量规公差/μm	Z/μm	量规定形尺寸/mm	量规极限尺寸/mm 最大	量规极限尺寸/mm 最小	量规图样标注尺寸/mm
孔 $\phi20H8(^{+0.033}_{0})$Ⓔ	通规	3.4	5	$\phi20$	$\phi20.0067$	$\phi20.0033$	$\phi20.0067^{0}_{-0.0034}$
	止规	3.4	—	$\phi20.033$	$\phi20.0330$	$\phi20.0296$	$\phi20.0330^{0}_{-0.0034}$
轴 $\phi20f7(^{-0.020}_{-0.041})$Ⓔ	通规	2.4	3.4	$\phi19.980$	$\phi19.9778$	$\phi19.9754$	$\phi19.9754^{+0.0024}_{0}$
	止规	2.4	—	$\phi19.959$	$\phi19.9614$	$\phi19.9590$	$\phi19.9590^{+0.0024}_{0}$
	TT 量规	1.2	—	$\phi19.980$	$\phi19.9766$	$\phi19.9754$	$\phi19.9766^{0}_{-0.0012}$
	ZT 量规	1.2	—	$\phi19.959$	$\phi19.9602$	$\phi19.9590$	$\phi19.9602^{0}_{-0.0012}$
	TS 量规	1.2	—	$\phi19.980$	$\phi19.9800$	$\phi19.9788$	$\phi19.9800^{0}_{-0.0012}$

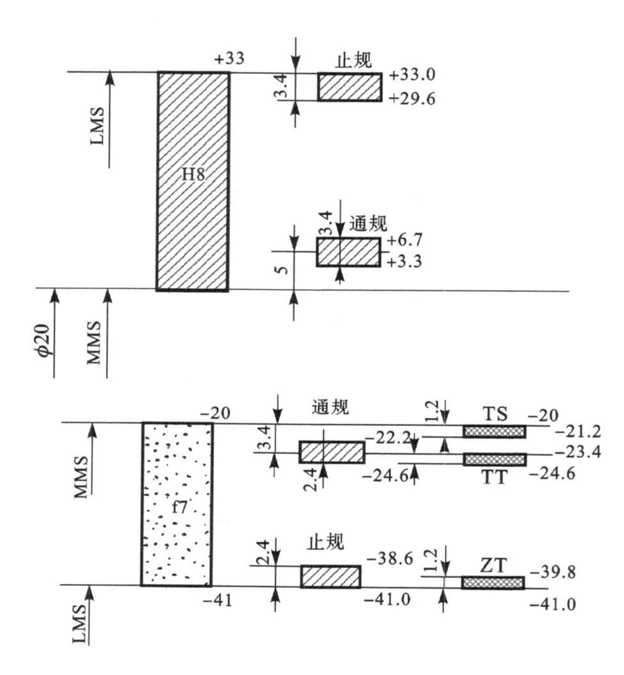

图 11－6 量规公差带图

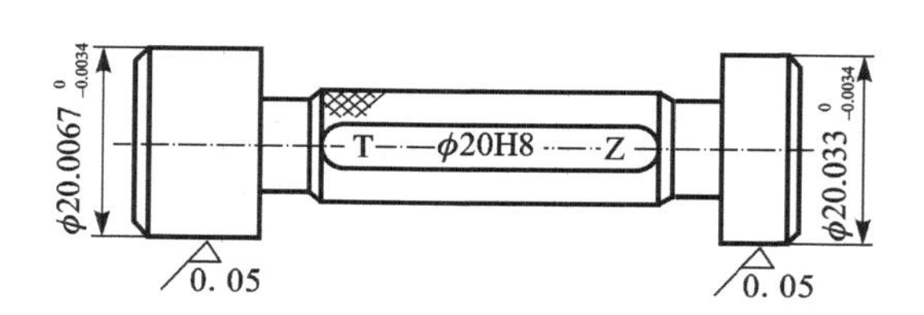

图 11－7 塞规

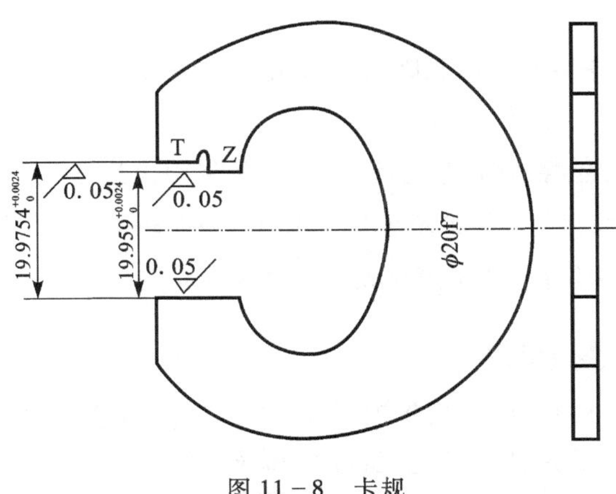

图 11－8　卡规

11.4　位置量规公差带布置

位置量规是检验零件关联被测要素的实际轮廓是否超越规定边界(最大实体边界或实效边界)的量规,边界的方向由基准确定,位置由基准和理论正确尺寸确定。位置量规只有通规,没有止规,它的公差带布置方案采用的是内缩极限方案。

11.4.1　概述

被测要素遵守相关原则(最大实体原则和包容原则)的,宜用位置量规进行检验。适用位置量规检验的位置公差项目包括平行度、垂直度、倾斜度、同轴度、对称度和位置度等。

位置量规也是一种定值量具,根据能否通过来判定零件是否合格,但不能确定零件形位误差的大小,不能确定局部实际尺寸的大小,更无法把两者区分开来,只能确认它们的综合影响是否满足设计要求。

位置量规的形状体现测量部位的最大实体边界或实效边界,位置量规的工作尺寸体现测量部位的最大实体尺寸(MMS)或实效尺寸(VS)。

位置量规上用于检验零件被测要素的部位称为测量部位;用于模拟体现零件基准要素的部位称为定位部位;为便于定位或测量而设置的引导部位称为导向部位。测量部位、定位部位和导向部位统称为工作部位。

当被测要素的位置公差与其轮廓要素的尺寸公差遵守包容原则时,其实际轮廓应遵守最大实体边界;当被测要素的位置公差与其轮廓要素的尺寸公差遵守最大实体原则时,其实际轮廓应遵守实效边界。

对于关联要素,其最大实体边界和实效边界还应对其基准保持图样上规定的几何关系。

通常,当被测要素和基准要素相应轮廓的尺寸检验合格以后,再用位置量规检验其误差的合格性。用位置量规检验有分别检验和同时检验两种方式。

(1)分别检验——用不同的位置量规分别检验被测要素的位置误差及其基准要素的形位误差和(或)尺寸。

(2)同时检验——用同一位置量规检验被测要素的位置误差及其基准要素的形位误差

和(或)尺寸。

当关联被测要素遵守最大实体原则($\phi 0$ Ⓜ或 0 Ⓜ)时,应该用位置量规代替光滑极限量规的通规。

当单一基准要素遵守包容原则(Ⓔ),且与被测要素同时检验时,可用位置量规代替光滑极限量规的通规;当关联基准要素的位置公差与其尺寸公差遵守最大实体原则($\phi 0$ Ⓜ或 0 Ⓜ),且与被测要素同时检验时,可用位置量规代替光滑极限量规的通规。

11.4.2　位置量规公差带的布置

由于位置量规上各个部位所起的作用不同,所以其公差带的布置也不尽相同。图 11－9、11－10 和 11－11 分别为定位部位、测量部位和导向部位的公差带图。

表 11－2 为位置量规工作尺寸计算中常用的代号及意义。

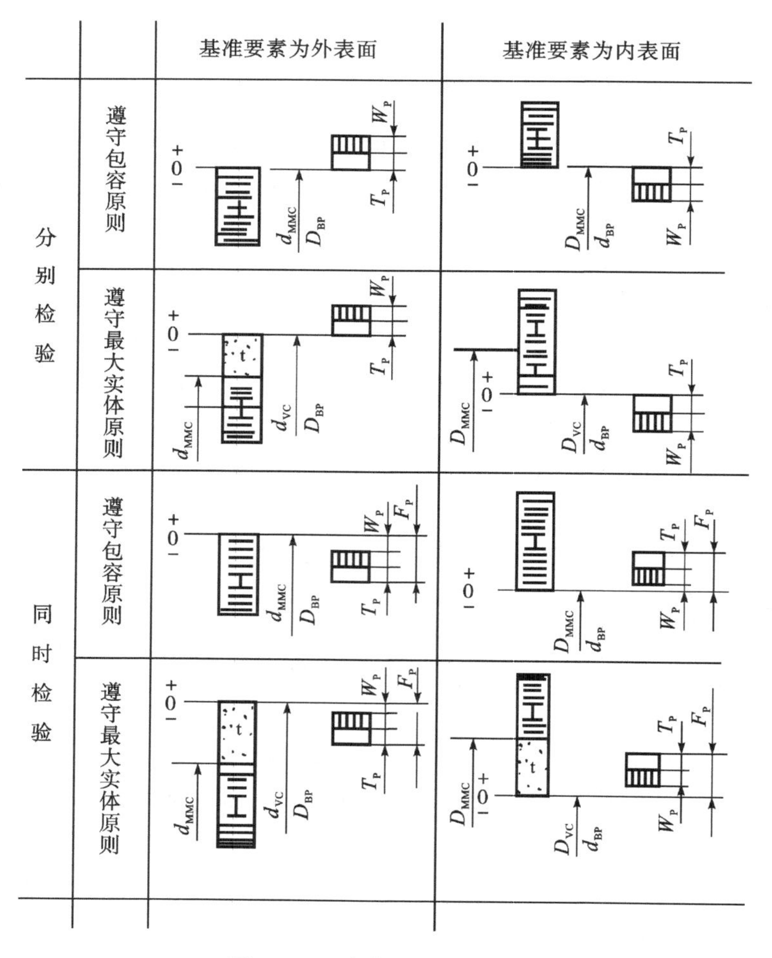

图 11－9　定位部位公差带图

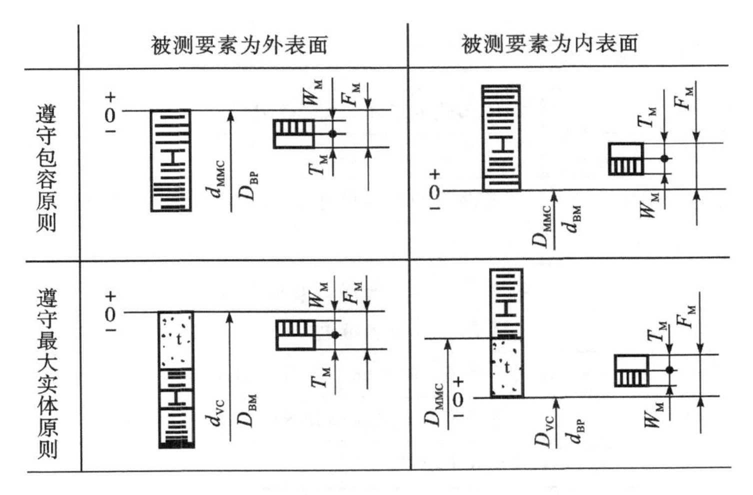

图 11－10　测量部位公差带图

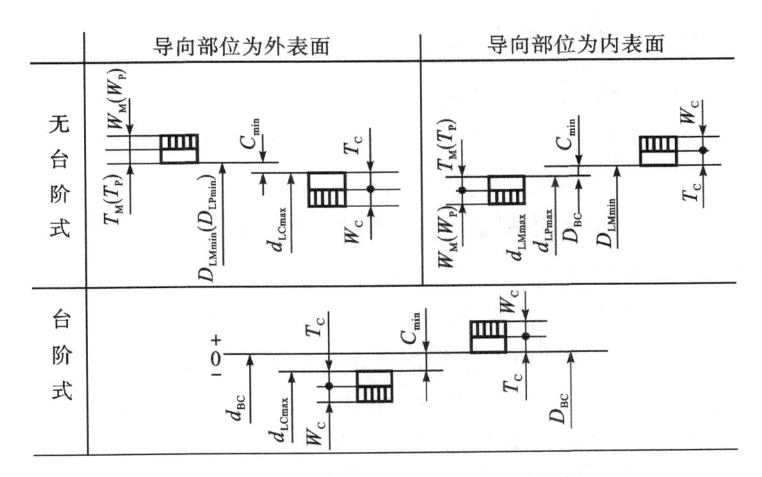

图 11－11　导向部位公差带图

表 11－2　位置量规的代号及意义

序号	代号	意义
1	L	零件或量规各要素间的距离尺寸
2	D_{VC}, d_{VC}	零件内、外表面的实效尺寸
3	D_{MMC}, d_{MMC}	零件内、外表面的最大实体尺寸
4	T	零件内、外表面的尺寸公差
5	t	零件被测要素或基准要素的形位公差
6	T_t	综合公差（$T_t = T + t$）
7	D_{BM}, D_{LM}, D_{WM}	测量部位的基本尺寸、极限尺寸和磨损极限尺寸
	d_{BM}, d_{LM}, d_{WM}	

续表

序号	代号	意义
8	D_{BP},D_{LP},D_{WP}	定位部位的基本尺寸、极限尺寸和磨损极限尺寸
	d_{BP},d_{LP},d_{WP}	
9	D_{BG},D_{LG},D_{WG}	导向部位的基本尺寸、极限尺寸和磨损极限尺寸
	d_{BG},d_{LG},d_{WG}	
10	F_M,F_P	测量部位和定位部位的基本偏差
11	T_p	工作部位的位置偏差
12	T_M,T_p,T_G	测量部位、定位部位和导向部位的尺寸公差
13	W_M,W_P,W_G	测量部位、定位部位和导向部位的允许最小磨损量
14	C_{min}	导向部位的最小间隙

11.4.3 位置量规公差和基本偏差

1. 位置量规工作部位的尺寸公差

位置量规工作部位的尺寸公差，允许最小磨损量和最小间隙的数值根据综合公差 T_t 按附表 11－2 确定。

综合公差是被测要素（或基准要素）的位置公差（或形状公差）与其尺寸公差之和。

2. 位置量规的基本偏差

位置量规的基本偏差是用于确定测量部位或定位部位的尺寸公差带对于相应部位基本尺寸位置的极限偏差。当测量部位或定位部位为外表面时是上偏差；为内表面时是下偏差。

采用分别检验方式时，位置量规测量部位的基本偏差数值如附表 11－3 所列。

采用同时检验方式时，实际上是把基准要素也当作被测要素，因而用同一位置量规既检查被测要素的位置误差，又检查基准中心要素的形位误差和（或）尺寸误差。同时检验时，量规测量部位和定位部位的基本偏差均按附表 11－3 的序号 1 或序号 2 查得。

当单一基准要素或第一基准要素的形状公差与其尺寸公差遵守包容原则（Ⓔ）或最大实体原则Ⓜ，且与被测要素的位置公差用同一位置量规检验（即采用同时检验的方式）时，量规的定位部位可以代替基准要素的光滑极限量规的通规，其基本偏差数值由附表 11－4 查得。

11.4.4 位置量规工作部位尺寸的计算

位置量规的设计计算通常按下列步骤进行。

①按被测要素和基准要素的技术要求确定量规的结构、测量部位、定位部位和导向部位；

②选择检验方式——同时检验或分别检验；

③按 GB 8069—87 查表并按有关公式计算量规工作部位的定形尺寸，并确定形位公差。

下面通过实例来介绍位置量规的计算步骤。

例 11-2　被检测零件如图 11-12 所示，计算其同轴度量规工作部位的尺寸。

1. 当采用分别检验的方式时，基准要素先用光滑极限量规按包容原则(Ⓔ)的要求检验合格，被测要素的尺寸用两点法测量合格后，再用同轴度量规检验被测要素的位置误差。

分别检验的同轴度量规工作部位尺寸计算过程如下：

(1)量规公差

定位部位：根据$T=0.07$mm，由附表 11-2 查得

$$T_{P}=W_{P}=0.004\text{mm}$$

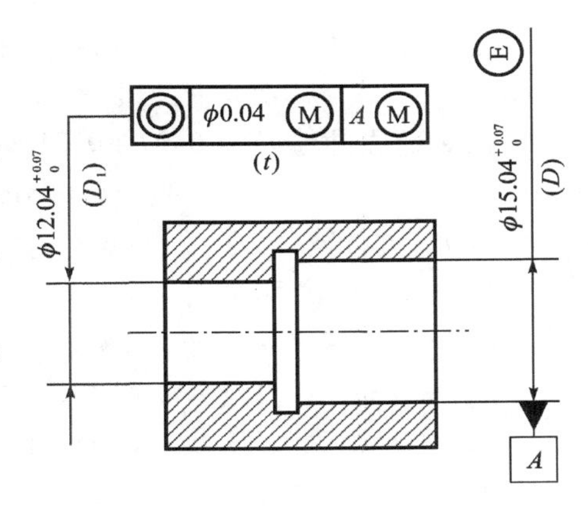

图 11-12　零件图

测量部位：根据 $T_{t}=0.07+0.04=0.11$mm，由附表 11-2 和附表 11-3 序号 3 查得

$$T_{M}=W_{M}=0.005\text{mm},t_{p}=0.008\text{mm},F_{M}=0.016\text{mm}$$

(2)尺寸计算

$$d_{BP}=D_{MMC}=15\text{mm}$$

$$d_{LP}=d_{BP}{}^{\ 0}_{-T_P}=15^{\ 0}_{-0.004}\text{mm}$$

$$d_{WP}=d_{BP}-(T_{P}+W_{P})=15-(0.004+0.004)=14.992\text{mm}$$

$$d_{BM}=D_{1MMC}-t=12.04-0.04=12\text{mm}$$

$$d_{LM}=(d_{BM}+F_{M})^{\ 0}_{-T_M}=(12+0.016)^{\ 0}_{-0.005}$$

$$=12.016^{\ 0}_{-0.005}\text{mm}$$

$$d_{WM}=(d_{BM}+F_{M})-(T_{M}+W_{M})=(12+0.016)-(0.005+0.005)=12.006\text{mm}$$

量规公差带图如图 11-13 所示，量规简图如图 11-14 所示。

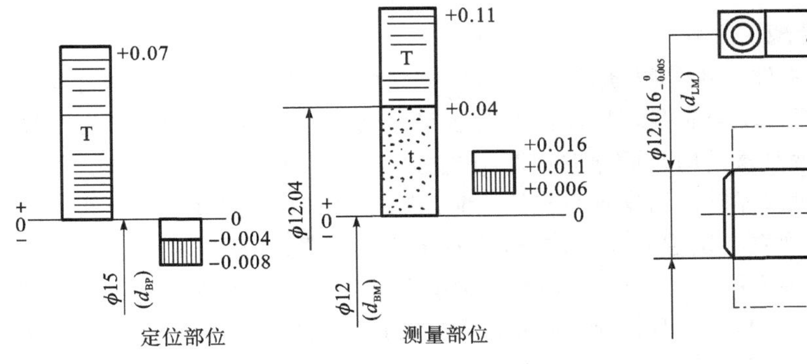

图 11-13　量规公差带图

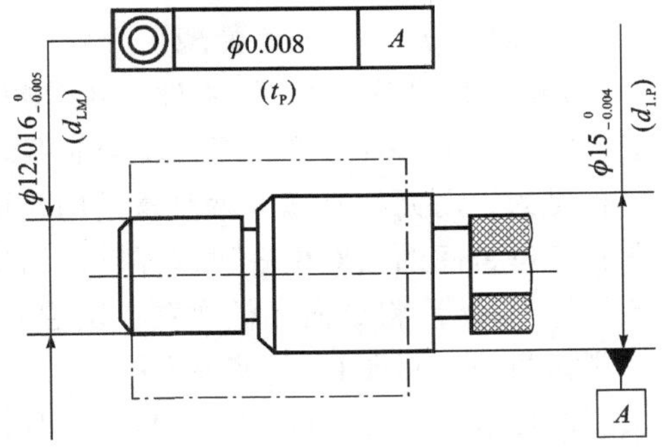

图 11-14　量规简图

2. 当采用同时检验的方式时，由于单一基准要素遵守包容原则(Ⓔ)，所以位置量规的定位部位可代替基准要素的光滑极限量规的通规。

同时检验的同轴度量规工作部位尺寸计算过程如下：

(1)量规公差

定位部位:根据$T=0.07\text{mm}$,由附表 11-2 和附表 11-4 查得

$$T_{\text{p}}=W_{\text{P}}=0.004\text{mm},F_{\text{P}}=0.008\text{mm}$$

测量部位:根据 $T_{\text{t}}=0.07+0.04=0.11\text{mm}$,由附表 11-2 和附表 11-3 序号 3 查得

$$T_{\text{M}}=W_{\text{M}}=0.005\text{mm},t_{\text{p}}=0.008\text{mm},F_{\text{M}}=0.012\text{mm}$$

(2)尺寸计算

$d_{\text{BP}}=D_{\text{MMC}}=15\text{mm}$

$d_{\text{LP}}=(d_{\text{BP}}+F_{\text{P}})_{-T_{\text{P}}}^{\ 0}=(15+0.008)_{-0.004}^{\ 0}=15.008_{-0.004}^{\ 0}\text{mm}$

$d_{\text{WP}}=(d_{\text{BP}}+F_{\text{P}})-(T_{\text{p}}+W_{\text{P}})=(15+0.008)-(0.004+0.004)=15\text{mm}$

$d_{\text{BM}}=D_{1\text{MMC}}-t=12.04-0.04=12\text{mm}$

$d_{\text{LM}}=(d_{\text{BM}}+F_{\text{M}})_{-T_{\text{M}}}^{\ 0}=(12+0.012)_{-0.005}^{\ 0}$

$=12.012_{-0.005}^{\ 0}\text{mm}$

$d_{\text{WM}}=(d_{\text{BM}}+F_{\text{M}})-(T_{\text{M}}+W_{\text{M}})=(12+0.012)-(0.005+0.005)=12.002\text{mm}$

量规公差带图如图 11-15 所示,量规简图如图 11-16 所示。

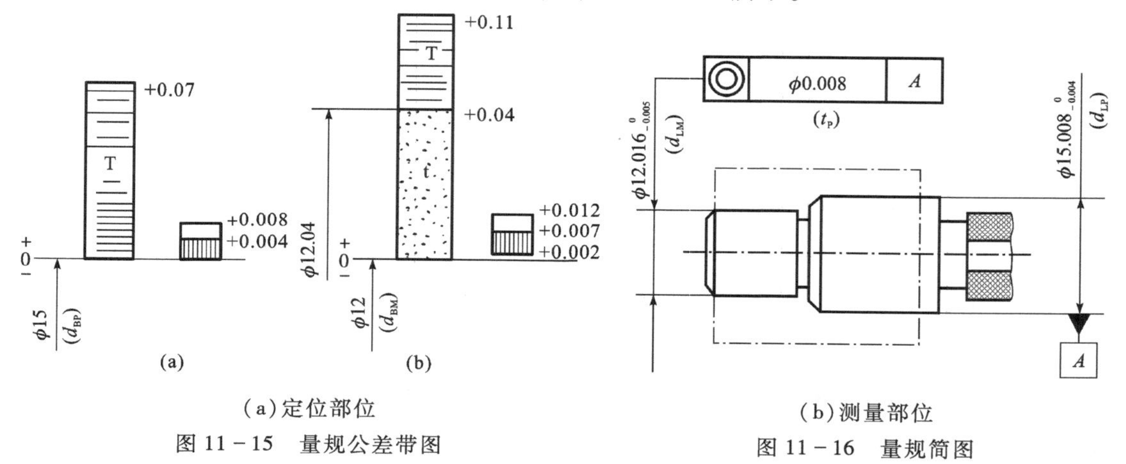

(a)定位部位　　(b)测量部位

图 11-15　量规公差带图

图 11-16　量规简图

例 11-3　平行度量规

如图 11-17(a)所示,零件上 φ15H7 被测孔的轴线对 φ32H7 基准孔的轴线有平行度要求。图 11-17(b)为平行度量规的简图。量规由安装着定位销 I 的定位元件 Ⅱ、带光滑导向孔Ⅳ的导向元件Ⅲ和兼做测量销的光滑导向销 V 组成。由于孔心距实际尺寸变化,导向孔和定位销间的相对位置可以浮动。用这种量规检验时,首先将零件的 φ32H7 基准孔套的定位销上,然后将导向元件放置在定位元件上,调整导向元件的位置,以适应零件基准孔与被测孔间的实际孔心距,使导向孔对准零件的 φ15H7 被测孔。导向孔的轴线与定位销的轴线应保持平行。在这以后,将测量销(导向销)同时插入导向孔和被测孔。测量销应能同时自由通过这些孔。

本例按同时检验方式的综合量规设计:

(1)活动式测量销定形尺寸 d_{LM}的确定

按零件图样标注,被测孔的实效尺寸(理想边界尺寸)为

$$D_{\text{vc}}=15-0.06=14.94\text{mm}$$

综合公差　$T_{\text{t}}=T+t=0.018+0.06=0.078\text{mm}$

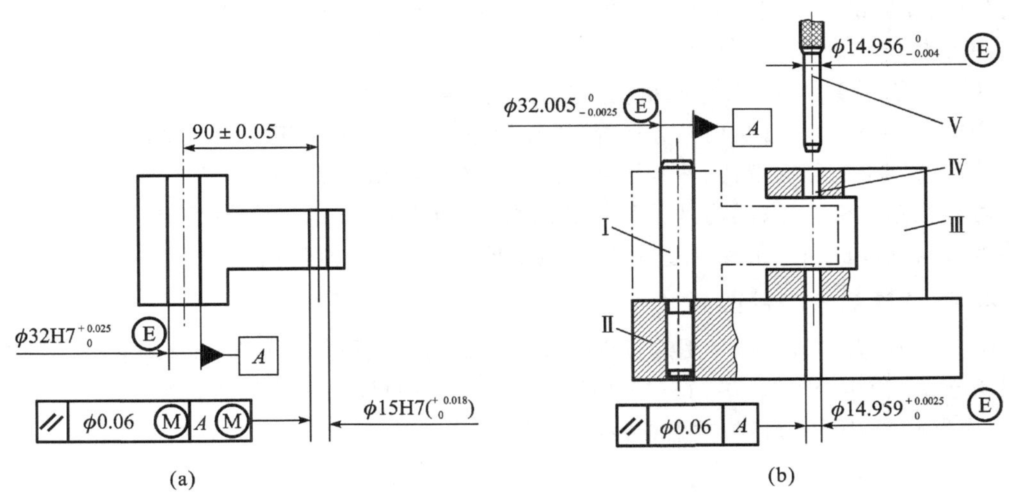

图 11－17 平行度量规

(a)零件图样标注；(b)综合量规简图

从附表 11－2 和 11－3 查得

$$T_M = 0.004\text{mm}; F_M = 0.016\text{mm}$$

因此　$$d_{LM} = (D_{vc} + F_M)^{\ 0}_{-T_M} = 14.956^{\ 0}_{-0.004} \text{Ⓔ} \text{mm}$$

(2)固定式定位销定形尺寸应 d_{LP}的确定

按零件图样标注，基准孔的最大实体尺寸(理想边界尺寸)为

$$D_{MMC} = 32\text{mm}$$

综合公差　$$T_t = 0.025\text{mm}$$

从附表 11－2 和 11－4 查得

$$T_p = 0.0025\text{mm}, F_p = 0.005\text{mm}$$

因此　$$d_{LP} = (D_{MMC} + F_P)^{\ 0}_{-T_P} = 32.005^{\ 0}_{-0.0025} \text{Ⓔ} \text{mm}$$

此定位销可以代替 ϕ32H7 基准孔的光滑极限量规通规。

(3)导向孔定形尺寸 D_{LG}的确定

按零件被测要素的综合公差 $T_t = 0.078$mm，从附表 11－2 查得

$$C_{min} = 0.003\text{mm}, T_G = 0.0025\text{mm}$$

因此　$$D_{LG} = (d_{Mmax} + C_{min})^{+T_G}_{\ 0} = 14.959^{+0.0025}_{\ 0} \text{Ⓔ} \text{mm}$$

按综合公差 $T_t = 0.078$mm，从附表 11－2 查得导向孔轴线对定位销轴线的平行度公差值 $t_G = 0.006$mm。

11.5　花键和螺纹量规公差带布置

11.5.1　花键量规公差带布置

1. 概述

花键零件的小径、大径、键槽宽和形位误差主要采用具有完整轮廓的花键综合量规进行

综合检验,花键综合量规为通规,不论检验内花键还是外花键,其通规公差带的布置均采用超极限方案。

花键各单项要素(D,d,b)的精度,应保证其实际尺寸均在尺寸公差范围内。在单件、小批生产中,单项检验通常是用千分尺等进行。在成批生产中,花键的单项要素亦用极限量规进行检验。检验矩形花键孔、轴所用量规的设计方法与光滑极限量规相同。

对内花键的检验,采用的是花键综合塞规;对外花键的检验,采用的是花键综合环规。检验内、外花键时,综合量规通过,单项止端量规不通过,则花键合格。

2. 花键量规公差带的布置

图 11-18 为检验小径 d 用的量规公差带布置图,由图可见内、外花键综合通规的磨损极限均已超出极限尺寸。图 11-19 是检验大径 D 用的量规公差带布置图,亦为超极限方案,且内、外花键用综合通规的磨损极限相同。

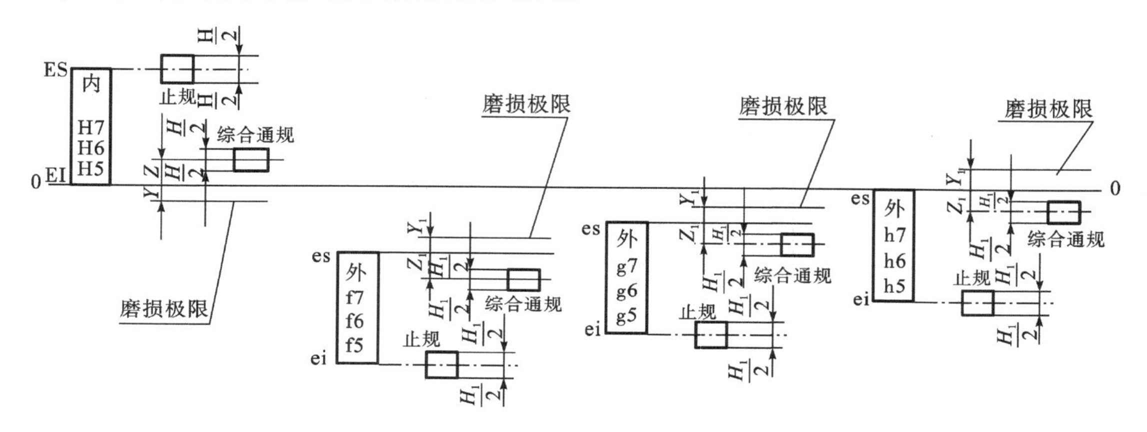

图 11-18 检验小径 d 用的量规公差带布置图

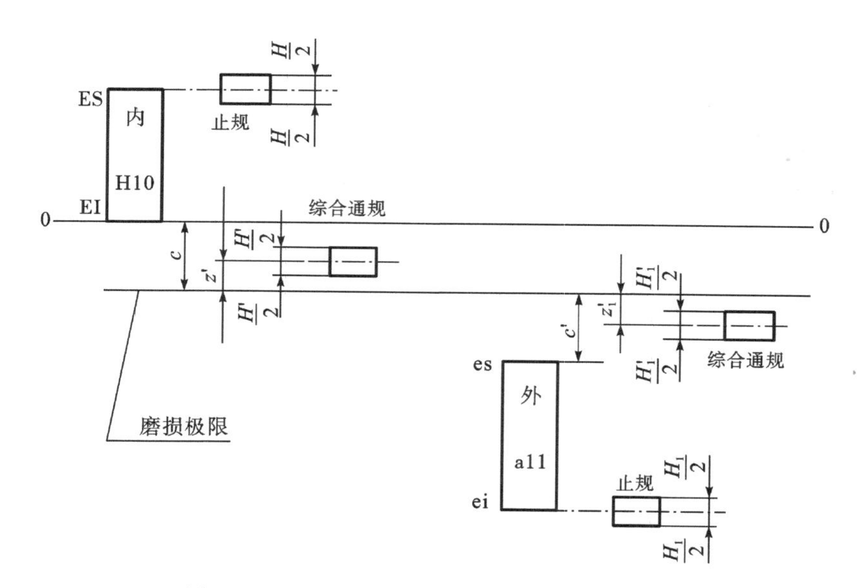

图 11-19 检验大径 D 用的量规公差带布置图

11.5.2　螺纹量规公差带布置

1. 概述

为了确保螺纹结合的互换性,避免制造者和用户之间的争议,国际标准化组织(ISO)和我国都规定了螺纹的验收原则:即实际螺纹的尺寸(例如中径和作用中径)位于规定极限之内,才为合格品。实现这个原则,用各种检验方式均可,但用量规检验起决定性作用。螺纹量规中径公差带的布置与光滑极限量规的不同,它采用的是超极限方案。

螺纹量规根据使用性能分为工作螺纹量规、验收螺纹量规和校对螺纹量规。

检验内螺纹用螺纹塞规,检验外螺纹用螺纹环规或螺纹卡规。每种量规都有通规和止规。

工厂的制造车间和检验部门可用同一量规检验工件,也可将量规分级,使制造车间使用的量规比检验部门使用的量规检验工件要严格一些,即车间用新的或稍微磨损的通规和磨损很小的止规,而检验部门则用接近最大允许磨损状态的通规和新的止规,这样可保证制造车间用螺纹量规检验的合格品,不致被检验部门判为不合格。

2. 螺纹量规公差带的布置

检验工件外螺纹用的螺纹环规和螺纹环规用的校对螺纹塞规的中径公差带布置见图 11-20。检验工件内螺纹用的螺纹塞规的中径公差带布置见图 11-21。

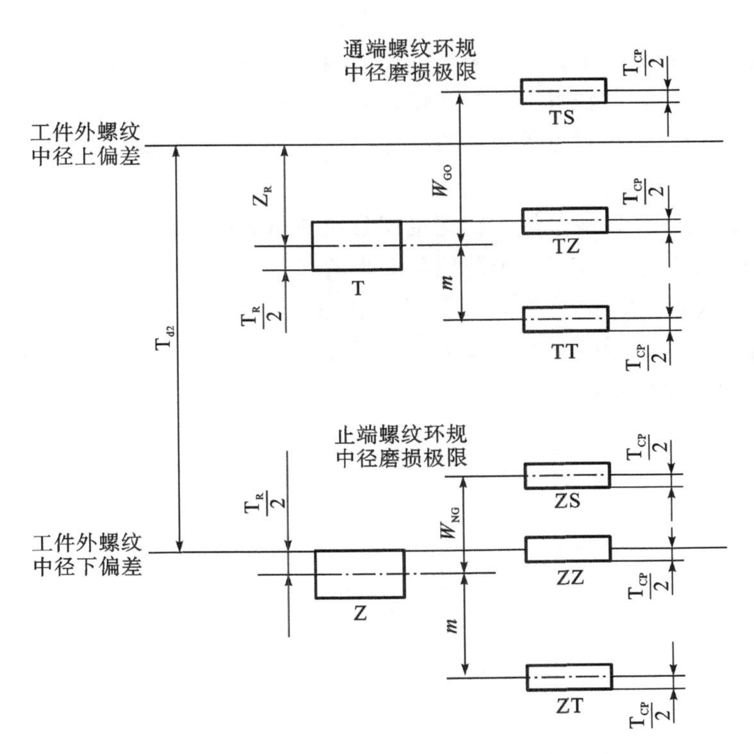

图 11-20　检验工件外螺纹用的螺纹环规和螺纹环规用的校对螺纹塞规中径公差带图

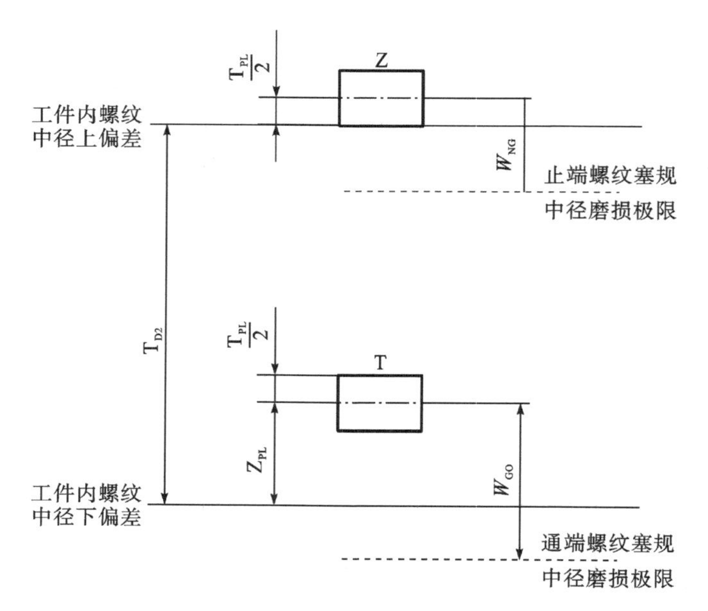

图 11－21　检验工件内螺纹用的螺纹塞规中径公差带图

习　题

11－1　试述量规公差带内缩极限方案布置与超越极限方案布置的区别与特点。

11－2　极限量规有何特点？如何正确地判断工件合格性？

11－3　工作量规公差对工件公差有何影响？标准公差、保证公差和生产公差三者有何不同？

11－4　试比较光滑极限量规与花键量规公差带布置的特点。

11－5　为什么位置量规上各个部位公差带的布置不尽相同？

11－6　计算 ϕ25G7/h6 配合孔、轴用的工作量规的工作尺寸，并绘出量规的公差带图。

11－7　计算 ϕ40H7/f6 配合孔、轴的各种工作量规和校对量规的工作尺寸，并绘出各种量规的公差带图。

附 表

附表 11－1 工作量规的尺寸公差值及其通端位置要素值

工件孔或轴的公称尺寸/mm		工件孔或轴的公差等级								
		IT6			IT7			IT8		
		孔或轴的公差值	T_1	Z_1	孔或轴的公差值	T_1	Z_1	孔或轴的公差值	T_1	Z_1
大于	至	μm								
—	3	6	1.0	1.0	10	1.2	1.6	14	1.6	2.0
3	6	8	1.2	1.4	12	1.4	2.0	18	2.0	2.6
6	10	9	1.4	1.6	15	1.8	2.4	22	2.4	3.2
10	18	11	1.6	2.0	18	2.0	2.8	27	2.8	4.0
18	30	13	2.0	2.4	21	2.4	3.4	33	3.4	5.0
30	50	16	2.4	2.8	25	3.0	4.0	39	4.0	6.0
50	80	19	2.8	3.4	30	3.6	4.6	46	4.6	7.0
80	120	22	3.2	3.8	35	4.2	5.4	54	5.4	8.0
120	180	25	3.8	4.4	40	4.8	6.0	63	6.0	9.0
180	250	29	4.4	5.0	46	5.4	7.0	72	7.0	10.0
250	315	32	4.8	5.6	52	6.0	8.0	81	8.0	11.0
315	400	36	5.4	6.2	57	7.0	9.0	89	9.0	12.0
400	500	40	6.0	7.0	63	8.0	10.0	97	10.0	14.0

工件孔或轴的公称尺寸/mm		工件孔或轴的公差等级								
		IT9			IT10			IT11		
		孔或轴的公差值	T_1	Z_1	孔或轴的公差值	T_1	Z_1	孔或轴的公差值	T_1	Z_1
大于	至	μm								
–	3	25	2.0	3	40	2.4	4	60	3	6
3	6	30	2.4	4	48	3.0	5	75	4	8
6	10	36	2.8	5	58	3.6	6	90	5	9
10	18	43	3.4	6	70	4.0	8	110	6	11
18	30	52	4.0	7	84	5.0	9	130	7	13
30	50	62	5.0	8	100	6.0	11	160	8	16
50	80	74	6.0	9	120	7.0	13	190	9	19

续表

工件孔或轴的公称尺寸/mm		工件孔或轴的公差等级								
		IT9			IT10			IT11		
		孔或轴的公差值	T_1	Z_1	孔或轴的公差值	T_1	Z_1	孔或轴的公差值	T_1	Z_1
80	120	87	7.0	10	140	8.0	15	220	10	22
120	180	100	8.0	12	160	9.0	18	250	12	25
180	250	115	9.0	14	185	10.0	20	290	14	29
250	315	130	10.0	16	210	12.0	22	320	16	32
315	400	140	11.0	18	230	14.0	25	360	18	36
400	500	155	12.0	20	250	16.0	28	400	20	40

工件孔或轴的公称尺寸/mm		工件孔或轴的公差等级								
		IT12			IT13			IT14		
		孔或轴的公差值	T_1	Z_1	孔或轴的公差值	T_1	Z_1	孔或轴的公差值	T_1	Z_1
大于	至	μm								
–	3	100	4	9	140	6	14	250	9	20
3	6	120	5	11	180	7	16	300	11	25
6	10	150	6	13	220	8	20	360	13	30
10	18	180	7	15	270	10	24	430	15	35
18	30	210	8	18	330	12	28	520	18	40
30	50	250	10	22	390	14	34	620	22	50
50	80	300	12	26	460	16	40	740	26	60
80	120	350	14	30	540	20	46	870	30	70
120	180	400	16	35	630	22	52	1000	35	80
180	250	460	18	40	720	26	60	1150	40	90
250	315	520	20	45	810	28	66	1300	45	100
315	400	570	22	50	890	32	74	1400	50	110
400	500	630	24	55	970	36	80	1550	55	120

工件孔或轴的公称尺寸/mm		工件孔或轴的公差等级					
		IT15			IT16		
		孔或轴的公差值	T_1	Z_1	孔或轴的公差值	T_1	Z_1
大于	至	μm					
–	3	400	14	30	600	20	40
3	6	480	16	35	750	25	50
6	10	580	20	40	900	30	60
10	18	700	24	50	1100	35	75
18	30	840	28	60	1300	40	90
30	50	1000	34	75	1600	50	110
50	80	1200	40	90	1900	60	130
80	120	1400	46	100	2200	70	150
120	180	1600	52	120	2500	80	180
180	250	1850	60	130	2900	90	200
250	315	2100	66	150	3200	100	220
315	400	2300	74	170	3600	110	250
400	500	2500	80	190	4000	120	280

附表11-2 位置量规工作部位的尺寸公差、允许最小磨损量和最小间隙的数值(单位:μm)

综合误差 T_t	测量部位		定位部位		导向部位			工作部位位置公差	
	尺寸公差 T_M	允许最小磨损量 W_M	尺寸公差 T_p	允许最小磨损量 W_P	尺寸公差 T_G	允许最小磨损量 W_G	最小间隙 C_{min}	t_p	* t'_p
25~40	2.5				—		—	4	—
>40~63	3				—		—	5	—
>63~100	4				2.5		3	6	2
>100~160	5				3			8	2.5
>160~250	6				4		4	10	3
>250~400	8				5			12	4
>400~630	10				6		5	16	5
>630~1000	12				8			20	6
>1000~1600	16				10		6	25	8
>1600~2500	20				12			32	10

注: * t'_p—量规台阶式测量件(或定位件)的测量部位对导向部位的位置公差(同轴度、对称度)。

附表 11－3 位置量规基本偏差(一) (单位:μm)

序号	基准类型	综合公差 T_t	25~40	>40~63	>63~100	>100~160	>160~250	>250~400	>400~630	>630~1000	>1000~1600	>1600~2500
		基本偏差 / 量规类型	$F_M(F_p)$									
1	无基准 ▱	固定式	6	8	10	12	16	20	25	32	40	50
2		活动式	—	—	16	20	25	32	40	50	63	80
3	○ ▱ ▱	固定式	8	10	12	16	20	25	32	40	50	63
4		活动式	—	—	18	22	28	36	45	56	71	90
5	▱ ○；▱ ▱ ▱；○ ○；▱ ○ ○	固定式	9	11	14	18	22	28	36	45	56	71
6		活动式	—	—	20	25	32	40	50	63	80	100
7	▱ ▱ ○；○ ○	固定式	10	12	16	20	25	32	40	50	63	80
8		活动式	11	—	20	25	32	40	50	63	80	100
9	○ ○ ▱	固定式	11	14	18	22	28	36	45	56	71	90
10		活动式	—	—	22	28	36	45	56	71	90	110

注:1. 零件基准要素几何特征(基准类型)符号:

▱—平面要素;

○—中心要素;

○○—成组中心要素。

2. “基准类型”中各组符号只表示基准体系中几何要素的组成,与基准无关。

3. 表中 F_p 仅指同时检验时定位的基本偏差。

附表 11－4 位置量规基本偏差(二) (单位:μm)

综合公差 T_t		25~40	>40~63	>63~100	>100~160	>160~250	>250~400	>400~630	>630~1000	>1000~1600	>1600~2500
基本偏差		$F_p(F_M)$									
量规类型	固定式	5	6	8	10	12	16	20	25	32	40
	活动式	—	—	14	18	22	28	36	45	56	71

附表 11－5　工作量规测量面的表面粗糙度 *Ra* 值

工作量规	工作量规的公称尺寸/mm		
	≤120	>120，≤315	>315，≤500
	工作量规测量面的表面粗糙度 *Ra* 值/μm		
IT6 级孔用工作塞规	0.05	0.10	0.20
IT7 级 ~ IT9 级孔用工作塞规	0.10	0.20	0.40
IT10 级 ~ IT12 级孔用工作塞规	0.20	0.40	0.80
IT13 级 ~ IT16 级孔用工作塞规	0.40	0.80	
IT6 级 ~ IT9 级轴用工作环规	0.10	0.20	0.40
IT10 级 ~ IT12 级轴用工作环规	0.20	0.40	0.80
IT13 级 ~ IT16 级轴用工作环规	0.40	0.80	

参考文献

[1] 蒋庄德,苑国英. 机械精度设计[M]. 西安:西安交通大学出版社,2000.
[2] 赵卓贤,董树信. 互换性与测量技术基础[M]. 西安:西安交通大学出版社,1993.
[3] 赵则祥,互换性与测量技术基础[M]. 北京:机械工业出版社,2015.
[4] 全国产品几何技术规范标准化技术委员会. 产品几何技术规范(GPS)标准汇编 几何公差[M]. 北京:中国标准出版社,2014.
[5] 全国产品几何技术规范标准化技术委员会. 产品几何技术规范(GPS)标准汇编 极限与配合[M]. 北京:中国标准出版社,2014.
[6] 陈隆德,赵福令. 机械精度设计与检测技术[M]. 北京:机械工业出版社,2000.
[7] 杨沿平. 机械精度设计与检测技术基础[M]. 北京:机械工业出版社,2013.
[8] 刘品,张也晗. 机械精度设计与检测基础[M]. 哈尔滨:哈尔滨工业大学出版社, 2016.
[9] 邹福召. 普通螺纹的检测方法[J]. 金属加工(冷加工)冷加工,2004(7):54 – 55.
[10] 刘笃喜,王玉. 机械精度设计与检测技术[M]. 2 版. 北京:国防工业出版社,2012.
[11] 谭久彬刘涛,刘俭. 三维高分辨率共焦显微成像与测量技术理论.[M]. 哈尔滨:哈尔滨工业大学出版社, 2014.
[12] WILSON T, SHEPPARD C J R. Theory and practice of scanning optical microscopy [M]. Academic Press, 1984.
[13] MALACARA D. Optical shop testing [M]. 3rd ed. John Wiley & Sons Inc. , 2007.
[14] GOODMAN J W. Introduction to Fourier optics [M]. 3rd ed. Roberts & Company Publishers, 2005.
[15] GU M. Advanced optical imaging theory [M]. Springer, 1999.
[16] GU M. Principles of three – dimensional imaging in confocal microscopes [M]. World Scientific Publishing Co. Ltd. , 1996.